최신경향

응용역학

특성화고 · 마이스터고 졸업(예정)자

9급 기술직 / 서울시 · 지방직
경력경쟁 임용시험

이 국 형 저

광범위한 이론의 핵심만 체계적으로 정리
단원별 출제경향에 맞춘 관련 문제로 문제 해결 능력 향상

한솔아카데미
H/A/N/S/O/L/A/C/A/D/E/M/Y
www.bestbook.co.kr

머리말

현재 우리나라는 출산율 급감, 수출경쟁력 하락, 고령화 사회의 진입 등의 위기 속에 앞으로는 경제가 정체되고 심지어 마이너스성장으로 흘러 갈 것이라는 연구결과가 나오고 있다. 이런 불안한 예측 속에 현재에도 그렇고 앞으로도 직업의 안정성은 직업 선택에서 최우선 조건이 될 수밖에 없다. 이러한 이유로 직업 안정성이 매우 뛰어난 공무원은 학생 및 학부형 그리고 취업준비생이 가장 선호하는 직업이며 배우자의 1순위 직업이기도 하다. 공무원의 직업으로써 인기는 앞으로도 쉽게 꺾일 것 같지 않다. 그러한 예로 해마다 공무원시험 응시 인원은 늘고 그에 따른 경쟁률도 높아지고 있다.

요즘 9급 공채 시험 합격자를 살펴보면 대학을 졸업하고도 짧게는 1~2년, 길게는 3~4년 심지어 그 이상 수험생활을 거쳐 어렵게 공직에 입문하고 있는 것이 현실이다. 즉, 경쟁률이 높아짐에 따라 합격하기 위해서는 그만큼 많은 시간과 비용이 발생하고 있는 것이다. 하지만 특성화고 고등학교 학생들에게는 경력경쟁시험을 통해 보다 손쉽고 빠르게 공직에 입문할 수 있는 기회가 주어진다. 사실 공직이란 곳은 아직까진 근무경력에 따라 급여가 정해지고 진급이 유리하기에 하루라도 빨리 입사하여 근무경력을 쌓는 것이 매우 이득이다. 이러한 이유로 평소 공직에 관심을 가진 특성화고 학생들이 고등학교 기간 내에 배우는 3과목만으로 특성화고 친구들 끼리 경쟁을 하고 또한 고등학교 졸업 전에 공직에 입문할 수 있는 경력경쟁시험에 모든 역량을 쏟지 않을 이유가 없어 보인다. 그러나 현재 시중에는 일반 9급 공채 공무원서적 이외에 경력경쟁 시험을 대비하여 특성화고 학생들이 볼만한 서적이 없어 보인다.

이 책은 특성화고 토목과 재학중인 학생들을 위하여 시설직 토목 직렬 경력경쟁시험의 한 과목인 역학과목을 대비해 만든 책이다. 책을 만들 때 학생들의 수준에 맞는 기본직인 내용에서부터 공채 9급 시험에서 나오는 기출문제까지 포함하여 경력경쟁시험 뿐만 아니라 일반 공채 9급 공무원시험까지도 모두 대비할 수 있도록 하였다. 또한 최대한 학생들이 역학을 준비하면서 이 책 한권이면 충분한 교재를 만들고자 노력했다.

끝으로 저자는 전국에 공직을 꿈꾸는 토목 특성화고 학생들이 이 책을 통해 보다 수월하게 공직에 입문하여 국가와 국민을 위해 열심히 일하며 국민으로부터 존경받는 토목직공무원이 되길 바란다.

저자 씀

합격의 길

공무원시험 합격을 위해서는 지, 덕, 체를 갖추어야 한다.

지는 지식이다. 지적인 능력뿐만 아니라 공부법도 포함이 된다. 올바른 공부법은 체계적으로 계획표를 짜고 계획표에 맞게 정해진 분량을 공부하는 것이다.

공부하는 순서로는 수업 등을 통해 먼저 이론을 이해하고 그 다음 이해한 내용을 바탕으로 혼자 생각해보고, 해결해보는 것이다. 그 이후 실전 문제풀이를 무한 반복 하는 것이다. 계획을 세울 때는 한과목만 보기보다는 하루 3과목 모두를 보는 것이 좋다. 다만, 비율은 2:2:6 또는 3:3:4 등과 같이 다르게 볼 수 있다. 그렇게 계획을 짜면 시간을 더욱 알차고 집중력 있게 공부를 할 수 있다. 우리가 보는 시험은 머리가 똑똑한 사람을 뽑는 시험이 아니다. 본인이 이해한 내용에 대하여 반복하여 실수 하지 않는 성실함을 확인하는 시험이다.

덕은 마음이다. 학생들 중에는 쉬는 날 없이 새벽까지 공부만 하는데도 성적이 오르지 않는 친구들이 있다. 공부 시간이 중요한 것이 얼마나 집중력 있게 했나 이다. 공부하는 시간은 많으나 그만큼 성과가 안 나오는 친구들은 보통 공부하는 척만 하고 실제 공부한 양은 얼마 되지 않는다. 공무원 시험은 반복이 핵심이다. 반복은 매우 지루하다. 지루함을 이겨 내기 위해서는 재미있는 유혹거리를 쳐낼 수 있는 절제력이 필요하다. 이러한 절제력은 어떻게 얻을 수 있을까? 그 해답은 절박함이다. 유혹에 흔들릴 때 내가 왜 공무원이 돼야 하는지에 대해서 생각해보길 바란다. 공무원시험은 자격증시험과는 다르게 경쟁을 해야만 하는 시험이다. 누군가는 합격을 하고 누군가는 떨어진다는 것이다. 진심으로 합격을 원한다면 나는 왜 이 시험에서 떨어지면 안되는 지에 대해서 상기하고 누구도 쫓아오지 못할 정도로 공부를 해야 한다.

체는 체력이다. 공부하는 방법, 마음이 다 갖춰져도 실제 체력이 안 되면 성과를 내기 힘들다. 아침, 점심, 저녁을 규칙적으로 챙겨 먹고 식사 후 가벼운 걷기, 운동을 하고 늦지 않은 시간 잠을 푹 잔다면 여러분들 시기에는 딱히 체력적으로는 특별한 경우 아니고는 문제가 되지 않는다. 하지만 학생들 중에는 낮과 밤이 바뀌어 생활을 하는 친구들도 있다. 안타깝게도 우리 시험은 오전 10시에 문제풀기 시작한다. 오전 9시~11시에 가장 정신이 맑도록 생활패턴을 바꿔야만 한다. 우리시험은 1시간 만에 합격당락이 정해진다. 그 날 약간의 컨디션 차이로 인해 합격이 정해 질 수도 있다. 본인이 오전에 항상 피곤해하고 잠을 자는 습관이 있다면 기필코 가능한 한 빨리 생활 패턴을 오전에 가장 맑은 정신상태로 바꿔야 한다. 계획을 처음부터 너무 무리하게 잡으면 장기간 실행하기 어려우므로 무리하지 않는 선에서 계획을 세우고 꼭 지켜나가며 자연스럽게 분량을 늘리도록 한다.

끝으로 공부를 할 때는 항상 실전이라 생각하며 진지한 자세로 공부를 해야 한다. 한 문제를 풀더라도 실제로 여기는 시험장이고 실제 시험장에서 마주친 문제라 생각하며 푸는 연습을 하고 실제 시험 날에는 어깨에 힘을 빼며 하던 대로 하자 하며 시험을 치른다면 좋은 결과가 있을 것이다.

역학공부방법

　사실 역학 과목은 개인차가 존재하는 과목이다. 같은 설명을 해도 어떤 친구는 빠르게 이해하고 문제를 해결하는 반면 어떤 친구는 이해하고 문제를 해결하는데 시간이 꽤 걸린다. 후자의 경우 실패가 반복되다 보면 스스로 공부를 포기하기도 한다. 우리가 응시하는 경력경쟁 시험의 역학은 단언컨대 개인차와 상관없이 모두 100점을 맞을 수 있는 과목이다. 다만, 더 시간이 걸리느냐 걸리지 않느냐 차이일 뿐이다.

　역학은 빠르게 출제자 의도를 파악하여 단서를 확인 하고 정답을 찾는 과목이다. 그러기 위해서는 많은 문제를 통해 그 느낌을 습득해야 한다. 또한 실제 시험현장에서 내가 풀었던 문제만 나와도 실수를 해 만점이 나오지 않을 수도 있다. 하물며 만약 시험장에서 처음 보는 유형의 문제를 본다면 맞출 확률은 거의 없다. 이를 방지하기 위해서는 여러 유형의 많은 문제를 풀고 반복 또 반복해야 한다.

역학을 공부하는 순서는 아래와 같다.

step1. 우선 이론 내용을 100% 이해해야 한다. 수업시간 선생님의 설명 또는 교재의 설명을 빠짐없이 전부 이해해야한다. 이해 없는 문제풀이는 시간낭비일 뿐이다. 교재의 모든 내용, 문제와 풀이에 대한 이해가 선행 되어야 한다. 많은 질문과 고민의 시간이 필요한 시기이다.

step2. 이해한 내용에 대하여 이제 누구의 도움 없이 혼자 풀이를 해보는 것이다. 책의 문제에 대하여 혼자의 힘으로 정확하게 풀어보고 정답을 맞히는 단계다. 이 단계는 문제의 해답 또는 해설을 보고 혼자 이해하고 해결할 수 있는 단계이다.

step3. 이 단계는 시간이 핵심이다. 공무원 시험은 정해진 시간 안에 주어진 문제를 실수 없이 정확하고 빠르게 푸는 지를 겨루는 시험이다. 정확하게 푼다고 한다면 시간이 중요한 것이다. 그럼 이제부터는 초시계를 준비하고 20문제를 15~18분 안에 해결하는 연습을 해야 한다. 당연히 처음부터 이렇게 풀 수 없다. 하지만 우리에게는 연습할 시간이 충분히 있다. 반복을 하면 할수록 시간이 단축되고 틀리는 문제가 줄어들 것이다.

　테스트를 본 후 학생들이 힘들어 하는 부분이 "시간이 부족해서 못 풀었다." 또는 "실수를 너무 많이 했다."이다. 이 둘을 이겨내는 것이 핵심이다. 이를 극복하기 위해서는 먼저 정확하게 풀고 그 다음 빠르게 푸는 연습을 해야 한다. 이 둘의 순서가 바뀌면 실력이 늘지 않는다. 물론 정확하게 풀려면 시간이 오래 걸린다. 그 시간을 줄이는 것이 역학과목에서 가장 큰 핵심이다. 문제를 풀 때 어떻게 하면 1초라도 풀이 시간을 줄일 수 있을까? 고민하며 연습해 나간다면 좋은 효과를 볼 것이다. 여기 있는 모든 문제를 정해진 시간에 다 풀고 답을 외울 정도로 반복한다면 역학과목은 피하고 걱정하는 과목이 아닌 평균을 올려주고 다른 과목 풀이시간을 벌어주는 소중한 과목이 될 것이다.

　어떤 문제에 대해서는 정답풀이 외에 따로 문제를 빨리 풀 수 있는 팁들을 드리겠다. 여러분들이 마지막 3단계 연습 시 챙겨서 활용한다면 시간을 단축하는 데 많은 도움이 될 것이다.

목차

Contents

Contents

꿈·은·이·루·어·진·다

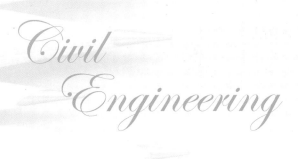

Civil Engineering

준비학습

0 개념 짚고 넘어가기

❶ 역학이란

❷ 수학의 기초

❸ 단위

개념 짚고 넘어가기

① 역학이란?

1. 역학의 정의

힘이 작용하고 있는 물체의 정지 또는 움직임의 운동상태를 서술하거나 예측하는 학문이다.

2. 응용역학(Applied mechanics)

정역학 + 재료역학 + 구조역학

(1) 정역학

물리학의 한 갈래로, 평형상태에서 정지해 있는 물체에 미치는 힘이나 물체의 변형 등을 다루는 학문

(2) 재료역학

구조물이 외부로부터 힘을 받았을 때 나타나는 외적 효과와 내력 등을 연구하는 학문

(3) 구조역학

구조물이 여러 가지 힘의 영향에 따라 내력과 변형이 어떻게 변형되는가를 연구하는 학문

② 수학의 기초

▶ 역학에서는 높지 않은 수준의 기초적인 수학적 능력이 필요하다.

1. 기하학적 기초

(1) 직각삼각형의 각 부분 명칭

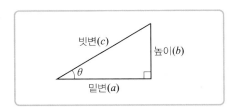

(2) 피타고라스 정리

빗변$(c)^2$ = 밑변$(a)^2$ + 높이$(b)^2$

(3) 삼각함수

$$\sin\theta = \frac{높이\,(b)}{빗변\,(c)}, \quad \cos\theta = \frac{밑변\,(a)}{빗변\,(c)}, \quad \tan\theta = \frac{높이\,(b)}{밑변\,(a)}, \quad \frac{\sin\theta}{\cos\theta} = \frac{\dfrac{b}{c}}{\dfrac{a}{c}} = \frac{b}{a} = \tan\theta$$

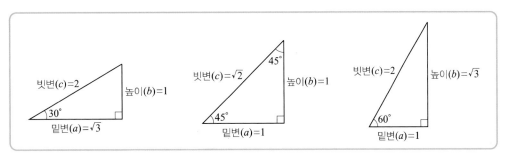

	$0°$	$30° = \dfrac{\pi}{6}$	$45° = \dfrac{\pi}{4}$	$60° = \dfrac{\pi}{3}$	$90° = \dfrac{\pi}{2}$
$\sin\left(\dfrac{높이}{빗변}\right)$	0	$\dfrac{1}{2}$	$\dfrac{1}{\sqrt{2}}$	$\dfrac{\sqrt{3}}{2}$	1
$\cos\left(\dfrac{밑변}{빗변}\right)$	1	$\dfrac{\sqrt{3}}{2}$	$\dfrac{1}{\sqrt{2}}$	$\dfrac{1}{2}$	0
$\tan\left(\dfrac{높이}{밑변}\right)$	0	$\dfrac{1}{\sqrt{3}}$	1	$\sqrt{3}$	∞

(4) sin법칙, cos법칙

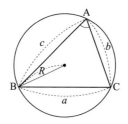

사인법칙, 코사인법칙 정리

	공식	사용
사인법칙	$\dfrac{a}{\sin A} = \dfrac{b}{\sin B} = \dfrac{c}{\sin C} = 2R$	· 한 변의 길이와 그 양 끝각의 크기를 알 때 · 두 변의 길이와 끼인각이 아닌 각의 크기를 알 때
제2코사인 법칙	· $a^2 = b^2 + c^2 - 2bc \cos A$ · $b^2 = c^2 + a^2 - 2ca \cos B$ · $c^2 = a^2 + b^2 - 2ab \cos C$	· 두 변의 길이와 그 끼인각의 크기를 알 때 · 세 변의 길이를 알 때

(5) 삼각함수의 부호 판단

삼각함수의 부호는 각도에 따른 사분면 위치에 따라 각각 다르다. 아래는 각 사분면에서 양(+)이 되는 삼각함수를 의미하며 보통은 **얼싸탄코**로 암기를 해준다.

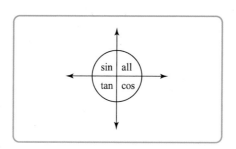

① $\sin(2n\pi + \theta) = \sin\theta,\ \cos(2n\pi + \theta) = \cos\theta$

② $\sin(-\theta) = -\sin\theta,\ \cos(-\theta) = \cos\theta$

③ $\sin(\pi \pm \theta) = \mp\sin\theta,\ \cos(\pi \pm \theta) = -\cos\theta$

④ $\sin\left(\dfrac{\pi}{2} \pm \theta\right) = \cos\theta,\ \cos\left(\dfrac{\pi}{2} \pm \theta\right) = \mp\sin\theta$

예 $\sin 120° = \sin 60° = \dfrac{\sqrt{3}}{2}$

$\sin 150° = \sin 30° = \dfrac{1}{2}$

$\cos 120° = -\cos 60° = -\dfrac{1}{2}$

$\cos 150° = -\cos 30° = -\dfrac{\sqrt{3}}{2}$

핵심 **KEY**

예제 1 $\sin 570°$의 값으로 옳은 것은?

① $-\dfrac{1}{3}$ ② $-\dfrac{1}{2}$

③ $\dfrac{1}{3}$ ④ $\dfrac{1}{2}$

해설

삼각함수의 주기는 2π, 즉 $360°$이다.

$\sin 570° = \sin(360° + 210°) = \sin 210°$

$= \sin(180° + 30°) = -\sin 30° = -\dfrac{1}{2}$

정답 ②

2. 제곱근과 직각삼각형 비율

역학에서 주로 활용하는 값들이다. 암기하고 있어야 한다.

(1) 필수 제곱근 값

$$\sqrt{2} = 1.414, \quad \sqrt{3} = 1.732$$

핵심 **KEY**

예제2 $\dfrac{1}{\sqrt{3}}$ 의 값으로 옳은 값은?

① 0.477　　　　　　　② 0.577

③ 0.677　　　　　　　④ 0.777

해설

$$\frac{1}{\sqrt{3}} = \frac{1 \times \sqrt{3}}{\sqrt{3} \times \sqrt{3}} = \frac{\sqrt{3}}{3} = \frac{1.732}{3} \fallingdotseq 0.577$$

보기는 객관식이므로 계산기가 없어도 제곱근 값을 암기하고 있으면 답을 고를 수 있다.

정답　②

(2) 직각삼각형 비율

아래 비율은 직각삼각형을 만들기 위해서는 꼭 유지되어야하는 각 삼각형 선분들의 비율을 나타낸 값이다. 많이 활용하므로 꼭 암기하고 있어야한다.

$$3:4:5 = 6:8:10, \qquad 1:\sqrt{3}:2, \qquad 5:12:13, \qquad 1:1:\sqrt{2}$$

핵심 **KEY**

예제3 직각삼각형 두 변이 12cm, 16cm이다. 나머지 변의 크기로 옳은 것은?

① 8　　　　　　　　　② 12

③ 15　　　　　　　　　④ 20

해설

암기하고 있는 기본 직각삼각형 비율 3:4:5에서 각 변에 ×4를 하면 12:16:20이다. 그러므로 나머지 길이는 20cm이다.

정답　④

예제4 아래 직각삼각형 (a), (b), (c)에서 한 변의 길이가 주어졌을 때 나머지 2개의 변 x, y의 길이로 옳은 것은?

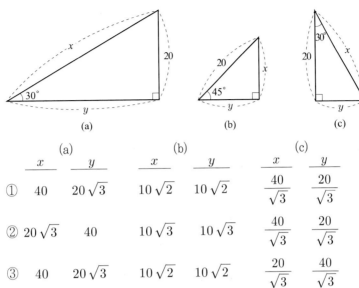

(a)   (b)   (c)

| | (a) | | (b) | | (c) | |
	x	y	x	y	x	y
①	40	$20\sqrt{3}$	$10\sqrt{2}$	$10\sqrt{2}$	$\dfrac{40}{\sqrt{3}}$	$\dfrac{20}{\sqrt{3}}$
②	$20\sqrt{3}$	40	$10\sqrt{3}$	$10\sqrt{3}$	$\dfrac{40}{\sqrt{3}}$	$\dfrac{20}{\sqrt{3}}$
③	40	$20\sqrt{3}$	$10\sqrt{2}$	$10\sqrt{2}$	$\dfrac{20}{\sqrt{3}}$	$\dfrac{40}{\sqrt{3}}$
④	$20\sqrt{3}$	40	$10\sqrt{2}$	$10\sqrt{2}$	$\dfrac{20}{\sqrt{3}}$	$\dfrac{40}{\sqrt{3}}$

해설

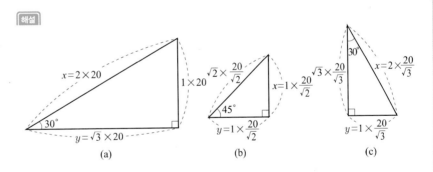

(a)   (b)   (c)

위 그림과 같이 직각삼각형 비율을 주어진 값으로 변환 후 구하고자 하는 변에 변환 값을 곱하여 그 값을 구한다.

정답 ①

3. 지수의 계산

(1) 물리량을 표시하거나 계산할 때에 어떤 양 자체를 몇 번 곱할 필요가 있다. 지수 표기법은 그 양의 오른쪽 위에 작은 숫자, 즉 지수(指數)를 써서 다음과 같이 표시한다.

$$a = a^1 \qquad 10^1 = 10$$

$$a \times a = a^2 \qquad 10^2 = 10 \times 10 = 100$$

$$a \times a \times a = a^3 \qquad 10^3 = 10 \times 10 \times 10 = 1,000$$

(2) $\dfrac{1}{a} = a^{-1} \qquad 10^{-1} = \dfrac{1}{10} = 0.1$

$$\frac{1}{a^2} = a^{-2} \qquad 10^{-2} = \frac{1}{10^2} = \frac{1}{100} = 0.01$$

$$\frac{1}{a^3} = a^{-3} \qquad 10^{-3} = \frac{1}{10^3} = \frac{1}{1,000} = 0.001$$

$$\frac{1}{a^4} = a^{-4} \qquad 10^{-4} = \frac{1}{10^4} = \frac{1}{10,000} = 0.0001$$

일반적으로 a^n에 a^m을 곱한 결과는 a를 지수의 합 $(n+m)$을 제곱한 것과 같으며 a^n을 a^m으로 나눈 결과는 a를 지수의 차 $(n-m)$를 제곱한 것과 같다. 즉,

$$a^n \cdot a^m = a^{(n+m)}, \quad a^n \div a^m = a^{(n-m)}$$

또, a^n을 m제곱한 결과는 a를 지수의 곱 $(n \times m)$을 제곱한 것과 같으며, ab를 n제곱한 것은 a와 b를 각각 n제곱한 것과 같다.

$$(a^n)^m = a^{nm}, \quad (a \cdot b)^n = a^n b^n$$

예 $10 \times 10^6 + 1 \times 10^6 = 11 \times 10^6$ 이 계산식은

$10,000,000 + 1,000,000 = 11,000,000$과 같은 식이다.

예 $10 \times 10^6 - 1 \times 10^6 = 9 \times 10^6$

예 $10^3 \times 10^4 = 10^{(3+4)} = 10^7$

예 $(10^3)^4 = 10^{(3 \times 4)} = 10^{12}$

예 $10^3 \div 10^4 = 10^3 \times 10^{-4} = 10^{(3-4)} = 10^{-1} = \dfrac{1}{10}$ 이 계산식은

$\dfrac{1,000}{10,000} = \dfrac{1}{10} = 10^{-1}$ 와 같은 식이다.

4. 비례 반비례

(1) 비례관계

두 숫자의 비가 항상 일정한 것 즉, 식이 커지면 결과 값 또한 같이 커지는 관계 계산식의 분자에 위치한다.

(2) 반비례관계

비례관계의 반대 즉, 내가 커지면 결과 값이 같은 비율로 작아지는 관계 계산식의 분모에 위치한다.

$$결과값 = \frac{비례}{반비례}$$

KEY

예제4 부재 단면의 폭과 부재의 처짐은 직선 반비례관계에 있다. 부재의 폭이 100mm에서 부재의 처짐이 1mm 발생했을 때, 부재의 폭이 200mm로 증가한다면 부재의 처짐[mm]은?

① 0.5　　　　　　　② 0.6

③ 0.7　　　　　　　④ 0.8

해설

처짐과 부재의 폭은 직선 반비례관계라는 단서를 주었다. 부재의 폭이 2배 커지면 반비례 관계로 인해 부재의 처짐은 $\frac{1}{2}$배로 줄어들게 된다.　　정답 ①

5. 라디안 각도 변환

(1) 정의

1라디안(radian)은 원둘레에서 반지름의 길이와 같은 길이를 갖는 호에 대응하는 중심각의 크기로 무차원의 단위이다.

(2) 라디안과 각도의 관계

$$2\pi\,(\text{rad}) = 360°, \quad 1\,(\text{rad}) = \frac{180°}{\pi}$$

60분법	0°	30°	45°	60°	90°	180°	360°
호도법	0	$\dfrac{\pi}{6}$	$\dfrac{\pi}{4}$	$\dfrac{\pi}{3}$	$\dfrac{\pi}{2}$	π	2π

핵심 KEY

예제5 45°의 라디안 변환 값으로 옳은 것은?

① $\dfrac{\pi}{2}$　　　　　　② $\dfrac{\pi}{4}$

③ $\dfrac{\pi}{6}$　　　　　　④ $\dfrac{\pi}{8}$

해설

360°는 라디안 값으로 변환하면 2π이다. 180°는 비례식을 통해 π라는 것을 쉽게 알 수 있다. 같은 방법으로 45°는 360°보다 $\dfrac{1}{8}$배 적으므로 라디안 값은 $\dfrac{2\pi}{8} = \dfrac{\pi}{4}$가 된다.

정답 ②

③ 단위

▶ 사물의 길이, 넓이, 무게 등을 수치로 나타낼 때, 기본이 되는 기준

1. 측정단위의 종류

(1) 공학단위계[Meter, Kilogram, Second ; MKS]

MKS 단위계는 길이의 단위인 미터(meter, m), 질량의 단위인 킬로그램(kilogram, kg), 시간의 단위인 초(second, s)를 기본 단위로 하는 단위계이다.

(2) 국제단위계(International System of Units ; SI)

SI단위계는 공학단위계의 국제적인 표준화를 위하여 1960년 제11차 국제 도량형 총회에서 채택된 측정단위이다. 국가 측정 표준을 정하는 단위의 체계로서 세계 대부분의 나라에서 법제화를 통하여 이를 공식적으로 채택하고 있다.

2. SI 단위

종류	명칭	SI단위	다른 SI단위로 표시	SI 기본단위로 표시
길이	Meter(미터)	m		
질량	Kilogram(킬로그램)	kg		
시간	Second(초)	s		
부피	Cubic meter(세제곱미터)	m^3		
가속도	Meter per second squared(미터 매 초 제곱)	m/s^2		
힘	Newton(뉴턴)	N		$kg \cdot m/s^{-2}$
압력	Pascal(파스칼)	Pa	N/m^2	$m^{-1} \cdot kg \cdot s^{-2}$

3. 단위계의 접두사

$1,000,000,000 = 10^9$ 　　접두사 : giga　　기호 : G

$1,000,000 = 10^6$ 　　　　　　　　mega　　　　　　M

$1,000 = 10^3$ 　　　　　　　　　　kilo　　　　　　　k

예 1kN=1,000N, 1MPa=1,000,000Pa

4. 그리스문자

대문자	소문자	호칭(한국어/영어)	대문자	소문자	호칭(한국어/영어)
A	α	알파/Alpha	N	ν	뉴/Nu
B	β	베타/Beta	Ξ	ξ	크시/Xi
Γ	γ	감마/Gamma	O	o	오미크론/Omicron
Δ	δ	델타/Delta	Π	π	파이, 피/Pi
E	ϵ	엡실론/Epsilon	P	ρ	로/Rho
Z	ζ	제타/Zeta	Σ	σ	시그마/Sigma
H	η	에타/Eta	T	τ	타우/Tau
Θ	θ	세타/Theta	Y	υ	윕실론/Upsilon
I	ι	이오타, 요타/Iota	Φ	ϕ	피, 파이/Phi
K	κ	카파/Kappa	X	χ	카이/Chi
Λ	λ	람다/Lambda	Ψ	ψ	프사이/Psi
M	μ	뮤/Mu	Ω	ω	오메가/Omega

5. 단위 변환

(1) 길이

$$1m=100cm=1,000mm$$

$$1km=1,000m$$

(2) 각도

$$1rad=57.30°=\frac{180°}{\pi}$$

$$1°=0.01745rad=\frac{\pi}{180}rad$$

(3) 압력

$$1Pa=1N/m^2$$

$$1MPa=1N/mm^2=10^6Pa$$

KEY

예제5 면적이 $2m^2$인 구조물에 하중이 $5 \times 10^3 kN$이 작용할 때, 이 구조물에 작용하는 응력의 값(MPa)으로 옳은 것은?

① 2.5　　　　　　② 25

③ 250　　　　　　④ 2,500

해설

MPa의 단위는 $\dfrac{N}{mm^2}$ 이므로 주어진 단위에 맞춰 분자에 N을, 분모에 mm^2을 대입한다.

$$응력(MPa)=\frac{5 \times 1,000 \times 1,000\,(N)}{2 \times 1,000 \times 1,000\,(mm^2)}=2.5MPa$$

정답 ①

1 힘과 모멘트

힘과 모멘트

힘과 모멘트
역학에서 가장 기초가 되는 단원으로 힘의 성질, 힘의 분해 및 합성 그리고 힘의 평형에 대해 다룬다.

① 힘

1. 정의

정지한 물체가 운동을 하거나 운동하는 물체가 정지하는 경우 또는 방향을 바꾸는 경우와 같이 물체의 운동 상태를 변화시키는 원인을 힘이라 한다.

2. 힘의 3요소

힘을 그림으로 표시할 때는 필수 성분인 힘의 크기, 방향, 작용점 세 가지로 표시한다. 이것을 힘의 3요소라 한다.

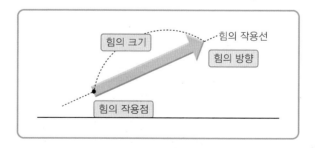

(1) **힘의 크기** : 선분의 길이
(2) **힘의 방향** : 화살표의 방향
(3) **힘의 작용점** : 화살표의 시작점

3. 힘의 단위

(1) 1N의 크기

1N(뉴턴)의 크기는 질량 1kg의 물체를 $1m/s^2$ 가속도를 내게 하는 힘을 말한다.

여기에서 질량(kg)은 항상 변하지 않는 물체 고유값이고 가속도는 속도의 변화량(m/s^2)이다.

$$1N=1kg \times 1m/s^2=1kg \cdot m/s^2$$

㉔ 질량 70kg인 사람이 달에서의 질량과 무게로 옳은 것은?

　(단, 달에서의 중력가속도는 $1.7m/s^2$)

　　　　답 : 질량 70kg, 무게 119N

　　　　해설 : 질량은 절대 변하지 않으므로 달에서도 질량은 그대로 70kg

　　　　　　　무게는 중력 즉, 힘을 말하는 것이므로 질량×중력가속도이다.

　　　　　　　$70 \times 1.7=119N$

핵심 **KEY**

예제1 **1N을 kg(질량, 킬로그램), m(길이, 미터), s(시간, 초)를 이용하여 옳게 표시한 것은?**

① $1kg \cdot m/s$　　　　　　② $1kg^2 \cdot m/s$

③ $1kg \cdot m/s^2$　　　　　④ $1kg^2 \cdot m/s^2$

해설

1N(뉴턴)의 크기는 질량 1kg의 물체에 작용하여 $1m/s^2$ 가속도를 내게 하는 힘을 말한다.

$1N=1kg \times 1m/s^2=1kg \cdot m/s^2$

정답 ③

(2) 뉴턴(N)의 단위를 쓰는 것들

힘의 단위인 N(뉴턴)을 쓰는 것으로 하중(집중), 무게, 중력, 전단력, 축력(인장력, 압축력) 등

주의 질량(kg), 모멘트(N·m), 분포하중(N/m), 응력(N/m^2) 등은 힘의 단위, 즉 N(뉴턴)이 아니다.

예 전단력의 크기가 20kN/m일 때(×) → 전단력의 크기가 20kN일 때(O)

핵심 **KEY**

예제 2 **N(뉴턴)의 단위를 쓰지 않는 것은?**

① 하중   ② 무게

③ 응력   ④ 전단력

해설

응력의 단위는 힘을 면적으로 나눈 N/m^2이다. 나머지는 모두 N의 단위를 쓴다.

정답 ③

---

4. 힘의 방향과 부호

부호	⊕	⊖
상하	↑ (상)	↓ (하)
좌우	→ (우)	← (좌)

② 힘의 합성과 분해

1. 힘의 합성과 합력

2개 이상의 힘과 동일한 작용을 하는 하나의 힘을 합력이라 하며, 합력을 구하는 것을 힘의 합성이라고 한다. 기본적으로 임의의 점에 작용하는 두 힘은 그 두 힘을 두 변으로 하는 평행사변형의 대각선 크기와 같다.

(1) 작용점이 같은 두 힘의 합력 구하기

① 두 힘이 직각을 이룬 경우

　　a. 합력(R) 구하기 : 피타고라스의 정리에 의하여

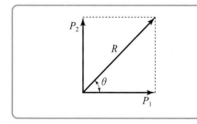

$$R^2 = {P_1}^2 + {P_2}^2$$

$$\therefore R = \sqrt{{P_1}^2 + {P_2}^2}$$

　　b. 방향(θ) 구하기 : 삼각함수에서 $\tan\theta = \dfrac{P_2}{P_1}$

$$\therefore \theta = \tan^{-1}\left(\dfrac{P_2}{P_1}\right)$$

핵심 **KEY**

예제 3 y축 방향으로 9N, x축 방향으로 12N의 힘이 직각으로 작용하고 있다. 두 힘의 합력 R의 크기(N)로 옳은 것은?

① 13　　　　　　　② 14

③ 15　　　　　　　④ 16

해설

힘이 직각으로 작용하고 있으므로 합력은 직각삼각형의 대각선 길이와 같다.

$$R = \sqrt{{P_1}^2 + {P_2}^2} = \sqrt{9^2 + 12^2} = \sqrt{15^2}$$

$$\therefore R = 15\text{N}$$

피타고라스정리를 사용하지 않고 직각삼각형 기본 비율 3 : 4 : 5에 각각 3을 곱한 9 : 12 : 15를 통해 쉽게 합력의 값이 15라는 것을 알 수 있다.　　**정답** ③

② 두 힘이 임의각을 이룬 경우

a. 합력(R) 구하기 : 직각삼각형 $\triangle OCD$에서

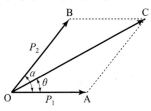 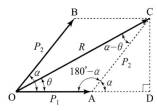

$$(OC)^2 = (OD)^2 + (CD)^2 = (OA + AD)^2 + (CD)^2$$

$$R^2 = (P_1 + P_2\cos\alpha)^2 + (P_2\sin\alpha)^2$$

$$= P_1{}^2 + 2P_1P_2\cos\alpha + P_2{}^2\cos^2\alpha + P_2{}^2\sin^2\alpha$$

$$= P_1{}^2 + 2P_1P_2\cos\alpha + P_2{}^2(\cos^2\alpha + \sin^2\alpha)$$

$$= P_1{}^2 + 2P_1P_2\cos\alpha + P_2{}^2$$

$$\therefore R = \sqrt{P_1{}^2 + P_2{}^2 + 2P_1P_2\cos\alpha}$$

b. 방향(θ) 구하기

$$\tan\theta = \frac{CD}{OD} = \frac{CD}{OA + AD} = \frac{P_2\sin\alpha}{P_1 + P_2\cos\alpha} \qquad \therefore \theta = \tan^{-1}\left(\frac{P_2\sin\alpha}{P_1 + P_2\cos\alpha}\right)$$

핵심 KEY

예제 4 아래 그림에서 합력 R의 크기[kN]로 옳은 것은?

① $\sqrt{17}$
② $\sqrt{18}$
③ $\sqrt{19}$
④ $\sqrt{20}$

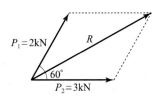

해설

(1) 공식 이용

$$R = \sqrt{P_1{}^2 + P_2{}^2 + 2P_1P_2\cos\alpha} = \sqrt{2^2 + 3^2 + 2(2 \times 3 \times \cos 60°)} = \sqrt{19}$$

(2) 그림 이용

P_2를 연장 직각삼각형을 만들게 되면 오른쪽 그림
과 같다. 직각삼각형 비율 $1 : 2 : \sqrt{3}$ 에서 밑변 1kN
과 높이 $\sqrt{3}$ 을 구할 수 있다.

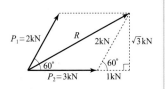

피타고라스 정리를 이용해 정리하면 합력은

$$R = \sqrt{4^2 + (\sqrt{3})^2} = \sqrt{19} \text{ 가 된다.}$$

정답 ③

(2) 작용점이 같은 여러 힘의 합력 구하기

비동점역계에서도 같은 방식으로 풀어준다.

그림과 같이 O점을 작용점으로 하여 세 힘이 작용할 때의 합력을 구해보자

① X축에 대하여 임의각(θ_1, θ_2, θ_3)을 이루고 있는 힘들에 대하여 각각의 수직분력(V)과 수평분력(H)으로 나눈다.

힘	수직분력(V)	수평분력(H)
P_1	$V_1 = P_1 \sin\theta_1$	$H_1 = P_1 \cos\theta_1$
P_2	$V_2 = P_2 \sin\theta_2$	$H_2 = P_2 \cos\theta_2$
P_3	$V_3 = P_3 \sin\theta_3$	$H_3 = P_3 \cos\theta_3$
합력	$\sum V = V_1 + V_2 + V_3$	$\sum H = H_1 + H_2 + H_3$

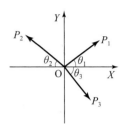

② 각 힘의 수직분력의 합($\sum V$)과 수평분력의 합($\sum H$)이 앞에서 배운 『두 힘이 직각을 이룬 경우』와 같게 된다.

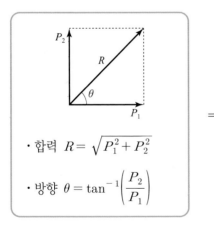

· 합력 $R = \sqrt{P_1^2 + P_2^2}$

· 방향 $\theta = \tan^{-1}\left(\dfrac{P_2}{P_1}\right)$

$\Rightarrow$

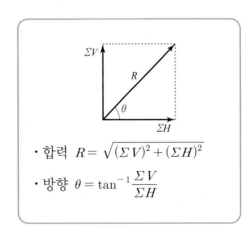

· 합력 $R = \sqrt{(\sum V)^2 + (\sum H)^2}$

· 방향 $\theta = \tan^{-1}\dfrac{\sum V}{\sum H}$

2. 힘의 분해와 분력

힘의 합성과 반대로 하나의 힘을 동일한 작용을 하는 2개 이상의 힘으로 나누는 것을
힘의 분해라 하며, 나누어진 힘을 분력이라고 한다.

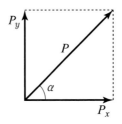

(1) 힘의 수평 분력(P_x)

한 힘을 분해할 때, x축을 따라 분해한 힘 $P_x = P\cos\alpha$

(2) 힘의 수직 분력(P_y)

한 힘을 분해할 때, y축을 따라 분해한 힘 $P_y = P\sin\alpha$

핵심KEY

예제5 아래 그림에서 수평분력 P_x, 수직분력 P_y의 값으로 옳은 것은?

① $P_x = 25$, $P_y = 25$

② $P_x = 25\sqrt{3}$, $P_y = 25$

③ $P_x = 25$, $P_y = 25\sqrt{3}$

④ $P_x = 25\sqrt{3}$, $P_y = 25\sqrt{3}$

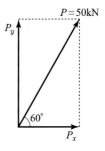

해설

(1) 공식 이용

$$P_x = P\cos 60° = 50 \times \frac{1}{2} = 25, \quad P_y = P\sin 60° = 50 \times \frac{\sqrt{3}}{2} = 25\sqrt{3}$$

(2) 비례식 이용

끼인각이 $30°$, $60°$의 직각삼각형 비율은 $1:2:\sqrt{3}$이다.

이를 적용하면 대각선이 2에서 50으로 변했으므로 밑변 P_x는 1에서 25,

높이 P_y는 $\sqrt{3}$에서 $25\sqrt{3}$이 된다.

정답 ③

③ 모멘트와 힘의 평형

1. 모멘트

힘이 어떤 점에 대하여 회전시키려고 하는 작용을 모멘트라고 한다. 물체가 회전하면 모멘트가 존재하지만 물체가 회전하지 않고 정지상태에 있다면 모멘트는 0이 된다.

(1) 계산

모멘트	=	힘	×	수직거리
M (N·m)	=	P (N)	×	L(m)

(2) 부호

시계방향 : (+), 반시계방향 : (−)

KEY

예제 6 **점 0에 대한 힘의 모멘트 크기(kN·m)로 옳은 것은? (단, 시계방향 +, 반시계방향 −)**

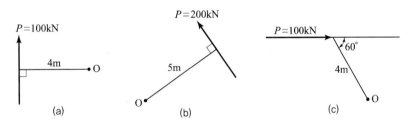

① $a = 400$, $b = -1,000$, $c = -200\sqrt{3}$

② $a = 400$, $b = -1,000$, $c = 200\sqrt{3}$

③ $a = 400$, $b = 1,000$, $c = 400$

④ $a = -400$, $b = -1,000$, $c = 400$

해설

(1) 모멘트는 힘×수직거리에서 $100\text{kN} \times 4\text{m} = 400\text{kN·m}$, 시계방향이므로 부호는 (+)이다.

(2) 모멘트 값은 $200\text{kN} \times 5\text{m} = 1,000\text{kN·m}$, 회전 방향이 반시계이므로 부호는 (−)이다.

(3) 모멘트 값을 구하기 위해서는 기준점에서 수직거리가 필요하다. 직각삼각형 비율을 적용하면 O점에서 힘까지의 수직거리는 끼인각 60° 직각삼각형의 높이 값이다.
즉, $100\text{kN} \times 2\sqrt{3} = 200\sqrt{3}\ \text{kN·m}$이고 부호는 시계방향이므로 (+)이다.

정답 ②

2. 우력(짝힘)

(1) 정의

크기가 같고 방향이 반대인 서로 평행한 한 쌍의 힘으로 다른 작용선상에서 나타낼 수 있는 힘을 우력이라 하고 이때의 모멘트를 우력(짝힘) 모멘트라 한다.

합력 $R = P - P = 0$

모멘트 크기 $= P \times L$(시계방향 +)

(2) 특징

① 수직 합력 R은 0이나 그 크기는 모멘트로 표시된다. 따라서 우력이 작용하면 물체는 회전 운동을 하게 된다.

② 임의의 점에서 우력 모멘트는 [힘×우력간 거리]로 항상 일정하다. 즉, 회전 중심을 어디로 잡아 계산을 하더라도 모멘트의 값은 변하지 않는다.

합격 KEY

예제7 아래 그림의 모멘트를 우력으로, 우력을 모멘트로 표현하시오.

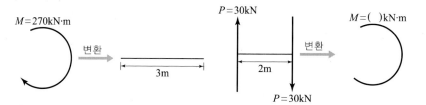

해설

(1) 모멘트 크기와 방향이 270kN·m 시계방향이므로 힘의 방향은 왼쪽은 위, 오른쪽은 아래 방향으로 해주어야 한다. 수직간격×힘이 270kN·m가 되려면 수직간격이 3m이므로 힘은 90kN이 되어야 한다.

(2) 우력모멘트 크기는 수직간격×힘 이므로 30kN×2m, 즉 모멘트 크기는 60kN·m가 되고 시계방향이므로 화살표로 방향표시까지 해준다.

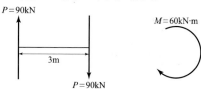

핵심 **KEY**

예제 8 A, B, C, D, E 각 점에서의 모멘트 크기(kN·m)로 옳은 것은? (단, 시계방향 +, 반시계방향 −)

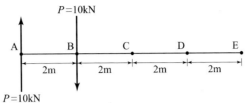

① A=−20　　　　　B=20　　　C=−40　　　D=60　　　E=80

② A=20　　　　　B=−20　　　C=40　　　D=60　　　E=−80

③ A=20　　　　　B=−20　　　C=40　　　D=−60　　　E=80

④ 20으로 모두 같다.

해설

$M_A = 2m \times 10kN = 20kN \cdot m$ (시계방향)

$M_B = 2m \times 10kN = 20kN \cdot m$ (시계방향)

$M_C = (4m \times 10kN) - (2m \times 10kN) = 20kN \cdot m$ (시계방향)

$M_D = (6m \times 10kN) - (4m \times 10kN) = 20kN \cdot m$ (시계방향)

$M_E = (8m \times 10kN) - (6m \times 10kN) = 20kN \cdot m$ (시계방향)

주어진 힘을 살펴보면 평행하게 같은 힘이 서로 반대방향으로 작용 즉, 짝힘이 주어진 상태이다. 그렇기에 사실 어느 점에서 모멘트를 구해도 전부 그 값은 우력모멘트와 같은 값인 20kN·m(시계방향)가 된다.　　　　　정답　④

3. 바리뇽(Varignon)의 정리(모멘트에 관한 정리)

(1) 정의

여러 힘들의 합력 모멘트는 각 분력의 모멘트의 합과 같다.

(2) 적용

작용점이 다른 나란한 힘들에 대한 합력의 작용위치(x)를 구할 수 있다.

(3) 순서

작용점 거리 x를 구하기 위한 순서이다.

step1. 합력 R의 크기와 위치를 구한다.

step2. 문제에서 제시한 기준점에서 모멘트의 크기를 구한다.

step3. (step2.)에서 구한 모멘트와 같은 크기, 방향이 되도록 합력 R의 위치를 정해준다.

(4) 주의

바리뇽의 정리는 어느 점에서도 성립되지만 합력모멘트를 취하는 점과 분력 모멘트를 취하는 점은 일치해야 한다. 반드시 같은 점에 대해서 계산한다.

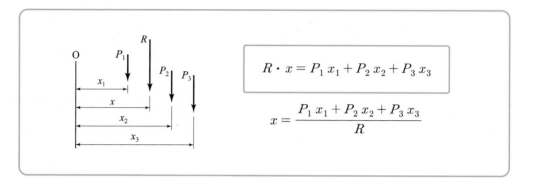

$$R \cdot x = P_1 x_1 + P_2 x_2 + P_3 x_3$$

$$x = \frac{P_1 x_1 + P_2 x_2 + P_3 x_3}{R}$$

KEY

예제 9 **아래 그림에서 세 힘의 합력의 작용점의 거리와 방향으로 옳은 것은?**

① 0점으로부터 오른쪽으로 2.5m

② 0점으로부터 오른쪽으로 3.5m

③ 0점으로부터 왼쪽으로 2.5m

④ 0점으로부터 왼쪽으로 3.5m

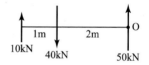

해설

step1. 합력 R의 크기와 방향을 구한다. $R = 10 - 40 + 50 = 20$kN ↑

step2. 기준점에서 모멘트 구한다. $M_o = 10 \times 3 - 40 \times 2 = -50$kN·m ↻

step3. 합력 R의 위치를 지정한다. 합력(20kN↑)을 0점으로부터 오른쪽 2.5m 지점에 위치시켜야 세 힘의 모멘트와 같은, 즉 -50kN·m 반시계방향의 모멘트가 발생한다.

정답 ①

4. 힘의 이동성의 원리(등가하중의 원리)

(1) 작용선의 원리

강체에 작용하는 힘은 동일한 작용선상에서 이동시켜도 그 효과는 같다.

(2) 힘의 변환

힘을 다른 점으로 이동시키면 크기와 방향이 같은 한 개의 힘과 우력이 생긴다.

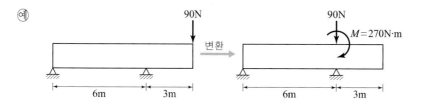

왼쪽에서 오른쪽으로 힘의 변환을 하면서 같은 힘의 크기 표현을 위해 $90\text{N} \times 3\text{m}$의 시계방향 모멘트가 새로 생겼다.

5. 정역학적 힘의 평형

역학에서 평형상태란 정적평형으로 정지상태를 의미한다. 합력이 0인 상태

(1) 힘의 평형 조건

힘이 평형을 이루고 있을 때, 다음 세 가지 조건을 만족하고 있다.

① 수평 분력의 힘의 합계가 0이다. $\sum F_x = 0$

② 수직 분력의 힘의 합계가 0이다. $\sum F_y = 0$

③ 힘의 모멘트 합계가 0이다. $\sum M = 0$

핵심 **KEY**

예제 10 **아래 사각형의 물체가 정지 상태에 있다. 힘 P_1, P_2, P_3의 크기와 방향을 각각 구하시오.**

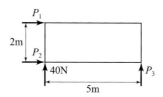

해설

물체가 정지 상태라는 것은 물체가 평형 상태에 있다는 것이다.

평형방정식 $\sum F_x = 0$, $\sum F_y = 0$, $\sum M = 0$을 활용한다. 우선 위아래 더한 값이 0이되려면 P_3는 위로 40N을 상쇄시킬 수 있는 아래로 40N이 되어야 한다. 그렇게 되면 크기가 200N·m의 시계방향 짝힘이 생기고 이를 상쇄시키기 위해 반시계 방향의 모멘트가 필요하다. P_1, P_2를 크기가 200N·m 반시계방향의 짝힘 모멘트로 만들어줘야 한다. 간격이 2m이므로 $P_1 = 100\text{N}$, 왼쪽으로 $P_2 = 100\text{N}$ 오른쪽으로 작용하게 하면 반시계 방향의 200N·m의 모멘트가 발생하여 물체가 평형상태가 된다.

$\therefore$ $P_1 = 100\text{N}(\leftarrow)$, $P_2 = 100\text{N}(\rightarrow)$, $P_3 = 40\text{N}(\downarrow)$

정답 $P_1 = 100\text{N}(\leftarrow)$, $P_2 = 100\text{N}(\rightarrow)$, $P_3 = 40\text{N}(\downarrow)$

(2) 자유물체도

① 설명

구조물이 평형 상태일 때 그 일부를 떼어도 평형 조건을 만족해야 한다. 따라서 구조물의 일부를 떼어 평형조건을 만족하도록 그린 그림을 자유물체도라 하고 자유물체도 상에서 평형조건은 만족되어야 한다.

② 그리는 순서

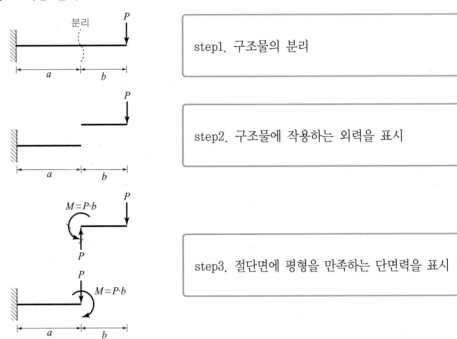

step1. 구조물의 분리

step2. 구조물에 작용하는 외력을 표시

step3. 절단면에 평형을 만족하는 단면력을 표시

③ 구조물에 적용

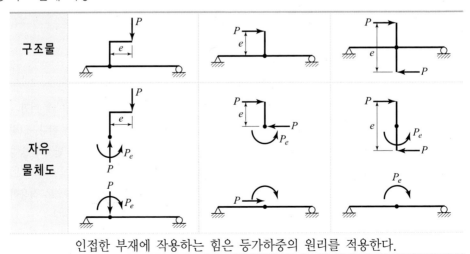

	구조물		
자유물체도			

인접한 부재에 작용하는 힘은 등가하중의 원리를 적용한다.

④ 부재력의 해석

1. 부재력의 부호

부재의 인장, 압축 부호는 절점을 기준으로 힘이 나가면 인장, 힘이 들어오면 압축이 된다.

절점 기준	구조물 & 부재 기준
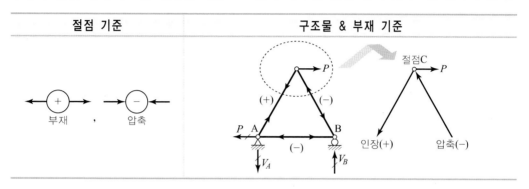	

2. 부재력의 해석법

(1) Sin법칙을 이용한 해석(라미의 정리)

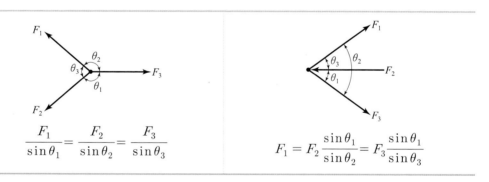

$$\frac{F_1}{\sin\theta_1} = \frac{F_2}{\sin\theta_2} = \frac{F_3}{\sin\theta_3}$$

$$F_1 = F_2\frac{\sin\theta_1}{\sin\theta_2} = F_3\frac{\sin\theta_1}{\sin\theta_3}$$

(2) 시력도를 이용한 해석

① 정의

작용점이 같은 평형상태에 있는 힘들을 평행이동 시켜 다각형이 폐합됨을 이용한 기하학적 풀이방법

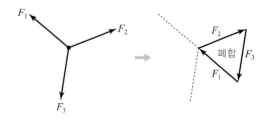

② 특징

a. 합력의 크기와 방향을 구할 수 있다.

b. 눈에 보이는 다각형의 기하학적 관계를 통해 힘의 크기를 구할 수 있다.

c. 힘이 3개를 초과해 발생하면 계산이 번거롭다.

핵심 **KEY**

예제 11 아래 구조물에 하중 60kN이 작용중이다. T_1에 걸리는 힘의 크기(kN)와 종류로 옳은 것은?

① 30, 압축
② 30, 인장
③ 60, 압축
④ 60, 인장

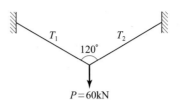

해설

사인법칙을 적용하면 $\dfrac{60}{\sin 120°} = \dfrac{T_1}{\sin 120°} = \dfrac{T_2}{\sin 120°}$ 에서 $T_1 = T_2 = 60\,\text{kN}$

부재에 작용하는 힘의 종류는 60kN의 작용점이 아래로 향하고 있으므로 나머지 힘 T_1, T_2 모두 절점에서 멀어지는 인장이 되어야 수직뿐만 아니라 수평력의 힘의 평형이 맞는다.

정답 ④

핵심 **KEY**

예제 12 아래 로프에 생기는 힘(F_{AC})의 크기(kN)와 종류를 구하시오.

① $100\sqrt{3}$, 압축
② $100\sqrt{3}$, 인장
③ 200, 압축
④ 200, 인장

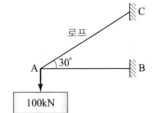

해설

평형상태이므로 시력도를 그려주면 오른쪽 그림과 같다.
30° 직각삼각형 비율을 넣으면 높이가 1, 빗변이 2, 밑변이 $\sqrt{3}$이 된다. 1이 100이 되어야 하므로 각 변에 100씩 곱해준다.

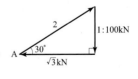

∴ 로프(빗변)=200kN
힘의 종류는 100kN이 아래 방향으로 향하므로 세로 힘은 오직 대각선에서만 잡아줄 수 없으므로 대각선 힘이 위쪽으로 향해야 하므로 오른쪽으로 새로운 수평힘이 생기고 나머지 가로힘 F_{AB}는 왼쪽으로 향해야 한다. 그러므로 A점이 기준이므로 F_{AC}는 절점으로부터 멀어지는 인장이 되고 F_{AB}는 절점으로 들어오는 압축이 된다.

정답 ④

(3) 힘의 분력을 이용한 해석

주어진 힘을 분해 수평, 수직분력을 구한 후 평형방정식을 순차적으로 해나가며 해석하는 방법

① $\sum F_x = 0$

$F_{1x} + F_{4x} = F_{2x} + F_{3x}$

② $\sum F_y = 0$

$F_{1y} + F_{2y} = F_{3y} + F_{4y}$

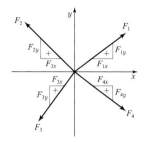

(4) 힘의 분력을 이용한 해석의 응용

① 가정법

부재력이 주어지지 않을 경우 최초의 하나의 부재를 미지수로 가정하여 힘의 평형조건을 통해 부재력을 구한다.

② 연립방정식

순서대로 해서 부재력이 나오지 않을 경우 연립방정식을 활용하여 부재력을 구한다.

핵심 KEY

예제 13 0점에서 3개의 힘이 평형상태에 있다. $P=10\text{kN}$일 때 힘 P_2의 크기와 종류로 옳은 것은?

① $\sqrt{2}$, 압축

② $\sqrt{2}$, 인장

③ $\sqrt{3}$, 압축

④ $\sqrt{3}$, 인장

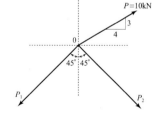

해설

문제를 풀기에 앞서 미지의 힘 P_1과 P_2를 인장(부호, +)으로 가정을 한 후 힘을 분해 미지수$(x,\ y)$를 넣어 아래와 같이 힘의 크기와 방향을 표시해준다.

그리고 힘의 평형조건식에 대입한다.

$\sum V = 0 \uparrow (+) : 6 - x - y = 0$

$\sum H = 0 \rightarrow (+) : 8 + y - x = 0$

위의 식을 연립해서 풀어주면 $x=7$, $y=-1$이다.

$\therefore P_1 = 7\sqrt{2}\,\text{kN}$, $P_2 = -\sqrt{2}\,\text{kN}$

처음에 가정을 (+) 즉, 인장으로 하였기에 P_1과 같이 (+)값이 나오면 인장,

P_2와 같이 (−)값이 나오면 압축이 된다.

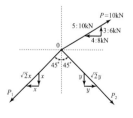

정답 ①

⑤ 마찰

▶ 두 물체의 접촉면에서 물체의 운동을 방해하는 힘, 물체의 운동 방향과 반대 방향으로 작용

1. 미끄럼 마찰

마찰력=수직반력×마찰계수

(1) 평면에서의 마찰

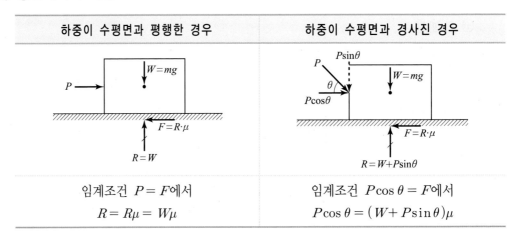

하중이 수평면과 평행한 경우	하중이 수평면과 경사진 경우
임계조건 $P = F$에서 $R = R\mu = W\mu$	임계조건 $P\cos\theta = F$에서 $P\cos\theta = (W + P\sin\theta)\mu$

KEY

예제14 마찰계수가 0.75일 때, 아래 물체의 이동여부를 검토하시오.

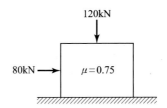

해설

수직힘을 좌우힘 마찰력으로 바꿔주기 위해서는 마찰계수를 곱해주어야 한다. 마찰계수가 0.75 즉, $\frac{3}{4}$이므로 마찰력은 $120 \times \frac{3}{4} = 90\text{kN}$이 된다. 오른쪽으로 미는 80kN에 대해 진행방향과 반대인 버티는 힘, 즉 마찰력이 90kN이므로 물체는 활동하지 않고 정지 상태에 있다.

∴ 이동하지 않고 정지 상태에 있다.

(2) 경사면에서의 마찰

밀려 내려가지 않기 위한 힘	밀어 올리는 데 필요한 힘
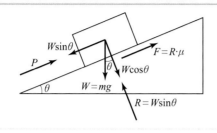	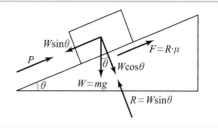
마찰력의 방향이 상향 임계조건	마찰력의 방향이 하향 임계조건
$P = W\sin\theta - F = W(\sin\theta - \cos\theta \cdot \mu)$	$P = W\sin\theta + F = W(\sin\theta + \cos\theta \cdot \mu)$

① 밀려 내려가지 않기 위한 힘= 물체가 내려가려는 힘-마찰력

② 밀어 올리는 데 필요한 힘= 물체가 내려가려는 힘+마찰력

그러므로 물체를 밀어 올릴 때 더 많은 힘이 소요된다.

핵심 KEY

예제15 아래 경사면에 작용하고 있는 힘 P_1, P_2, 마찰력 F를 구하시오.
(단, 마찰계수는 μ를 사용)

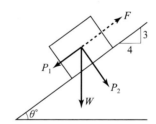

해설

삼각형 닮음을 통해 W는 대각선 5가 되고 밑변 4는 P_2
높이 3은 P_1이 된다. P_1, P_2를 W에 대해서 표현하면

$$P_1 = \frac{3}{5}W, \quad P_2 = \frac{4}{5}W$$이 된다.

마찰력(F)은 수직힘×마찰계수(μ) 이므로

$$\frac{4}{5}W \cdot \mu$$이다.

$$\therefore \ P_1 = \frac{3}{5}W, \ P_2 = \frac{4}{5}W, \ F = \frac{4}{5}W \cdot \mu$$

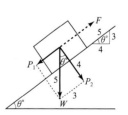

2. 마찰력의 일반적 성질

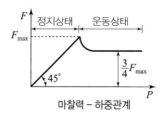

마찰력 – 하중관계

(1) 마찰력은 수직반력과 마찰계수에 비례한다.

(2) 마찰력은 물체의 운동방향과 반대로 작용한다.

(3) 정지 마찰계수는 운동 마찰계수보다 항상 크다.

(4) 마찰력은 접촉면적, 미끄럼 속도와 무관하다.

(5) 최대정지마찰력은 물체가 움직이려는 순간 발생한다.

(6) [수평방향 외력 ≤ 마찰계수×수직반력]은 정지상태

　　[수평방향 외력 > 마찰계수×수직반력]은 운동상태

3. 옹벽, 댐의 안정 해석

구조물이 안전하고 제 기능을 발휘하기 위해서는 침하, 활동, 전도에 대한 안전이 충족되어야 한다.

(1) 침하 : 침하량이 기준치 이하가 되어야 한다. 역학에서는 따로 다루지 않는다.

(2) 활동 : 마찰력으로 검토를 하며 수평방향 외력보다 마찰력이 크거나 같아야 구조물이 활동하지 않는다.

(3) 전도 : 모멘트로 검토를 하며 전도 모멘트 보다 복원 모멘트가 크거나 같아야 구조물이 전도되지 않는다.

(4) 안전율 : 안전율은 [저항능력/작용외력]으로 문제에서 주어지지 않은 경우 1로 본다.

핵심 **KEY**

예제 16 아래 구조물의 활동과 전도 안전성에 대해서 검토한 것으로 옳은 것은?
(단, 활동에 대한 안전율은 2, 전도에 대한 안전율은 3, 마찰계수 $\mu=0.75$)

① 활동-안정, 전도-안정
② 활동-불안정, 전도-안정
③ 활동-안정, 전도-불안정
④ 활동-불안정, 전도-불안정

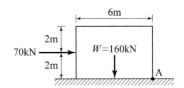

해설

(1) 활동에 대해 검토

오른쪽으로 외력 70kN와 마찰력을 비교한다.

오른쪽으로 외력이 70kN이므로 버티는 마찰력을 구해서 비교해보면 된다.

마찰력(F)=수직력×마찰계수(μ), $F = 160 \times \dfrac{3}{4} = 120$kN이다.

하지만 활동에 대한 안전율 2가 주어졌으므로 버틸 수 있는 힘 120kN을 안전율 2로 나누어준다. 즉 버티는 마찰력은 60kN이 된다.

∴ 수평하중 70kN > 마찰력 60kN 구조물은 활동하게 된다.

(2) 전도에 대해 검토

전도에 대한 안정검토는 저항 모멘트와 전도 모멘트를 비교해야 한다. 모멘트의 기준점을 먼저 결정해야하는데 위의 구조물의 경우 오른쪽 맨 밑의 A점을 기준으로 모멘트를 계산한다.

전도 모멘트는 구조물을 넘어트리려는 모멘트이다.

전도 모멘트=힘×수직거리=70kN×2m=140kN·m (시계방향)

저항 모멘트는 전도에 버티는 모멘트이다.

저항 모멘트=자중(힘)×수직거리=160kN×3m (반시계방향)

하지만 전도에 대한 안전율 3이 주어졌으므로 버틸 수 있는 저항 모멘트 160kN×3m를 안전율 3으로 나누어준다. 즉, 저항 모멘트는 160kN·m가 된다.

∴ 전도모멘트 140kN·m < 저항모멘트 160kN·m

구조물은 전도에 대해 안전하다.

정답 ②

01 다음 설명 중 옳지 <u>않은</u> 것은?

① 우력의 합은 0이며 그 크기는 우력모멘트로 표시한다.

② 세 개의 힘 P_1, P_2, P_3가 서로 균형되어 있을 때 이 세 개의 힘은 동일 평면상에 있고 1점에서 만난다.

③ 임의 점의 우력모멘트는 항상 일정하다.

④ 힘의 3요소는 작용선, 크기, 방향이다.

힘의 3요소는 크기, 방향, 작용점이다. 작용선은 3요소에 포함되지 않는다.

02 다음 그림에서 A점에서 대한 모멘트 값[N·m]은?

① 30

② 35

③ 40

④ 45

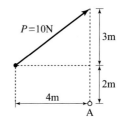

힘 P를 수평분력(P_H)과 수직분력(P_V)으로 나누면

$$P_H = 10 \times \frac{4}{5} = 8\text{N}$$

$$P_V = 10 \times \frac{3}{5} = 6\text{N}$$

$$\therefore \ M_A = (8\text{N} \times 2\text{m}) + (6\text{N} \times 4\text{m}) = 40\text{N} \cdot \text{m} \ (시계방향)$$

03 다음 그림에서와 같이 우력이 작용할 때 각 점의 모멘트에 관한 설명 중 옳은 것은?

① ⓑ점의 모멘트가 제일 작다.

② ⓓ점의 모멘트가 제일 크다.

③ ⓐ와 ⓒ점의 모멘트의 크기는 같으나
   방향이 서로 반대이다.

④ ⓐ, ⓑ, ⓒ, ⓓ 모든 점의 모멘트는 같다.

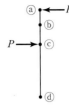

해설

크기는 같고 방향이 반대인 한쌍의 힘을 우력이라 하고, 이들 우력에 의해 생기는 모멘트를 우력 모멘트라 하며 우력 모멘트의 크기는 그 작용위치와 관계없이 항상 일정하다.

$$\therefore M_a = M_b = M_c = M_d$$

04 한 점에 작용하지 않는 몇 개의 힘을 원점으로 이동하여 합성한 결과가 다음 그림과 같다. 이때 합력의 원점 O에 대한 편심거리 e는?

① $e = 1.0\,\text{m}$

② $e = 2.0\,\text{m}$

③ $e = 5.0\,\text{m}$

④ $e = 10\text{m}$

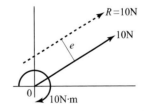

해설

여러 힘의 합력 $R = 10\text{N}$이고, 그 위치는 원점으로부터 e만큼 떨어져 있다.

이 합력을 원점으로 이동시켜보니 합력의 크기와 방향이 같게 10N의 힘과 원점에 10N·m의 모멘트가 나타났다. 즉, 10N·m의 모멘트는 $(R \times e)$에 의한 결과이므로

$$R \times e = 10\text{N·m}$$

$$\therefore e = 1\text{m}$$

05 다음 그림에서 P_1과 R 사이의 각 θ를 나타낸 것은?

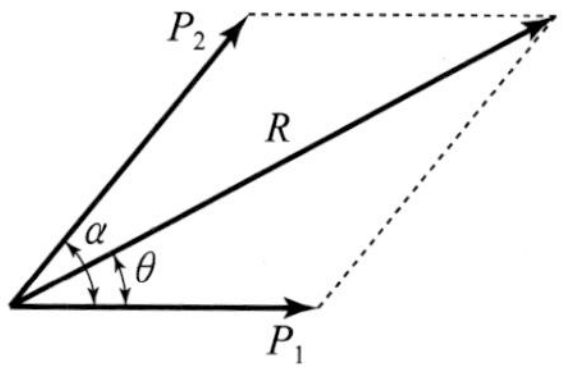

① $\tan\theta = \dfrac{P_2 \cdot \cos\alpha}{P_2 + P_1 \cdot \cos\alpha}$

② $\tan\theta = \dfrac{P_2 \cdot \cos\alpha}{P_1 + P_2 \cdot \sin\alpha}$

③ $\tan\theta = \dfrac{P_2 \cdot \sin\alpha}{P_1 + P_2 \cdot \cos\alpha}$

④ $\tan\theta = \dfrac{P_2 \cdot \sin\alpha}{P_1 + P_2 \cdot \sin\alpha}$

> 해설
>
> $\tan\theta = \dfrac{\text{높이}}{\text{밑변 길이}}$ 이다.
>
> $\tan\theta = \dfrac{P_2 \sin\alpha}{P_1 + P_2 \cos\alpha}$

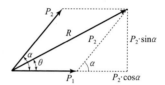

06 바리뇽(Varignon)의 정리 내용 중 옳은 것은?

① 여러 힘의 한 점에 대한 모멘트의 합과 합력의 그 점에 대한 모멘트는 우력 모멘트로서 작용한다.

② 여러 힘의 한 점에 대한 모멘트의 합은 합력의 그 점에 대한 모멘트보다 항상 작다.

③ 여러 힘의 한 점에 대한 모멘트를 합하면 그 점에 대한 모멘트보다 항상 크다.

④ 여러 힘의 임의의 한 점에 대한 모멘트의 합은 합력의 그 점에 대한 모멘트와 같다.

> 해설
>
> Varignon의 정리
> 여러 힘의 임의의 한 점에 대한 모멘트의 합은 합력의 그 점에 대한 모멘트의 크기와 같다.

07 다음 그림에서 합력의 위치 x의 값은?

① 6 cm ② 9 cm

③ 10 cm ④ 12 cm

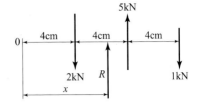

> **해설**
>
> 우선 합력의 크기를 구한다. $R=-2+5-1=2kN(\uparrow)$
>
> 0점에서 모든 모멘트의 합은 합력의 그 점에 대한 모멘트의 크기와 같으므로
> (시계방향 +, 반시계방향 −)
>
> $-2kN \times x = 2kN \times 4cm - 5kN \times 8cm + 1kN \times 12cm$
>
> $\therefore \ x = 10cm$

08 그림과 같이 무게 18kg인 물체를 두 개의 끈으로 매달았을 때 끈 AC에 작용하는 인장력 S_1[kN]은?

① 3 ② 6

③ 9 ④ 12

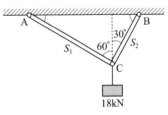

> **해설**
>
> 라미의 정리 $\dfrac{S_1}{\sin\theta_1}=\dfrac{S_2}{\sin\theta_2}=\dfrac{S_3}{\sin\theta_3}$ 를 이용한다.
>
> $\dfrac{S_1}{\sin 150°}=\dfrac{18kN}{\sin 90°}$ $\therefore \ S_1=9kN$(인장)

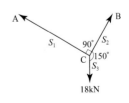

09 그림과 같이 R의 작용점에서 6m 및 2m 떨어진 점에 작용하고 R에 평행한 두 힘 P_1과 P_2로 분해할 때 P_1의 크기[kN]는?

① 2.5　　　　　② 3

③ 3.5　　　　　④ 4

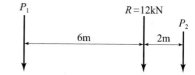

해설

P_2에서 모멘트를 잡았을 때 합력의 모멘트와 P_1의 모멘트 크기는 같아야 한다.

$12\text{kN} \cdot 2\text{m} = P_1 \cdot 8\text{m}$

$\therefore P_1 = 3\text{kN}$

10 그림에서 D가 받는 힘의 크기[kN]는?

① 12　　　　　② 8

③ 4　　　　　④ 0

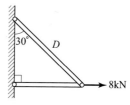

해설

8kN 이 작용하는 점을 자유물체도화 하면 오른쪽 그림과 같다.

하중 8kN은 일직선으로 나란한 부재와 균형을 이루므로 D부재는 힘이 없다.

11 그림과 같은 막대를 평형이 되도록 한다면 A점에 필요한 무게[kN]는? (단, C점은 지지점이다.)

① 130　　　　　② 110

③ 100　　　　　④ 90

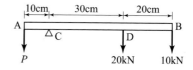

해설

평형상태이므로 C점에서 모멘트의 합도 0이 되어야 한다.

$\sum M_C = 0, \quad \curvearrowleft + : \quad -P(10) + 20(30) + 50(10) = 0 \quad \therefore P = 110\text{kN} \ (\downarrow)$

12

다음 그림과 같은 세 개의 힘이 평형상태에 있다면 C점에서 작용하는 힘 P와 BC 사이의 거리 x는?

① $P = 40\text{kN}, \ x = 3\text{m}$

② $P = 30\text{kN}, \ x = 3\text{m}$

③ $P = 40\text{kN}, \ x = 4\text{m}$

④ $P = 30\text{kN}, \ x = 4\text{m}$

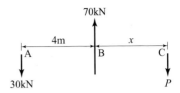

해설

평형상태이므로 평형조건($\sum V = 0$, $\sum H = 0$, $\sum M = 0$)을 이용한다.

$\sum V = 0$이므로 $-30 + 70 - P = 0$ $\quad \therefore \ P = 40\text{kN}(\downarrow)$

$\sum M_B = 0$이므로 $-30(4) + 40(x) = 0$

$\therefore \ x = 3\text{m}$

13

다음 그림과 같은 평형 구조물의 BD 부재에 작용하는 힘의 크기[kN]는?

① 5 　　　　② 10

③ 15 　　　　④ 20

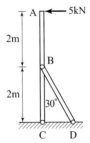

해설

BD부재를 수직과 수평성분으로 분해 후 C점에서 모멘트 힘의 평형조건 $\sum M = 0$을 사용한다.

$\sum M_C = 0 \ \curvearrowleft+ : \ BD\sin 30°(2) - 5(4) = 0$

$\therefore \ BD = 20\text{kN}$

14 그림과 같이 10cm 높이의 장애물을 하중 4N인 차륜이 넘어가는데 필요한 최소 힘 P [N]는?

① 1   ② 2

③ 3   ④ 4

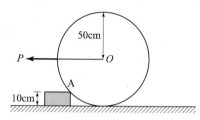

해설

하중과 수직거리를 표시해준다.

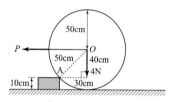

A점에서 모멘트에 의한 힘의 평형조건을 적용한다.

$\sum M_A = 0 \ \curvearrowright + : -P(40) + 4(30) = 0$

∴ $P \geq 3$N이면 넘어가게 된다.

15 그림에서 블록 A를 뽑아내는 데 필요한 힘 P [kN]는?

① 4 이상   ② 8 이상

③ 10 이상   ④ 12 이상

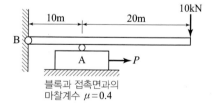

해설

블록의 마찰력을 구하려면 블록에 작용하는 수직력을 구해야 한다.

블록의 수직력을 구하기 위해 B점에서 모멘트에 의한 힘의 평형조건을 적용하면

$\sum M_B = 0 \ \curvearrowright + : -P_A(10) + 10(30) = 0$

∴ $P_A = 30$kN(↑)

수직력×마찰력보다 수평력 P가 더 커야 블록이 뽑히게 된다.

$30\text{kN} \times 0.4 \leq \text{P}$

∴ $P \geq 12$kN

16 다음 그림에서 A~D점에 작용하는 여섯 개의 힘에 대한 E점의 모멘트[kN · m]의 합은? (단, 부호의 규약은 시계방향을 ⊕로 한다.)

① −26   ② −38

③ 26   ④ 38

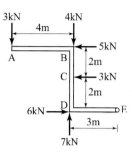

해설

$$M_E = -3(7) + (7-4)(3) - 5(4) - 3(2) = -38 kN \cdot m$$

17 다음 그림에서 $P_1 = 20$kN, $P_2 = 20$kN일 때 P_1과 P_2의 합 R의 크기는?

① $10\sqrt{3}$ kN   ② $15\sqrt{3}$ kN

③ $20\sqrt{3}$ kN   ④ $25\sqrt{3}$ kN

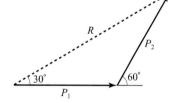

해설

위의 합력 R을 계산하기 위해 아래와 같이 힘을 표시해 준다.

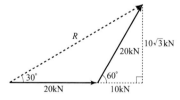

합력 R은 피타고라스정리를 이용한다. $R = \sqrt{(20+10)^2 + (10\sqrt{3})^2}$

$\therefore R = \sqrt{1,200} = 20\sqrt{3}$ kN

18 다음 힘의 O점에 대한 모멘트 값[kN · m]은?

① 24   ② 8

③ 6   ④ 12

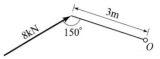

해설

모멘트 크기를 구하기 위해 O점에서 작용힘의
연장선의 수직거리를 아래와 같이 구한다.

M_0 = 힘 × 수직거리

$\quad = 8 \times 3\sin 30° = 8 \times 3 \times \dfrac{1}{2} = 12\text{kN} \cdot \text{m} \;\curvearrowright$

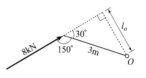

19 다음 구조물에서 A점의 모멘트 크기[kN · m]를 구한 값은?

① 1   ② 2

③ 7   ④ 9

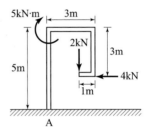

해설

$M_A \;\curvearrowright\; + \;:\; 5+2(2)-4(2)=1\text{kN} \cdot \text{m} \;\curvearrowright$

주의 모멘트 하중은 거리를 곱하지 않는다.

20 각각 100N의 두 힘이 120°의 각도를 이루고 한 점에 작용할 때 합력의 크기[N]는?

① 100   ② $100\sqrt{3}$

③ 50   ④ 150

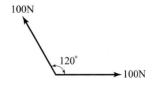

해설

두 힘의 크기가 같으므로 평행사변형법을 적용하면 합력 R은 두 힘의 중앙 60°에
위치한다. 시력도를 통해 세 힘은 폐합을 해야 하므로 세 개의 변이 100N인 정삼각
형의 시력도가 나온다.

21 그림과 같이 O점에 여러 힘이 작용할 때 합력은 몇 사분면에 위치하는가?

① 1사분면　　② 2사분면

③ 3사분면　　④ 4사분면

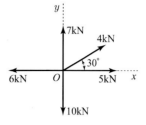

해설

대각선 4kN의 힘을 수직과 수평 분력으로 나누면

수직분력 $= 4 \cdot \sin 30°$, 수평분력 $= 4 \cdot \cos 30°$ 이 된다.

모든 수직분력($\sum V$)의 합과 수평분력($\sum H$)의 합을 통해 합력이 몇 사분면에 위치할지 알 수 있다.

$\sum V = 7 + 4 \cdot \sin 30° - 10 = -1$

$\sum H = -6 + 4 \cdot \cos 30° + 5 = 2\sqrt{3} - 1$

∴ 수직성분은 (−), 수평성분은 (+)가 되므로 합력 R은 4사분면에 위치한다.

주의 문제에서 요구한 것은 x, y축의 부호이므로 자세한 결과 값은 구하지 않는다.

22 다음 그림과 같이 방향이 서로 반대이고, 평행한 두 개의 힘이 A, B점에 작용하고 있을 때 두 힘의 합력의 작용점 위치는?

① A점에서 오른쪽으로 5cm 되는 곳

② A점에서 오른쪽으로 10cm 되는 곳

③ A점에서 왼쪽으로 5cm 되는 곳

④ A점에서 왼쪽으로 10cm 되는 곳

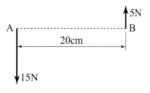

해설

두 힘의 합력은 아래로 10kN이 된다.

문제에서 A점이 기준이므로 A점에서 모멘트를 구하면 B점의 힘에 의해 반시계방향으로 $5 \times 20 = 100$N·cm 발생한다.

그리고 합력 10kN(↓)에 의해서도 같은 모멘트를 발생하게 해야 하므로 위치는 A점의 왼쪽이 되고 거리는 10cm가 된다.

23 다음 그림에서 작용하는 네 힘의 합력이 A점으로부터 오른쪽으로 4m 떨어진 곳에 상방향으로 30kN이라면 F와 P는 각각 얼마인가?

① $F = 30\text{kN}, \ P = 40\text{kN}$

② $F = 40\text{kN}, \ P = 20\text{kN}$

③ $F = 20\text{kN}, \ P = 40\text{kN}$

④ $F = 40\text{kN}, \ P = 30\text{kN}$

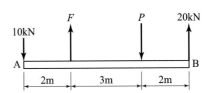

해설

먼저 합력에 의한 크기는 $-10 + F - P + 20 = 30$

$\therefore \ F = 20 + P$

A점에서 합력의 모멘트와 네 힘의 모멘트 크기가 같아야 한다.

$-30(4) = -(20 + P)(2) + P(5) - 20(7)$

$\therefore \ P = 20(\downarrow), \ F = 40(\uparrow)$

24 다음 그림과 같이 부양력(浮揚力) 300N인 기구가 수평선과 60°의 각을 이루고 정지 상태에 있을 때 기구가 받는 풍압 W 및 로프(rope)에 작용하는 힘[N] T는?

① $T = \dfrac{300}{\sqrt{2}}, \ W = \dfrac{600}{\sqrt{2}}$

② $T = \dfrac{300}{\sqrt{3}}, \ W = \dfrac{600}{\sqrt{3}}$

③ $T = \dfrac{600}{\sqrt{2}}, \ W = \dfrac{300}{\sqrt{2}}$

④ $T = \dfrac{600}{\sqrt{3}}, \ W = \dfrac{300}{\sqrt{3}}$

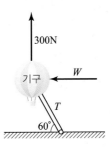

해설

위의 상태를 자유물체도화 하면 오른쪽 그림과 같다.

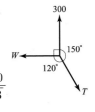

$\dfrac{T}{\sin 90°} = \dfrac{300}{\sin 120°} \qquad T = \dfrac{300}{\dfrac{\sqrt{3}}{2}} \qquad \therefore \ T = \dfrac{600}{\sqrt{3}}$

$\dfrac{W}{\sin 150°} = \dfrac{300}{\sin 120°} \qquad \dfrac{W}{\dfrac{1}{2}} = \dfrac{300}{\dfrac{\sqrt{3}}{2}} \qquad \therefore \ W = \dfrac{300}{\sqrt{3}}$

25 다음 교대에서 기초지면의 중심에서 합력 작용점의 편심거리(e)는?

① 1.4 m   ② 1.2 m

③ 1.0 m   ④ 0.8 m

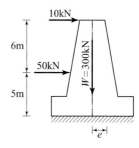

> 해설

수평하중으로 인해 기초를 전도시키려하는 힘과 자중에 의해 버티는 모멘트 크기가 같다는 조건을 통해 편심거리를 구할 수 있다.

$300 \times e = (10 \times 11) + (50 \times 5)$

$\therefore \ e = 1.2\text{m}$

26 다음 그림에서 $\overline{\text{AC}}$ 부재의 부재력[kN]은 얼마인가?

① 압축 $5\sqrt{2}$ ② 압축 $5\sqrt{3}$

③ 인장 $5\sqrt{2}$ ④ 인장 $5\sqrt{3}$

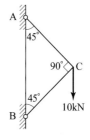

> 해설

C점을 중심으로 부재를 자른 후 자유물체도화 한다.

AC부력을 C점으로부터 멀어지게 인장으로 가정하고 수평분력과 수직분력 x로 분해한다. (45° 분해여서 수평분력과 수직분력의 크기가 같다.)

마찬가지로 BC부재력을 C점으로부터 멀어지게 인장으로 가정하고 수평분력과 수직분력 y로 분해한 후 힘의 평형조건 $\sum V = 0$, $\sum H = 0$을 적용한다.

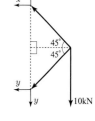

$\sum V = 0 \ \uparrow + : \ x - y - 10 = 0$ $\sum H = 0 \ \longrightarrow + : \ -x - y = 0$

$\therefore \ x = 5, \ y = -5$ AC부재는 $5\sqrt{2}\,\text{kN}$(인장), BC부재는 $5\sqrt{2}\,\text{kN}$ (압축)

27 무게 1,000N을 C점에 매달 때, 줄 $\overline{AC}$에 작용하는 장력[N]은?

① 500

② $500\sqrt{2}$

③ $500\sqrt{3}$

④ $500\sqrt{5}$

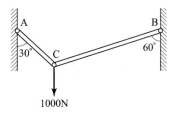

해설

라미의 정리를 이용한다.

$$\frac{AC}{\sin 120°} = \frac{1,000\text{N}}{\sin 90°}$$

$$AC = 1000 \times \frac{\sqrt{3}}{2} = 500\sqrt{3}\ \text{N}$$

28 그림과 같은 크레인(crane)에 200kN의 하중을 작용시킬 경우, AB 및 로프 AC 가 받는 힘[kN]은?

AB	AC
① 200(인장),	200(압축)
② $200\sqrt{3}$(압축),	200(인장)
③ 200(압축),	$200\sqrt{3}$(인장)
④ $200\sqrt{3}$(인장),	$200\sqrt{3}$(압축)

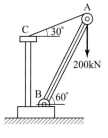

해설

힘의 평형관계를 살펴보면 AC부재는 인장, AB부재는 압축이라는 것을 쉽게 알 수 있다.

$$\frac{AB}{\sin 120°} = \frac{200}{\sin 30°} \qquad \frac{AB}{\frac{\sqrt{3}}{2}} = \frac{200}{\frac{1}{2}} \qquad \therefore\ AB = 200\sqrt{3}\ \text{kN(압축)}$$

$$\frac{AC}{\sin 30°} = \frac{200}{\sin 30°} \qquad \therefore\ AC = 200\text{kN(인장)}$$

29

역학에서 자유 물체도란?

① 구속받지 않는 한 물체의 그림이다.

② 분리된 한 물체와 이 물체가 타 물체에 작용하는 힘을 나타낸 그림이다.

③ 구조물의 지점을 제거하고 물체에 작용하는 모든 외력을 나타낸 그림을 말한다.

④ 한 물체가 다른 물체에 작용하는 힘만 나타낸 그림이다.

해설

자유물체도(Free Body Diagram)

구조물의 지점을 제거하고 물체에 작용하는 모든 외력을 나타낸 그림을 말한다.

구조물	자유물체도

30

그림과 같이 두 개의 활차를 사용하여 물체를 매달 때, 3개의 물체가 평형을 이루기 위한 θ의 값은? (단, 로프와 활차의 마찰은 무시한다.)

① $30°$ ② $45°$

③ $60°$ ④ $120°$

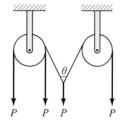

해설

θ가 있는 절점에서 서로 똑같은 세 힘 P가 평형을 이루기 위해서는 서로 $120°$의 각을 이루면 된다.

$\sum V = 0$에서 $-P + P\cos\dfrac{\theta}{2} \times 2 = 0$

$\cos\dfrac{\theta}{2} = 0.5\,(\cos 60° = 0.5$이므로$)$

$\therefore\ \theta = 120°$

31 무게 $W=120$kN인 구가 다음 그림과 같이 벽면 사이에 놓여 있다. 구와 벽면 사이의 마찰이 없다고 가정하면 E점의 반력[kN]은?

① 45

② 60

③ $60\sqrt{3}$

④ 120

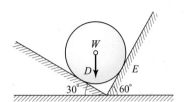

해설

힘과 반력의 관계를 그림으로 나타내면 아래와 같다.

내부 직각삼각형 비율로 하중과 반력의 비율이 정해진다.

R_D가 R_E보다 가파르게 120kN의 하중을 받치고 있으므로

하중과 부재 힘의 비율은

하중 : R_D : $R_E = 2 : \sqrt{3} : 1$

$\therefore R_E = 60$kN

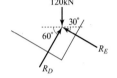

32 그림과 같이 밀도가 균일하고 무게가 W인 구(球)가 마찰이 없는 두 벽면 사이에 놓여 있을 때 반력 R_A의 크기는?

① $\dfrac{W}{\sqrt{3}}$

② $\dfrac{W}{\sqrt{2}}$

③ W

④ $2W$

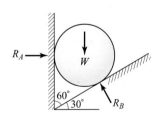

해설

R_B 성분에 대하여 힘의 평형조건 $\sum H=0$, $\sum V=0$을 적용하면 오른쪽 그림과 같다. 삼각형비율과 힘의 비율이 같다.

$R_A : R_B : W = 1 : 2 : \sqrt{3}$ $\quad \therefore R_A = \dfrac{W}{\sqrt{3}}$

33 그림과 같이 힘 $P = 600\text{kN}$을 ox, oy 방향으로 분해할 때 P_1과 P_2의 크기[kN]는?

① $P_1 = 100\sqrt{3},\ P_2 = 200\sqrt{3}$

② $P_1 = 200\sqrt{3},\ P_2 = 400\sqrt{3}$

③ $P_1 = 300\sqrt{3},\ P_2 = 400\sqrt{3}$

④ $P_1 = 323\sqrt{3},\ P_2 = 417\sqrt{3}$

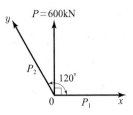

해설

$$\begin{cases} P_1 = \dfrac{600}{\sqrt{3}} = 200\sqrt{3}\,\text{kN} \\ P_2 = 600\left(\dfrac{2}{\sqrt{3}}\right) = 400\sqrt{3}\,\text{kN} \end{cases}$$

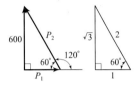

34 다음 그림에서 두 힘의 합력이 40kN이고 x축 방향의 분력 20kN이 작용한다면 0점에 직각으로 작용하는 y축 방향의 힘[kN]으로 옳은 것은?

① $5\sqrt{3}$　　　　② $10\sqrt{3}$

③ $15\sqrt{3}$　　　　④ $20\sqrt{3}$

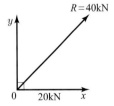

해설

직각삼각형 비율 $1 : 2 : \sqrt{3}$ 을 이용한다.

$\therefore\ oy = 20\sqrt{3}\,\text{kN}$

35

짝힘에 대한 다음 설명 중 옳지 <u>않은</u> 것은?

① 물체에 짝힘이 작용하면 합력은 0이다.

② 물체에 짝힘이 작용하면 모멘트가 생긴다.

③ 힘의 크기가 같고 방향이 같은 한 쌍의 힘이다.

④ 짝힘이 작용하면 물체는 회전한다.

해설

짝힘(우력)은 크기가 같고 방향이 반대인 서로 평행한 한 쌍의 힘으로 모멘트와 같이 물체를 회전시킨다.

36

그림과 같은 평면역계에서 모멘트가 최대인 위치로 옳은 것은?

① 모두 같다.　　② B점

③ C점　　④ D점

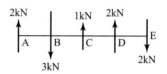

해설

위로 5kN 아래로 5kN의 같은 힘이 평행한 상태에서 서로 반대방향으로 작용하고 있는 짝힘이다. 짝힘은 어느 점에서나 모멘트 크기가 같아진다.

37

다음 그림과 같이 동일한 평면상에 작용하는 서로 나란한 힘에 대한 G점에서의 모멘트 값[kN·m]으로 옳은 것은?　(단, 시계방향 +, 반시계방향 −)

① 100　　② 120

③ −280　　④ −240

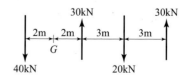

해설

$M_G = -40(2) - 30(2) + 20(5) - 30(8) = -280 \text{kN} \cdot \text{m}$

모멘트 방향은 시계방향 (+), 반시계방향(−)이다.

38 그림과 같이 양압력 200kN인 기구가 지면에 45° 각을 이루고 정지하고 있을 때 풍압(W)과 장력(T)의 크기[kN]는?

① $T=200$, $W=283$

② $T=200$, $W=200$

③ $T=283$, $W=200$

④ $T=283$, $W=283$

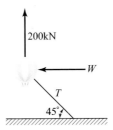

해설

힘의 평형을 유지하는 경우 힘의 크기는 선분의 길이비에 비례한다.

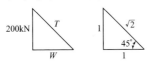

∴ 장력 $T=200\sqrt{2}=283$kN, 풍압 $W=200$kN

39 그림과 같은 직사각형의 변을 따라 짝힘이 작용할 때 균형을 유지하기 위한 하중 P의 크기[kN]는?

① 50

② 40

③ 30

④ 10

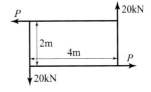

해설

힘의 평형조건을 이용한다.

주어진 상하 하중에 의해 80kN·m만큼 반시계방향으로 회전된다.

모멘트 합이 0이어야 하므로 P는 문제에서 제시한 방향과 반대로 작용하여 시계방향으로 회전되어야 한다. 그 크기는 80kN·m의 회전과 같아야 하므로

$P\times2$m$=80$kN·m   ∴ $P=40$kN·m

40 그림과 같은 구조체를 전도시키기 위하여 C점에 가해야 하는 최소의 힘[kN]으로 옳은 것은?

① 20　　　　② 30

③ 40　　　　④ 60

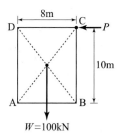

해설

전도모멘트가 저항모멘트보다 큰 경우에 전도되므로 $P(10) \geq W\left(\dfrac{8}{2}\right)$

∴ $P = 40\text{kN}$

41 그림과 같이 지름 60cm, 하중 10kN의 차륜이 15cm 높이의 장애물을 넘어가는 데 필요한 최소한의 힘 P의 크기[kN]는?

① 14.24　　　　② 15.67

③ 16.37　　　　④ 17.32

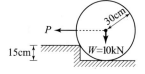

해설

차륜이 장애물을 넘어가는 순간은 평형조건을 만족하여야 한다.

넘어가는 순간의 힘과 거리를 나타내면 아래와 같다.

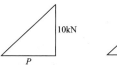　

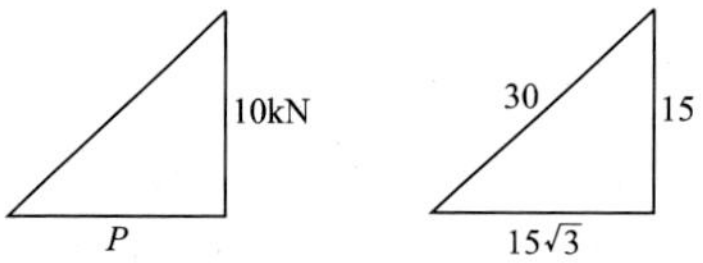

장애물모서리에서 전도모멘트와 저항모멘트를 잡아주면

$P \times 15\text{cm} \geq 10\text{kN} \times 15\sqrt{3}$

∴ $P \geq 10\sqrt{3} = 17.32$

42

다음 그림과 같은 크레인에서 폴(pole) P와 강삭선 T가 받는 힘[kN]으로 옳은 것은?

① $P=100$, $T=100$

② $P=-346.41$, $T=200$

③ $P=346.41$, $T=-200$

④ $P=-173.21$, $T=100$

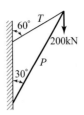

해설

자유물체도화 한 후 대각선의 힘을 수평, 수직 성분으로 분해한다.

$\sum H=0$에서 $-T\sin60°-P\sin30°=0$

$P=-\sqrt{3}\,T$ .... ①

$\sum V=0$에서 $-T\cos60°-P\cos30°-200=0$

$\dfrac{T}{2}+\dfrac{\sqrt{3}}{2}P=-200$ .... ②

①과 ②에 의해

$T=200\text{kN}(인장)$, $P=-200\sqrt{3}=-346.41\text{kN}(압축)$

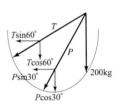

43

그림에서 3개의 평행한 힘 P_1, P_2, P_3 이외에 또 하나의 평행한 힘 P_4가 작용하여 이들의 힘에 의한 짝힘 모멘트가 700kN·m이다. P_3의 작용선상의 한 점 O에서 P_4까지의 거리[m]는?

① 2
② 4
③ 6
④ 8

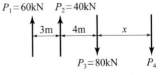

해설

우력의 특징인 상하합력이 0이며 그 크기는 모멘트(힘×우력간 거리)로 일정함을 이용한다.

(1) 합력

$R=60+40-80+P_4=0$ ∴ $P_4=-20\text{kN}(하향)$

(2) 우력모멘트

$\sum M_0=60(7)+40(4)+20x=700$ ∴ $x=6\text{m}$

44 다음 그림과 같이 물체를 걸 때 밧줄의 장력이 같다면 어느 방법이 제일 무거운 물체를 매달 수 있는가?

① (a)

② (b)

③ (d)

④ 모두 같다.

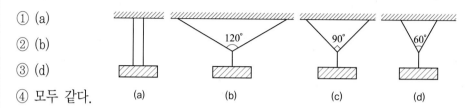

(a)   (b)   (c)   (d)

해설

부재가 수평축과 이루는 각이 클수록 무거운 물체를 매달 수 있고 각이 작을수록 장력이 크게 된다.

구조물	장력(T)	물체 무게(W)
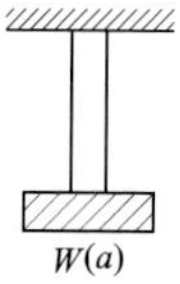 $W(a)$	$\dfrac{W_{(a)}}{2}$	$W_{(a)} = 2\,T$
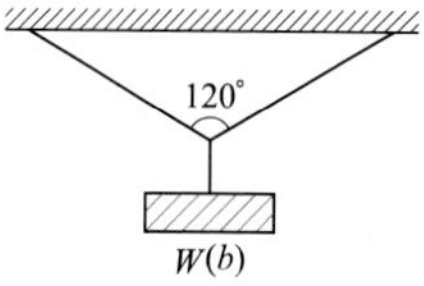 120° $W(b)$	$W_{(b)}$	$W_{(b)} = T$
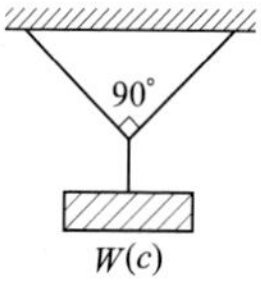 90° $W(c)$	$\dfrac{W_{(c)}}{\sqrt{2}}$	$W_{(c)} = \sqrt{2}\,T$
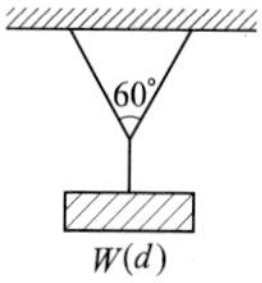 60° $W(d)$	$\dfrac{W_{(d)}}{\sqrt{3}}$	$W_{(d)} = \sqrt{3}\,T$

45 다음 세 평행력의 합력의 작용점은 B점에서 얼마의 위치에 있는가?

① 좌측으로 2m

② 우측으로 2m

③ 좌측으로 4m

④ 우측으로 3m

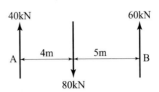

[해설]

합력의 작용점은 바리뇽의 정리를
사용하는 문제이다.

$20x = 40(9) - 80(5) = -40 \qquad x = -2m$

∴ B점에서 우측 2m에 합력이 통과

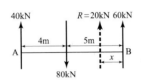

46 그림과 같은 무게 12kN의 구가 매끄러운 벽에 의해 지지되어 있을 때, A점에서의 반력 R_A[kN]와 B점에서의 반력 R_B[kN]는?

R_A $\qquad$ R_B

① 9(→) $\qquad$ 15(↘)

② 9(→) $\qquad$ 20(↘)

③ 16(→) $\qquad$ 15(↘)

④ 16(→) $\qquad$ 20(↘)

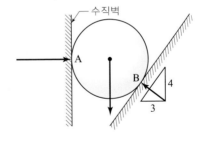

[해설]

비례법을 적용한다.

$R_A = \dfrac{4}{3} W = \dfrac{4}{3}(12) = 16kN$

$R_B = \dfrac{5}{3} W = \dfrac{5}{3}(12) = 20kN$

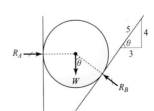

47

그림과 같은 상향력 10kN의 힘을 P_1과 P_2로 분해할 때 P_1과 P_2의 크기[kN]와 방향으로 옳은 것은?

① $P_1 = 15(\uparrow)$, $P_2 = 15(\downarrow)$

② $P_1 = 20(\uparrow)$, $P_2 = 10(\downarrow)$

③ $P_1 = 5(\uparrow)$, $P_2 = 5(\downarrow)$

④ $P_1 = 10(\uparrow)$, $P_2 = 10(\downarrow)$

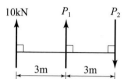

[해설]

합력 : $R = P_1 - P_2 = 10\text{kN}$

바리뇽의 정리에 의해 $10(3) = P_2(3)$

$\therefore$ $P_1 = 20\text{kN}(\uparrow)$, $P_2 = 10\text{kN}(\downarrow)$

P_1과 P_2의 합이 상향으로 10kN이 되어야 하는데
이 조건을 만족하는 보기는 ②번뿐이다.

48

그림과 같이 하중 W가 작용하는 구조물이 평형을 유지하려면 P값으로 옳은 것은? (단, $0° < \alpha < 180°$이다.)

① $\dfrac{2W}{\cos\dfrac{\alpha}{2}}$

② $\dfrac{W}{\cos\dfrac{\alpha}{2}}$

③ $\dfrac{W}{2\cos\dfrac{\alpha}{2}}$

④ $\dfrac{W}{2\cos\alpha}$

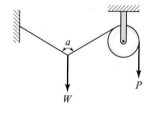

[해설]

도르래를 자유물체도화 한다. 여기에 힘의 평형조건 $\sum V = 0$을 적용한다.

$$W = 2P\cos\dfrac{\alpha}{2} \qquad P = \dfrac{W}{2\cos\dfrac{\alpha}{2}} \ \ \text{혹은} \ \ \dfrac{W}{2}\sec\dfrac{\alpha}{2}$$

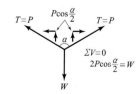

Civil Engineering

단면의 성질

단면의 성질

구조물에 하중이 작용할 때 단면의 모양에 따라 그 역학적 성질은 각각 다르다. 단면 형상이 가지는 여러 가지 기하학적·역학적 성질에 대해서 다룬다.

① 단면 1차 모멘트와 도심

1. 단면 1차 모멘트

(1) 단면 1차 모멘트 정의

임의의 직교좌표축에 대하여 단면내의 미소면적 dA와 x축까지의 거리(y) 또는 y축까지의 거리(x)를 곱하여 적분한 값을 단면 1차 모멘트(Geometrical Moment)라 한다.

$$G_x = \int_A y\,dA = A \cdot y_o$$

$$G_y = \int_A x\,dA = A \cdot x_o$$

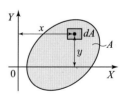

단면 1차 모멘트=단면적 x축에서부터 단면 도심까지의 수직거리

(2) 단위

단면의 도심 $(x_0,\ y_0)$을 알고 있을 경우 $G_x = Ay_0$, $G_y = Ax_0$이므로 단위는 cm³, m³이며, 부호는 축으로부터 도형 위치에 따라 (+), (−) 값을 갖는다.

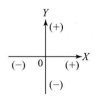

(3) 용도 및 특성

① 단면의 도심을 구할 때 사용된다.

$$x_o = \frac{Q_y}{A}, \ y_o = \frac{Q_x}{A}$$

② 보의 휨전단응력을 구할 때 사용된다.

$$\tau = \frac{Q \cdot S}{I \cdot b}$$

③ 단면의 도심을 통과하는 축에 대한 단면1차 모멘트는 항상 0이다.

(도심축에 대하여는 $x_o = 0$ 이거나 $y_o = 0$ 이므로 $Q = 0$ 이 된다.

이것은 모멘트 $M = P \times l$ 에서 $l = 0$ 이면 $M = 0$ 이 되는 것과 마찬가지 원리이다.)

 핵심 KEY

예제1 아래 도형의 X축에 대한 단면 1차 모멘트의 값(mm³)으로 옳은 것은?

① 72
② 78
③ 84
④ 90

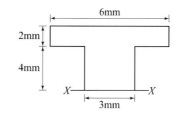

해설

복합 도형인 경우 도형을 두 개로 분리 각각 1차모멘트를 구해 더해주면 된다.

(1) (1) 도형의 1차 모멘트는

단면적×도심까지의 거리=(6×2)×5=60mm³

(2) (2) 도형의 1차 모멘트는 (4×3)×2=24mm³

(3) (1)+(2)=84mm³

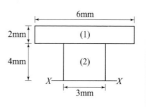

 정답 ③

2. 도심

(1) 정의

단면 1차 모멘트가 0인 점을 단면의 도심이라 하며, 도심은 그 단면의 면적 중심이 된다.

(2) 기본 도형의 도심

① 사각형, 평행사변형, 마름모, 원- 대각선의 교점

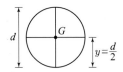

*도심까지의 길이는 부재 높이의 1/2가 된다.

② 삼각형- 세 중선의 교점

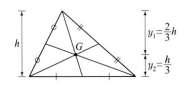

*도심이 높이를 2 : 1로 내분하는 곳에 위치

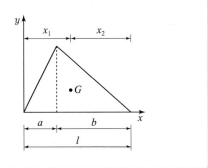

● 일반 삼각형의 x방향 도심

$$x_1 = \frac{2a+b}{3} = \frac{l+a}{3}$$

$$x_2 = \frac{a+2b}{3} = \frac{l+b}{3}$$

예제 2 아래 삼각형의 도심길이 x_o를 구하시오.

(1) y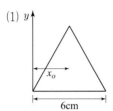
6cm

(2) y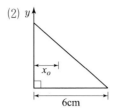
6cm

(3) y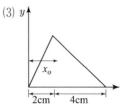
2cm 4cm

해설

(1) 도형은 한가운데를 기준으로 대칭인 삼각형이므로 가로 길이의 한 가운데에 도심이 위치한다.

∴ 3cm

(2) 직각삼각형이므로 도심까지 길이는 면적이 큰 쪽으로부터 1:2의 비율이 되는 곳에 위치한다.

∴ 2cm

(3) 일반삼각형 x방향 도심 구하는 식을 이용한다.

$$x = \frac{l+a}{3} = \frac{6+2}{3}$$

∴ $\frac{8}{3}$ cm

(3) 특수단면의 면적과 도심

단면	1/4 원	1/2 원	사다리형
도형			
도심 y	$\dfrac{4r}{3\pi}$	$\dfrac{4r}{3\pi}$	$\dfrac{h(2a+b)}{3(a+b)}$
면적	$\dfrac{\pi r^2}{4}$	$\dfrac{\pi r^2}{2}$	$\dfrac{(a+b)}{2}h$

(4) 복합 도형의 도심

기본 도형인 사각형, 삼각형, 원형 등이 2개 이상 조합되어 있는 것을 복합 도형이라 한다.

① 복합 도형의 도심 구하는 순서

step1. 복합 도형을 기본 도형으로 나눈다.

step2. 기본 도형의 단면 1차 모멘트를 구한다.

step3. 구한 기본 도형의 단면 1차 모멘트를 전부 더한 다음 복합 도형의 단면 1차 모멘트를 구한다.

step4. 복합도형의 단면적을 구한다.

step5.
$$x_o = \frac{G_y}{A}, \quad y_o = \frac{G_x}{A}$$

공식을 적용하여 도심까지의 길이를 구한다.

② 복합 도형 도심 구하는 식

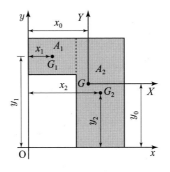

$$x_o = \frac{Q_y}{A} = \frac{A_1 x_1 + A_2 x_2}{A_1 + A_2}$$

$$y_o = \frac{Q_x}{A} = \frac{A_1 y_1 + A_2 y_2}{A_1 + A_2}$$

Tip 식에서 보면 면적 A_1, A_2에 공통인수가 있다면 약분이 가능하므로 실제 면적 대신 면적 비율을 넣고 도심을 구할 수 있다.

핵심 KEY

예제3 아래 빗금 친 도형의 도심까지 거리 y_0의 값(mm)으로 옳은 것은?

① 30

② 36

③ 42

④ 48

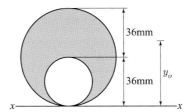

해설

(1) 구멍이 나지 않은 상태에서 도심까지 거리는 36mm이다. 밑 부분에 구멍이 났으므로 도심까지 거리는 더 위로 올라가서 36mm보다는 큰 값이 나와야 정답이다.

(2) 복합 도형의 도심 구하는 방법

step1. 지름 72mm 큰 원과, 지름 36mm 작은 원으로 나눈다.

step2. 각각 단면1차 모멘트를 구한다. (Tip 실제 면적대신 면적 비율을 이용한다.)

원의 면적은 지름이 d일 때, $\dfrac{\pi d^2}{4}$이다. 즉 지름이 2배 차이나면 면적은 4배 차이가 난다.

큰 원의 면적을 4로 놓으면 작은 원의 면적은 1이 된다.

큰 원의 단면1차 모멘트는 면적×도심까지 거리이므로 4×36, 작은 원의 단면1차 모멘트는 1×18이다.

step3. 빗금 친 도형의 단면1차 모멘트는 큰 원의 단면1차 모멘트에서 작은 원의 1차 모멘트를 빼주면 된다.

즉, $G_x = (4 \times 36) - (1 \times 18) = 126\,\text{mm}^3$

step4. 면적 비율에 의한 빗금 친 도형의 면적은 $A = 4 - 1 = 3$

step5. 마지막으로 도심 구하는 식에 대입 $y_o = \dfrac{G_x}{A} = \dfrac{126}{3} = 42\,\text{mm}$

처음에 추측한 도심의 길이가 36mm보다 큰 값이 정답이므로 옳은 값이다.

정답 ③

(5) 포물선의 도심

2차 함수	n차 함수

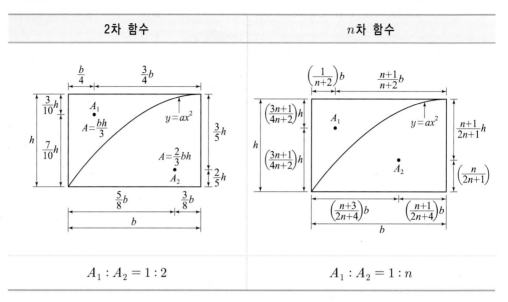

$A_1 : A_2 = 1 : 2$	$A_1 : A_2 = 1 : n$

핵심 KEY

예제 4 아래 빗금 친 2차 포물선의 y축에 대한 단면 1차 모멘트 값으로 옳은 것은?

① 64

② 128

③ 192

④ 256

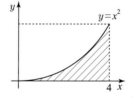

해설

1차 모멘트=면적×도심까지의 거리이므로 면적과 기준축이 y축이므로 도심까지 거리 x_0가 필요하다.

면적은 2차 포물선인 경우 사각형의 $\dfrac{1}{3}$이므로 $A = b \times b^2 \times \dfrac{1}{3}$이 된다.

도심까지 거리는 2차 포물선인 경우 밑변 b의 $\dfrac{3}{4}$이므로 $x_0 = b \times \dfrac{3}{4}$이 된다.

$$Q_y = A\,x_o = \frac{b^3}{3} \times \frac{3b}{4} = \frac{b^4}{4} = \frac{4^4}{4} = 4^3 = 64$$

정답 ①

3. 파푸스의 정리

파푸스의 정리는 회전체의 성질을 이용하여 면적과 부피를 구하는 방법으로 한 차원 낮은
값에 그 중심이 이동한 양을 곱하면 한 차원 높은 값의 크기를 구할 수 있다는 것을 말한다.

(1) 파푸스의 제1정리

회전체의 표면적은 회전시킬 곡선의 길이에 곡선중심까지의 거리와 회전각을 곱한 것

① x축 회전

단면적(A)=선분길이(L)×선분 중심까지의 거리(y_0)×θ(회전각, 단위 : 라디안)

② y축 회전

단면적(A)=선분길이(L)×선분 중심까지의 거리(x_0)×θ(회전각, 단위 : 라디안)

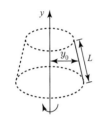

y축 회전

$$A = L \times x_0 \times \theta_y$$

표면적= 선분 길이×선분 중심까지의 거리×회전각(radian)

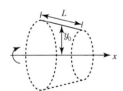

x축 회전

$$A = L \times y_0 \times \theta_x$$

표면적= 선분 길이×선분 중심까지의 거리×회전각(radian)

(2) 파푸스의 제 2정리

회전체의 체적은 회전시킬 도형의 단면적에 도형중심까지의 거리와 회전각을 곱한 것

① x축 회전

체적(V)=단면적(A)×선분 중심까지의 거리(y_0)×θ(회전각, 단위 : 라디안)

② y축 회전

체적(V)=단면적(A)×선분 중심까지의 거리(x_0)×θ(회전각, 단위 : 라디안)

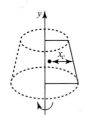

y축 회전

$$A \quad = \quad L \quad \times \quad\quad x_c \quad\quad \times \quad\quad \theta_y$$

체적 =도형 면적×도형 중심까지의 거리×회전각(radian)

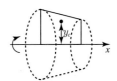

x축 회전

$$A \quad = \quad L \quad \times \quad\quad y_c \quad\quad \times \quad\quad \theta_x$$

체적 =도형 면적×도형 중심까지의 거리×회전각(radian)

핵심 KEY

예제 5 선분 AB를 x축을 기준으로 $180°$ 회전시켰을 때 생기는 표면적[cm²]은?

① 6π

② 8π

③ 10π

④ 12π

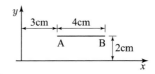

해설

단면적(A)=선분길이(L)×선분 중심까지의 거리(y_0)×θ(회전각, 단위 : 라디안)이므로

$A = 4\text{cm} \times 2\text{cm} \times \pi = 8\pi\,\text{cm}^2$

회전각 $360°$일 때 라디안 값은 2π이므로 $180°$는 π이다.

 정답 ②

❷ 단면 2차 모멘트, 극관성 모멘트, 단면 상승 모멘트

1. 단면 2차 모멘트

(1) 정의

임의의 직교좌표축에 대하여 단면내의 미소면적 dA와 양 축까지의 거리의 제곱을 곱하여
적분한 값을 단면 2차 모멘트(Moment of Inertia)라 한다.

$$I_x = \int_A y^2 \, dA$$

$$I_y = \int_A x^2 \, dA$$

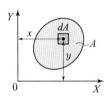

(2) 단위

단위는 단면적×거리², 즉 [(길이)²×(길이)²] 이므로 cm⁴, m⁴이고 부호는 항상(+)이다.

(3) 용도 및 특성

① 용도

아래계산에서 쓰인다.

  a. 단면계수 : $Z = \dfrac{I}{y}$ 　　b. 단면 2차 반지름 : $r = \sqrt{\dfrac{I}{A}}$

  c. 강도계산 : $K = \dfrac{I}{l}$ 　　d. 휨응력계산 : $\sigma = \dfrac{M}{I} y$

② 특성

  a. 정사각형, 정삼각형, 원형, 정다각형등과 같이 대칭인 단면의 도심축에 대한 단면2차
     모멘트 값은 모두 같다.

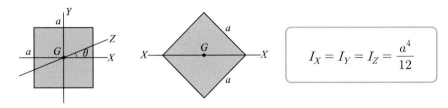

$$I_X = I_Y = I_Z = \frac{a^4}{12}$$

  b. 임의의 단면에 대한 단면2차 모멘트 값이 최소인 축은 도심축이다. 그러나 0은 아니다.
     주의 단면 1차 모멘트는 도심에서 0이다. 꼭 구분하도록 하자.

  c. 같은 단면적을 가지는 부재의 경우에 단면2차 모멘트 값이 크면 휨에 잘 견디며 변형도 작다.

d. 면적이 같은 경우 단면이 도심에서 멀리 분포할수록 단면 2차 모멘트가 크다. 면적이 같은 경우 속이 빈 단면의 단면 2차 모멘트가 속이 찬 단면 2차 모멘트보다 크다.

∴ $I_{원형} < I_{육각형} < I_{사각형} < I_{삼각형} < I_{I형}$

㉱ 단면 2차 모멘트는 도심축에서 0이 된다. (×) 단면 2차 모멘트는 0이 나올 수 없다.

단면 2차 모멘트는 도심축에서 최솟값을 가지며, 단면 1차 모멘트는 도심축에서 0이 된다. (○)

(4) 기본단면의 도심축 단면 2차 모멘트 (암기해야 문제를 풀 수 있다.)

기본도형의 단면 2차 모멘트

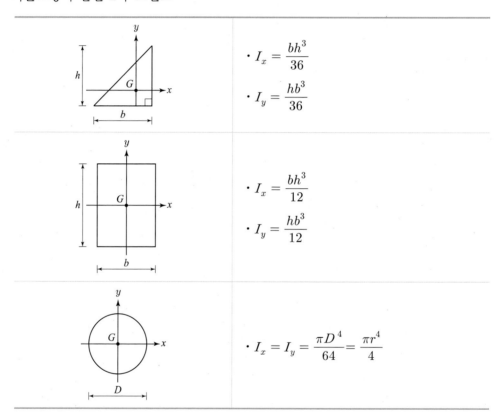

	$\cdot I_x = \dfrac{bh^3}{36}$ $\cdot I_y = \dfrac{hb^3}{36}$
	$\cdot I_x = \dfrac{bh^3}{12}$ $\cdot I_y = \dfrac{hb^3}{12}$
	$\cdot I_x = I_y = \dfrac{\pi D^4}{64} = \dfrac{\pi r^4}{4}$

2. 평행축의 정리와 복합 도형의 단면 2차 모멘트

(1) 평행축의 정리

도심축(X)과 도심까지 거리(y)를 이용하여 임의의 축(x)에 대한 단면 2차 모멘트를 구하는 식이다.

$$I_{임의의\ 축} = I_{도심\ 2차\ 모멘트} + 단면적 \cdot 도심까지의\ 거리^2$$

$$I_x = I_X + A \cdot y_0{}^2$$

(2) 기본도형의 필수 단면 2차 모멘트

아래의 값들은 앞으로 문제를 풀면서 자주 사용하는 값들이니 암기해 두도록 하자

기본도형	단면 2차 모멘트
(삼각형) h, b	$\cdot\ I = \dfrac{bh^3}{36}$ $\cdot\ I_{밑변} = \dfrac{bh^3}{36} + \dfrac{bh}{2} \times \left(\dfrac{h}{3}\right)^2 = \dfrac{bh^3}{12} = 3I$ $\cdot\ I_{꼭지점} = \dfrac{bh^3}{36} + \dfrac{bh}{2} \times \left(\dfrac{2}{3}h\right)^2 = \dfrac{bh^3}{4} = 9I$
(직사각형, 평행사변형) b, h	$\cdot\ I = \dfrac{bh^3}{12}$ $\cdot\ I_{밑변} = \dfrac{bh^3}{12} = bh \times \left(\dfrac{h}{2}\right)^2 = \dfrac{bh^3}{3} = 4I$
(원) d	$\cdot\ I = \dfrac{\pi D^4}{64}$ $\cdot\ I_{접선축} = \dfrac{\pi D^4}{64} + \dfrac{\pi D^2}{4}\left(\dfrac{D}{2}\right)^2 = \dfrac{5\pi D^4}{64} = 5I$

※ 도심축 2차 모멘트 값이 가장 최소이므로 축이 도심을 벗어날수록 그 값은 커지게 된다.

핵심 **KEY**

예제 6 **아래 도형의 I_x값(cm^4)으로 옳은 것은?**

① 132

② 142

③ 152

④ 162

해설

I_x는 임의의 x축 단면 2차 모멘트를 물어보는 것이다. x축을 기준으로 단면 도심까지의 거리 $y=5$가 된다.

$I_x = I_X + A \cdot y^2$이므로 $I_x = \dfrac{3 \times 2^3}{12} + 3 \times 2 \times 5^2 = 152 \, cm^4$

정답 ③

(3) 복합도형의 단면 2차 모멘트

기본도형으로 적절하게 나누어 도심축에 대한 단면 2차 모멘트 또는 평행축의 정리를 활용한 후 중첩시켜 문제를 푼다.

① 중공단면의 단면 2차 모멘트

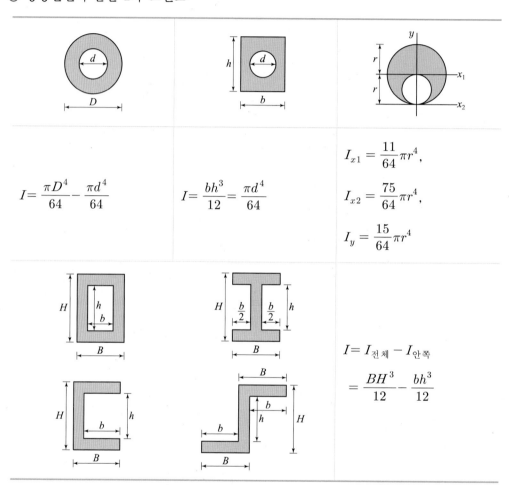

$$I = \frac{\pi D^4}{64} - \frac{\pi d^4}{64}$$

$$I = \frac{bh^3}{12} = \frac{\pi d^4}{64}$$

$$I_{x1} = \frac{11}{64}\pi r^4,$$

$$I_{x2} = \frac{75}{64}\pi r^4,$$

$$I_y = \frac{15}{64}\pi r^4$$

$$I = I_{전체} - I_{안쪽}$$

$$= \frac{BH^3}{12} - \frac{bh^3}{12}$$

② 전체 도형의 단면 2차 모멘트의 비를 이용한 계산

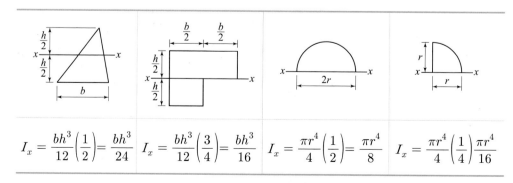

| $I_x = \dfrac{bh^3}{12}\left(\dfrac{1}{2}\right) = \dfrac{bh^3}{24}$ | $I_x = \dfrac{bh^3}{12}\left(\dfrac{3}{4}\right) = \dfrac{bh^3}{16}$ | $I_x = \dfrac{\pi r^4}{4}\left(\dfrac{1}{2}\right) = \dfrac{\pi r^4}{8}$ | $I_x = \dfrac{\pi r^4}{4}\left(\dfrac{1}{4}\right)\dfrac{\pi r^4}{16}$ |

예제7 아래 도형의 x축에 대한 단면 2차 모멘트의 값으로 옳은 것은?

① $I_x = \dfrac{h^3}{12}(2a+b)$

② $I_x = \dfrac{h^3}{24}(2a+b)$

③ $I_x = \dfrac{h^3}{12}(3a+b)$

④ $I_x = \dfrac{h^3}{24}(3a+b)$

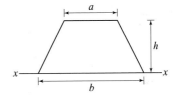

해설

문제를 풀기 위해 기본도형으로 적절하게 나누어 준다.
(1), (2) 삼각형을 x축에 대한 2차 모멘트를 각각 구한 후 중첩한다.
x축은 삼각형의 밑변에 위치하므로 두 삼각형의 단면 2차 모멘트 크기는

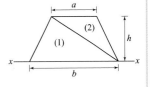

$I_{x(1)} = \dfrac{bh^3}{12}$, $I_{x(2)} = \dfrac{ah^3}{4}$ 이며, 두 식을 중첩시킨 후 정리하면

$I_x = \dfrac{h^3}{12}(3a+b)$

정답 ③

3. 극단면 2차 모멘트(극관성 모멘트), I_p

(1) 정의

단면 내의 미소면적과 그 미소면적으로부터 좌표축 원점까지의 거리의 제곱을 적분한 값

$I_P = \displaystyle\int_A c^2\,dA$ $(c^2 = x^2 + y^2$ 이므로$)$

$= \displaystyle\int_A (x^2 + y^2)\,dA$

$= \displaystyle\int_A x^2\,dA + \int_A y^2\,dA$

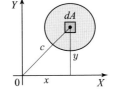

$$\therefore\ I_P = I_y + I_x$$

(2) 단위 및 부호

① 단위는 2차 모멘트의 합이므로 길이의 4제곱, 즉 cm^4, m^4이다.

② 2차 모멘트가 항상 (+)이므로 극모멘트 또한 부호는 항상 (+)이다.

(3) 기본단면의 단면 2차 극모멘트

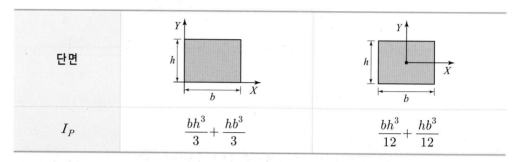

단면		
I_P	$\dfrac{bh^3}{3} + \dfrac{hb^3}{3}$	$\dfrac{bh^3}{12} + \dfrac{hb^3}{12}$

(4) 극단면 2차 모멘트의 특징

① 극관성 모멘트는 축의 회전에 관계없이 두 직교축에 대한 단면 2차 모멘트의 합으로 항상 일정한 값을 갖는다. 그러므로 극관성 모멘트는 항상 두 직교축의 단면 2차 모멘트의 합과 같다.

$$I_p = I_x + I_y = I_u + I_v$$

여기서 x, y와 u, v는 서로 직교한다.

㉔ $I_p = 100\,cm^4$인 단면이 있다. $I_x = 60\,cm^4$이면 나머지 직교축 $I_y = 40\,cm^4$가 된다.

② 극관성 모멘트는 비틀림 전단응력 또는 비틀림 변형을 산정하기 위해 이용되며 그 값이 클수록 원형봉의 비틀림 저항성이 크다.

4. 단면 상승모멘트, I_{xy}

(1) 정의

단면 내의 미소면적과 직교좌표축(x, y)까지의 거리를 각각 곱한 것을 적분한 값

$$I_{xy} = \int_A x\,y\,dA$$

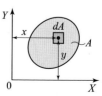

단면 상승모멘트 = 면적 × (x축 도심까지 길이) × (y축 도심까지 길이)

$$I_{xy} \qquad = A \quad \times \qquad x_0 \qquad \times \qquad y_0$$

(2) 단위 및 부호

① 단위는 면적×(x축 도심까지 길이)×(y축 도심까지 길이)이므로 길이의 4제곱, 즉 cm^4, m^4이다.

② 부호는 단면 1차 모멘트와 같이 기준 좌표축에 따라서 (+), (−) 부호를 갖는다.

※ 단면의 성질에서 부호가 음수(−) 그리고 값이 0이 될 수 있는 것은 단면 1차 모멘트와 단면 상승 모멘트 둘뿐이다.

도형의 위치	1상한	2상한	3상한	4상한
I_{xy}의 부호	$I_{xy} > 0$	$I_{xy} < 0$	$I_{xy} > 0$	$I_{xy} < 0$

(3) 특징

① 단면 상승 모멘트는 단면의 주축(2차 모멘트가 최댓값, 최솟값을 갖게 하는 축)을 산정하기 위해 이용

② 대칭축에 대한 단면 상승 모멘트는 항상 0이다.(비대칭 단면일 경우 $I_{xy} \neq 0$)

③ 단면 상승 모멘트가 0이 되는 축을 주축이라 한다. 대칭축은 주축이 된다. 그러나 주축이라 하여 반드시 대칭인 것은 아니다.

④ 단면 상승 모멘트가 0인 주축은 서로 직교한다.

⑤ 정다각형 및 원형 단면은 대칭축이 여러 개이므로 주축도 여러 개다.

핵심 KEY

예제8 아래 도형의 x, y축에 대한 단면 상승 모멘트 I_{xy} 크기(cm^4)와 부호는?

① −8

② 12

③ 16

④ −20

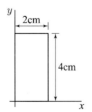

해설

$I_{xy} = A \times x_0 \times y_0$이므로 $I_{xy} = 8 \times 1 \times 2 = 16cm^4$이며, 단면이 1사분면에 위치하므로 부호는 (+)가 된다.

정답 ③

3 기타 단면의 성질

1. 단면계수, Z

(1) 정의

중립축 단면 2차 모멘트를 중립축에서 연단까지의 수직거리로 나눈 값을 단면계수라 한다.

$$Z_c = \frac{I_X}{y_c}$$

$$Z_t = \frac{I_X}{y_t}$$

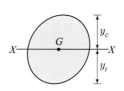

(2) 단위 및 부호

① 단위 : 단면 2차 모멘트를 길이로 나누어 준 값이다. 길이의 3제곱, 즉 mm^3, cm^3이다.

② 부호 : (+) 부호 2차 모멘트를 길이로 나누어 준 값이므로 항상 (+) 부호를 갖는다.

(3) 기본도형의 단면계수

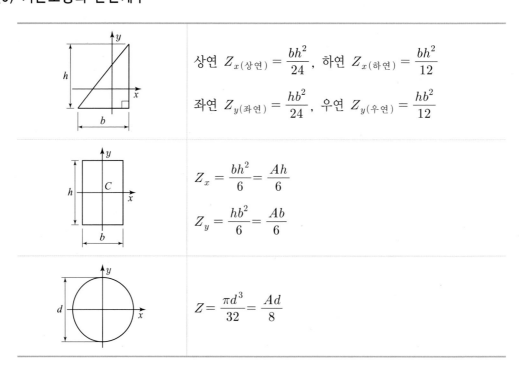

	상연 $Z_{x(상연)} = \dfrac{bh^2}{24}$, 하연 $Z_{x(하연)} = \dfrac{bh^2}{12}$ 좌연 $Z_{y(좌연)} = \dfrac{hb^2}{24}$, 우연 $Z_{y(우연)} = \dfrac{hb^2}{12}$
	$Z_x = \dfrac{bh^2}{6} = \dfrac{Ah}{6}$ $Z_y = \dfrac{hb^2}{6} = \dfrac{Ab}{6}$
	$Z = \dfrac{\pi d^3}{32} = \dfrac{Ad}{8}$

(4) 단면계수의 특징

① 최대 휨 응력을 구할 때 이용한다.

② 대칭단면일 경우 단면계수는 1개 나오며, 비대칭단면일 경우 단면계수는 2개 나오게 된다.

③ 단면계수가 클수록 휨에 대한 저항성이 크다, 따라서 휨강도는 단면계수에 비례한다.

(5) 단면계수 및 단면 2차 모멘트 최대 조건

어떠한 조건 범위 안에서 직사각형 부재의 단면계수 및 단면 2차 모멘트 값이 최대가 되게 하는 부재의 선분 비율이 있다.

구분	직사각형 단면 $b+h=c$ (일정)		삼각형을 사각형으로 제재	원형을 사각형으로 제재 $b+h=D$ (일정)	
도형					
단면 2차 모멘트 최대 조건	$b:h:c=1:3:4$		$x=\dfrac{1}{4}b$	$b:h:D=1:\sqrt{3}:2$	
	$b=\dfrac{1}{4}c$	$h=\dfrac{3}{4}c$	$y=\dfrac{3}{4}h$	$b=\dfrac{1}{2}D$	$h=\dfrac{\sqrt{3}}{2}D$
단면계수 최대 조건	$b:h:c=1:2:3$		$x=\dfrac{1}{3}b$	$b:h:c=1:\sqrt{2}:\sqrt{3}$	
	$b=\dfrac{1}{3}c$	$h=\dfrac{2}{3}c$	$y=\dfrac{2}{3}h$	$b=\dfrac{1}{\sqrt{3}}D$	$h=\dfrac{\sqrt{2}}{\sqrt{3}}D$
특징	가장 큰 값에 단위의 지수, 그 다음 값에 하나 줄인 값, 최솟값에 1을 쓴 것과 같다. (작은 두 값을 더하여 최댓값이 나오게 한다.)			피타고라스의 정리에 의해 평방근의 관계로 수정한다.	

예제9 아래 단면에서 중립축 상단의 단면계수 값(cm^3)으로 옳은 것은?

① $\dfrac{2}{3}$

② $\dfrac{4}{3}$

③ $\dfrac{5}{3}$

④ $\dfrac{7}{3}$

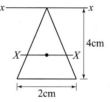

해설

상단의 단면계수이므로 $Z = \dfrac{I_X}{y_{상단}} = \dfrac{\dfrac{bh^3}{36}}{\dfrac{2h}{3}} = \dfrac{bh^2}{24} = \dfrac{2 \times 4^2}{24} = \dfrac{4}{3}\,\text{cm}^3$

정답 ②

예제10 아래 그림과 같은 지름 D인 원형단면에서 최대단면계수를 갖는 직사각형 단면을 얻으려면 $\dfrac{b}{h}$의 값은?

① $\dfrac{1}{\sqrt{2}}$

② $\dfrac{1}{2}$

③ $\dfrac{1}{\sqrt{3}}$

④ $\dfrac{1}{3}$

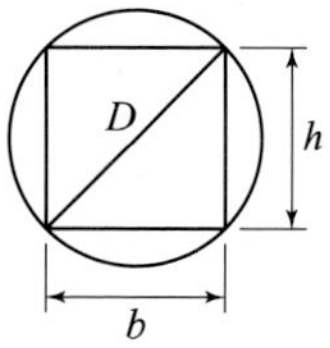

해설

앞 페이지의 (5) 단면계수 및 단면 2차 모멘트 최대 조건 표를 보면 위와 같은 조건에서 단면계수가 최대로 되는 조건은 밑변 : 높이 : 대각선의 비율이 $1 : \sqrt{2} : \sqrt{3}$ 일 때이다. 비율을 문제 $\dfrac{b}{h}$에 대입하면 $\dfrac{1}{\sqrt{2}}$ 가 된다.

정답 ①

2. 소성계수, Z_P

(1) 정의

휨에 저항하는 완전항복단면의 단면계수로서, 소성중립축 상하 단면적의 중립축에 대한 1차 모멘트이다.

$$Z_P = \frac{A}{2}(y_{0상단} + y_{0하단})$$

단, $y_{0상단}$: 면적을 절반으로 나눈 지점으로부터 상단측 도형의 도심까지 거리

$y_{0하단}$: 면적을 절반으로 나눈 지점으로부터 하단측 도형의 도심까지 거리

(2) 단위 및 부호

① 단위 : 단면적×도심까지 거리이므로 길이^3 형태이다. mm^3, cm^3

② 부호 : 항상 (+)이다.

(3) 형상계수, f

① 정의 : 부재의 소성모멘트의 항복모멘트에 대한 비로소, 부재단면의 형상과 치수에 의하여 결정되는 계수이다.

$$f = \frac{M_P}{M_y} = \frac{\sigma_y Z_P}{\sigma_y Z} = \frac{Z_P}{Z}$$

단, M_p : 소성모멘트 (단면 내부에 작용하는 모든 응력이 항복응력, σ_y에 도달하게 만드는 모멘트)

M_z : 항복모멘트 (단면의 최연단이 항복응력, σ_y에 도달하게 만드는 모멘트)

σ_y : 항복응력

Z : 단면계수

Z_P : 소성계수

② 단위 : 모멘트의 비이므로 단위가 없는 무차원이다.

(4) 기본도형의 형상계수

도형 모양	단면계수, Z $$Z = \frac{I_X}{y}$$	소성계수, Z_P $$Z_P = \frac{A}{2}(y_{o상단} + y_{o하단})$$	형상계수, f $$f = \frac{Z_P}{Z}$$
(직사각형, 밑변 b, 높이 h)	$Z = \dfrac{\frac{bh^3}{12}}{\frac{h}{2}} = \dfrac{bh^2}{6}$	$Z_P = \dfrac{bh}{2}\left(\dfrac{h}{4}+\dfrac{h}{4}\right) = \dfrac{bh^2}{4}$	$f = \dfrac{\frac{bh^2}{4}}{\frac{bh^2}{6}} = \dfrac{3}{2}$
(원, 지름 d)	$Z = \dfrac{\frac{\pi d^4}{64}}{\frac{d}{2}} = \dfrac{\pi d^3}{32}$	$Z_P = \dfrac{\frac{\pi d^2}{4}}{2}\left(\dfrac{2d}{3\pi}+\dfrac{2d}{3\pi}\right) = \dfrac{d^3}{6}$	$f = \dfrac{\frac{d^3}{6}}{\frac{\pi d^3}{32}} = \dfrac{16}{3\pi}$

핵심 **KEY**

예제 11 밑변이 b, 높이가 h인 직사각형 단면의 $\dfrac{\text{소성계수}(M_p)}{\text{항복계수}(M_z)}$의 비로 옳은 것은?

① $\dfrac{1}{3}$ 　　　　　② $\dfrac{2}{3}$

③ $\dfrac{3}{2}$ 　　　　　④ $\dfrac{5}{2}$

해설

$\dfrac{\text{소성계수}(M_p)}{\text{항복계수}(M_z)}$의 비를 형상계수($f$)라 하며 직사각형 단면의 형상계수 비는 $\dfrac{3}{2}$이다.

정답 ③

3. 회전 반지름(회전 반경, 단면2차 반경), r

(1) 정의

단면2차 모멘트를 단면적으로 나눈 값의 제곱근을 회전 반지름이라고 한다.

$$r_x = \sqrt{\frac{I_X}{A}}, \quad r_y = \sqrt{\frac{I_Y}{A}}$$

(2) 단위 및 부호

① 단위

$\sqrt{\dfrac{길이^4}{길이^2}}$ 이 되어 길이와 같은 단위를 갖는다. mm, cm

② 부호

2차 모멘트도 항상 (+), 면적도 항상 (+)이므로 회전 반지름 또한 항상 (+) 부호를 갖는다.

(3) 기본도형의 회전반경

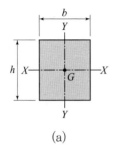

(a)

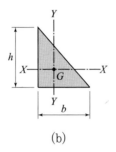

(b)

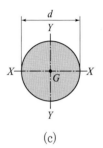

(c)

단면	치수 (mm)	단면적 A (mm^2)	도심축에 대한 단면 2차 모멘트 I_X(mm^2)	도심축에 대한 단면 2차 모멘트 I_Y(mm^2)	회전반지름 r(mm)	
					$r_X = \sqrt{\dfrac{I_X}{A}}$	$r_Y = \sqrt{\dfrac{I_Y}{A}}$
(a)	$b \times h$	bh	$\dfrac{bh^3}{12}$	$\dfrac{hb^3}{12}$	$\dfrac{h}{2\sqrt{3}}$	$\dfrac{b}{2\sqrt{3}}$
(b)	$b \times h$	$\dfrac{bh}{2}$	$\dfrac{bh^3}{36}$	$\dfrac{hb^3}{36}$	$\dfrac{h}{3\sqrt{2}}$	$\dfrac{b}{3\sqrt{2}}$
(c)	d	$\dfrac{\pi d^2}{4}$	$\dfrac{\pi d^4}{64}$	$\dfrac{\pi d^4}{64}$	$\dfrac{d}{4}$	$\dfrac{d}{4}$

(4) 회전 반지름의 특징

① 압축부재(기둥) 설계 시 이용되며, 안전성 확보를 위해 최소 회전 반지름으로 설계

② 기둥의 세장비$\left(= \dfrac{기둥\ 길이}{회전\ 반지름} \right)$를 구할 때 사용한다.

③ 좌굴에 대한 저항값으로 나타내며, 회전 반지름이 클수록 좌굴하지 않는다.

예제 12 지름이 16cm인 원단면의 회전반지름의 크기(cm)로 옳은 것은?

① 4 ② 6

③ 8 ④ 10

해설

$$r = \sqrt{\frac{I}{A}} = \sqrt{\frac{\frac{\pi d^4}{64}}{\frac{\pi d^2}{4}}} = \sqrt{\frac{d^2}{16}} = \frac{d}{4} = \frac{16}{4} = 4\,\text{cm}$$

정답 ①

4. 핵

(1) 정의

부재의 축방향으로 편심압력 P가 작용할 때 부재의 단면 내에 인장응력이 생기지 않는 편심거리의 범위를 핵이라 하며, 그 한계점을 핵점(K)이라고 한다.

$$K_{상단} = \frac{Z_{하단}}{A}, \quad K_{하단} = \frac{Z_{상단}}{A}$$

단, Z : 단면계수, A : 단면적

(2) 단위 및 부호

① 단위 : 단면계수를 면적으로 나눈 값이므로 $\dfrac{길이^3}{길이^2}$ = 길이, 즉 길이의 차원인 mm, cm이다.

② 부호 : 항상 (+) 부호인 단면계수와 단면적을 사용하여 계산하므로 마찬가지로 항상 (+)이다.

5. 기본 도형의 단면의 성질 정리

구분	단위	사각형	삼각형	원형
도형				
도심 $(x_0,\ y_0)$	mm	$\dfrac{b}{2},\ \dfrac{h}{2}$	$\dfrac{b}{3},\ \dfrac{h}{3}$	$\dfrac{d}{2}$
단면 2차 모멘트 $(I_X,\ I_Y)$	mm^4	$\dfrac{bh^3}{12},\ \dfrac{hb^3}{12}$	$\dfrac{bh^3}{36},\ \dfrac{hb^3}{36}$	$\dfrac{\pi d^4}{64}$
단면계수 $(Z_1,\ Z_2)$	mm^3	$\dfrac{bh^2}{6}$	$\dfrac{bh^2}{24},\ \dfrac{bh^2}{12}$	$\dfrac{\pi d^3}{32}$
회전 반지름 $(r_X,\ r_Y)$	mm	$\dfrac{h}{2\sqrt{3}},\ \dfrac{b}{2\sqrt{3}}$	$\dfrac{h}{3\sqrt{2}},\ \dfrac{b}{3\sqrt{2}}$	$\dfrac{d}{4}$
핵점 $(K_1,\ K_2)$	mm	$\dfrac{h}{6}$	$\dfrac{h}{6},\ \dfrac{h}{12}$	$\dfrac{d}{8}$

출제예상문제

01

단면의 도심을 지나는 축에 대한 1차 모멘트의 값은?

① 0이다.

② 0보다 크다.

③ 가장 최솟값이다.

④ 0보다 클 때도 있고 0보다 작을 때도 있다.

> **해설**
>
> 단면 1차 모멘트의 특성
>
> 도심축에 대한 $G=0$이다. ($\because$ 도심축으로부터 단면 도심까지의 거리가 없기 때문)
>
> **주의** 단면2차 모멘트는 도심에서 최소이다.

02

다음의 반원에서 도심 y_0는?

① $\dfrac{3r}{4\pi}$

② $\dfrac{2r}{3\pi}$

③ $\dfrac{4r}{3\pi}$

④ $\dfrac{3r}{2\pi}$

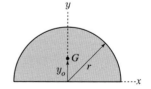

> **해설**
>
> 암기하는 내용이다. 반원, $\dfrac{1}{4}$ 원의 도심까지 거리는 $\dfrac{4r}{3\pi}$

03

다음 4분 원호에서 x축에 대한 단면 1차 모멘트의 크기는?

① $\dfrac{r^3}{2}$ ② $\dfrac{r^3}{3}$

③ $\dfrac{r^3}{4}$ ④ $\dfrac{r^3}{5}$

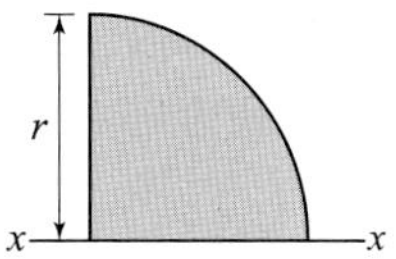

해설

1/4원, 1/2원의 도심 거리(암기)

$$y_0 = \frac{4r}{3\pi}$$

$$G_x = Ay_0 = \frac{1}{4} \times \pi r^2 \times \frac{4r}{3\pi} = \frac{r^3}{3}$$

04

그림과 같은 단면에서 도심축의 위치 y_o[cm]는?

① 32   ② 33

③ 34   ④ 35

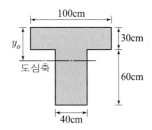

해설

도형을 아래와 같이 2개로 나눈다.

도형의 면적비율을 구한다.

$100 \times 30 : 40 \times 60 = 5 : 4$

도심을 구하는 공식을 적용한다.

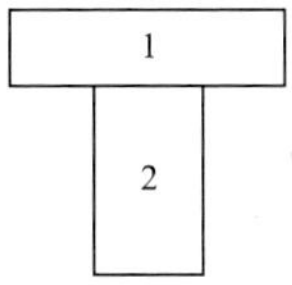

$$y_0 = \frac{A_1 y_1 + A_2 y_2}{A} = \frac{5(15) + 4(30 + 30)}{9} = 35 \, \text{cm}$$

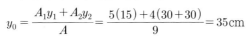

05

다음 도형(빗금 친 부분)의 x축에 대한 단면 1차 모멘트[cm³]는?

① 5,000

② 10,000

③ 15,000

④ 20,000

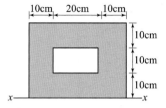

해설

단면이 BOX형(중공형)이므로 빗금 친 부분에 대하여 계산하면

[바깥쪽 사각형에 대한 $G_1 -$ 안쪽사각형에 대한 G_2]

$$G_x = G_1 - G_2 = A_1 y_1 - A_2 y_2 = (40 \times 30 \times 15) - (20 \times 10 \times 15) = 15,000 \, \text{cm}^3$$

Tip 계산을 손쉽게 하기 위해 전부 0을 빼고 계산하면 보다 빠르게 정답을 고를 수 있다.

06

그림과 같은 2차 포물선이 이루는 면적 OAB의 Y축에 대한 도심의 위치로 옳은 것은?

① $\dfrac{3b}{8}$

② $\dfrac{3b}{5}$

③ $\dfrac{3b}{4}$

④ $\dfrac{1b}{4}$

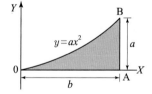

해설

2차 포물선의 의한 단면의 도심은 암기하고 있는 것이 좋다.

(1) G_1에 의한 도심

$$x_1 = \frac{3}{8}b$$

(2) G_2에 의한 도심

$$x_2 = \frac{3}{4}b$$

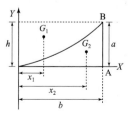

07

다음 도형에서 상단의 $x-x$축에 대한 단면 2차 모멘트는?

① $\dfrac{bh^3}{4}$

② $\dfrac{7bh^3}{36}$

③ $\dfrac{bh^3}{2}$

④ $\dfrac{5bh^3}{36}$

해설

삼각형 도심축 2차 모멘트는 $I_x = \dfrac{bh^3}{36}$

도심에서 멀어질수록 2차모멘트 값은 커진다.

특히 삼각형의 경우 밑변은 도심보다 2차 모멘트는 3배,

꼭짓점에서는 9배 큰 값이다.

$\therefore\ I_x = \dfrac{bh^3}{4}$

08

원형단면 원주에 접하는 하단 축($x-x$)에 대한 단면 2차 모멘트는?

① $\dfrac{5}{4}\pi r^4$

② $\dfrac{1}{4}\pi r^4$

③ $\dfrac{3}{4}\pi r^4$

④ $\dfrac{3}{8}\pi r^4$

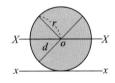

해설

원 도심축 2차 모멘트는 $I_X = \dfrac{\pi D^4}{64} = \dfrac{\pi r^4}{4}$

도심에서 멀어질수록 2차 모멘트 값은 커진다.

특히 원의 경우 밑변은 도심보다 2차 모멘트는 5배 큰 값이다.

$\therefore\ I_x = \dfrac{5}{4}\pi r^4$

09 다음 도형에서 X축에 대한 단면 2차 모멘트 값 중 옳은 것은?

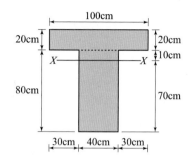

① $\dfrac{100 \times 20^3}{12} + \dfrac{40 \times 80^3}{12}$

② $\dfrac{100 \times 20^3}{12} + 100 \times 20 \times 15 + \dfrac{40 \times 80^3}{12}$

③ $\dfrac{100 \times 20^3}{12} + 100 \times 20 \times 10^2 + \dfrac{40 \times 80^3}{12} + 40 \times 80 \times 20^2$

④ $\dfrac{100 \times 20^3}{12} + 100 \times 20 \times 20^2 + \dfrac{40 \times 80^3}{12} + 40 \times 80 \times 30^2$

해설

평행축의 정리를 도형을 나누어서 적용한 후 합쳐준다.

$I_x = I_{x1} + A_1 {e_1}^2 + I_{x2} + A_2 {e_2}^2$

$\quad = \dfrac{100 \times 20^3}{12} + 100 \times 20 \times 20^2 + \dfrac{40 \times 80^3}{12} + 40 \times 80 \times 30^2$

10 어떤 평면도형의 극점 0에 대한 단면 2차 극모멘트가 1,600cm⁴이다. 0점을 지나는 X축에 대한 단면 2차 모멘트가 1,024cm⁴이면 X축과 직교하는 Y축에 대한 단면 2차 모멘트는?

① 288cm^4 ② 576cm^4

③ $1,152\text{cm}^4$ ④ $2,304\text{cm}^4$

해설

$I_P = I_X + I_Y$

$I_Y = I_P - I_X = 1,600 - 1,024 = 576\,\text{cm}^4$

11

다음 설명 중 틀린 것은?

① 단면의 도심축(圖心軸)에 대한 단면 1차 모멘트는 0이다.

② 삼각형의 도심은 임의의 두 중선의 교점이며 밑변에서 높이의 1/3이다.

③ 단면계수는 단면 2차 모멘트를 도심 축에서 도형의 상연, 또는 하연까지의 거리로 나눈 값이다.

④ 도심축에 관한 단면 2차 모멘트는 최대이다.

> **해설**
>
> ④ 임의의 단면에 대한 단면 2차 모멘트 값이 최소가 되는 축은 도심축이다.

12

그림과 같은 사각형 단면의 A점에 대한 단면 2차 극모멘트는?

① $\dfrac{bh}{3}(b^2+h^2)$ 　　② $\dfrac{bh}{3}(b^3+h^3)$

③ $\dfrac{bh}{6}(b^2+h^2)$ 　　④ $\dfrac{bh}{6}(b^3+h^3)$

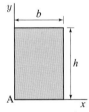

> **해설**
>
> 2차 극모멘트 구하는 식은 아래와 같다.
>
> $$I_P = I_x + I_y = \frac{bh^3}{3} + \frac{hb^3}{3} = \frac{bh}{3}(h^2+b^2)$$

13

다음과 같은 도형의 X, Y축에 대한 단면 상승 모멘트는 I_{xy}는?

① $\dfrac{bh^3}{3}$ 　　② $\dfrac{b^3h}{3}$

③ $\dfrac{b^2h^2}{4}$ 　　④ $\dfrac{bh^3+b^3h}{3}$

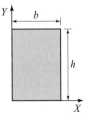

> **해설**
>
> $$I_{xy} = \int x \cdot y \cdot dA = x_0 \times y_0 \times A = \frac{b}{2} \times \frac{h}{2} \times bh = \frac{b^2h^2}{4}$$

14

그림과 같이 단면적이 100cm²인 임의의 도형의 도심축으로부터 거리가 10cm 떨어진 X_1축에 관한 단면 2차 모멘트가 13,000cm⁴일 때 20cm 떨어진 X_2 축에 관한 단면 2차 모멘트[cm⁴]는?

① 13,000

② 23,000

③ 33,000

④ 43,000

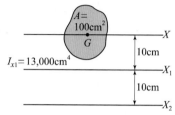

해설

평행축의 정리를 이용한다.

$I_{x_1} = I_x + Ae_1{}^2$

$I_x = I_{x_1} - Ae_1{}^2 = 13,000 - 100 \times 10^2 = 3,000 \text{cm}^4$ (도심축 단면 2차 모멘트)

$I_{x_2} = I_x + Ae_2{}^2 = 3,000 + 100 \times 20^2 = 43,000 \text{cm}^4$

15

그림과 같은 단면의 주축에 대한 단면 2차 모멘트가 각각 I_x=72cm⁴, I_y=32cm⁴ 이다. x축과 30°를 이루고 있는 u축에 대한 단면 2차 모멘트가 I_u=62cm⁴일 때 v축에 대한 단면 2차 모멘트 I_v는?

① $I_v = 32 \text{cm}^4$

② $I_v = 37 \text{cm}^4$

③ $I_v = 42 \text{cm}^4$

④ $I_v = 47 \text{cm}^4$

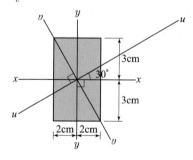

해설

단면 2차 극모멘트는 좌표축의 회전에 관계없이 항상 일정하다.

$I_x + I_y = I_u + I_v$

$72 + 32 = 62 + I_v$ ∴ $I_v = 42 \text{cm}^4$

16 다음 그림과 같은 구형단면의 도심에 대한 극관성 모멘트는? (단, $h = 2b$이다.)

① $\dfrac{4}{3}b^4$ ② $\dfrac{5}{6}b^4$

③ $\dfrac{7}{6}b^4$ ④ $\dfrac{3}{4}b^4$

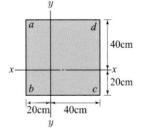

해설

도심축에 대한 I_P를 묻는 문제이므로

$$I_P = I_X + I_Y = \frac{bh^3}{12} + \frac{hb^3}{12} = \frac{bh}{12}(b^2 + h^2)$$

여기서, $h = 2b$ 라는 조건에 따라

$$I_P = \frac{b(2b)}{12}(b^2 + (2b)^2) \qquad \therefore \; I_P = \frac{5}{6}b^4$$

17 그림과 같은 정사각형($abcd$) 단면에서 $x - y$ 축에 관한 단면 상승 모멘트 (I_{xy}) 의 값은?

① $I_{xy} = 3.6 \times 10^5 \, \text{cm}^4$

② $I_{xy} = 4.2 \times 10^5 \, \text{cm}^4$

③ $I_{xy} = 6.8 \times 10^5 \, \text{cm}^4$

④ $I_{xy} = 8.4 \times 10^5 \, \text{cm}^4$

해설

도심거리 x_0와 y_0를 구하면

$$x_0 = \frac{60}{2} - 20 = 10 \, \text{cm}$$

$$y_0 = \frac{60}{2} - 20 = 10 \, \text{cm}$$

따라서 $I_{xy} = A x_0 \, y_0 = 60 \times 60 \times 10 \times 10 = 360,000 \, \text{cm}^4 = 3.6 \times 10^5 \, \text{cm}^4$

18

그림과 같은 L형 단면의 도심위치 y_0는?

① 2.6cm   ② 3.5cm

③ 4.2cm   ④ 5.8cm

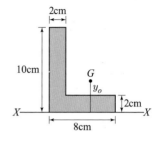

해설

면적이 같도록 도형을 분리한 후 면적 비율을 1:1로 정한다.

(2×8)면적 2개로 분리

$$y_0 = \frac{A_1 y_1 + A_2 y_2}{A} = \frac{1(6) + 1(1)}{2} = 3.5\,\text{cm}$$

19

그림과 같이 반지름 r인 원에서 r을 지름으로 하는 작은 원을 도려낸 빗금 친 부분 도심의 x좌표는?

① $\dfrac{5}{6}r$ ② $\dfrac{4}{5}r$

③ $\dfrac{3}{4}r$ ④ $\dfrac{2}{3}r$

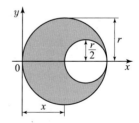

해설

$$x = \frac{Q_{큰} - Q_{작}}{A_{큰} - A_{작}} = \frac{4 \times r - 1 \times \dfrac{3r}{2}}{4 - 1} = \frac{5}{6}r$$

($\because$ 지름이 2배이면 면적은 4배 차이다.)

20

그림과 같은 반지름 r인 반원의 x축에 대한 단면 1차 모멘트는?

① $\dfrac{3r^3}{2\pi}$ 　　② $\dfrac{2r^3}{3\pi}$

③ $\dfrac{3r^3}{2}$ 　　④ $\dfrac{2r^3}{3}$

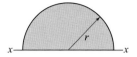

해설

$$G_x = A y_0 = \frac{1}{2} \times \pi r^2 \times \frac{4r}{3\pi} = \frac{2r^3}{3}$$

21

그림과 같은 빗금 부분의 단면적 A인 단면에서 도심 $\bar{y}$ 를 구한 값은?

① $\dfrac{5D}{12}$ 　　② $\dfrac{6D}{12}$

③ $\dfrac{7D}{12}$ 　　④ $\dfrac{8D}{12}$

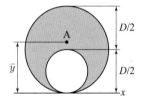

해설

$$y_D = \frac{4 \times \dfrac{D}{2} - 1 \times \dfrac{D}{4}}{4 - 1} = \frac{7}{12}D$$

22

그림과 같은 정사각형 도심을 지나는 여러 축에 대한 단면 2차 모멘트 값 중 가장 큰 것은?

① I_{x1} 　　② I_{x2}

③ I_{x3} 　　④ $I_{x1} = I_{x2} = I_{x3}$

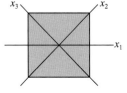

해설

대칭인 단면의 도심축에 대한 단면 2차 모멘트 값은 모두 같다.

23

다음 포물선에서 도심거리 $\bar{x}$와 $\bar{y}$는?

$$\bar{y} \qquad \bar{x}$$

① $\dfrac{3}{4}h$, $\dfrac{3}{10}b$

② $\dfrac{3}{4}h$, $\dfrac{4}{5}b$

③ $\dfrac{3}{10}h$, $\dfrac{3}{4}b$

④ $\dfrac{4}{5}h$, $\dfrac{4}{3}b$

해설

2차 포물선의 도심 위치는 오른쪽 표의
암기가 필요하다.

$$\therefore \ \bar{y} = \frac{3}{10}h, \ \bar{x} = \frac{3}{4}b$$

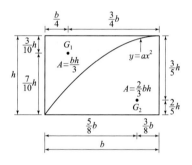

24

다음 그림에서 $A-A$ 축에 대한 단면 2차 모멘트 값은?

① $30,000 \text{cm}^4$

② $90,000 \text{cm}^4$

③ $270,000 \text{cm}^4$

④ $330,000 \text{cm}^4$

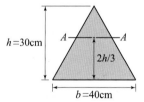

해설

축 이동거리가 도심으로부터 $\dfrac{h}{3}$ 이므로 밑면에 대한 단면 2차 모멘트 값과 동일하다.

$$I_A = I_X + Ae^2 = \frac{bh^3}{36} + \frac{1}{2}bh\left(\frac{h}{3}\right)^2 = \frac{bh^3}{12} = \frac{40 \times 30^3}{12} = 90,000 \text{cm}^4$$

25

다음 사다리꼴의 도심의 위치는?

① $y_0 = \dfrac{h}{3} \cdot \dfrac{2a+b}{a+b}$

② $y_0 = \dfrac{h}{3} \cdot \dfrac{a+2b}{a+b}$

③ $y_0 = \dfrac{h}{3} \cdot \dfrac{a+b}{2a+b}$

④ $y_0 = \dfrac{h}{3} \cdot \dfrac{a+b}{a+2b}$

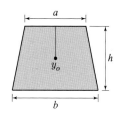

해설

사다리꼴 도심을 직접 구할 수 없으므로
삼각형 두 개로 나누어 계산한다.
두 삼각형의 면적비율은 ① : ② = $a : b$

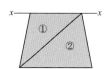

$$y_0 = \frac{G_x}{A} = \frac{a\left(\dfrac{h}{3}\right) + b\left(\dfrac{2h}{3}\right)}{a+b} = \frac{h}{3} \cdot \frac{(a+2b)}{(a+b)}$$

26

그림과 같은 이등변삼각형에서 y축에 대한 단면 2차 모멘트를 구하시오.

① $\dfrac{hb^3}{48}$

② $\dfrac{bh^3}{48}$

③ $\dfrac{hb^3}{96}$

④ $\dfrac{bh^3}{96}$

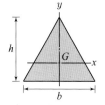

해설

삼각형 밑면에 대한 I값의 두 배이므로

$$I_y = 2 \times \frac{h\left(\dfrac{b}{2}\right)^3}{12} = \frac{hb^3}{48}$$

27 빗금 친 도형의 x축에 대한 단면 2차 모멘트는?

① $\dfrac{11}{64} \times \pi r^4$　　② $\dfrac{9}{64} \times \pi r^4$

③ $\dfrac{9}{16} \times \pi r^4$　　④ $\dfrac{5}{72} \times \pi r^4$

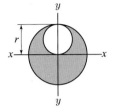

[해설]

(반지름 r인 도심축 I) − (지름 r인 하단축 I)

$$I_x = \frac{\pi r^4}{4} - \frac{5\pi r^4}{64} = \frac{16-5}{64}\pi r^4 = \frac{11}{64}\pi r^4$$

28 그림과 같은 타원 도형의 X축에 대한 단면 2차 모멘트는?

① $\dfrac{\pi a b^3}{3}$　　② $\dfrac{\pi a b^3}{4}$

③ $\dfrac{\pi a^3 b}{3}$　　④ $\dfrac{\pi a^3 b}{4}$

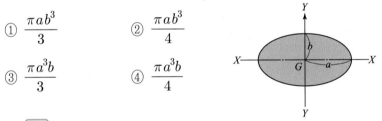

[해설]

타원형에 대한 단면 2차 모멘트

$I_X = \dfrac{\pi a b^3}{4}$, $I_Y = \dfrac{\pi a^3 b}{4}$ 가 된다. (암기 필요)

29 그림에서 직사각형 단면의 폭이 4cm, 높이가 8cm인 경우의 단면 상승 모멘트 I_{xy}의 값은?

① 148cm^4　　② 230cm^4

③ 256cm^4　　④ 340cm^4

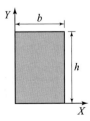

[해설]

$$I_{xy} = Axy = 4 \times 8 \times 2 \times 4 = 256\text{cm}^4$$

30

다음과 같은, 단면적이 A인 임의의 부재 단면이 있다. 도심축으로부터 y_1 떨어진 축을 기준으로 한 단면 2차 모멘트의 크기가 I_{x1}일 때, $2y_1$떨어진 축을 기준으로 한 단면 2차 모멘트의 크기는?

① $Ix_1 + A{y_1}^2$

② $Ix_1 + 2A{y_1}^2$

③ $Ix_1 + 3A{y_1}^2$

④ $Ix_1 + 4A{y_1}^2$

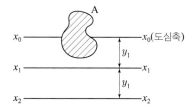

해설

$$I_{x1} = I_{x0} + A{y_1}^2$$
$$I_{x2} = I_{x0} + A(2y_1)^2 = I_{x0} + 4A{y_1}^2 = I_{x0} + A{y_1}^2 + 3A{y_1}^2$$
$$\therefore I_{x2} = I_{x1} + 3A{y_1}^2$$

31

사다리꼴 단면에서 x축에 대한 단면 2차 모멘트 값은?

① $\dfrac{h^3}{12}(3b+a)$

② $\dfrac{h^3}{12}(b+2a)$

③ $\dfrac{h^3}{12}(b+3a)$

④ $\dfrac{h^3}{12}(2b+a)$

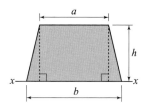

해설

사각형$(a \times h)$과 삼각형$((b-a) \times h)$으로 나누어 계산하면

$$I_x = \frac{bh^3}{3} + \frac{bh^3}{12} = \frac{ah^3}{3} + \frac{(b-a)h^3}{12} = \frac{4ah^3 + bh^3 - ah^3}{12}$$

$$= \frac{3ah^3 + bh^3}{12} = \frac{h^3}{12}(3a+b)$$

32 반지름이 r인 원형 단면의 극단면 2차 모멘트는?

① $\dfrac{\pi r^4}{2}$ ② $\dfrac{\pi r^4}{4}$

③ $\dfrac{\pi r^4}{32}$ ④ $\dfrac{\pi r^4}{64}$

> **해설**
>
> $$I_P = 2I_x = 2 \times \frac{\pi r^4}{4} = \frac{\pi r^4}{2}$$

33 그림과 같은 밑변의 길이 4m, 높이가 6m인 이등변 삼각형의 도심을 지나는 중심 x, y의 도심 G에 대한 단면 2차 극모멘트 I_P의 크기는?

① $32m^4$ ② $48m^4$

③ $288m^4$ ④ $296m^4$

> **해설**
>
> $I_P = I_X + I_Y$에서 $I_X = \dfrac{bh^3}{36} = \dfrac{4 \times 6^3}{36} = 24m^4$, $I_Y = 2 \times \dfrac{bh^3}{12} = 2 \times \dfrac{6 \times 2^3}{12} = 8m^4$
>
> $\therefore$ $I_P = 24 + 8 = 32m^4$

34 다음 그림의 도형에서 x, y 축에 대한 단면 상승 모멘트를 구한 값은?

① $18cm^4$ ② $68cm^4$

③ $72cm^4$ ④ $82cm^4$

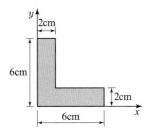

> **해설**
>
> $$I_{xy} = (A_1 x_1 y_1) + (A_2 x_2 y_2) = (2 \times 6 \times 1 \times 3) + (4 \times 2 \times 4 \times 1) = 36 + 32 = 68cm^4$$

35 단면의 성질에 대한 다음 설명 중 **잘못된** 것은?

① 단면 2차 모멘트의 값은 항상 0보다 크다.

② 단면 2차 극모멘트의 값은 항상 극을 원점으로 하는 두 직교좌표축에 대한 단면 2차 모멘트의 합과 같다.

③ 도심축에 관한 단면 1차 모멘트의 값은 항상 0이다.

④ 단면 상승 모멘트의 값은 항상 0보다 크거나 같다.

해설

④ 단면 2차 상승모멘트는 $I_{xy} = Axy$이므로 x 또는 y가 (−)일 경우 값이 (−)가 될 수 있다.

36 다음 중 옳지 <u>않은</u> 것은?

① 직사각형 도심축을 지나는 단면 2차 모멘트는 $\dfrac{bh^3}{12}$이다.

② 원의 중심축을 지나는 단면 2차 모멘트는 $\dfrac{\pi r^4}{4}$이다.

③ 단면계수의 단위는 cm^4/cm^4이다.

④ 도심축을 지나는 단면 1차 모멘트는 0이다.

해설

③ 단면계수 $Z = \dfrac{I}{y}(cm^3,\ m^3)$

37 단면1차 모멘트와 같은 차원을 갖는 것은 다음 중 어느 것인가?

① 회전 반지름   ② 단면2차모멘트

③ 단면계수   ④ 단면상승모멘트

해설

단면의 성질과 단위

단면의 성질	용 도	단 위
단면1차모멘트	도심구하기	cm^3, m^3
단면2차모멘트	휨정도	cm^4, m^4
단면상승모멘트	주축구하기	cm^4, m^4
단면계수	휨저항능력	cm^3, m^3
회전반지름	좌굴저항능력	cm, m

38 원형 단면의 보에서 지름을 D, 단면적을 A라 하면 단면계수는 $\dfrac{\pi D^3}{32} = \dfrac{1}{8} A \cdot D$가 된다. 이 원과 같은 단면적을 가진 정사각형 단면의 보에서의 단면계수는?

① $\dfrac{AD\sqrt{\pi}}{8}$ ② $\dfrac{AD\sqrt{\pi}}{10}$

③ $\dfrac{AD\sqrt{\pi}}{12}$ ④ $\dfrac{AD\sqrt{\pi}}{14}$

해설

$\dfrac{\pi D^2}{4} = a^2$으로 가정하면 $a = \sqrt{\dfrac{\pi D^2}{4}} = \sqrt{\pi} \times \dfrac{D}{2}$가 된다.

여기서,

단면계수 $Z = \dfrac{bh^2}{6} = \dfrac{a^3}{6} = \dfrac{1}{6} \left(\sqrt{\pi} \times \dfrac{D}{2} \right)^3 = \dfrac{(\sqrt{\pi})^3}{48} D^3 = \dfrac{\pi D^2}{4} \times \dfrac{\sqrt{\pi} \cdot D}{12}$

$= A \times D \times \dfrac{\sqrt{\pi}}{12}$

39

그림 (a), (b)에서 x축에 관한 단면2차 모멘트와 단면계수에 관하여 옳은 것은?

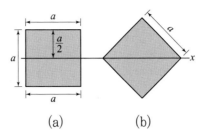

(a)   (b)

① 단면 2차 모멘트와 단면계수가 서로 같다.

② 단면 2차 모멘트는 같고, 단면계수는 (a) 쪽이 크다.

③ 단면 2차 모멘트는 같고, 단면계수는 (b) 쪽이 크다.

④ 단면 2차 모멘트와 단면계수가 서로 다르다.

해설

정사각형이므로 단면2차 모멘트 $I = \dfrac{a^4}{12}$ 으로 서로 같고,

$Z = \dfrac{I}{y}$ 에서 (b)의 y가 (a)보다 크므로 단면계수 Z는 (a)가 (b)보다 크다.

40

다음 단면에 대한 관계식 중 옳지 <u>않은</u> 것은?

① 단면 1차 모멘트 $Q_x = \displaystyle\int y\,dA$

② 단면 2차 모멘트 $I_x = \displaystyle\int y^2\,dA$

③ 도심 $y = \displaystyle\int \dfrac{Q_x}{A}$

④ 회전반경 $r_x = \sqrt{\dfrac{I_x}{A}}$

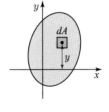

해설

③ 도심 $y_o = \dfrac{G_x}{A} = \dfrac{Q_x}{A}$

41 그림과 같은 이등변삼각형에서 Y축에 대한 회전반경 r_y는?

① $\sqrt{\dfrac{3}{2}}\,\text{cm}$ ② $\sqrt{2}\,\text{cm}$

③ $\sqrt{3}\,\text{cm}$ ④ 2cm

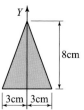

해설

$$I_y = 2\times\frac{bh^3}{12}=2\times\frac{8\times3^3}{12}=36\text{cm}^4$$

$$r=\sqrt{\frac{36}{24}}=\sqrt{\frac{3}{2}}$$

42 그림에서 직사각형의 도심축에 대한 단면 상승 모멘트 I_{xy}의 크기는?

① 576cm^4 ② 256cm^4

③ 142cm^4 ④ 0cm^4

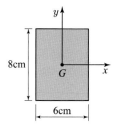

해설

도심축에 대한 단면상승모멘트는 항상 0이다.
(단면 2차 극모멘트와 혼동하지 않도록 주의)

43 아래의 그림과 같은 직각삼각형의 x축에 대한 단면 1차 모멘트[cm³]는?

① 72   ② 108
③ 144   ④ 180

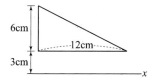

해설

$$Q_x = Ay = \frac{1}{2}(6\times12)\times\left(3+\frac{6}{3}\right)=180\text{cm}^3$$

44

그림과 같이 길이 10cm인 선분 AB를 y축을 중심으로 한 바퀴 회전시켰을 때 생기는 표면적[cm²]은?

① 120π ② 130π

③ 140π ④ 150π

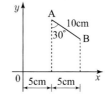

> **해설**
>
> 파푸스의 제1정리
>
> $S = 2\pi x_0 \times L$ (여기서 x_0는 y축으로부터 중심까지 길이이다.)
>
> $\quad = 2\pi \times 7.5 \times 10$
>
> $\therefore\ 150\pi$

45

도심 C점의 좌표 $\left(x_0 = \dfrac{4a}{3\pi},\ y_0 = \dfrac{4b}{3\pi}\right)$, 단면적 $A = \dfrac{\pi ab}{4}$인 $\dfrac{1}{4}$의 타원형을 x축 둘레로 90° 회전시켰을 때 생기는 타원체의 체적을 구한 값은?

① $\dfrac{\pi ab^2}{6}$ ② $\dfrac{a^2 b}{3}$

③ $\dfrac{ab^2}{3}$ ④ $\dfrac{\pi a^2 b}{6}$

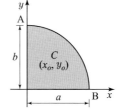

> **해설**
>
> 체적 $V = 2\pi y_0 \times A$ (여기서, x축으로 회전이므로 y_0 선택)
>
> $\qquad = 2\pi \times \dfrac{4b}{3\pi} \times \dfrac{\pi ab}{4}$
>
> $\qquad = \dfrac{2\pi ab^2}{3}$
>
> 그런데 x축으로 90° 회전시켰으므로 체적(V)의 $\dfrac{1}{4}$에 해당한다.
>
> $\therefore\ V = \dfrac{2\pi ab^2}{3} \times \dfrac{1}{4} = \dfrac{\pi ab^2}{6}$

46

다음 그림의 도형에서 $x-x$ 축에 대한 단면 2차 모멘트는?

① $\dfrac{1}{3}a^4$　　　　② $\dfrac{1}{2}a^4$

③ $\dfrac{2}{3}a^4$　　　　④ $\dfrac{5}{6}a^4$

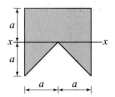

해설

중공단면으로 보고 사각형의 도심을 지나는 단면 2차 모멘트에서 삼각형의 꼭짓점을 지나는 단면 2차 모멘트를 공제하여 계산하면

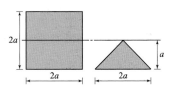

$$I_x = \frac{2a(2a)^3}{12} - \frac{2a(a^3)}{4} = \frac{5}{6}a^4$$

47

다음 그림과 같은 단면에서 하단에 대한 단면계수는 상단에 대한 단면계수의 몇 배인가?

① 1/2배　　　　② 2배

③ 2/3배　　　　④ 3배

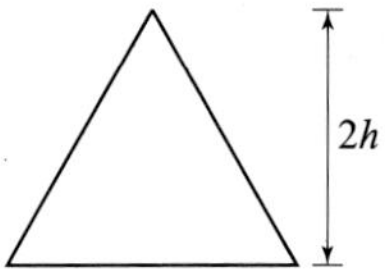

2h

해설

$Z = \dfrac{I_{도심}}{y}$ 에서 단면계수는 상·하단거리(y)에 반비례

$$\left[\begin{array}{l} \dfrac{Z_{상단}}{Z_{하단}} = \dfrac{y_{하단}}{y_{상단}} \\[3mm] \dfrac{Z_{하단}}{Z_{상단}} = \dfrac{y_{상단}}{y_{하단}} = \dfrac{2}{1} \end{array}\right.$$

$\therefore \; Z_{하단} = 2 \cdot Z_{상단}$

48 다음 그림과 같은 삼각형의 밑변 $x - x$축에 대한 단면 2차 모멘트 및 단면계수가 바르게 연결된 것은?

① $I_x = \dfrac{bh^3}{24}$, $W_x = \dfrac{bh^2}{24}$

② $I_x = \dfrac{bh^3}{36}$, $W_x = \dfrac{bh^2}{24}$

③ $I_x = \dfrac{bh^3}{4}$, $W_x = \dfrac{bh^2}{12}$

④ $I_x = \dfrac{bh^3}{12}$, $W_x = \dfrac{bh^2}{12}$

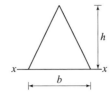

해설

(1) 단면 2차 모멘트

$$I_x = I_{도심} + Ay^2 = \frac{bh^3}{36} + \frac{bh}{2}\left(\frac{h}{3}\right)^2 = \frac{bh^3}{12}$$

(2) 단면계수

$$Z_x = \frac{I_{도심}}{y_{하단}} = \frac{\dfrac{bh^3}{36}}{\dfrac{h}{3}} = \frac{bh^2}{12}$$

49 다음 설명 중 옳지 <u>않은</u> 것은?

① 지름이 d인 원형단면의 단면 2차 모멘트는 $\dfrac{\pi d^4}{64}$이다.

② 단면계수는 중립축에 대한 단면 2차 모멘트에 비례하며 휨을 받는 부재의 설계에 사용된다.

③ 도심축에 대한 단면 1차 모멘트는 항상 0이다.

④ 단면계수의 단위는 단면 2차 반지름의 단위와 같다.

해설

단면계수의 단위는 cm^3이며, 단면 2차 반지름은 cm이다.

50 그림과 같이 지름 D인 반원 도형의 x축에 대한 단면 2차 모멘트로 옳은 것은?

① $\dfrac{\pi D^4}{128}$ ② $\dfrac{3}{128}\pi D^4$

③ $\dfrac{5}{128}\pi D^4$ ④ $\dfrac{7}{128}\pi D^4$

해설

두 반원에 대한 도심이 같고 면적이 동일하므로
원형 단면이 갖는 단면 2차 모멘트의 절반이 된다.

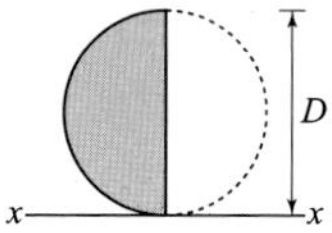

$$I_x = \frac{5\pi D^4}{64} \times \frac{1}{2} = \frac{5\pi D^4}{128}$$

※ 원의 단면 2차 모멘트

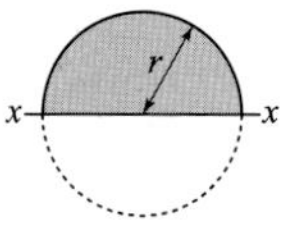

$$I_x = \frac{\pi r^4}{4} \times \frac{1}{2} = \frac{\pi r^4}{8}$$

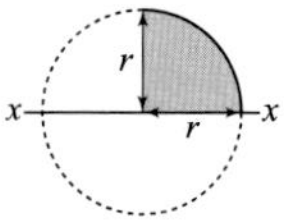

$$I_x = \frac{\pi r^4}{4} \times \frac{1}{4} = \frac{\pi r^4}{16}$$

51 다음과 같은 빗금 친 부분에서 도심축에 대한 단면 2차 모멘트는?

① $\dfrac{29}{12}a^4$ ② $\dfrac{53}{12}a^4$

③ $\dfrac{60}{12}a^4$ ④ $\dfrac{68}{12}a^4$

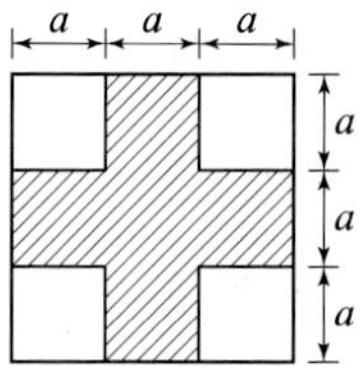

해설

단면을 세로로 절단하면 세 개의 단면이 모두 도심을 지나므로 사각형의 도심축 단면 2차 모멘트를 합한 것과 같다.

$$I_{도심} = \frac{a^4}{12} \times 2 + \frac{a \times (3a)^3}{12} = \frac{29}{12}a^4$$

52

원에 내접하는 직사각형 단면으로 단면계수가 가장 큰 단면의 폭 b와 높이 h의 관계로 옳은 것은?

① $h = 2b$ 　　　　　　② $h = 3b$

③ $h = \sqrt{2}\,b$ 　　　　　④ $h = \sqrt{3}\,b$

해설

원형을 사각형으로 만들 때 단면계수가 최대가 되는 치수의 비는
$b : h : d = 1 : \sqrt{2} : \sqrt{3}$ 이므로 $h = \sqrt{2}\,b$ 라야 한다.

$$b : h \;\Rightarrow\; 1 : \sqrt{2}$$
$$b : d \;\Rightarrow\; 1 : \sqrt{3}$$
$$h : d \;\Rightarrow\; \sqrt{2} : \sqrt{3}$$
$$b : h : d \;\Rightarrow\; 1 : \sqrt{2} : \sqrt{3}$$

$$\therefore \; Z_{\max} = \frac{1}{6}\left(\frac{d}{\sqrt{3}}\right)\left(\frac{\sqrt{2}}{\sqrt{3}}\right)^2 = \frac{d^3}{9\sqrt{3}}$$

53

다음 중에서 그 값이 항상 0인 것은?

① 도심축에 대한 단면 1차 모멘트

② 도심축에 대한 단면 2차 모멘트

③ 원형단면에서 회전반지름

④ 도심축에 대한 단면 상승 모멘트

해설

도심축에 대한 단면 1차 모멘트는 항상 0이다.

※ 단면의 성질에서 항상 그 값이 0인 것
　(1) 도심축 단면 1차 모멘트
　(2) 대칭단면에서 대칭축 단면 상승 모멘트
　(3) 대칭단면에서 도심축 단면 상승 모멘트
　(4) 주축에서의 단면 상승 모멘트

54 다음 중 단위가 같게 짝지어진 것은?

① 세장비, 회전반경

② 단면계수, 단면 극 2차 모멘트

③ 단면 1차 모멘트, 단면 계수

④ 단면 2차 모멘트, 강도 계수

해설

(1) 세장비 : 무차원　　　　　　　(2) (극)회전반경 : cm, m

(3) $\begin{bmatrix} 단면계수 \\ 단면1차\ 모멘트 \\ 강도\ 계수 \end{bmatrix}$: cm³　　　(4) $\begin{Bmatrix} 단면2차모멘트 \\ 극관성모멘트 \end{Bmatrix}$: cm⁴

55 그림과 같은 원형단면의 회전반경[cm]으로 옳은 것은?

① 3　　　　　　　② 4

③ 5　　　　　　　④ 6

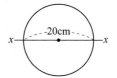

해설

$$r_x = \sqrt{\frac{I_x}{A}} = \sqrt{\frac{\frac{\pi D^4}{64}}{\frac{\pi D^2}{4}}} = \frac{D}{4} = \frac{20}{4} = 5\,\text{cm}$$

※ 기본 도형의 회전 반경

구형	삼각형	원형
$r_x = \dfrac{h}{2\sqrt{3}}$　　$r_y = \dfrac{b}{2\sqrt{3}}$	$r_x = \dfrac{h}{3\sqrt{2}}$　　$r_y = \dfrac{b}{2\sqrt{6}}$	$r_x = r_y = \dfrac{D}{4}$
$r_{min} = \dfrac{작은변}{2\sqrt{3}}$	둘 중 작은 값	$r_{min} = \dfrac{지름}{4}$

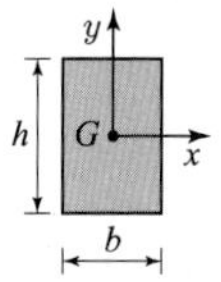

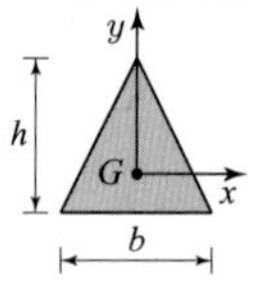

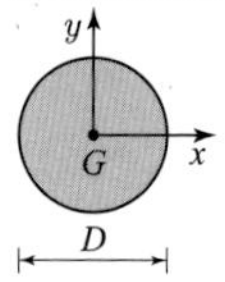

56 한 변이 a인 정사각형 단면의 단면 2차 반지름(회전 반지름)은?

① $\dfrac{a}{\sqrt{2}}$　　　　　　　　② $\dfrac{a}{\sqrt{3}}$

③ $\dfrac{a}{2\sqrt{2}}$　　　　　　　　④ $\dfrac{a}{2\sqrt{3}}$

해설

$$r = \sqrt{\frac{I_x}{A}} = \sqrt{\frac{\dfrac{a^4}{12}}{a^2}} = \frac{a}{2\sqrt{3}}$$

57 폭은 같고 높이가 2배 증가할 때 직사각형 단면의 도심을 지나는 축에 대한 설명으로 옳은 것은? (단, 도심을 지나는 축은 폭과 평행하고 높이에 대해서는 수직이다)

① 단면 1차 모멘트는 4배가 된다.

② 단면 2차 모멘트는 8배가 된다.

③ 단면계수는 2배가 된다.

④ 단면 상승 모멘트는 4배가 된다.

해설

① 도심을 지나므로 단면 1차 모멘트는 0이다.

② 도심축 단면 2차 모멘트는 $\dfrac{bh^3}{12}$ 이므로 높이가 2배 증가하면 단면 2차 모멘트는 8배 증가한다.

③ 단면계수는 $\dfrac{bh^2}{6}$ 이므로 높이가 2배 증가하면 단면계수는 4배 증가한다.

④ 사각형 단면의 도심축은 대칭축(주축)이므로 단면 상승 모멘트는 0이다.

58 지름 $d=10$cm의 원형 단면을 휨에 대해 가장 경제적인 직사각형 단면으로 만들 때 폭 b[cm]와 높이 h[cm]로 적당한 것은?

① $b=\dfrac{\sqrt{200}}{\sqrt{3}}$, $h=\dfrac{10}{\sqrt{3}}$ ② $b=\dfrac{10}{\sqrt{3}}$, $h=\dfrac{\sqrt{200}}{\sqrt{3}}$

③ $b=\dfrac{100}{\sqrt{3}}$, $h=\dfrac{20}{\sqrt{3}}$ ④ $b=\dfrac{20}{\sqrt{3}}$, $h=\dfrac{100}{\sqrt{3}}$

해설

단면계수가 최대일 때이므로

$$b=\frac{d}{\sqrt{3}}=\frac{10}{\sqrt{3}}\,\text{cm},\quad h=\frac{\sqrt{2}}{\sqrt{3}}d=\frac{\sqrt{200}}{\sqrt{3}}\,\text{cm}$$

※ 원형단면을 구형으로 제재할 때
  휨에 가장 경제적인 단면의 조건은 단면계수가 최대일 조건과 같다.

$b:h:d=1:\sqrt{2}:\sqrt{3}$	$b=\dfrac{d}{\sqrt{3}}$, $h=\dfrac{\sqrt{2}}{\sqrt{3}}d$
$Z_{\max}=\dfrac{bh^2}{6}=\dfrac{1}{6}\left(\dfrac{d}{\sqrt{3}}\right)\times\left(\sqrt{\dfrac{2}{3}}\right)^2=\dfrac{d^3}{9\sqrt{3}}$	

59 관성 주축에 대한 설명 중 옳지 <u>않은</u> 것은?

① 대칭축은 항상 주축이다. 따라서 주축 역시 대칭축이다.
② 주축에 대한 단면 상승 모멘트는 0이다.
③ 최대 주축과 최소 주축은 직교한다.
④ 단면의 도심을 지나는 축들 가운데 최대 단면 2차 모멘트와 최소 단면 2차 모멘트가 생기는 두 축을 관성 주축이라 한다.

해설

대칭축은 주축이나 주축이라 하여 대칭인 것은 아니다.
※ 주축
  ① 단면 2차 모멘트가 최대 및 최소가 되는 두 직교축

60 그림에서 빗금 친 부분의 x축에 대한 회전반경은?

① $\dfrac{b}{\sqrt{2}}$

② $\dfrac{b}{\sqrt{3}}$

③ $\dfrac{b}{2}$

④ $\sqrt{2}\,b$

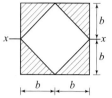

[해설]

(1) 단면 2차 모멘트

문제에서 주어진 빗금 친 부분의 단면 2차
모멘트를 4개의 삼각형으로 나누어 계산하여
합산한다. 평행축 정리를 적용하면

$$I_x = 4\left(I_{도심} + Ay^2\right) = 4\left\{\dfrac{b^4}{36} + \dfrac{b^2}{2}\left(\dfrac{2}{3}b\right)^2\right\} = b^4$$

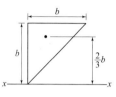

(2) x축에 대한 회전 반경

$$r_x = \sqrt{\dfrac{I_x}{A}} = \sqrt{\dfrac{b^4}{2b^2}} = \dfrac{b}{\sqrt{2}}$$

61 그림과 같이 빗금 친 단면의 $A=100\text{cm}^2$ 이고 도심에 대한 $I_{x_c}=2{,}000\text{cm}^4$,
$I_{y_c}=2{,}500\text{cm}^4$일 때 x, y에 대한 I_x, I_y의 값은?

① $I_x = 162{,}000\text{cm}^4$, $I_y = 252{,}500\text{cm}^4$

② $I_x = 172{,}000\text{cm}^4$, $I_y = 257{,}500\text{cm}^4$

③ $I_x = 152{,}500\text{cm}^4$, $I_y = 235{,}000\text{cm}^4$

④ $I_x = 162{,}000\text{cm}^4$, $I_y = 242{,}500\text{cm}^4$

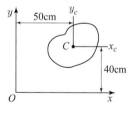

[해설]

평행축 정리를 이용하여 I_x, I_y를 구한다.

$$I_x = I_{x_c} + A_y{}^2 = 2{,}000 + 100(40^2) = 162{,}000\text{cm}^4$$

$$I_y = I_{y_c} + A_x{}^2 = 2{,}500 + 100(50^2) = 252{,}500\text{cm}^4$$

3 재료의 역학적 성질

03

재료의 역학적 성질

재료의 역학적 성질

구조물은 여러 가지 재료의 부재들로 이루어진다. 이 단원에서는 각각의 재료가 가지고 있는 역학적 성질에 대해 다룬다. 구조물은 외부 및 내부 영향에 의하여 구조물에 생기는 내력, 즉 응력이 발생하는데 이러한 응력에 의해 발생하는 역학적 성질의 광범위한 내용을 다룬다.

1 외력과 내력

1. 외력

외부의 물체와 상호작용에 의해서 받는 힘

(1) 외력의 종류

반력과 하중을 합하여 외력이라 한다.

① 반력 : 수동적 외력, 구조물에 하중이 작용하면 지지점에서 하중과 균형을 이루는 힘이나
　모멘트 (수직반력, 수평반력, 모멘트반력)

② 하중 : 능동적 외력, 외부에서 작용하는 힘

(2) 하중의 형태

① 모멘트하중 : 한 점에 작용하여 물체를 회전시키려는 힘

② 집중하중 : 한 점에 집중하여 작용하는 하중으로 수평하중, 수직하중, 경사하중이 있으며
　특히 경사하중은 수평과 수직으로 나누어 문제를 풀어야 한다.

③ 분포하중 : 어느 범위에 걸쳐 분포하는 하중을 집중하중으로 바꾼 다음 문제를 풀며, 합
　력의 크기는 분포하중의 면적과 같고, 작용점은 분포하중의 도심이 된다.

2. 내력(부재력, 단면력)

구조물이나 부재에 외력이 작용하면 평형을 유지하기 위해 절단한 부재의 내부 단면에 생기는 힘

(1) 내력의 종류

① 축방향력(Axial Force, N) : 부재를 늘리거나 줄이려는 힘, 부재축과 수평한 힘으로 부재를 절단했을 때 부재축에 수평하게 작용하는 한쪽의 수평력 합과 같다. 축력의 종류에는 인장력과 압축력이 있다.

② 전단력(Shear Force, S) : 부재를 자르려는 힘, 부재축과 수직한 힘으로 부재를 절단했을 때 부재축에 수직하게 작용하는 한쪽의 수직력 합과 같다.

③ 휨모멘트(Bending Moment, M) : 부재를 굽히려는 힘, 휨의 크기를 모멘트로 표시한 것으로 부재를 절단했을 때 한쪽의 모멘트 합과 같다.

④ 비틀림 모멘트(Torsional Moment, T) : 부재를 비틀려는 힘, 비틀림의 크기를 모멘트로 표시한 것으로 부재를 절단했을 때 한쪽의 모멘트 합과 같다.

(2) 부호의 약속

축력(A.F)	전단력(S.F)	비틀림 모멘트(T.M)	휨모멘트(B.M)
⊕ (인장)	⊕ (좌상 우하 : 시계 회전)	⊕ (인장형태 비틀림)	⊕ (상부 압축, 하부 인장)
⊖ (압축)	⊖ (좌하 우상 : 반시계 회전)	⊖ (압축형태 비틀림)	⊖ (상부 인장, 하부 압축)

※ 내력은 서로 짝을 이루는 힘이 작용한다. 내력의 방향으로 부호를 정하는 것이 아니라 내력이 작용했을 때 위와 같이 단면의 모양을 기준으로 부호를 넣어주어야 한다. 특히, 부재의 휨모멘트 부호의 경우 부재의 모양이 아래로 볼록해 하부가 인장 상부가 압축인 경우는 (+), 위로 솟아올라 하부가 압축 상부가 인장인 경우 (−)가 된다.

② 응력

1. 정의

외력에 의해 구조물 내부에 생기는 단위 면적당 내력

2. 응력의 종류

(1) 수직응력

① 축응력

축방향력(인장력 또는 압축력)에 의해 단면에 수직한 방향으로 발생하는 응력

$$f = \frac{P}{A}$$

단, f : 수직응력도(N/mm², MPa), P : 축방향력(N), A : 단면적(mm²)

핵심 KEY

예제 1 아래 구조물 윗부분 중앙에 힘이 작용할 때 부재 단면에 발생하는 응력의 크기 [MPa]와 종류로 옳은 것은?

① 60, 압축

② 60, 인장

③ 100, 압축

④ 100, 인장

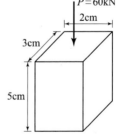

해설

부재를 누르는 압축력이 작용하고 있으므로 압축응력이 발생한다.

$$f = \frac{P}{A} = \frac{60 \times 1,000\text{N}}{20\text{mm} \times 30\text{mm}} = 100\text{N/mm}^2 = 100\text{MPa}, \text{ 압축응력}$$

정답 ③

---

② 지압응력

부재와 부재 사이의 접촉면에 작용하는 압력에 의해 생기는 응력이다. 보통 핀으로 부재를 연결했을 때 부재가 핀에 뭉개지면 발생한다.

(2) 전단응력

전단력에 의해 단면에 발생하는 응력으로 접면, 접선 응력이라고도 한다.

$$\tau = \frac{S}{A}$$

단, τ : 전단응력도(N/mm^2), S : 전단력(N), A : 단면적(mm^2)

핵심KEY

예제2 아래 구조물 중앙에 힘이 작용할 때 발생하는 전단응력의 크기(MPa)로 옳은 것은?

① 10
② 20
③ 30
④ 40

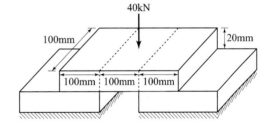

해설

중앙에 힘이 작용하면 힘을 받고 있는 단면에서 전단력을 받게 된다. 전단응력을 구하기 위한 면적은 잘리지 않기 위해 버티는 면적 즉, 점선부분의 100mm×20mm 면적두 개가 된다.

전단응력 $\tau = \dfrac{S}{A} = \dfrac{40 \times 10^3 \text{N}}{(100\text{mm} \times 20\text{mm}) \times 2} = 10\text{MPa}$이다.

정답 ①

① 볼트의 설계

볼트에는 인장응력, 전단응력, 지압응력이 존재한다. 볼트 줄기의 지름을 d, 볼트 머리의 높이를 h, 볼트 머리의 지름이 D이고 볼트에 작용하는 힘이 P라면 응력은 다음과 같다.

a. 줄기부의 응력 : 인장응력 $f = \dfrac{P}{A} = \dfrac{4P}{\pi d^2}$

b. 머리부의 응력 : 펀칭전단응력 $\tau = \dfrac{S}{A} = \dfrac{S(=P)}{\pi dh}$

c. 머리와 핀 사이의 응력 : 지압응력 $\sigma_b = \dfrac{P_b}{A} = \dfrac{4P}{\pi(D^2 - d^2)}$

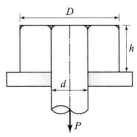

② 리벳의 설계

전단응력과 지압응력이 존재한다.

지름이 d인 리벳을 n개 배치하고 인장력 P가 작용할 때의 응력은 다음과 같다.

a. 1면 전단 : 리벳이 절단될 때 1개의 면이 잘리는 경우로 전단력에 대해 1개의 단면이 저항한다.

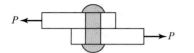

$$\tau_{실제} = \frac{S(=P)}{nA} = \frac{4S}{n\pi d^2} \leq \sigma_{허용}$$

b. 2면 전단 : 리벳이 절단될 때 2개의 면이 잘리는 경우로 전단력에 대해 2개의 단면이 저항한다.

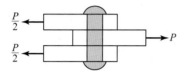

$$\tau_{실제} = \frac{S(=P)}{2nA} = \frac{2S}{n\pi d^2} \leq \sigma_{허용}$$

c. 지압 응력 : 리벳과 판의 접촉면에 발생하는 응력으로 힘은 곡면에 작용하나 계산에 넣어주는 면적은 투영한 단면의 면적을 사용한다. 단면적은 판 두께와 리벳지름의 곱으로 해주고 두 방향으로 지압응력이 발생하면 안전을 위해 불리한, 즉 작은 단면을 갖는 단면으로 설계한다.

$$\sigma_{실제} = \frac{P_b}{A} = \frac{P_b}{ndt_{min}} \leq \sigma_{허용}$$

핵심 KEY

예제 3 아래 강철판을 지름 20mm 리벳 2개로 고정시킬 때 리벳의 허용전단응력이 50MPa이면, 리벳 전단력(kN)의 한도로 옳은 것은? (단, π=3으로 계산)

① 40

② 50

③ 60

④ 70

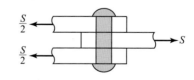

해설

2면 전단이므로 $\tau_{실제} = \dfrac{S}{2nA} = \dfrac{2S}{n\pi d^2} \leq \sigma_{허용}$ 공식을 사용한다.

전단력(S)를 구하는 식으로 정리해주면

$$S \leq \frac{\sigma_{허용} n\pi d^2}{2} \leq \frac{50 \times 2 \times 3 \times 20^2}{2} \leq 60 \times 10^3 N$$

$\therefore$ 60kN   **주의** 2면 전단에 주의하여 면적을 대입

정답 ③

핵심 KEY

예제 4 리벳 지름이 25mm, 강판의 두께가 10mm일 때 지압응력 크기(MPa)로 옳은 것은?

① 100

② 200

③ 300

④ 400

$\phi 25$

75kN

75kN

10mm

해설

$$\sigma_{지압} = \frac{P_b}{A} = \frac{P_b}{ndt_{min}} = \frac{75 \times 10^3}{25 \times 10} = 300\,\mathrm{MPa}$$

정답 ③

(3) 휨응력(휨수직응력)

부재가 휨을 받을 때 휨모멘트에 의하여 단면의 수직방향에 생기는 응력으로 휨응력 σ는 다음과 같다.

$$\sigma = \pm \frac{M}{I} y = \frac{M}{Z}$$

단, M : 휨모멘트(N·mm), σ : 휨응력(N/mm^2), I : 단면2차 모멘트(mm^4)

Z : 단면계수(mm^3), y : 중립축에서 휨응력을 구하고자 하는 점까지의 거리(mm)

(4) 휨전단응력

휨을 받는 부재에서 부재축의 직각방향으로 작용하는 전단력에 의해 생기는 응력으로 전단응력 τ는 다음과 같다.

$$\tau = \frac{Q \cdot S}{I \cdot b}$$

단, τ : 휨 전단응력도(N/mm^2)

Q : 전단응력을 구하고자 하는 외측에 있는 단면의 중립축에 대한 단면 1차 모멘트(mm^3)

S : 전단력(N), I : 중립축에 대한 단면2차 모멘트(mm^4)

b : 전단응력을 구하고자 하는 위치의 단면 폭(mm)

(5) 비틀림 전단응력

비틀림(Torsion)이란 부재의 축을 회전시키는 우력에 의해 생기는 응력으로 비틀림 응력 τ 는 특히 부재 중심에서 0이며 부재 바깥쪽으로 갈수록 직선비례하여 증가한다.

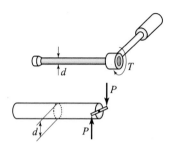

$$\tau = \frac{T \cdot y}{I_P}$$

$$\tau_{max} = \frac{T \cdot r}{I_P}$$

단, τ : 비틀림 전단응력도(N/mm²), T : 비틀림력(N·mm), r : 반지름(mm),

I_P : 단면2차 극모멘트(mm⁴), y : 원 중심으로부터 구하고자 하는 점까지의 수직거리(mm)

핵심 KEY

예제 5 그림과 같은 균일 단면봉에 비틀림 우력 T가 작용하는 봉구조에서 최대전단응력도는?

① $\dfrac{2T}{\pi r^3}$ ② $\dfrac{4T}{\pi r^3}$

③ $\dfrac{16T}{\pi r^3}$ ④ $\dfrac{32T}{\pi r^3}$

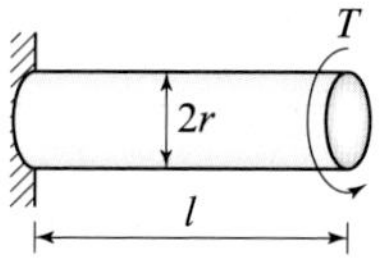

해설

$$\tau_{max} = \frac{T \cdot r}{I_P} = \frac{\dfrac{T \cdot 2r}{2}}{\dfrac{\pi(2r)^4}{32}} = \frac{2T}{\pi r^3}$$

정답 ①

(6) 온도응력

온도(열)의 변화에 의해서 생기는 응력으로 온도응력 σ 는 다음과 같다.

$$\sigma = E \cdot \alpha \cdot \triangle t = E \cdot \alpha \cdot (t_2 - t_1)$$

단, σ : 온도응력(N/mm²)

E : 탄성계수(N/mm²) 재료에 힘이 작용, 그에 의해 생기는 변형의 비례관계, 재료고유의 값이다.

α : 열팽창계수(ϵ/℃), $\triangle t$: 온도차(℃)

③ 변형률과 응력-변형률 곡선

1. 변형률

(1) 정의

① 변형 : 외력의 작용에 의해 부재 형상이 변하는 것을 변형이라 한다.

② 변형률 : 부재 원래 길이에 대한 변형량의 비를 변형률이라 한다.

$$변형률(\epsilon) = \frac{변형량(\Delta L)}{원래\ 길이(L)}$$

(2) 단위

길이를 길이로 나눈 값으로 무차원이며 단위가 없다.

(3) 길이 변형률과 지름 변형률

① 길이 변형률 : 부재에 축방향력이 작용하는 경우 부재는 길이 방향으로 변형이 일어난다. 이때 본래의 길이(l)에 대한 변형된 길이(Δl)의 비율을 말하며, 길이방향 변형률 ϵ_l은 다음과 같다.

$$\epsilon_l = \frac{\Delta l}{l}$$

단, ϵ : 길이 방향 변형률, Δl : 변형된 길이, l : 본래의 부재 길이

② 지름 변형률 : 본래의 지름(d)에 대한 변형된 지름(Δd)의 비율을 말하며, 지름 방향 변형률 ϵ_d는 다음과 같다.

$$\epsilon_d = \frac{\Delta d}{d}$$

단, β : 지름 방향 변형률, Δd : 변형된 지름, d : 본래의 지름

2. 푸아송비와 푸아송수

(1) 푸아송비(ν)

푸아송비는 길이방향 변형률에 대한 지름방향 변형률이다.

$$\nu = \frac{\text{지름 변형률}}{\text{길이 변형률}} = \frac{\dfrac{\Delta d}{d}}{\dfrac{\Delta L}{L}}$$

(2) 푸아송수(m)

푸아송수는 푸아송비의 역수 값이다.

$$m = \frac{1}{\nu} = \frac{\text{길이 변형률}}{\text{지름 변형률}} = \frac{\dfrac{\Delta L}{L}}{\dfrac{\Delta d}{d}}$$

핵심 KEY

예제 6 길이가 200cm 부재가 인장을 받아 210cm가 되었고 부재의 단면의 폭은 10cm 에서 9.8cm로 변하였다. 이 부재의 푸아송수는?

① $\dfrac{1}{4}$　　　　　　　② $\dfrac{1}{2}$

③ 2　　　　　　　④ 2.5

해설

푸아송수 구하는 식은 $m = \dfrac{\dfrac{\Delta L}{L}}{\dfrac{\Delta d}{d}} = \dfrac{\dfrac{10}{200}}{\dfrac{0.2}{10}} = \dfrac{10 \times 10}{200 \times 0.2} = 2.5$

정답 ④

---

3. 전단변형률

부재에 전단력이 작용할 때 부재 길이에는 영향을 미치지 않으나 부재의 모양을 변화 시킨다. 이 경우 부재각도의 변화량을 말하며 라디안(radian)으로 표시한다.

$$\gamma = \frac{\lambda}{l}$$

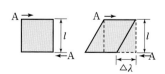

단, γ : 전단 변형률

λ : 전단 변형량

l : 부재 길이 (이때 부재 길이는 전단 변형량과 직각에 위치한다.)

핵심 KEY

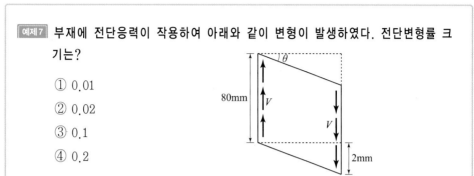

예제 7 부재에 전단응력이 작용하여 아래와 같이 변형이 발생하였다. 전단변형률 크기는?

① 0.01

② 0.02

③ 0.1

④ 0.2

해설

전단변형률 $= \dfrac{\text{전단 변형량}}{\text{부재 길이}} = \dfrac{2}{100} = 0.02$

주의 부재 길이에 부재 높이 80mm를 대입하지 않도록 한다.

정답 ②

4. 기타 변형률

(1) 3축 응력 상태의 3축 변형률(2축일 때 σ_z=0, 1축일 때 σ_y, σ_z=0을 대입)

① $E\epsilon_x = \sigma_x - v(\sigma_y + \sigma_z),\ \epsilon_x = \dfrac{\sigma_x}{E} - \dfrac{v}{E}(\sigma_y + \sigma_z)$

② $E\epsilon_y = \sigma_y - v(\sigma_x + \sigma_z),\ \epsilon_y = \dfrac{\sigma_y}{E} - \dfrac{v}{E}(\sigma_x + \sigma_z)$

③ $E\epsilon_z = \sigma_z - v(\sigma_x + \sigma_y),\ \epsilon_z = \dfrac{\sigma_z}{E} - \dfrac{v}{E}(\sigma_x + \sigma_y)$

(2) 면적 변형률 (1축 응력 시)

$\epsilon_A = \pm \dfrac{\Delta A}{A} = \pm 2\nu\epsilon$

(3) 체적 변형률 (2축일 때 σ_z=0, 1축일 때 σ_y, σ_z=0을 대입)

$\epsilon_v = \dfrac{\Delta V}{V} = \dfrac{1 - 2\nu}{E}(\sigma_x + \sigma_y + \sigma_z)$

※ 체적이 감소할 수는 없으므로 푸아송비의 범위는 $\dfrac{1}{2} \leq \nu < 1$이다.

5. 응력 – 변형률 곡선

(1) 정의

인장시험 또는 압축 시험을 실시 이때, 시험 결과를 세로축에 응력, 가로축에 변형률로 나타낸 그림을 응력 – 변형률 곡선이라고 한다. 이 곡선은 재료 고유의 역학적 성질을 나타내며, 탄성 영역에서의 강성과 소성 영역에서의 변형 능력, 파괴될 때의 강도 등을 알기 위해 이용된다.

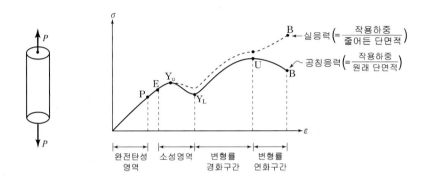

(2) 응력–변형률 곡선의 설명

① 비례한도(P) : 응력이 작을 때는 응력과 변형률이 직선 관계가 되며, 점 P를 지나면서 곡선이 된다. 응력과 변형률이 직선이 되는 한계인 점 P를 비례한계라고 한다. 이 구간은 훅의 법칙 $\sigma = E\epsilon$이 완전히 성립한다.

② 탄성한도(E) : 점 E를 넘지 않는 범위에서는 힘을 제거하면 원래의 길이로 되돌아온다. 이때 점 E를 탄성한계라고 한다. 사실 탄성한도와 비례한도는 거의 같은 값으로 본다.

③ 항복점(Y_u, Y_L) : Y점인 항복점에 도달하면 하중이 증가하지 않아도 변형률이 증가한다.

④ 비례한계, 탄성한계, 상항복점, 하항복점은 그 크기가 매우 유사해서 일반적으로 한 점으로 가정한다. 항복응력 점이 된다.

⑤ 극한강도(인장강도, U) : U점은 응력 – 변형률 곡선의 최대응력점으로 이 점에 도달하면 단면이 현저히 감소하는 현상인 네킹 현상이 발생한다.

⑥ 파괴점(B) : 응력 – 변형률 곡선의 마지막 점으로 빛과 소리를 내며 강재의 파괴가 일어난다.

$$공칭응력 = \frac{작용\ 하중}{최초\ 단면적}, \quad 실응력 = \frac{작용\ 하중}{줄어든\ 단면적}$$

④ 탄성계수와 변위

1. 탄성계수

(1) 훅의 법칙(탄성의 법칙)

① 설명 : 부재에 작용하는 힘이 클수록 변형률도 커지며 일정 범위(비례한계) 내에서 응력과 변형률이 비례

② 식의 표현 : 응력 변형률 곡선의 세로축은 응력이며 가로축은 변형률이다. 그래프의 기울기는 탄성계수(E)가 된다.

$$기울기(E) = \frac{\text{세로 변형량}}{\text{가로 변형량}} = \frac{\text{응력}(f)}{\text{변형률}(\epsilon)}$$

훅의 법칙을 식으로 표현하면 $f = E\epsilon$ 가 된다.

(2) 선형탄성계수, E

훅의 법칙에서 응력과 변형률 그래프의 기울기를 말하며 훅의 법칙 [응력=탄성계수×변형률]에서 변형률이 단위가 없는 무차원이므로 탄성계수의 단위는 GPa, MPa 등 응력의 단위와 같다. 탄성계수가 클수록 부재의 변형이 어렵다.

$$E = \frac{\sigma}{\epsilon} = \frac{\dfrac{P}{A}}{\dfrac{\triangle l}{l}} = \frac{Pl}{A \triangle l}$$

(3) 전단탄성계수, G

전단응력과 전단변형률 사이의 비례 상수를 말한다.

$$G = \frac{\tau}{\gamma} = \frac{\dfrac{S}{A}}{\dfrac{\lambda}{l}} = \frac{Sl}{A\lambda}$$

τ : 전단응력
γ : 전단변형률

재질이 균일하고 등방성인 탄성체의 경우 E와 G 사이에는 다음의 관계가 성립한다.

$$G = \frac{E}{2(1+\nu)} = \frac{mE}{2(m+1)}$$

ν : 푸아송비
m : 푸아송수

(4) 체적탄성계수, K

재질이 균일하고 3요소에서 일정한 압력을 받을 경우 E와 K 사이에는 다음의 관계가 성립한다.

$$K = \frac{E}{3(1-2\nu)} = \frac{mE}{3(m-2)}$$

ν : 푸아송비
m : 푸아송수

(5) 전단탄성계수(G)와 체적탄성계수(K)의 관계식

$$G = \frac{3(1-2\nu)}{2(1+\nu)}K = \frac{3(m-2)}{2(m+2)}K$$

ν : 푸아송비
m : 푸아송수

핵심 **KEY**

예제8 단면적이 1,000mm², 길이가 2m 강봉을 100kN의 힘으로 인장했을 때 강봉이 변형량이 1mm 발생했다. 이 강봉의 탄성계수 크기(MPa)로 옳은 것은?

① 2×10^4 ② 2×10^5

③ 5×10^4 ④ 5×10^5

해설

$\frac{P}{A} = E \times \frac{\Delta L}{L}$ 을 이용하여 탄성계수를 구해준다. $E = \frac{P \times L}{A \times \Delta L}$ 에 대입할 단위는 MPa이 N/mm²이므로 힘은 N으로, 길이는 mm로 맞춰서 대입해준다.

즉, $E = \frac{(100 \times 10^3) \times (2 \times 10^3)}{1,000 \times 1} = 2 \times 10^5 \text{MPa}$이 된다.

정답 ②

핵심 **KEY**

예제9 탄성계수 E=120GPa, 푸아송수 m=5일 때 전단 탄성계수 G의 값(MPa)은?

① 25×10^3 ② 25×10^4

③ 50×10^3 ④ 50×10^4

해설

푸아송수를 이용한 전단탄성계수 구하는 식은 $G = \frac{mE}{2(m+1)} = \frac{5 \times 120}{2(5+1)} = 50 \text{GPa}$

문제에서 단위를 MPa로 물어보았다. 1G(기가)=10^3M(메가)이므로 정답은 50×10^3 MPa이 된다.

정답 ③

2. 변위(변형량)

구조물에 외력이 작용하면 내력이 생기고 이 내력에 의해 구조물에는 변형, 즉 변위가 발생한다.

(1) 축방향력이 작용할 때 변위

$$\sigma = \frac{P}{A} = E\epsilon = E\left(\frac{\Delta L}{L}\right)$$

$$\therefore \ \delta = \frac{PL}{EA}$$

(2) 휨모멘트가 작용할 때 변위

$$\sigma = \frac{M}{I}y = E\epsilon = E\frac{y}{R} = E\frac{y}{\dfrac{L}{\theta}}$$

$$\therefore \ \theta = \frac{ML}{EI} \ \ \left(곡률 \ K = \frac{1}{R} = \frac{\theta}{L} = \frac{M}{EI}\right)$$

　　단, R : 곡률 반경

(3) 전단력이 작용할 때 변위

$$\tau = \frac{S}{A} = G\gamma = G\left(\frac{\lambda}{L}\right)$$

$$\therefore \ \lambda = \frac{SL}{GA}$$

　　단, G : 전단탄성계수

(4) 원형봉에 비틀림이 작용할 때 변위

$$\tau_{\max} = \frac{T}{I_p}r = G\gamma = G\left(\frac{r\phi}{L}\right)$$

$$\therefore \ \phi = \frac{TL}{GI_p} \qquad\qquad 단, \ I_p : 단면 \ 2차 \ 극모멘트$$

(5) 응력과 변위 변형률의 정리

단면력	축방향력(P)	전단력(S)	휨모멘트(M)	비틀림력(T)
응력	$\sigma = \dfrac{P}{A}$	$\tau = \dfrac{S}{A}$	$\sigma = \dfrac{M}{I}y$	$\tau = \dfrac{Tr}{J}$
저항단면	A	A	I(또는 Z)	$J(=I_p)$
후크의 법칙	$\sigma = E\epsilon$	$\tau = G\gamma$	$\sigma = E\epsilon$	$\tau = G\gamma$
강성	EA	GA	EI	GJ
변형률	$\epsilon = \dfrac{\delta}{l}$	$\gamma = \dfrac{\lambda}{l}$	$\epsilon = \dfrac{y}{\rho}$	$\gamma = \dfrac{r\phi}{l}$
변형량	$\delta = \dfrac{Pl}{EA}$	$\lambda = \dfrac{Sl}{GA}$	$\theta = \dfrac{Ml}{EI}$	$\phi = \dfrac{Tl}{GJ}$

핵심 KEY

예제 10 탄성계수가 200GPa, 단면적이 250mm^2, 길이 1m 강봉을 100kN 힘으로 압축을 가할 때 강봉의 변위(mm)는?

① 1   ② 10

③ 2   ④ 20

해설

축방향 변위이므로

$$\delta = \frac{PL}{EA} = \delta = \frac{PL}{EA} = \frac{(100 \times 10^3)\,\text{N} \times 1,000\,\text{mm}}{(200 \times 10^3)\,\text{MPa} \times 250\,\text{mm}^2} = 2\,\text{mm(단위에 주의)}$$

정답 ③

⑤ 재료의 성질 및 강성도

1. 재료의 성질에 관한 용어

(1) 탄성과 소성

① 탄성 : 부재가 외력을 받고 원래의 모양으로 돌아오려는 성질, 응력 변형률 그래프의 경로가 일치함

② 소성 : 부재가 외력을 받고 원래의 모양으로 돌아오지 않으려는 성질, 응력 변형률 그래프의 경로가 불일치

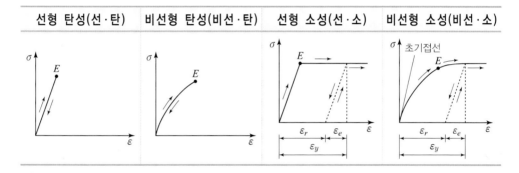

선형 탄성(선·탄)	비선형 탄성(비선·탄)	선형 소성(선·소)	비선형 소성(비선·소)

(2) 취성과 연성

① 취성 : 작은 변형에도 파괴되는 재료의 성질

② 연성 : 큰 변형에서 파괴되는 재료의 성질

(3) 인성과 탄력

① 인성 : 재료가 파괴될 때까지 흡수 가능한 에너지

② 탄력 : 재료가 탄성 범위 내에서 저장 가능한 에너지

(4) 인성계수와 레질리언스 계수

① 인성계수 : 재료가 파괴될 때까지 흡수 가능한 단위체적당 에너지

② 레질리언스 계수 : 재료가 탄성 범위 내에서 저장 가능한 단위체적당 에너지

(5) 전성과 경도

① 전성 : 재료가 얇게 펴지는 성질

② 경도 : 재료가 표면 마찰에 저항하는 성질

(6) 균질과 이질

① 균질 : 재료가 위치에 따라 성질이 같은 것

② 이질 : 재료가 위치에 따라 성질이 다른 것

(7) 강도와 강성

① 강도 : 하중에 대한 저항 능력으로 큰 하중에 저항할수록 고강도

② 강성 : 변형에 대한 저항성으로 변형이 작을수록 고강성, 탄성계수가 클수록 고강성이다.

(8) 등방과 이방

① 등방 : 재료가 모든 방향으로 성질이 같은 것

② 이방 : 재료가 모든 방향으로 성질이 다른 것

2. 강성도와 유연도

(1) 강성도(stiffness, k)

① 정의 : 단위 변형을 일으키는 데 필요한 힘으로 스프링상수와 같은 의미를 갖는다.

힘(P)=강성도(k)×변위(δ) 관계가 있다. 즉, 강성도=$\dfrac{\text{힘}}{\text{처짐}}$ 이 된다.

② 합성강성도 : 힘과 변위를 연결하는 식은 힘(P)=강성도(k)×변위(δ)로 표현한다.

※ 합성강성도의 결정 방법

형태		합성강성도 식
직렬구조	$P \longleftarrow \text{WWW}_{K_1} \text{WWW}_{K_2} \longrightarrow P$	$K_{eq} = \dfrac{k_1 \cdot k_2}{k_1 + k_2}$
병렬구조	$P \longleftarrow \begin{array}{c} K_1 \\ K_2 \end{array} \longrightarrow P$	$K_{eq} = k_1 + k_2$

(2) 유연도(flexibility, f)

단위하중에 의한 변형량으로 항상 강성도의 역수가 된다.

단면력	강성도(k)	유연도(f)
축력	$\dfrac{EA}{l}$	$\dfrac{l}{EA}$
전단력	$\dfrac{GA}{l}$	$\dfrac{l}{GA}$
휨모멘트	$\dfrac{EI}{l}$	$\dfrac{l}{EI}$
비틀림력	$\dfrac{GI_p}{l}$	$\dfrac{l}{GI_p}$

핵심 **KEY**

예제 11 **강성도 k가 200N/mm인 물체가 있다. 처짐이 2cm 발생했을 때 작용한 힘의 크기(N)로 옳은 것은?**

① 100 ② 1,000

③ 400 ④ 4,000

해설

힘(P)=강성도(k)×처짐(δ)이며 P=200N/mm×20mm=4,000N

사실 공식을 알지 못해도 강성도의 단위를 보면 $\dfrac{\text{N}}{\text{mm}}$이다.

여기에서 힘만을 남기기 위해서는 길이의 차원을 곱해야 한다.

즉, $\dfrac{200\text{N}}{\text{mm}}$×20mm=4,000N **Tip** 단위도 숫자와 같이 사칙연산이 가능하다.

정답 ④

6 그 밖의 응력 및 변위(변형량)

1. 온도의 영향

(1) 설명

길이가 L인 부재에 열팽창계수(α)가 1℃당 변형률($\epsilon_t /$℃)라는 조건을 이용하여 온도가 T_1에서 T_2로, 즉 ΔT의 온도변화가 있을 때 응력이 발생하며 식을 정리하면 다음과 같다.

구조물 형태	1단 고정 1단 자유	양단 고정
구분	정정 구조물	부정정 구조물
온도변형률(ϵ_t)	$\epsilon_t = \dfrac{\delta_t}{L} = \alpha(\Delta T)$	$\epsilon_t = 0$
온도변형량(δ_t)	$\delta_t = \alpha(\Delta T)L$	$\delta_t = 0$
온도반력(R_t)	$R_t = 0$	$\delta_R = \delta_t : \dfrac{R_t L}{EA} = \alpha(\Delta T)L$ $R_t = E\alpha(\Delta T)A$
온도응력(σ_t)	$\sigma_t = 0$	$\sigma_t = \dfrac{R_t}{A} = E\alpha(\Delta T)$
온도에 변화에 따른 응력 발생 / 온도 상승	구속이 없기에 추가응력 발생 하지 않음	구속에 의해 압축응력 발생
온도에 변화에 따른 응력 발생 / 온도 하강	구속이 없기에 추가응력 발생 하지 않음	구속에 의해 인장응력 발생

여기서, E : 탄성계수, α : 열팽창 계수($\epsilon_t /$℃), ΔT : 온도 변화량, A : 단면적

(2) 부정정 구조물에 허용변위가 있는 경우

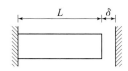

① 설명 : 온도에 의한 변형량이 허용변형량(δ)보다 작다면 변형이 구속되지 않으므로 정정 구조물과 같은 상태로서 추가 응력은 발생하지 않는다. 그러나 온도에 의한 변형량이 허용 변형량보다 큰 경우라면 두 변형의 차이만큼의 변형이 구속되므로 양단고정 부정정 구조물과 같이 추가적인 반력과 응력이 발생한다.

② 풀이방법 : 온도에 의한 변형량(δ_t)를 구한 다음 허용변형량(δ)과 비교 δ가 큰 경우는 정정 구조물과 같이 해석하고 δ_t가 더 큰 경우에는 $\delta - \delta_t$를 미리 공제해주고 그 나머지 변형량에 대해서 부정정구조물과 같이 해석한다.

$$\delta \geq \delta_t \; : \text{정정 구조물로 해석}$$
$$\delta < \delta_t \; : \text{부정정 구조물로 해석}$$

③ $\delta < \delta_t$일 때, 발생하는 추가 부재력과 응력

추가부재력(P_t)

$$\frac{P_t L}{EA} = (\delta_t - \delta)$$

	추가부재력(P_t)	추가응력(σ_t)
계산식	$\dfrac{P_t L}{EA} = (\delta_t - \delta)$	$\dfrac{\sigma_t L}{E} = (\delta_t - \delta)$
계산값	$\therefore P_t = \dfrac{EA(\delta_t - \delta)}{L}$	$\therefore \sigma_t = \dfrac{E(\delta_t - \delta)}{L}$

핵심 KEY

예제 12 양단고정인 부정정 구조물이 있다. 탄성계수 $E = 2 \times 10^5 \text{MPa}$, 열팽창계수 $\alpha = 1.0 \times 10^{-5}/℃$ 이다. 이 부재가 10℃에서 30℃로 온도가 변했다. 이때 생기는 추가응력의 크기[MPa]와 종류로 옳은 것은?

① 20, 압축　　　　　　　② 40, 압축

③ 20, 인장　　　　　　　④ 40, 인장

해설

양단고정보에 끼인 물체에 온도가 상승했다. 부재 길이가 증가하지 못하고 구속되므로 압축응력이 생긴다. 압축응력의 크기는 $\dfrac{PL}{EA} = \sigma\dfrac{L}{E} = \alpha \Delta TL$이며, 이것을 응력 σ에 대해서 정리해주면 $\sigma = E\alpha \Delta T$이다.

$\Delta T = T_2 - T_1 = 30℃ - 10℃ = 20℃$ 이므로

$\therefore$ 응력$(\sigma) = (2 \times 10^5) \times (1 \times 10^{-5}) \times 20 = 40\text{MPa}$

정답 ②

핵심 KEY

예제 13 그림과 같이 부재의 자유단이 옆의 벽과 떨어져 있다. 부재의 온도가 현재보다 20℃ 상승할 때, 부재 내에 생기는 응력의 크기(MPa)로 옳은 것은?

(단, $E = 200,000\text{MPa}$, $\alpha = 10^{-5}$)

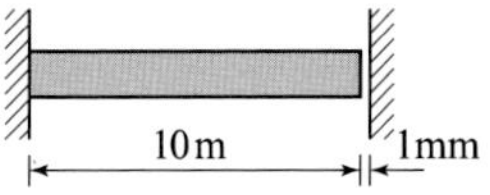

① 0

② 10

③ 20

④ 30

10m　　　1mm

해설

온도상승으로 인해 부재가 늘어날 수 있는 길이 :

$\Delta l = \alpha l (T_2 - T_1) = \alpha l \Delta T = (10^{-5})(10)(1000)(20) = 2\text{mm}$

1mm는 제약 없이 늘어날 수 있고 나머지 1mm는 구속을 받아 응력이 발생

제약 없이 늘어난 길이 1mm는 10℃(ΔT_1)에 의해 늘어난 길이

$\therefore (\delta_t - \delta) = 2 - 1 = 1\text{mm}$

온도상승으로 인한 추가응력(σ_t)의 크기는

$\sigma_t = \dfrac{E(\delta_t - \delta)}{L} = \dfrac{200,000 \times 1}{10 \times 10^3} = 20\text{MPa}$

정답 ③

2. 자중의 영향

(1) 설명

문제에서 물체의 단위중량 즉, 자중이 주어졌을 경우 풀이 시 이를 고려해야한다.

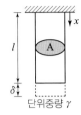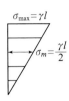

(2) 균일단면 봉 응력의 분포

① 최대응력$(x=0)$, 맨 윗부분 : $\sigma_{\max} = \gamma l$

② 평균응력$\left(x=\dfrac{l}{2}\right)$, 중앙 부분 : $\sigma_m = \dfrac{\gamma l}{2}$

③ 최소응력$(x=l)$, 맨 밑부분 : $\sigma_{\min} = 0$

(3) 균일단면 봉 자중에 의한 변형량(δ), $\delta_x = \dfrac{\gamma l^2}{2E}\left[1-\left(\dfrac{l-x}{l}\right)^2\right]$

① 맨 윗부분$(x=0)$: $\delta = 0$

② 중앙 부분$\left(x=\dfrac{l}{2}\right)$: $\delta = \dfrac{3\gamma l^2}{8E}$

③ 맨 밑부분$(x=l)$: $\delta = \dfrac{\gamma l^2}{2E}$

(4) 축하중과 자중을 동시에 받는 균일단면 봉

① 응력

자중에 의한 응력에 축하중에 의해 균일하게 작용하고 있는 응력 $\sigma = \dfrac{P}{A}$ 중첩시켜 준다.

② 변형량$(x$점$)$

자중에 의한 변형량에 축하중에 의한 변형$\left(\delta = \dfrac{Px}{EA}\right)$값을 중첩시켜 준다.

자유단에서의 처짐은 $x=l$인 지점이므로 $\delta = \dfrac{Pl}{EA} + \dfrac{\gamma l^2}{2E}$ 이 된다.

3. 축력 시 변단면 부재 변형량

단면의 종류	변형량 구하는 식
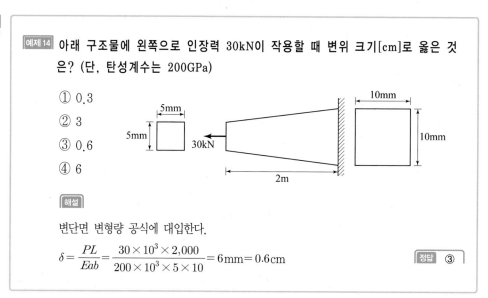	$\delta = \dfrac{PL}{E(a \times b)}$
	$\delta = \dfrac{PL}{E(\dfrac{\pi \times a \times b}{4})}$

핵심 KEY

예제 14 아래 구조물에 왼쪽으로 인장력 30kN이 작용할 때 변위 크기[cm]로 옳은 것은? (단, 탄성계수는 200GPa)

① 0.3

② 3

③ 0.6

④ 6

해설

변단면 변형량 공식에 대입한다.

$$\delta = \frac{PL}{Eab} = \frac{30 \times 10^3 \times 2,000}{200 \times 10^3 \times 5 \times 10} = 6\,\text{mm} = 0.6\,\text{cm}$$

정답 ③

4. 막응력

액체나 기체를 담은 구형 또는 원통형의 구조물로 내부의 압력에 의해 표면의 두께에서 발생하는 응력이다.

(1) 구형

공의 모양의 구조물로 모든 방향에서 막응력 값이 같다.

$$\sigma_{1,\,2} = \frac{qr}{2t}$$

q : 관내 압력, r : 관의 반지름, t : 관 두께

(2) 원통형

원통형의 구조물로서 지름 방향에서의 응력(σ_1)과 길이 방향에서의 응력(σ_2) 값이 다르다.

단, 지름 < 길이일 때

① 지름방향, 횡방향응력 : $\sigma_1 = \dfrac{qr}{t}$

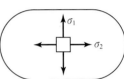

② 길이방향, 종방향응력 (횡방향응력의 1/2이다.) : $\sigma_2 = \dfrac{qr}{2t}$

밀폐된 압력용기의 응력

③ 관두께 : 불리한 조건으로 설계한다. (두께 값 중 큰 값으로 안전하게 설계)

$$t \geq \frac{qr}{\sigma_{\text{허용}}}$$

핵심 KEY

예제15 구형 압력용기가 있다. 허용응력이 200MPa, 반지름이 500mm, 내부압력이 4MPa일 때 압력용기의 최소 두께(mm) 값은?

① 2.5mm   ② 25mm

③ 5mm   ④ 50mm

해설

구형 응력 구하는 식은 $\sigma_{\text{허용}} \geq \dfrac{qr}{2t}$

두께 t에 대해서 정리하면 $t = \dfrac{qr}{2\sigma} \geq \dfrac{4 \times 500}{2 \times 200} \geq 5mm$

∴ $t = 5mm$

정답 ③

5. 경사면 응력

평면응력에서 면이 회전하면 단면적과 힘의 크기가 변하게 되어 회전한 면의 응력 또한 변하게 된다.

(1) 응력의 부호약속

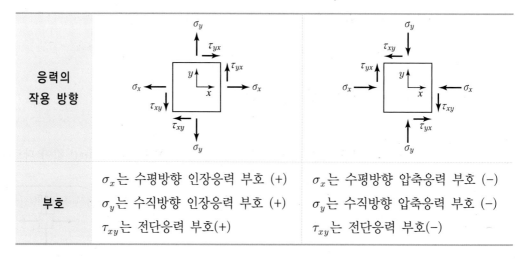

응력의 작용 방향	(좌)	(우)
부호	σ_x는 수평방향 인장응력 부호 (+) σ_y는 수직방향 인장응력 부호 (+) τ_{xy}는 전단응력 부호(+)	σ_x는 수평방향 압축응력 부호 (−) σ_y는 수직방향 압축응력 부호 (−) τ_{xy}는 전단응력 부호(−)

여기서, θ: 회전각의 부호는 반시계방향이면 (+), 시계방향이면 (−)이다.

(2) 임의 축 변환 공식

구분	수직응력 (σ)	전단응력 (τ)
기본 공식	$\sigma_{x'} = \dfrac{\sigma_x + \sigma_y}{2} + \dfrac{\sigma_x - \sigma_y}{2}\cos 2\theta - \tau_{xy}\sin 2\theta$	$\tau_{x'y'} = \dfrac{\sigma_x - \sigma_y}{2}\sin 2\theta + \tau_{xy}\cos 2\theta$
1축 응력 작용 $(\sigma_x \neq 0,\ \sigma_y = 0,\ \tau = 0)$	$\sigma_{x'} = \dfrac{\sigma}{2} + \dfrac{\sigma}{2}\cos 2\theta = \sigma\cos^2\theta$	$\tau_{x'y'} = \dfrac{\sigma}{2}\sin 2\theta = \sigma\sin\theta\cos\theta$
2축 응력 작용 $(\sigma_x \neq 0,\ \sigma_y \neq 0,\ \tau = 0)$	$\sigma_{x'} = \dfrac{\sigma_x + \sigma_y}{2} + \dfrac{\sigma_x - \sigma_y}{2}\cos 2\theta$	$\tau_{x'y'} = \dfrac{\sigma_x - \sigma_y}{2}\sin 2\theta$
순수 전단응력 작용 $(\sigma_x = 0,\ \sigma_y = 0)$	$\sigma_x = -\tau_{xy}\sin 2\theta$	$\tau_{x'y'} = \tau_{xy}\cos 2\theta$

핵심 **KEY**

예제 16 아래 부재에서 인장력 P에 의한 수직응력이 σ일 때, $x-x$단면의 수직응력 σ' 와 전단응력 τ'의 값으로 옳은 것은?

① $\sigma' = \dfrac{3\sigma}{4}$, $\tau' = \dfrac{\sqrt{2}\,\sigma}{4}$

② $\sigma' = \dfrac{3\sigma}{4}$, $\tau' = \dfrac{\sqrt{3}\,\sigma}{4}$

③ $\sigma' = \dfrac{\sqrt{3}\,\sigma}{4}$, $\tau' = \dfrac{\sigma}{4}$

④ $\sigma' = \dfrac{\sqrt{3}\,\sigma}{4}$, $\tau' = \dfrac{3\sigma}{4}$

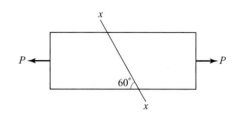

해설

힘이 1축에만 작용하고 있다. 경사면 1축 응력 공식을 이용한다.

$$\sigma_{x'} = \frac{\sigma}{2} + \frac{\sigma}{2}\cos 2\theta = \sigma\cos^2\theta = \sigma \times \cos^2 30° = \sigma \times \left(\frac{\sqrt{3}}{2}\right)^2 = \frac{3\sigma}{4}$$

$$\tau_{x'y'} = \frac{\sigma}{2}\sin 2\theta = \sigma\sin\theta\cos\theta = \sigma \times \sin 30° \times \cos 30° = \sigma \times \frac{1}{2} \times \frac{\sqrt{3}}{2} = \frac{\sqrt{3}\,\sigma}{4}$$

단, $\theta = 30°$, 회전각 방향 반시계 (+)

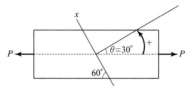

정답 ②

(3) 주응력

회진면에 발생하는 수직응력이 최대 및 최소가 되는 응력면을 주응력면이라 하고 주응력면에서의 전단응력은 0이 된다.

① 주응력면에서의 최대 및 최소 주응력

$$\sigma_{1,2} = \frac{\sigma_x + \sigma_y}{2} \pm \sqrt{\left(\frac{\sigma_x - \sigma_y}{2}\right)^2 + \tau_{xy}{}^2}$$

② 주전단응력

회전면에 발생하는 전단응력이 최대 및 최소가 되는 면을 주전단응력면이라 하고 이면에서의 최대 및 최소 전단응력을 주전단응력이라 한다. 최대, 최소 전단응력이 발생하는 점에서의 수직응력은 0이 될 수도 있고 0이 아닐 수도 있다. 만약 0일 경우 "순수 전단상태에 있다"라고 한다. 그리고 주전단응력면과 주응력면은 45° 간격을 항상 유지한다.

$$\tau_{\max} = \left| \sqrt{\left(\frac{\sigma_x - \sigma_y}{2}\right)^2 + (\tau_{xy})^2} \right|$$

③ 주응력의 방향

전단응력이 0이 되는 평면에서 발생한다.

$$\tan 2\theta = \frac{2\tau_{xy}}{\sigma_x - \sigma_y}$$

핵심 **KEY**

예제 17 어떤 물체에 x 방향으로 수직응력이 30MPa, y축 방향으로 수직응력이 90MPa, 전단응력이 40MPa 작용하고 있다. 이 물체에 발생하는 최대 주응력(MPa)은?

① 100 ② 110
③ 120 ④ 130

해설

$$\sigma_{\max} = \frac{\sigma_x + \sigma_y}{2} + \sqrt{\left(\frac{\sigma_x - \sigma_y}{2}\right)^2 + \tau_{xy}^2} = \frac{90 + 30}{2} + \sqrt{\left(\frac{90 - 30}{2}\right)^2 + 40^2} = 110 \text{MPa}$$

정답 ②

(4) 모아원을 이용한 변환

회전한 면의 응력을 조합하여 원방정식을 구성함으로써 회전한 모든 면의 응력을 가시적으로 표현한 원으로 기하학적인 방법으로 응력과 변형률을 구할 수 있다.

① 모아원을 그리는 순서

step1. xy평면상에 작용하는 응력을 한 점으로 표시한다.

x축은 σ, y축은 τ로 하는 좌표평면을 그린다. 그리고 x면상의 응력은 A점 좌표 (σ_x, τ_{xy})로, y면상의 응력은 B점 좌표 $(\sigma_y, -\tau_{xy})$로 하여 두 점 A, B를 xy 좌표축 상에 나타낸다. 이때 응력의 부호는 앞에서 약속한 것과 같다.

step2. A점과 B점을 연결한 선분을 지름으로 하는 원을 작도한다.

두 점 A, B를 연결하면 모아원의 지름이 되므로 모아원의 중심은 항상

$\left(\dfrac{\sigma_x + \sigma_y}{2},\ 0\right)$이 된다.

step3. 주어진 평면에서 회전한 각과 같은 방향으로 2배각을 회전한 점의 좌표를 구한다.

평면에서 회전한 각 θ는 응력변환공식에서 2θ이므로 2배각을 회전한 좌표가 경사면의 변환 응력값을 나타내는 좌표값이 된다.

※ 2축 응력의 모아원

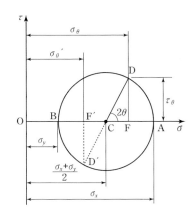

② 모아원을 이용한 응력값의 결정

a. 모아원을 이용한 임의 축 변환값 : 모아원을 그린 후 시작점에서부터 평면에서의 회전각 θ의 2배를 해준 점을 찾는다. 그 다음 그 좌표 값에 해당하는 x축과 y축 값을 읽는다. 그렇게 해서 나온 x축 읽은 값은 변환된 σ값, y축 읽은 값은 변환된 τ값이 된다.

b. 최대(σ_1) 및 최소(σ_2) 수직응력 (주응력) 결정 : 최대 및 최소 주응력은 전단응력이 0인 즉, 모아원에서 y축이 0이 되는 x축과 만나는 교점이 된다.

$\sigma_{1,\,2} = \sigma_{중심} \pm R$

c. 최대 전단응력($\tau_{\max}$) : $\tau_{\max}$은 모아원에서 y축의 최댓값이 되므로 모아원의 반지름이 된다.

$\tau_{\max} = |R|$

③ 모아원을 통해 알 수 있는 응력의 성질

a. 최소, 최대 주응력은 서로 직교한다. (모아원에서 $180°$ 각도를 유지한다.)

b. 최소, 최대 주응력에서는 전단응력은 항상 0이다.

c. 서로 직교하는 단면에 대한 두 수직응력의 합은 항상 일정하다. (모아원에서 마주보는 수직응력 값들의 합은 항상 일정하다.)

d. 수직응력의 방향과 크기가 모두 같고, 전단응력은 0인 경우(예 : 원형 압력용기) 모아원이 한 점으로 나타난다.

e. 일축응력 상태($\sigma_x \neq 0$, $\sigma_y = 0$, $\tau = 0$)에서 최대 전단응력의 크기는 $\tau_{\max} = \dfrac{\sigma_x}{2}$이다.

f. 순수전단 상태에서는 최대, 최소 주응력, 전단응력 최댓값 등 3개의 응력 절댓값 크기가 모두 같다.

※ 순수전단응력이 발생하는 경우

· x축 y축으로 수직응력만 존재하고 2축 수직응력의 크기가 같고 방향이 반대

· x, y축 수직응력이 0이며 전단응력만 존재하는 경우(전단력이 0이 아닌 보의 중립축)

· 순수 비틀림이 작용하는 부재의 가장 바깥면

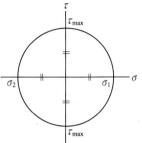

순수전단 상태의 모아원

해설 KEY

[예제 18] σ_x=4MPa, σ_y=12MPa, τ_{xy}=-3MPa이 작용하고 있는 평면 요소의 모아원에 대한 설명으로 옳지 <u>않은</u> 것은?

① 원 중심의 좌표는 (8, 0)

② 원의 반지름은 5이다.

③ 최대 전단 응력점의 좌표는 (0, 5)이다.

④ 최대 주응력점의 좌표는 (13, 0)이다.

[해설]

원의 중심 $= \dfrac{\sigma_x + \sigma_y}{2} = \dfrac{12 + 4}{2} = (8, \ 0)$

주어진 좌표에 따라 아래와 같이 모아원을 그려준다.

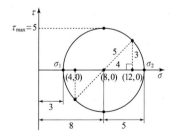

① 원 중심은 $\dfrac{\sigma_x + \sigma_y}{2} = \dfrac{12 + 4}{2} = (8, \ 0)$

② 원의 반지름은 직각삼각형 비율을 이용하면 $R = 5$

③ 최대 전단 응력점의 좌표는 (8,5)이다.

④ 최대 주응력 σ_2는 원의 중심에 반지름을 더한 (13, 0)이다.

[정답] ③

(5) 변형률 변환공식

평면에서 면이 회전하면 응력이 변하며 변형률 또한 변한다. 이러한 경우 기존의 경사면 응력 공식 또는 모아원의 작도를 이용하여 경사면에 의한 변하게 된 변형률 또한 구할 수 있다.

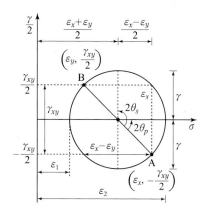

① 변형률 변환 공식과 모아원의 작도

　　a. $\epsilon_{x'} = \dfrac{\epsilon_x - \epsilon_y}{2} + \dfrac{\epsilon_x - \epsilon_y}{2}\cos 2\theta + \dfrac{\gamma_{xy}}{2}\sin 2\theta$

　　b. $\dfrac{\gamma_{x'y'}}{2} = -\dfrac{\epsilon_x - \epsilon_y}{2}\sin 2\theta + \dfrac{\gamma_{xy}}{2}\cos 2\theta$

　　c. 반지름$(R) = \sqrt{\left(\dfrac{\epsilon_x - \epsilon_y}{2}\right)^2 + \left(\dfrac{\gamma_{xy}}{2}\right)^2}$

　　　주의 변형률 변환공식에서는 y축 전단변형률에 $\dfrac{\gamma}{2}$ 값을 대입해준다.

② 스트레인 게이지(로제트)

　　a. 용도 : 물체의 표면위에서 수직 변형률을 측정하는 장치

　　b. 스트레인지 변형률 구하는 공식 : $\epsilon_{x'} = \dfrac{\epsilon_x + \epsilon_y}{2} + \dfrac{\epsilon_x - \epsilon_y}{2}\cos 2\theta + \dfrac{\gamma_{xy}}{2}\sin 2\theta$

핵심 **KEY**

예제 19 수평축으로부터 반시계 방향으로 $0°$, $45°$, $90°$ 방향의 $45°$ 스트레인 로제트를 이용하여 변형률 $\epsilon_{0°} = \bar{\epsilon}$, $\epsilon_{45°} = \bar{\epsilon}$, $\epsilon_{90°} = -\bar{\epsilon}$ 가 각각 측정되었다. 주변형률 ϵ_1, ϵ_2와 최대 전단변형률 γ_{max}는?

	ϵ_1	ϵ_2	γ_{max}
①	$\bar{\epsilon}$	$-\bar{\epsilon}$	$\bar{\epsilon}$
②	$\bar{\epsilon}$	$-\bar{\epsilon}$	$\bar{\epsilon}$
③	$\sqrt{2}\,\bar{\epsilon}$	$-\sqrt{2}\,\bar{\epsilon}$	$\sqrt{2}\,\bar{\epsilon}$
④	$\sqrt{2}\,\bar{\epsilon}$	$-\sqrt{2}\,\bar{\epsilon}$	$2\sqrt{2}\,\bar{\epsilon}$

해설

$$\epsilon_{45°} = \frac{\epsilon_x + \epsilon_y}{2} + \frac{\epsilon_x - \epsilon_y}{2}\cos2\theta + \frac{\gamma_{xy}}{2}\sin2\theta$$

$$\bar{\epsilon} = \frac{\bar{\epsilon} + (-\bar{\epsilon})}{2} + \frac{\bar{\epsilon} - (-\bar{\epsilon})}{2}\cos90° + \frac{\gamma_{xy}}{2}\sin90°$$

$\dfrac{\gamma_{xy}}{2} = \bar{\epsilon}$ 모아원을 작도한다.

$\therefore \ \epsilon_1 = +R = \sqrt{2}\,\bar{\epsilon}$

$\quad \epsilon_2 = -R = -\sqrt{2}\,\bar{\epsilon}$

$\dfrac{\gamma_{max}}{2} = R : \gamma_{max} = 2R = 2\sqrt{2}\,\bar{\epsilon}$

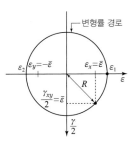

정답 ④

6. 조합 부재의 응력

탄성 계수가 다른 2개 이상의 재료가 일체가 되어 하중을 받고 같은 변형이 생기는 부재를 조합부재라 한다.

(1) 풀이 방법

step1. 우선 각 재료에 대한 강성도 $\left(\dfrac{EA}{L}\right)$ 비율을 계산한다.

step2. 총 외력 하중 P를 재료의 강성도 비율에 따라 각 재료에 분배한다.

step3. 분배한 하중에 대하여 각 재료의 단면적으로 나누어 응력을 구한다.

　　　(단, 응력의 경우 그 크기는 각 재료의 탄성계수에 비례한다.)

(2) 철근 콘크리트 기둥의 응력 구하는 식

철근 콘크리트 기둥에 하중 P가 작용할 때 아래의 표는 철근과 콘크리트의 응력과 힘 구하는 식이다.

구분	철근-콘크리트 기둥
구조물	(그림: 철근(A_s, E_s), 콘크리트(A_c, E_c), δ, l, P)
분담하중	$P = $ 강성도 $\times$ 변위 $= k \cdot \delta = \dfrac{EA}{L}\delta$ 철근부담하중 $P_s = \dfrac{\text{철근 강성도}}{\text{전체 강성도}}P = \dfrac{A_s E_s}{A_c E_c + A_s E_s}P$ (부재의 길이, L이 같다.) 콘크리트부담하중 $P_c = \dfrac{\text{콘크리트 강성도}}{\text{전체 강성도}}P = \dfrac{A_c E_c}{A_c E_c + A_s E_s}P$
응력	철근응력 $\sigma_s = \dfrac{P_s}{A_s} = \dfrac{E_s}{A_c E_c + A_s E_s}P$ 콘크리트응력 $\sigma_c = \dfrac{P_c}{A_c} = \dfrac{E_c}{A_c E_c + A_s E_s}P$
변위	$\delta = \dfrac{P}{\sum K} = \dfrac{PL}{A_C E_C + A_S E_S}$
변형률	$\epsilon = \dfrac{\delta}{L} = \dfrac{P}{A_C E_C + A_S E_S}$
변형에너지	$U = W = \dfrac{P\delta}{2} = \dfrac{P^2 L}{2(A_c E_c + A_s E_s)}$

여기서, A : 단면적, E : 탄성계수, 아래첨자 c : 콘크리트, s : 철근

예제 20 콘크리트에 철근을 축방향으로 박아 일체화시킨 철근콘트리트 기둥에 하중 1,200kN을 받고 있다. 철근의 단면적은 2,700mm², 콘크리트의 단면적은 90,000mm²일 때 콘크리트의 압축응력 f_c과 철근의 압축 응력 f_s의 값(MPa) 으로 옳은 것은? 단, E_s는 E_c보다 9배 크다.

① f_c=10.5, f_s=92.5 　　② f_c=10.5, f_s=94.5

③ f_c=12.5, f_s=92.5 　　④ f_c=12.5, f_s=94.5

해설

기본적으로 이 문제를 계산기 없이 풀기에는 계산이 너무 번거롭다. 하지만 조합 부재 에서 종류가 다른 부재의 응력값을 묻는 경우 응력값의 차이는 두 부재의 탄성계수 비율만큼 응력에서 차이가 난다. 즉, 두 부재의 탄성계수 비는 $\dfrac{E_s}{E_c}=9$이다.

그러므로 철근의 응력은 콘크리트 응력보다 9배 크다.

이 조건을 만족하는 보기는 ② 10.5×9=94.5 뿐이다.

∴ f_c=10.5, f_s=94.5

정답 ②

7. 스프링의 처짐 및 처짐각

스프링에 하중이 작용하면 스프링종류에 따라 처짐각 또는 처짐이 발생한다.

스프링 종류	스프링 모양	변위	설명
직선 스프링	$P \rightarrow$ ⟋⟍ K	$\delta = \dfrac{P}{K_{직선}}$	δ : 처짐(mm) P : 하중(N) $K_{직선}$: 직선스프링의 강성도 또는 스프링상수(N/mm)
회전 스프링	M, K_θ, M	$\theta = \dfrac{M}{K_{회전}}$	θ : 처짐각(rad) M : 하중모멘트(N·mm) $K_{회전}$: 회전스프링의 강성도 또는 스프링상수(N·mm/rad)

7 일과 에너지

1. 일(외력일)

힘이 작용하여 물체가 이동을 보인다면 일을 했다고 말할 수 있으며 이 물체가 한 일은 힘에 변위를 곱한 것과 같다.

(1) 비변동 외력일

일정한 힘이 작용하는 상태에서 변위가 증가하면서 행한 일로 이 경우 외력일은 힘×변위이다.

$$W = F \times x$$

(2) 변동 외력일

힘의 변화와 함께 변위도 증가하는 경우에 행한 일로 재료가 선형 탄성인 경우 외력일은 $\dfrac{\text{힘} \times \text{변위}}{2}$와 같다.

$$W = \frac{F \times x}{2} = \frac{P \times \delta}{2}$$

2. 에너지

(1) 변형에너지(탄성에너지, 레질리언스)

재료가 탄성범위 내에서 저장 가능한 에너지로 하중 – 변위선도의 아래쪽 면적과 같은 값을 갖는다.

(2) 공액에너지(상보에너지)

재료가 탄성범위 내에서 저장 가능한 에너지로 하중 – 변위선도의 위쪽 면적과 같은 값을 갖는다.

(3) 인성(toughness)

재료가 하중에 의해 파단될 때까지 흡수 가능한 에너지로 하중 – 변위선도에서 전체 면적과 같은 값을 갖는다.

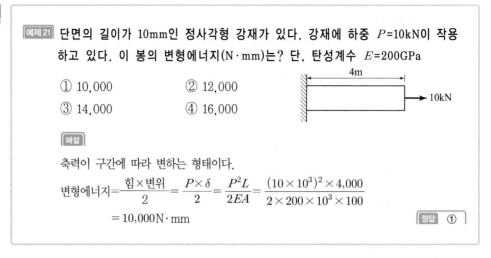

예제 21 단면의 길이가 10mm인 정사각형 강재가 있다. 강재에 하중 $P=10kN$이 작용하고 있다. 이 봉의 변형에너지(N·mm)는? 단, 탄성계수 $E=200GPa$

① 10,000   ② 12,000

③ 14,000   ④ 16,000

해설

축력이 구간에 따라 변하는 형태이다.

$$변형에너지 = \frac{힘 \times 변위}{2} = \frac{P \times \delta}{2} = \frac{P^2 L}{2EA} = \frac{(10 \times 10^3)^2 \times 4,000}{2 \times 200 \times 10^3 \times 100}$$

$$= 10,000 \text{N} \cdot \text{mm}$$

정답 ①

3. 단위체적당 에너지

(1) 변형에너지 밀도(레질리언스 계수)

탄성범위 내에서 단위 체적당 저장 가능한 변형에너지로 응력 – 변형률 선도의 아래쪽 면적과 같은 값을 갖는다.

(2) 공액에너지 밀도(상보에너지 밀도)

탄성범위 내에서 단위 체적당 저장 가능한 변형에너지로 응력 – 변형률 선도의 위쪽 면적과 같은 값을 갖는다.

(3) 인성계수(터프니스 계수)

재료가 파단될 때까지 단위체적당 흡수 가능한 에너지로 응력 – 변형률 선도의 전체 면적과 같은 값을 갖는다.

(4) 변형에너지와 변형에너지 밀도의 구분

구분	변형에너지	변형에너지 밀도
그래프	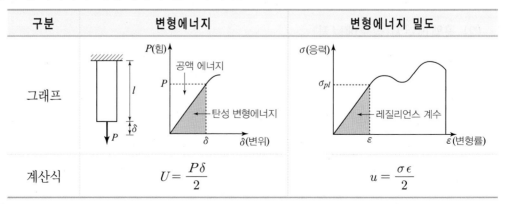	
계산식	$U = \dfrac{P\delta}{2}$	$u = \dfrac{\sigma\epsilon}{2}$

⑧ 구조물의 설계

구조물의 설계 방법에는 허용응력 설계법, 강도 설계법, 한계상태 설계법 등이 있다. 이 중 역학에서는 재료를 선형 탄성체로 가정하고 부재에 일어나는 응력이 사용 재료의 허용응력이하가 되도록 설계하는 허용응력 설계법에 대해서 다룬다.

1. 허용응력(σ_a)

구조물이 파괴되지 않고, 또 큰 변형을 일으키는 일 없이 안전하기 위해 부재 내부에 일어나는 응력이 일정한 한도를 넘지 않도록 하는 응력 즉, 탄성범위 내에서 안전상 허용할 수 있는 최대응력이다.

$$\sigma_w \leq \sigma_a < \sigma_e < \sigma_y < \sigma_u$$

여기서, σ_w : 작용응력(사용응력), σ_a : 허용응력, σ_e : 탄성한계

σ_y : 항복강도, σ_u : 극한강도

2. 안전율(S)

구조물로서의 기능과 안전을 확보하기 위한 한계치를 설계치로 나눈 값

$$안전율(S) = \frac{재료의 강도}{허용응력}$$

핵심 KEY

예제 22 지름 20mm 강봉이 있다. 이 강봉이 60kN에서 파괴가 되었다. 안전율 2로 했을 때 이 강봉의 허용응력(σ_a) 값(MPa)으로 옳은 것은? (단, 계산 시 π는 3을 사용)

① 50   ② 100

③ 150   ④ 200

해설

$$재료의 강도 = \frac{P}{A} = \frac{60 \times 10^3}{\frac{\pi \times 20^2}{4}} = 200\,\mathrm{MPa}$$

$$허용응력(\sigma_a) = \frac{재료의 강도}{허용응력} = \frac{200}{2} = 100\,\mathrm{MPa}$$

$$\therefore \sigma_a = 100\,\mathrm{MPa}$$

정답 ②

출제예상문제

01 그림과 같이 한 변의 길이가 d인 정사각형 단면을 가진 부재가 점 A에서 하중 48kN을 받고 있을 때, 필요한 정사각형 최소 단면의 한 변 길이 d[cm]는 얼마 인가? (단, 자중은 무시하고 부재 허용 인장응력 σ_a=120MPa으로 한다)

① 1
② 2
③ 3
④ 4

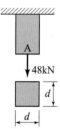

해설

$P=48\text{kN}=48,000\text{N}, \ A=d\times d=d^2, \ \sigma=\dfrac{P}{A}=120\text{N/mm}^2$이므로

$A=\dfrac{P}{\sigma}=\dfrac{48,000}{120}=400\text{mm}^2$

$\therefore \ A=d^2=4\text{cm}^2$

$\quad d=\sqrt{4}=2\text{cm}$

02 다음과 같은 지름 20mm의 리벳 연결에서 리벳이 받는 전단응력 τ[MPa]는? (단, π=3으로 계산한다)

① 2
② 20
③ 4
④ 40

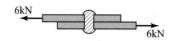

해설

전단응력

$\tau=\dfrac{S}{A}=\dfrac{6,000\text{N}}{\dfrac{\pi\times20^2}{4}}=\dfrac{6,000\times4}{3\times20\times20}=20\text{MPa}$

03 길이 10m인 양단 고정보에서 온도가 30℃만큼 상승하였을 때 이 보에 생기는 응력은? (단, $E=2.0\times10^5$MPa, $\alpha=0.00001$/℃)

① 3

② 30

③ 6

④ 60

해설

열응력

$$\sigma = E \cdot \alpha \cdot \triangle t = 2\times10^5 \times 0.00001 \times 30 = 60\,\text{MPa}$$

04 푸아송비(Poisson's ratio)가 0.2일 때 푸아송수는?

① 2

② 3

③ 5

④ 8

해설

$$\nu = \frac{1}{m} \text{ 에서 } m = \frac{1}{\nu}$$

$$\therefore m = \frac{1}{\nu} = \frac{1}{0.2} = 5$$

05 단면적 10cm²인 봉이 10kN의 인장력을 받을 때 변형률(ϵ)은?
(단, Young 계수 $E=2\times10^5$MPa)

① 2×10^{-5}

② 4×10^{-5}

③ 5×10^{-5}

④ 8×10^{-5}

해설

$$\epsilon = \frac{\sigma}{E} = \frac{\dfrac{P}{A}}{E} = \frac{\dfrac{10,000}{1,000}}{2\times10^5} = 5\times10^{-5}$$

06 길이 20cm, 단면 20cm×20cm인 부재에 1000kN의 전단력이 가해졌을 때 전단 변형량은? (단, 전단탄성계수 G=8GPa이다.)

① 0.0625cm

② 0.00625cm

③ 0.0725cm

④ 0.00725cm

 해설

전단 탄성계수

$G = \dfrac{\tau}{\gamma} = \dfrac{\dfrac{S}{A}}{\dfrac{\lambda}{l}} = \dfrac{Sl}{A\lambda}$ 에서 변형량은

$\lambda = \dfrac{Sl}{GA} = \dfrac{(1,000 \times 10^3) \times 200}{8,000 \times 200 \times 200} = 0.625\,\mathrm{mm}$ $\therefore \ \lambda = 0.0625\,\mathrm{cm}$

07 다음은 서로 직교하는 변에 전단응력이 작용하는 방향을 표시한 것이다. 옳게 그린 것은?

① A

② B

③ C

④ D

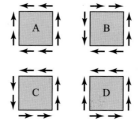

해설

전단응력 작용상태는 힘의 평형을 고려한다.

08 다음 중 단위 변형을 일으키는데 필요한 힘은?

① 축강도　　　　　　　　② 유연도

③ 푸아송비　　　　　　　④ 강성도

> 해설
>
> 강성도(stiffness)
>
> 단위변형을 일으키는데 필요한 힘을 말한다. ($\Delta l = 1$일 때의 힘 P)
>
> 강성도(剛性度) $= \dfrac{EA}{L}$
>
> Tip 강성도의 반대개념을 유연도(Flexibility)라 한다.

09 인장력 P를 받고 있는 막대에서 $t-t$ 단면의 수직응력과 전단응력의 크기가 같은 값을 갖는 경사각 θ의 크기는?

① 60°　　　　　　　　② 45°

③ 30°　　　　　　　　④ 25°

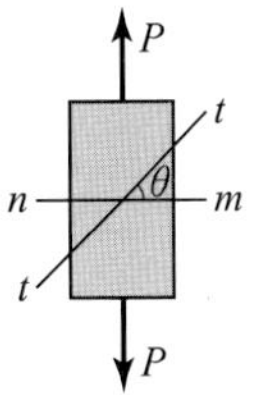

> 해설
>
> 경사면 1축 응력
>
> $\sigma_\theta = \dfrac{\sigma_X}{2} + \dfrac{\sigma_X}{2}\cos 2\theta$, $\tau_\theta = \dfrac{\sigma_X}{2}\sin 2\theta$에서 $\theta = 45°$이면($\cos 90° = 0$, $\sin 90° = 1$이므로)
>
> $\therefore \ \sigma_{45} = \dfrac{\sigma_X}{2}$, $\tau_{45} = \dfrac{\sigma_X}{2}$

10 그림과 같은 봉이 20℃의 온도 증가가 있을 때 변형률은? (단, 봉의 선팽창 계수는 0.00001/℃이고 봉의 단면적은 Acm²이다.)

① $\epsilon = 0.0002$　　　　② $\epsilon = 0.0001$

③ $\epsilon = 0.002$　　　　④ $\epsilon = 0.001$

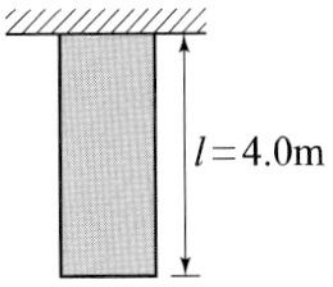

$l = 4.0\text{m}$

> 해설
>
> $\epsilon = \alpha \cdot \Delta t = 0.00001 \times 20 = 0.0002$

11 그림과 같은 단면적 A인 기둥에서 줄음량을 구한 값은?

① $\dfrac{2Pl}{EA}$ ② $\dfrac{3Pl}{EA}$

③ $\dfrac{4Pl}{EA}$ ④ $\dfrac{5Pl}{EA}$

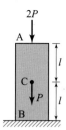

해설

줄음량

$\Delta l = \dfrac{Pl}{EA}$ 에서 AC 구간은 $2P$, CB 구간은 $3P$가 된다.

$\delta_A = \delta_{AC} + \delta_{CB} = \dfrac{2Pl}{EA} + \dfrac{3Pl}{EA} = \dfrac{5Pl}{EA}$

12 σ_x가 그림과 같이 작용할 때 1-2 단면에서 작용하는 σ_θ의 값은 얼마인가?

① σ_x ② $2\sigma_x$

③ $\dfrac{\sigma_x}{2}$ ④ $3\sigma_x$

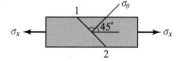

해설

(1) 경사면 1축 응력 공식에 의한 방법

$\sigma_\theta = \dfrac{\sigma_x}{2} + \dfrac{\sigma_x}{2}\cos 2\theta$ 에서 $\theta = 45°$, $\cos 90° = 0$이므로

$\therefore \ \sigma_{45} = \dfrac{\sigma_x}{2}$

(2) 경사면 1축 응력 모아원에 의한 방법

$\therefore \ \sigma_{45} = \dfrac{\sigma_x}{2}$

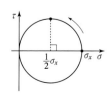

13 그림에 보이는 것과 같이 한 요소에 x, y 방향의 법선응력 σ_x, σ_y, 그리고 전단응력 τ_{xy}가 작용한다면 이 때 생기는 주응력은?

① $\sigma_{1.2} = \dfrac{\sigma_x + \sigma_y}{2} \pm \sqrt{\left(\dfrac{\sigma_x - \sigma_y}{2}\right)^2 + \tau_{xy}{}^2}$

② $\sigma_{1.2} = \dfrac{\sigma_x - \sigma_y}{2} \pm \sqrt{\left(\dfrac{\sigma_x + \sigma_y}{2}\right)^2 + \tau_{xy}{}^2}$

③ $\sigma_{1.2} = \dfrac{\sigma_x}{2} \pm \sqrt{\left(\dfrac{\sigma_x}{2}\right)^2 + \tau_{xy}{}^2}$

④ $\sigma_{1.2} = \dfrac{\sigma_y}{2} \pm \sqrt{\left(\dfrac{\sigma_x}{2}\right)^2 - \tau_{xy}{}^2}$

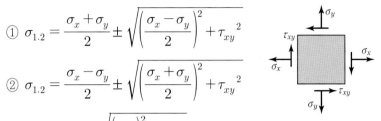

해설

주응력(암기 필요)

최대 수직응력, 최소 수직응력이 되는 값으로 전단응력이 0이 되는 곳이다.

$$\sigma_{1.2} = \frac{\sigma_x + \sigma_y}{2} \pm \sqrt{\left(\frac{\sigma_x - \sigma_y}{2}\right)^2 + \tau_{xy}{}^2}$$

14 파괴 압축 응력 50MPa인 정사각형 단면의 소나무가 압축력 50kN을 안전하게 받을 수 있는 한 변의 최소 길이[mm]는? (단, 안전율은 10이다.)

① 30   ② 50

③ 100   ④ 1,000

해설

안전율$(S) = \dfrac{극한강도}{허용응력}$

허용하중 50kN×안전율 10＝극한하중 500kN

$\sigma = \dfrac{P}{A}$에서 $A = \dfrac{P}{\sigma} = \dfrac{500,000\text{N}}{50} = 10,000\,\text{mm}^2$

∴ 한 변의 길이 $a = \sqrt{10,000} = 100\,\text{mm}$

15 각각 10cm의 폭을 가진 3개의 나무토막이 그림과 같이 아교풀로 접착되어 있다. 90kN의 하중이 작용할 때 접착부에 생기는 평균 전단응력[MPa]은 얼마인가?

① 2

② 2.25

③ 4

④ 4.5

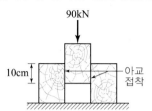

[해설]

전단면이 두 면이므로 전단면적은 $2A$

$$\tau = \frac{S}{2A} = \frac{90,000}{2 \times 100 \times 100} = 4.5\,\text{MPa}$$

16 열응력에 대한 설명 중 **틀린** 것은?

① 재료의 선팽창 계수에 관계있다.

② 재료의 탄성계수에 관계있다.

③ 재료의 치수에 관계가 있다.

④ 온도차에 관계가 있다.

[해설]

열응력

$\sigma = E \cdot \alpha \cdot \Delta t$에서

E : 탄성계수, α : 선팽창계수, Δt : 온도차

영응력 계산 시 재료의 치수와는 관계가 없다.

17 $\alpha = 1.0 \times 10^{-5}$[1/℃], $E = 2.0 \times 10^{5}$[MPa]인 강철에서 10℃의 온도상승이 있었다. 열응력 σ[MPa]는?

① 2   ② 10

③ 20   ④ 40

[해설]

$\sigma = E \cdot \alpha \cdot \Delta t = 2.0 \times 10^{5} \times 1.0 \times 10^{-5} \times 10 = 20\,\text{MPa}$

18 다음 그림과 같은 구조물에서 수평봉은 강체이고, 두 개의 수직 강선은 동일한 탄소성 재료로 만들어졌다. 이 구조물의 A점에 연직으로 작용할 수 있는 극한 하중 [kN]을 구하면? (단, 수직 강선의 σ_y=200MPa이고 단면적은 모두 10mm²이다.)

① 1   ② 2

③ 3   ④ 4

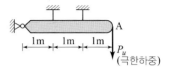

해설

강선의 최대하중계산

$\sigma_y = \dfrac{P}{A}$ 을 이용하여 강선이 버틸 수 있는 하중을 계산한다.

$P = \sigma_y \cdot A = 200 \times 10 = 2\text{kN}$

힘의 평형조건식 $\sum M_o = 0$을 이용해 극한하중 P_u를 계산한다.

$-2 \times 1\text{m} - 2 \times 2\text{m} + P_u \times 3\text{m} = 0$ $\therefore P_u = 2\text{kN}$

19 비틀림력 T를 받는 반지름 r인 원형보의 최대 전단응력 $\tau_{\max} = \dfrac{Tr}{j}$ 에서 식 중 j 에 대한 다음 사항 중 옳은 것은?

① 도심축에서 0이다.

② 단면의 극관성 모멘트이다.

③ $\dfrac{\pi r^4}{4}$ 이다.

④ 단위는 길이³이 된다.

해설

① 단면 2차 극모멘트는 도심에서 0이 아닌 최소이다.

② 비틀림 전단응력 $\tau = \dfrac{T \cdot r}{I_P}$ 에서 I_P는 단면 2차 극모멘트이다.

③ $I_P = 2I_x = 2 \times \dfrac{\pi r^4}{4} = \dfrac{\pi r^4}{2}$ 이다.

④ 단위는 단면 2차 모멘트의 합이므로 단면 2차 모멘트와 같은 길이의 4제곱이다.

20 다음 그림과 같은 강봉의 양 끝이 고정된 경우 온도가 30℃ 상승하면 양 끝에 생기는 반력의 크기[kN]는?

(단, 강봉의 A =500mm², E =2.0×10⁵MPa, α =1.0×10⁻⁵(1/℃)이다.)

① 15　　　　　② 20

③ 30　　　　　④ 40

해설

$$\frac{PL}{EL} = \alpha \cdot \Delta T \cdot L$$

$$\therefore \; P = \alpha \cdot \Delta T \cdot E \cdot A = 1 \times 10^{-5} \times 30 \times 2 \times 10^5 \times 500$$
$$= 30\text{kN}$$

21 길이 100mm, 지름 10mm의 강봉을 당겼더니 10mm 늘어났다면 지름의 줄음량은? (단, 푸아송비는 $\frac{1}{3}$ 이다.)

① $\frac{1}{3}$ mm　　　　　② $\frac{1}{4}$ mm

③ $\frac{1}{5}$ mm　　　　　④ $\frac{1}{6}$ mm

해설

$$\nu = \frac{\beta}{\epsilon} = \frac{\dfrac{\Delta d}{d}}{\dfrac{\Delta l}{l}} = \frac{l \cdot \Delta d}{d \cdot \Delta l} \;\text{에서}\; \; \Delta d = \frac{\nu \cdot d \cdot \Delta l}{l} = \frac{\dfrac{1}{3} \times 10 \times 10}{100} = \frac{1}{3}\text{mm}$$

22 지름 25mm, 길이 1m인 원형 강철 부재에 30kN의 인장력을 주었을 때 축방향 변형률이 0.0003이라면 지름의 줄음량은? (단, 탄성계수는 2.0×10⁵MPa이고 푸아송수는 30이다.)

① 2.5×10^{-4} mm　　　　② 2.5×10^{-5} mm

③ 7.5×10^{-4} mm　　　　④ 7.5×10^{-5} mm

해설

$$\Delta d = \frac{\nu \cdot d \cdot \Delta l}{l} = \nu \cdot d \cdot \epsilon = \frac{1}{3} \times 2.5 \times 0.0003$$
$$= 0.000025\text{mm} = 2.5 \times 10^{-5}\text{mm}$$

23

그림과 같이 부재의 자유단이 상부의 벽과 1mm 떨어져 있다. 부재의 온도가 20℃ 상승할 때 부재 내에 생기는 열응력[MPa]의 크기는?

(단, E= 20,000 MPa, α=10^{-5}/℃이며, 부재의 자중은 무시한다.)

① 1   ② 2

③ 3   ④ 4

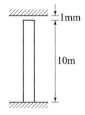

해설

먼저 열에 의한 부재 변형량을 구한다.

$\delta = \alpha \cdot \Delta T \cdot L = 10^{-5} \times 20 \times 10,000 = 2\,\text{mm}$

부재와 자유단이 1mm 떨어져 있으므로 2mm에서 1mm를 뺀 1mm 의해서 추가 온도응력이 발생한다.

$\dfrac{PL}{EA} = 1\,\text{mm}$

$\dfrac{P}{A} = \dfrac{E \times 1}{L} = \dfrac{20,000 \times 1}{10,000} = 2\,\text{MPa}$

24

그림과 같은 어떤 재료의 인장시험도에서 점으로 표시된 위치의 명칭을 기록한 순서가 맞는 것은 어떤 것인가?

① 탄성한도 – 비례한도 – 상항복점 – 하항복점 – 극한응력

② 비례한도 – 상항복점 – 탄성한도 – 하항복점 – 극한응력

③ 비례한도 – 탄성한도 – 상항복점 – 하항복점 – 극한응력

④ 탄성한도 – 하항복점 – 비례한도 – 하항복점 – 극한응력

해설

비례한도(P) – 탄성한도(E) – 상항복점(Y_U) – 하항복점(Y_L) – 극한강도(U) – 파괴점(B)

25 AB 부재의 연도(軟度 : flexibility)로서 옳은 것은?

① $\dfrac{PL_1}{A_1E_1}+\dfrac{PL_2}{A_2E_2}$

② $\dfrac{L_1}{A_1E_1}+\dfrac{L_2}{A_2E_2}$

③ $\dfrac{A_1E_1}{L_1}+\dfrac{A_2E_2}{L_2}$

④ $\dfrac{L_2A_2+L_1A_1}{L_2L_1}$

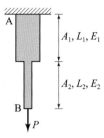

해설

길이 L_1 부분과 L_2 부분의 단면적과 탄성계수가 다르므로 분리계산하여 합한다.

연도(유연도)$=\dfrac{L}{EA}=\dfrac{L_1}{E_1A_1}+\dfrac{L_2}{E_2A_2}$

유연도와 강성도

(1) 유연도(柔軟度, Flexibility) : 단위하중($P=1$)으로 인한 변형으로 $\dfrac{l}{EA}$ 로 표시한다.

(2) 강성도(剛性度, Stiffness) : 단위변형($\Delta l=1$)을 일으키는데 필요한 힘으로 $\dfrac{EA}{l}$ 로 표시한다.

(3) 강성(剛性, Rigidity) : 변형에 저항하는 성질
   a. 휨강성(EI)   b. 축강성(EA)
   c. 전단강성(GA)   d. 비틀림강성(GI_P)

26 탄성계수 E, 전단 탄성계수 G, 푸아송수 m 사이의 관계가 옳은 것은?

① $G=\dfrac{m}{2(m+1)}$ ② $G=\dfrac{E}{2(m-1)}$

③ $G=\dfrac{mE}{2(m+1)}$ ④ $G=\dfrac{E}{2(m+1)}$

해설

$$G=\dfrac{E}{2(1+\nu)}=\dfrac{E}{2\left(1+\dfrac{1}{m}\right)}=\dfrac{E}{2\left(\dfrac{m+1}{m}\right)}=\dfrac{mE}{2(m+1)}$$

27 다음 그림과 같은 봉(捧)이 천정에 매달려 B, C, D점에서 하중을 받고 있다. 전구간의 축강도 AE가 일정할 때 이같은 하중 하에서 BC구간이 늘어나는 길이는?

① $-\dfrac{2P \cdot L}{3E \cdot A}$

② 0

③ $-\dfrac{P \cdot L}{3E \cdot A}$

④ $-\dfrac{3P \cdot L}{2E \cdot A}$

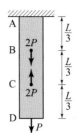

해설

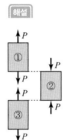

$$\Delta l_{BC} = \frac{-P \times \dfrac{l}{3}}{EA} = -\frac{Pl}{3EA}$$

28 직사각형 단면 20cm×30cm을 갖는 양단 고정지점부재의 길이가 L=5m이다. 이 부재에 25℃의 온도상승으로 인하여 1,800kN의 압축력이 발생하였다면 이 부재의 전단탄성계수는 얼마[MPa]인가? (단, 선팽창계수는 a=6×10^{-6}, 푸아송비 ν=0.25이다.)

① 80GPa   ② 12GPa

③ 16GPa   ④ 40GPa

해설

$\dfrac{PL}{EA} = \alpha \Delta TL$에서

$$E = \frac{P}{\alpha \Delta TA} = \frac{1,800 \times 10^3}{(6 \times 10^{-6}) \times (25) \times (200 \times 300)} = 200,000\,\text{MPa} = 200\,\text{GPa}$$

전단탄성계수 $G = \dfrac{E}{2(1+\nu)} = \dfrac{200}{2(1+0.25)} = 80\,\text{GPa}$

29 탄성계수가 E, 푸아송비가 ν인 재료의 체적탄성계수 K는?

① $K = \dfrac{E}{2(1-\nu)}$ ② $K = \dfrac{E}{2(1-2\nu)}$

③ $K = \dfrac{E}{3(1-\nu)}$ ④ $K = \dfrac{E}{3(1-2\nu)}$

해설

체적탄성계수는 $K = \dfrac{E}{3(1-2\nu)}$ 이다. (암기 필요)

30 단면적이 1,000mm²인 인장재가 10kN의 인장력을 받는다면 그 인장재 안에 일어나는 최대 전단응력[MPa]은?

① 0 ② 5

③ 10 ④ 20

해설

$$\tau_{\max} = \frac{\sigma}{2} = \frac{P}{2A} = \frac{10 \times 1,000}{2 \times 1,000} = 5\,\text{MPa}$$

31 주응력과 주전단 응력의 설명 중 <u>잘못된</u> 것은?

① 주응력면은 서로 직교한다.
② 주전단 응력면은 서로 직교한다.
③ 주응력면과 주전단 응력면은 45° 차이가 있다.
④ 주전단 응력면에서는 주응력이 0이다.

해설

주응력면과 주전단응력면은 45° 차이가 있으며, 주응력면끼리 서로 직교하고, 주전단응력면끼리 서로 직교한다. 주응력면에서 주전단응력은 0이지만, 주전단응력면에서 주응력은 0이 아니다. 모아원으로 증명하면 오른쪽과 같다.

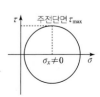

32

모아(Mohr)의 응력원에서 중심의 좌표와 반지름을 바르게 나타낸 것은?

중심의 좌표 　　　　　　　 반지름

① $\left(\dfrac{\sigma_x + \sigma_y}{2},\ 0\right)$ 　　　　　 최대 수직응력

② $\left(\dfrac{\sigma_y - \sigma_x}{2},\ 0\right)$ 　　　　　 최대 수직응력

③ $\left(\dfrac{\sigma_x + \sigma_y}{2},\ 0\right)$ 　　　　　 최대 전단응력

④ $\left(\dfrac{\sigma_x - \sigma_y}{2},\ 0\right)$ 　　　　　 최대 전단응력

[해설]

원의 중심좌표$(\sigma,\ \tau)$는

$\sigma = \sigma_y + (\sigma_x - \sigma_y) \times \dfrac{1}{2} = \dfrac{\sigma_x + \sigma_y}{2},\ \ \tau = 0$

원의 반지름은 $(\sigma_x - \sigma_y) \times \dfrac{1}{2}$

또는 $\tau_{\max}$의 크기가 된다.

모아(Mohr)의 응력원은 오른쪽과 같다.

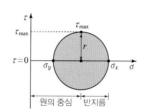

33

모아(Mohr)의 응력원이 다음 그림과 같이 하나의 점으로 나타난다면 이때의 응력상태 중 옳은 것은?

① $\sigma_1 = \sigma_2,\ \tau > 0$

② $\sigma_1 < \sigma_2,\ \tau = 0$

③ $\sigma_1 = \sigma_2,\ \ \tau = 0$

④ $\sigma_1 > \sigma_2,\ \tau = 0$

[해설]

응력원이 σ 상의 한 점에 나타나고 있으므로 $\sigma_x = \sigma_y,\ \tau = 0$인 상태이다.

34 평면응력상태에서 모아(Mohr)의 응력원에 대한 설명으로 <u>틀린</u> 것은?

① 최대 전단응력의 크기는 두 주응력의 차이와 같다.

② 모아원 중심의 x 좌표값은 직교하는 두 축의 수직응력의 평균값이다.

③ 모아의 원이 그려지는 두 축 중 연직(y)축은 전단응력의 크기를 나타낸다.

④ 모아의 원으로부터 주응력의 크기뿐만 아니라 방향도 구할 수 있다.

해설

모아(Mohr)의 응력원

최대전단응력은 두 주응력의 차이를 2로 나눈 값과 같다.

즉, $\tau_{\max} = \dfrac{\sigma_x - \sigma_y}{2}$ 가 된다.

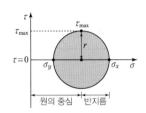

35 직경 10mm인 강봉을 대칭으로 배치하여 연직하중을 지지하고자 한다. 연직으로 P=22.5kN의 하중을 작용할 때 필요한 강봉의 최소 개수는? (단, 강봉의 허용압축응력 σ_a=100MPa이고, π는 3으로 계산한다)

① 1개 ② 2개

③ 3개 ④ 4개

해설

강봉의 강도

$$P_a = \sigma_a A = 100\left(\frac{3 \times 10^2}{4}\right) = 7,500\text{N}$$

강봉 수 $n = \dfrac{P}{P_a} = \dfrac{22.5 \times 10^3}{7,500} = 3$　∴　$n = 3$개

36 다음 봉재의 단면적이고 A이고 탄성계수가 E일 때 C점의 수직 처짐은?

① $\dfrac{4PL}{EA}$ ② $\dfrac{3PL}{EA}$

③ $\dfrac{2PL}{EA}$ ④ $\dfrac{PL}{EA}$

해설

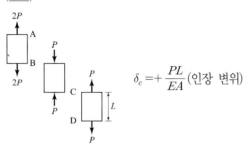

$\delta_c = +\dfrac{PL}{EA}$ (인장 변위)

37 그림과 같은 리벳 이음에서 628kN의 인장력이 강판에 작용할 때 최소한의 리벳 개수는? (단, 리벳의 허용 전단응력 τ_a=100MPa이다)

① 16개 ② 20개

③ 24개 ④ 28개

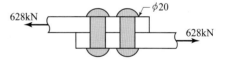

해설

리벳강도

$$P_a = \tau_a A = 100\left(\dfrac{\pi \times 20^2}{4}\right) = 31{,}400\,\mathrm{N} \qquad \therefore \ 리벳수 \ \ n = \dfrac{P}{P_a} = \dfrac{628 \times 10^3}{31{,}400} = 20개$$

※ 리벳강도와 리벳수

 (1) 리벳강도 : 리벳의 응력이 최대 평가응력인 허용응력에 도달했을 때 리벳 1개가 받을 수 있는 하중 $\therefore \ P_a = \tau_a A$

 (2) 리벳수$(n) = \dfrac{전하중(P)}{리벳강도(P_a)} = \dfrac{전하중}{(허용응력)(단면적)}$

  $\left\{\begin{array}{l} 단전단 \to 단면적 = A \\ 복전단 \to 단면적 = 2A \end{array}\right\}$

38 응력도 – 변형도 곡선에서 소성역에 해당되는 구간은?

① A–B

② B–C

③ C–H

④ A–F

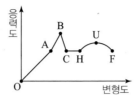

해설

(1) 탄성범위 : O ~ A (2) 소성범위 : A ~ F

39 지름 10m의 확대기초에 지름이 50cm인 8개의 기둥이 대칭으로 배치되어 있다. 각각의 기둥이 σ_c=250MPa의 응력을 받을 때 확대기초의 응력[MPa]은? (단, π는 3.14이다)

① 2 ② 3

③ 4 ④ 5

해설

기둥을 통해 기초에 전해지는 힘을 구한 후 기초 단면적으로 나누어 응력을 구한다.

$$\sigma_{기초} = \frac{P}{A} = \frac{n\sigma_c A_c}{A_{기초}} = \frac{8(250)\left\{\dfrac{\pi \cdot (500^2)}{4}\right\}}{\dfrac{\pi \cdot (10,000)^2}{4}} = 5\text{N/mm}^2 = 5\text{MPa}$$

40 단면이 20cm×20cm, 길이가 1m인 강재에 40kN의 압축력을 가했더니 1mm가 줄어들었다. 이 강재의 탄성계수[MPa]는?

① 10^3 ② 10^4

③ 10^5 ④ 10^6

해설

단위 문제이다. 주의하자.

$$E = \frac{PL}{A\delta} = \frac{(40 \times 10^3) \times (1 \times 10^3)}{(200 \times 200) \times 1} = 10^3\text{N/mm}^2 = 10^3\text{MPa}$$

41 원형 단면에서 비틀림 상수로 옳은 것은? (단, d : 원의 지름)

① $\dfrac{\pi d^4}{64}$　　　　　　　　② $\dfrac{\pi d^3}{64}$

③ $\dfrac{\pi d^3}{32}$　　　　　　　　④ $\dfrac{\pi d^4}{32}$

해설

원형단면에서 비틀림 상수

$$J = I_p = \frac{\pi d^4}{32} = \frac{\pi r^4}{2}$$

42 다음과 같은 구조물에서 전체적인 신장량[mm]으로 옳은 것은?
(단, 축강성 EA 는 일정하고 10^3kN이다.)

① -2　　　　② $+2$

③ $\;\;0$　　　　④ -4

해설

축방향력도(A.F.D)에서

$$\delta = \frac{Pl}{EA} = \frac{1}{10^3}(-4 \times 1 + 2 \times 3.5 - 3 \times 1) = 0$$

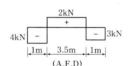

43 탄성계수 E =240GPa, 푸아송수 m =5일 때 전단 탄성계수 G 의 값[N/m²]은 얼마인가?

① 3.0×10^{10}　　　　② 3.0×10^{11}

③ 1.0×10^{10}　　　　④ 1.0×10^{11}

해설

$$G = \frac{mE}{2(m+1)} = \frac{5 \times 240}{2(5+1)} = 100\text{GPa}$$

$$= 100 \times 10^3 \text{N/m}^2 = \frac{100 \times 10^3}{10^{-6}} \text{N/m}^2 = 1.0 \times 10^{11} \text{N/m}^2$$

44

직경 D=20mm이고, 부재길이 l=3m인 부재에 인장력 60kN이 작용할 때 인장응력 σ [MPa]과 신장량 Δl[cm]으로 옳은 것은?
(단, 재료의 탄성계수 E=200GPa, 원주율 π 는 3으로 한다.)

① $\sigma = 200, \ \Delta l = 0.3$ ② $\sigma = 150, \ \Delta l = 0.3$

③ $\sigma = 200, \ \Delta l = 3.0$ ④ $\sigma = 150, \ \Delta l = 3.0$

> **해설**
>
> (1) 인장응력
> $$\sigma = \frac{P}{A} = \frac{60 \times 10^3}{\left(\dfrac{3 \times 20^2}{4}\right)} = 200 \,\text{N/mm}^2 = 200 \,\text{MPa}$$
>
> (2) 신장량
> $$\Delta l = \frac{Pl}{AE} = \frac{(60 \times 10^3) \times (3 \times 10^3)}{\left(\dfrac{3 \times 20^2}{4}\right) \times (200 \times 10^3)} = 3 \,\text{mm} = 0.3 \,\text{cm}$$

45

길이 l=1m, 지름 d=2cm인 봉재에 축력 P를 가했더니 변형이 8mm 생겼다. 이때 봉에 가해진 축하중[kN]의 크기는? (단, 재료의 탄성계수 E=2.1×10⁵MPa이다)

① $168,000\pi$ ② $16,800\pi$

③ $1,680\pi$ ④ 168π

> **해설**
>
> 보기를 보면 단위 문제임을 알 수 있다. 단위처리에 특히 주의하자.
> $$P = \frac{EA}{l}\delta = \frac{(2.1 \times 10^5) \times \left(\dfrac{\pi \times 20^2}{4}\right)}{1,000} \times 8 = 168,000\pi \,\text{N} = 168\pi \,\text{kN}$$
>
> ※ 후크(Hooke)의 법칙
> $$\sigma = \frac{P}{A} = E \cdot \frac{\delta}{l}$$
>
> (1) 축하중 : $P = \dfrac{EA}{l}\delta \ \left(k = \dfrac{EA}{l}\right)$
>
> (2) 변형량 : $\delta = \dfrac{Pl}{EA} \ \left(f = \dfrac{l}{EA}\right)$
>
> (3) 탄성계수 : $E = \dfrac{Pl}{A\delta}$

46 동일한 외력에 대한 구조물의 변형 저항성을 증대시키기 위한 방법으로 옳지 않은 것은?

① 탄성계수를 크게 한다.

② 단면의 치수를 크게 한다.

③ 구속도를 증가시킨다.

④ 항복점이 낮은 재료를 사용한다.

> **해설**
>
> 강성의 의미
>
> 일반적으로 항복점이 낮은 재료는 탄성계수가 작아지므로 변형저항성이 감소한다.
>
> $P = k\delta$에서 동일한 힘에 대해 변형이 적게 생기기 위해서는 k가 증가해야 한다.
>
> $\therefore \ k = \dfrac{EA}{l}$에서 EA를 증가시키거나 l이 짧은 것이 유리하므로 구조를 병렬로 연결하는 것이 좋다.

47 다음 그림과 같이 길이가 5m인 강봉이 고정지점 A에 지지되어 있다. 강봉의 온도가 40℃일 때 강봉의 자유단과 벽 B의 간격이 1mm이다. 강봉의 온도가 80℃로 상승하였을 때 강봉에 발생하는 응력은? (단, 강봉의 탄성계수는 200GPa, 온도팽창계수는 10^{-5}/℃이다)

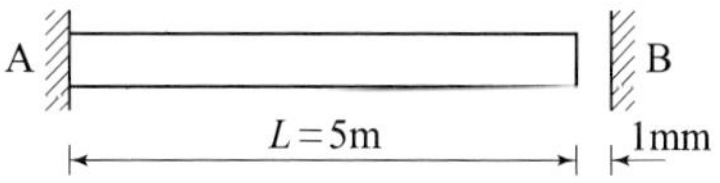

① 40MPa(압축응력)

② 80MPa(압축응력)

③ 120MPa(인장응력)

④ 160MPa(인장응력)

A ▨——————————▨ B
$L=5\text{m}$ 1mm

> **해설**
>
> 온도변화량에 의한 신장량에서 벽사이의 거리를 빼준다.
>
> $\delta_{온도} = \alpha \Delta T L = (10^{-5})(80 - 40)(5{,}000) = 2\text{mm}$
>
> 2−1=1mm 즉, 부재에는 1mm에 의한 추가 압축응력이 생긴다.
>
> $\sigma = \dfrac{P}{A} = \delta \dfrac{E}{L} = \dfrac{1 \times 200 \times 10^{3}}{5{,}000} = 40(압축)$

48 직경 20mm인 철근을 31.4kN의 인장력을 작용시켰을 때 이 철근의 안전율은? (단, 이 철근의 항복강도 σ_y=500MPa이다) ($\pi = 3.14$)

① 3   ② 4

③ 5   ④ 6

> **해설**
>
> $$철근의\ 안전율(S) = \frac{항복강도(\sigma_y)}{허용응력(\sigma_a)} = \frac{항복강도(\sigma_y)}{사용응력(\sigma_w)}$$
>
> $$= \frac{A\sigma_y}{P} = \frac{\pi d^2 \sigma_y}{4P} = \frac{\pi(20^2) \times (500)}{4(31.4 \times 10^3)} = 5$$

49 구조물이 외력에 의한 변형에 강하도록 하는 방법 중 옳지 <u>않은</u> 것은?

① 탄성계수가 큰 재료를 사용한다.

② 각 부재에 작용하는 응력에 따라 단면적, 단면 2차 모멘트, 극관성 모멘트를 증가시킨다.

③ 구속도를 증가시킨다.

④ 파괴강도가 큰 재료를 사용한다.

> **해설**
>
> $\delta = \dfrac{Pl}{EA}$ 이므로 동일한 외력에 대한 변형과 파괴강도와는 무관하다.

50 평균반경이 50cm이고, 두께가 5mm인 얇은 구형압력용기에 내압 20MPa이 작용하고 있을 때 발생되는 막응력[MPa]은?

① 2,000   ② 1,000

③ 500   ④ 250

> **해설**
>
> $$\sigma = \frac{Pd}{4t} = \frac{Pr}{2t} = \frac{20(500)}{2(5)} = 1,000\text{MPa}$$

51

평면응력(Plane stress)상태에서 주응력(Principal stress)에 관한 설명 중 옳은 것은?

① 최대 전단응력이 작용하는 경사평면에서의 법선응력이다.

② 전단응력이 0인 경사평면에서의 수직응력으로 최대·최소 수직응력이다.

③ 주평면에 작용하는 최대·최소 전단응력이다.

④ 순수전단응력이 작용하는 경사평면에서의 법선응력으로 최대 법선응력이다.

[해설]

주응력이란 전단응력이 0인 면에서 최대·최소 법선응력이다.

※ 주응력과 주전단응력의 성질

(1) 주응력면은 서로 직교한다.

(2) 주전단응력면은 서로 직교한다.

(3) 주응력면에서 전단응력은 0이다.

(4) 주전단응력면에서 수직응력은 평균응력 $\left(\dfrac{\sigma_x + \sigma_y}{2}\right)$이다.

(5) 주응력면과 주전단응력면은 45°의 차이가 있다. $(\theta_s = \theta_p \pm 45°)$

(6) 주전단응력은 두 주응력차의 절반(모아원 반지름)과 같다.

52

다음과 같은 항복응력 σ_y=300MPa인 금속파이프가 축방향 압축력 P=1,500kN 을 받고 있다. 안전계수가 2이고, 파이프 두께(t)가 외경(outer diameter, d)의 6분의 1일 때, 허용되는 부재의 최소외경(minimum diameter) $d_{\min}$[mm]은?

① $\dfrac{400}{\sqrt{3\pi}}$

② $\dfrac{500}{\sqrt{3\pi}}$

③ $\dfrac{500}{\sqrt{5\pi}}$

④ $\dfrac{600}{\sqrt{5\pi}}$

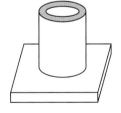
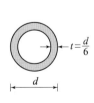

[해설]

$$\sigma = \frac{P}{A} = \frac{P}{\left\{\dfrac{\pi d^2 - \pi\left(\dfrac{2d}{3}\right)^2}{4}\right\}} \leq \sigma_a = \frac{\sigma_y}{S} = \frac{\sigma_y}{2}$$

$$\therefore d = \sqrt{\frac{36PS}{5\pi\sigma_y}} = \sqrt{\frac{36(15\times10^5)\times(2)}{5\pi(300)}} = \frac{600}{\sqrt{5\pi}}\text{ mm}$$

53 다음 그림과 같이 두께가 t인 강판을 천정에 고정시키기 위하여 볼트직경이 d이고, 볼트머리 직경이 d_0인 n개의 앵커볼트를 사용하였으며, 전체작용하중이 각 볼트에 하중 P로 균등하게 전달되도록 하였다. 다음 중 옳지 <u>않은</u> 것은?
(단, 재료는 Hooke의 법칙을 따르고, 볼트구멍의 직경은 볼트직경과 같다고 본다)

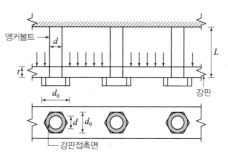

① 볼트에 작용하는 평균인장응력은 $f_t = \dfrac{4P}{\pi d^2}$ 이다.

② 볼트의 늘어난 길이는 $\delta = \dfrac{4PL}{\pi d^2 E}$ 이다.

③ 볼트머리에 의하여 강판에 발생하는 평균지압응력은 $f_b = \dfrac{4P}{\pi(d_0{}^2 - d^2)}$ 이다.

④ 볼트머리에 의하여 강판에 발생하는 평균전단응력은 $\tau = \dfrac{4P}{\pi d_0{}^2}$ 이다.

해설

① 볼트에 작용하는 평균인장응력 $f_t = \dfrac{N}{A} = \dfrac{P}{\dfrac{\pi d^2}{4}} = \dfrac{4P}{\pi d^2}$

② 볼트의 늘어난 길이 $\delta = \dfrac{NL}{EA} = \dfrac{PL}{E\left(\dfrac{\pi d^2}{4}\right)} = \dfrac{4PL}{\pi d^2 E}$

③ 볼트 머리의 평균지압응력 $f_b = \dfrac{P_b}{A} = \dfrac{P}{\dfrac{\pi d_o^2}{4} - \dfrac{\pi d^2}{4}} = \dfrac{4P}{\pi(d_o{}^2 - d^2)}$

④ 볼트머리에 의하여 강판에 발생하는 평균전단응력 $\tau = \dfrac{S}{A} = \dfrac{P}{\pi d_o t}$

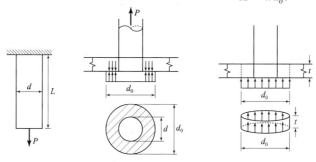

54 그림과 같은 단면이 640kN의 축방향력을 받을 때 최소 두께 t[cm]는?
(단, σ_a =100MPa이다.)

① 1   ② 2

③ 3   ④ 4

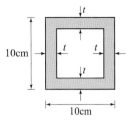

해설

$$\sigma = \frac{P}{A_n} \le \sigma_a \quad \therefore A_n = \frac{P}{\sigma_a} = \frac{640 \times 10^3}{100} = 100^2 - (100 - 2\text{t})^2$$

$$t^2 - 100t + 1,600 = 0 \quad (t - 20)(t - 80) = 0$$

$$\therefore t = 20\text{mm} \text{ or } t = 80\text{mm}$$

그런데, $2t \le 100$mm이므로 $t = 20$mm $= 2$cm로 한다.

55 그림과 같은 균일 단면봉에 비틀림 우력 T가 작용하는 봉구조에서 최대전단응력은?

① $\dfrac{2T}{\pi r^3}$ ② $\dfrac{4T}{\pi r^3}$

③ $\dfrac{16T}{\pi r^3}$ ④ $\dfrac{32T}{\pi r^3}$

해설

비틀림에 의한 최대전단응력은 가장 바깥쪽에서 발생한다.

$$\tau_{\max} = \frac{Tr}{I_p} = \frac{Tr}{\dfrac{\pi r^4}{2}} = \frac{2T}{\pi r^3}$$

원형단면의 비틀림 전단응력 : 단면에 접하여 발생하는 전단응력

(1) 최대 전단응력 : 연단에서 발생

$$\tau_{\max} = \frac{Tr}{I_P} = \frac{2T}{\pi r^3} = \frac{16T}{\pi d^3}$$

(2) 최소 전단응력 : 중심에서 발생

$$\tau_{\min} = 0$$

(3) 임의점의 전단응력

중심에서 ρ 떨어진 단면에서의 전단응력

$$\tau_\rho = \frac{\rho}{r}\tau_{\max} = \frac{T\rho}{I_P} = \frac{2T\rho}{\pi r^4} = \frac{32T\rho}{\pi d^4}$$

56 다음 그림에 대한 설명 중 옳지 **않은** 것은?

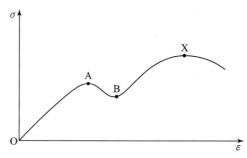

① 직선 OA의 기울기는 탄성계수와 같다.

② A점은 항복점이다.

③ B점에서 강(성)재는 완전소성이다.

④ X점은 극한 강도점이다.

해설

① A점은 항복점이다. 탄성계수는 그 이전의 비례한계까지의 기울기를 말한다.

응력–변형률($\sigma - \epsilon$) 선도

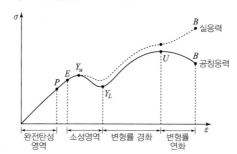

P : 비례한도

E : 탄성한도

Y_U, Y_L : 상·하 항복점

U : 극한강도(종국응력)점

B : 파괴점

57 그림과 같은 하중을 받는 단면적이 각각 A와 $2A$인 두 개의 축방향 부재가 선형탄성 적으로 거동할 때 축적된 변형에너지의 크기는 얼마인가? (단, 탄성계수는 E이다)

① $\dfrac{P^2 L}{2AE}$

② $\dfrac{P^2 L}{AE}$

③ $\dfrac{3P^2 L}{2AE}$

④ $\dfrac{2P^2 L}{AE}$

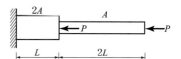

해설

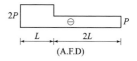

$$U = \sum \frac{N^2 L}{2EA} = \frac{(2P)^2 (L)}{2E(2A)} + \frac{P^2 (2L)}{2EA} = \frac{2P^2 L}{AE}$$

58 그림과 같이 부재에 수평하중이 작용할 때, 수평변위[cm]는?
(단, 단면적 A=20cm², 탄성계수 E=2×10⁵MPa이다.)

① 0.015   ② 0.025

③ 0.04   ④ 0.055

해설

부재력을 먼저 계산하고 처짐을 구해 중첩시켜준다.

$$\delta = \sum \frac{PL}{EA} = \frac{(40 \times 10^3 \times 2 \times 10^3 - 20 \times 10^3 \times 4 \times 10^3 + 30 \times 10^3 \times 2 \times 10^3)}{(20 \times 10^2) \times 2 \times 10^5}$$

$$= 0.15\text{mm} = 0.015\text{cm}$$

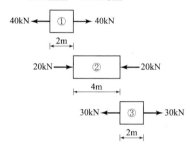

59 탄성계수 E=200GPa이고, 푸아송비 ν=0.3인 고강도 강봉이 축하중을 받아 압축되었고, 하중이 가해지기 전 이 봉의 직경은 50mm이었다. 이 봉의 직경은 하중작용 하에서 50.03mm를 초과할 수 없도록 해야 할 때 최대 허용압축하중 P[kN]는? (단, π=3이다.)

① 700   ② 750

③ 800   ④ 850

해설

$$\frac{PL}{EA} = \Delta L, \quad \nu = \frac{\dfrac{\Delta d}{d}}{\dfrac{\Delta L}{L}} \quad \frac{PL}{EA} = \frac{L \Delta d}{d\nu}$$

$$\therefore P = \frac{EAL\Delta d}{d\nu} = \frac{200 \times 10^3 \times \dfrac{3 \times 50^2}{4} \times 0.03}{50 \times 0.3} = 750\text{kN}$$

60

다음 그림 (a)와 같이 이중선형(bilinear) 응력 – 변형률 곡선을 갖는 그림 (b)와 같은 길이 2m의 강봉이 있다. 하중 P =14kN이 작용할 때 강봉의 늘어난 길이[mm]는? (단, 강봉의 단면적은 2cm²이고, 자중은 무시하며, 탄성계수 E_1 =100GPa이고, 탄성계수 E_2 =40GPa이다.)

① 0.5

② 1.0

③ 1.5

④ 2.0

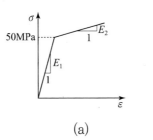

(a)   (b)

[해설]

강봉에 작용하는 응력을 구한 후 표를 보고 탄성계수를 각각 다르게 적용하여 처짐을 구한다.

(1) 강봉에 작용하는 응력

$$\sigma = \frac{N}{A} = \frac{14 \times 10^3}{2 \times 10^2} = 70 \text{MPa}$$

(2) 강봉이 늘어난 길이

· 50MPa의 응력에 의해 늘어난 길이(δ_1)

$$\delta_1 = \frac{N_1 L}{E_1 A} = \frac{\sigma_1 L}{E_1} = \frac{50(2 \times 10^3)}{100 \times 10^3} = 1 \text{mm}$$

· 50MPa을 초과하는 응력에 의해 늘어난 길이(δ_1)

$$\delta_1 = \frac{N_2 L}{E_2 A} = \frac{\sigma_2 L}{E_2} = \frac{(70-50)(2 \times 10^3)}{40 \times 10^3} = 1 \text{mm}$$

∴ 70MPa의 응력에 의해 강봉이 늘어난 길이는 1+1=2mm

61

지름 20cm의 부재를 강도 시험한 결과 314kN의 하중에 의해 파괴되었다. 이 부재를 사용하여 구조물을 설계하고자 한다. 허용응력[MPa]은? (단, 안전율은 4이다.) ($\pi = 3.14$)

① 2.5   ② 3.0   ③ 3.5   ④ 4.0

[해설]

안전율(S) $= \dfrac{\text{극한강도}(\sigma_u)}{\text{허용응력}(\sigma_a)} = \dfrac{P_u}{A\sigma_a} = \dfrac{4P_u}{\pi d^2 \sigma_a}$ 에서

$$\sigma_a = \frac{4P_u}{\pi d^2 S} = \frac{4(314 \times 10^3)}{\pi(200^2) \times (4)} = 2.5 \text{MPa}$$

62 길이 L, 폭 b, 탄성계수 E, 푸아송비 ν인 철판의 양 끝단에 균일한 인장응력이 작용하고 있다. 응력이 작용하기 전에는 대각선 OA의 기울기가 b/L이다. 응력 σ가 작용할 때의 대각선 OA의 기울기는?

① $\dfrac{L}{b}\dfrac{(E-\nu\sigma)}{(E+\sigma)}$ ② $\dfrac{L}{b}\dfrac{(E+\nu\sigma)}{(E-\sigma)}$

③ $\dfrac{b}{L}\dfrac{(E+\nu\sigma)}{(E-\sigma)}$ ④ $\dfrac{b}{L}\dfrac{(E-\nu\sigma)}{(E+\sigma)}$

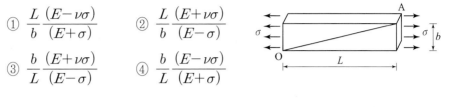

해설

변형 후 대각선의 기울기$(\tan\theta) = \dfrac{b-\Delta b}{L+\Delta L} = \dfrac{b-\nu\dfrac{\sigma}{E}b}{L+\dfrac{\sigma}{E}L} = \dfrac{b(E-\nu\sigma)}{L(E+\sigma)}$

$\epsilon_L = \dfrac{\Delta L}{L} = \dfrac{\sigma}{E}$이므로 $\Delta L = \dfrac{\sigma}{E}L$

$\epsilon_b = \dfrac{\Delta b}{b} = \nu\dfrac{\sigma}{E}$이므로 $\Delta b = \nu\dfrac{\sigma}{E}b$

63 그림과 같이 길이가 2m인 서로 다른 두 재료 AB와 CD를 수평봉으로 연결하여 하중 10kN을 매달았다. 이 두 재료에 같은 크기의 하중이 작용하기 위한 조치로 옳은 것은? (단, 두 줄의 단면적은 10mm²이고, 재료의 탄성계수는 AB재료가 100GPa, CD재료가 200GPa이다.)

① 봉 AB를 10mm 짧게 한다.
② 봉 AB를 5mm 짧게 한다.
③ 봉 CD를 10mm 짧게 한다.
④ 봉 CD를 5mm 짧게 한다.

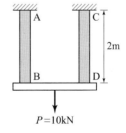

해설

같은 크기의 하중이 작용하므로 $P_{AB} = P_{CD} = \dfrac{10}{2} = 5\text{kN}$

봉부재의 변형량은

$\delta_{AB} = \dfrac{P_{AB}L_{AB}}{E_{AB}A} = \dfrac{5{,}000(2\times10^3)}{(100\times10^3)\times(10)} = 10\text{mm}$

$\delta_{CD} = \dfrac{P_{CD}L_{CD}}{E_{CD}A} = \dfrac{5{,}000(2\times10^3)}{(200\times10^3)\times(10)} = 5\text{mm}$

∴ 봉 AB가 5mm 더 늘어나므로 봉 AB를 5mm 짧게 한다.

64 지름이 d, 길이가 L인 원형단면을 갖은 직선부재가 축방향으로 인장력 P를 받을 때 지름의 변화량은? (단, 재료의 푸아송비는 μ, 탄성계수는 E이다)

① $\dfrac{4\mu P}{\pi E d}$

② $\dfrac{4P}{\mu \pi E d}$

③ $\dfrac{4\mu PL}{\pi E}$

④ $\dfrac{4PE}{\mu \pi}$

해설

$$\mu = \frac{\text{가로 변형률}}{\text{세로 변형률}} = \frac{\Delta d/d}{\epsilon} \text{에서}$$

$$\Delta d = \mu d\epsilon = \mu d\left(\frac{\sigma}{E}\right) = \frac{\mu d}{E}\left(\frac{P}{A}\right) = \frac{\mu d P}{E}\left(\frac{4}{\pi d^2}\right) = \frac{4\mu P}{\pi E d}$$

65 길이 l, 탄성계수 E, 단면적 A인 Truss 부재의 강도 s(stiffness) 및 유연도 f (flexibility)는?

① $s = \dfrac{EA}{l^2}$, $f = \dfrac{l^2}{EA}$

② $s = \dfrac{EA}{l^2}$, $f = \dfrac{l}{EA}$

③ $s = \dfrac{E}{l}$, $f = \dfrac{l}{EA}$

④ $s = \dfrac{EA}{l}$, $f = \dfrac{l}{EA}$

해설

트러스는 축력을 받으므로

강성도 : $s = \dfrac{EA}{l}$　　　유연도 : $f = \dfrac{l}{EA}$

※ 힘의 종류에 따른 강성도와 유연도

힘의 종류	강성도(k)	유연도(f)
축방향력	$\dfrac{EA}{L}$	$\dfrac{L}{EA}$
전단력	$\dfrac{GA}{L}$	$\dfrac{L}{GA}$
휨모멘트	$\dfrac{EI}{L}$	$\dfrac{L}{EI}$
비틀림력	$\dfrac{GI_p}{L}$	$\dfrac{L}{GI_p}$

66

그림과 같이 두께 $t=20\text{mm}$인 보에 100kN의 압축력이 보의 단면 중심에 작용하고 있다. 보의 최종 두께[mm]는? (단, 탄성계수는 200GPa, 푸아송비는 0.3이고, 보는 선형 탄성적이며 균질하다. 또한 보의 자중 및 좌굴은 무시한다.)

① 19.0035   ② 20.0000

③ 20.0015   ④ 20.0040

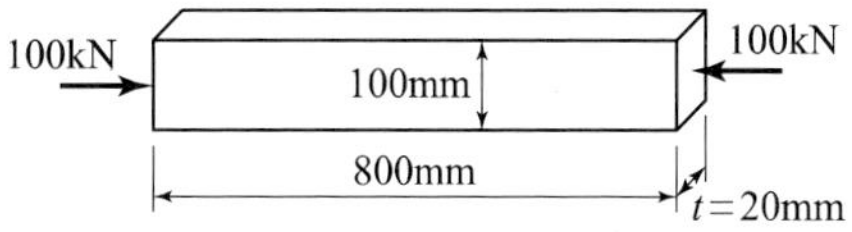

100kN ← →100kN
100mm
800mm
$t=20\text{mm}$

해설

$$\nu = \frac{\epsilon_t}{\epsilon_l} = \frac{\dfrac{\Delta t}{t}}{\dfrac{\sigma}{E}} = \frac{\dfrac{\Delta t}{t}}{\dfrac{P}{EA}} \text{에서} \quad \Delta t = \frac{\nu t P}{EA} = \frac{0.3(20) \times (100 \times 10^3)}{(200 \times 10^3) \times (20 \times 100)} = 0.0015\,\text{mm}$$

$\therefore$ 보의 최종 두께$= t + \Delta t = 20.0015\,\text{mm}$

67

그림과 같은 응력상태에 있는 한 요소에서 최대 주응력 및 최대 전단응력의 크기[MPa]는?

① $\sigma_{\max} = 600,\ \tau_{\max} = 250$

② $\sigma_{\max} = 100,\ \tau_{\max} = 250$

③ $\sigma_{\max} = 500,\ \tau_{\max} = 100$

④ $\sigma_{\max} = 350,\ \tau_{\max} = 100$

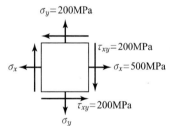

해설

$$\sigma_{\max} = \frac{\sigma_x + \sigma_y}{2} + \sqrt{\left(\frac{\sigma_x - \sigma_y}{2}\right)^2 + \tau_{xy}^2} = \frac{500 + 200}{2} + \sqrt{\left(\frac{500 - 200}{2}\right)^2 + 200^2}$$
$$= 600\,\text{MPa}$$

$$\tau_{\max} = \frac{1}{2}\sqrt{\left(\frac{\sigma_x - \sigma_y}{2}\right)^2 + \tau_{xy}^2} = \sqrt{\left(\frac{500 - 200}{2}\right)^2 + 200^2} = 250\,\text{MPa}$$

(1) 주응력

$$\sigma_{\frac{1}{2}} = \frac{\sigma_x + \sigma_y}{2} \pm \sqrt{\left(\frac{\sigma_x - \sigma_y}{2}\right)^2 + \tau_{xy}^2}$$

(2) 주전단응력

$$\tau_{\frac{1}{2}} = \pm \sqrt{\left(\frac{\sigma_x - \sigma_y}{2}\right)^2 + \tau_{xy}^2}$$

68 다음과 같은 응력상태에 있는 한 요소에서 최대 및 최소 주응력[MPa]과 최대 주응력의 방향[°]은?

① $\sigma_{\max} = 200,\ \sigma_{\min} = 0,\ \theta_{P_1} = 30°$

② $\sigma_{\max} = 100,\ \sigma_{\min} = -100,\ \theta_{P_1} = 45°$

③ $\sigma_{\max} = 200,\ \sigma_{\min} = 0,\ \theta_{P_1} = 45°$

④ $\sigma_{\max} = 100,\ \sigma_{\min} = -100,\ \theta_{P_1} = 30°$

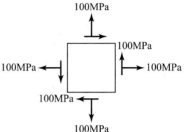

해설

(1) 최대 및 최소 주응력

$$\sigma_{\substack{\max \\ \min}} = \frac{\sigma_x + \sigma_y}{2} \pm \sqrt{\left(\frac{\sigma_x + \sigma_y}{2}\right)^2 + \tau_{xy}{}^2} = \frac{100 + 100}{2} \pm \sqrt{\left(\frac{100 - 100}{2}\right)^2 + 100^2}$$

$$= 100 \pm 100 \quad \therefore\ \sigma_{\max} = 200\text{MPa},\ \sigma_{\min} = 0$$

(2) 최대 주응력의 방향

$$\tan 2\theta_{P1} = -2\frac{\tau_{xy}}{\sigma_x - \sigma_y} = -\frac{2(-100)}{100 - 100} = \infty \qquad 2\theta_{P_1} = 90 \quad \therefore\ \theta_{P_1} = 45°$$

69 다음 그림과 같은 응력 상태가 주어질 경우, 최대주응력($\sigma_{\max}$)과 최대전단응력 ($\tau_{\max}$)의 크기는[MPa]는?

	$\sigma_{\max}$	$\tau_{\max}$
①	3	4
②	4	5
③	4	4
④	3	5

해설

(1) 최대 주응력

$$\sigma_{\max} = \frac{\sigma_x + \sigma_y}{2} + \sqrt{\left(\frac{\sigma_x - \sigma_y}{2}\right)^2 + \tau_{xy}{}^2} = \frac{2 - 4}{2} + \sqrt{\left(\frac{2 - (-4)}{2}\right)^2 + 4^2} = 4\text{MPa}$$

(2) 최대 전단응력

$$\tau_{\max} = \sqrt{\left(\frac{\sigma_x - \sigma_y}{2}\right)^2 + \tau_{xy}{}^2} = \sqrt{\left(\frac{2 - (-4)}{2}\right)^2 + 4^2} = 5\text{MPa}$$

70 그림과 같이 σ_x=20MPa, σ_y=4MPa, τ_{xy}=6MPa이 작용할 경우 최대, 최소주응력 및 최대전단응력은?

① $\sigma_1 = 22\text{MPa}$, $\sigma_2 = 2\text{MPa}$, $\tau_{\max} = 8\text{MPa}$

② $\sigma_1 = 22\text{MPa}$, $\sigma_2 = 2\text{MPa}$, $\tau_{\max} = 10\text{MPa}$

③ $\sigma_1 = 24\text{MPa}$, $\sigma_2 = 0\text{MPa}$, $\tau_{\max} = 8\text{MPa}$

④ $\sigma_1 = 22\text{MPa}$, $\sigma_2 = 2\text{MPa}$, $\tau_{\max} = 7\text{MPa}$

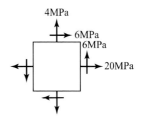

해설

$$\tau_{\max} = \sqrt{\left(\frac{\sigma_x - \sigma_y}{2}\right)^2 + \tau_{xy}^2} = \sqrt{\left(\frac{20-4}{2}\right)^2 + (-6)^2} = \sqrt{100} = 10\text{MPa}$$

$$\sigma_2 = \frac{\sigma_x + \sigma_y}{2} \pm \sqrt{\left(\frac{\sigma_x - \sigma_y}{2}\right)^2 + \tau_{xy}^2} = \frac{20+4}{2} \pm \sqrt{\left(\frac{20-4}{2}\right)^2 + (-6)^2} = 12 \pm 10$$

$\sigma_1 = 22\text{MPa}$, $\sigma_2 = 2\text{MPa}$

71 모아(Mohr)의 응력원(Stress Circle)에 대한 다음 설명 중 옳지 <u>않은</u> 것은?

① $\sigma_x = \sigma_y$, $\tau_{xy} = 0$이면 응력원은 없다.

② 최대 전단응력도는 두 주응력의 차의 절반이다.

③ 응력원의 중심의 좌표는 $\left(\frac{\sigma_x + \sigma_y}{2}, 0\right)$이다.

④ 최대 주응력면과 최대 전단응력면은 $45°$로 교차한다.

해설

모아원에서는 최대 주응력과 최대 전단응력면은 서로 직교한다.
(실제는 모아원의 절반인 $45°$ 교차한다.)
응력원이 한 점으로 표시되는 경우는 $\sigma_x = \sigma_y = \sigma$, $\tau_{xy} = 0$일 때이다.
이때, 모아의 응력원은 한 점으로 표시되고 모아의 응력원은 생기지 않는 것으로 본다.
$\therefore \sigma_1 = \sigma_2 = \sigma$, $\sigma_{x'} = \sigma_{y'} = \sigma$

72

안쪽 반지름 r=4m이고, 두께가 20mm인 원통형 압력용기가 있다. 내압 p가 작용할 때 바깥 평면 내에서 최대전단응력은? (단, 용기에 발생하는 인장응력 계산 시 내·외측 평균반지름 r_m 대신 안쪽 반지름 r을 사용하여 계산한다.)

① $10p$

② $50p$

③ $100p$

④ $200p$

해설

원통형 압력용기의 경우 최대수직응력과 최소수직응력의 크기는 2배 차이가 난다. 최대, 최소 수직응력을 구한 후 모아원을 통해 최대전단응력을 구한다.

(1) 바깥 평면의 응력

· 원축응력 : $\sigma_x = \dfrac{pd}{4t} = \dfrac{pr}{2t} = \dfrac{p(4,000)}{2(20)} = 100p$

· 원환응력 : $\sigma_y = \dfrac{pd}{2t} = \dfrac{pr}{t} = \dfrac{p(4,000)}{20} = 200p$

(2) 최대 전단응력

$$\tau_{\max} = \sqrt{\left(\dfrac{\sigma_x - \sigma_y}{2}\right)^2 + {\tau_{xy}}^2} = \sqrt{\left(\dfrac{200p - 100p}{2}\right)^2 + 0} = 50p$$

73

구조 부재의 표면에 그림과 같이 스트레인 게이지(strain gauge)를 부착하여 ϵ_a=480×10^{-5}, ϵ_b=220×10^{-5}, ϵ_c=−160×10^{-5}과 같이 각각의 방향에 대해 변형률을 얻었다. 여기서 전단변형률 γ_{xy}는 얼마인가?

① 80×10^{-5}

② 100×10^{-5}

③ 120×10^{-5}

④ 160×10^{-5}

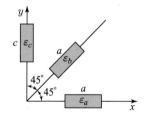

해설

$${\epsilon_x}' = \dfrac{\epsilon_x + \epsilon_y}{2} + \dfrac{\epsilon_x - \epsilon_y}{2}\cos 2\theta + \dfrac{\gamma_{xy}}{2}\sin 2\theta \text{에서}$$

$$\epsilon_b = \dfrac{\epsilon_a + \epsilon_c}{2} + \dfrac{\epsilon_a - \epsilon_c}{2}\cos 90° + \dfrac{\gamma_{xy}}{2}\sin 90° = \dfrac{\epsilon_a + \epsilon_c}{2} + \dfrac{\gamma_{xy}}{2}$$

식을 γ_{xy}에 관하여 정리하면

$$\gamma_{xy} = 2\epsilon_b - (\epsilon_a + \epsilon_c) = \{2(220) - (480 - 160)\} \times 10^{-5} = 120 \times 10^{-5}$$

74 다음 그림과 같은 강성보가 A점은 핀(pin)으로, B점은 케이블(cable)로 지지되어 있다. 하중 P가 작용할 때 D점의 처짐 δ_D는? (단, 케이블 EB의 단면적은 A, 탄성계수는 E이다)

① $\dfrac{Pl}{EA}$　　　　② $\dfrac{2Pl}{EA}$

③ $\dfrac{6Pl}{EA}$　　　　④ $\dfrac{9Pl}{EA}$

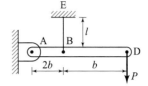

해설

강성보는 휘어지지 않는 보이다. B점의 처짐을 구한 후 비례식을 통해 D점의 처짐을 구한다.

(1) 케이블의 장력(T)계산

　$\sum M_A = 0$에서　$T(b) = 3P(b)$

　$\therefore\ T = 3P$

(2) 처짐 계산

$$\delta_D = 3\delta_B = 3\left(\dfrac{3Pl}{AE}\right) = \dfrac{9Pl}{EA}$$

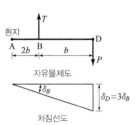

75 그림과 같이 동일한 재료를 사용하여 양단이 고정된 기둥 (a), (b), (c)를 제작하였다. 온도를 균일하게 ΔT만큼 상승시킬 때, 각 기둥에 발생한 응력의 크기를 비교한 것으로 옳은 것은? (단, A는 단면적, L은 길이, 열팽창계수와 탄성계수는 동일하다.)

① (a) < (b) < (c)

② (a) = (b) = (c)

③ (a) > (b) > (c)

④ (a) > (b) = (c)

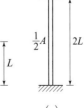

해설

양 단이 고정된 기둥에서 온도 응력은 $\sigma_t = E\alpha(\Delta T)$이므로 단면적($A$)과 길이($L$)에 무관하다. 따라서 A와 L 다른 경우에도 온도응력은 같다.

$\therefore\ (a) = (b) = (c)$

76

다음 응력 – 변형률 곡선과 같은 선형탄성거동을 하는 재료를 사용하여 단면적(A)이 0.01m²이고 길이(L)가 1m인 봉부재를 제작하여 축인장하중(P) 100kN을 가했을 때 늘어난 길이(ΔL)는?

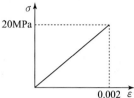

① 1mm　　　② 2mm

③ 3mm　　　④ 4mm

해설

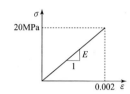

$$\Delta L = \frac{NL}{EA} = \frac{(100 \times 10^3)(1 \times 10^3)}{(1 \times 10^4)(1 \times 10^4)} = 1\,\text{mm}$$

$$E = \frac{\sigma}{\epsilon} = \frac{20}{0.002} = 1 \times 10^4\,\text{MPa}$$

$$A = 0.01\,\text{m}^2 = 1 \times 10^4\,\text{m}^2$$

77

반경이 5m이고 내압이 3MPa인 구형(spherical) 금속압력용기가 있다. 금속의 항복응력은 600MPa이고, 안전계수는 4를 사용할 때 요구되는 압력용기의 최소 두께[cm]와 바깥 표면에 발생하는 최대 전단응력[MPa]은?

	최소 두께	최대 전단응력
①	5	75
②	5	150
③	10	75
④	10	150

해설

(1) 최소두께

$$\sigma_{원축} = \frac{pd}{4t} = \frac{p(2r)}{4t} = \frac{pr}{2t} \leq \sigma_a = \frac{\sigma_y}{S} \text{에서}$$

$$t \geq \frac{prS}{2\sigma_y} = \frac{3(50,000) \times (4)}{2(600)} = 50\,\text{mm} = 5\,\text{cm}$$

(2) 최대 전단응력

모아의 응력원 반지름과 같으므로

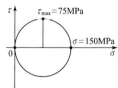

$$\sigma_{원축} = \frac{pr}{2t} = \frac{3(5,000)}{2(50)} = 150\,\text{MPa}$$

$$\tau_{max} = \frac{\sigma_{원축}}{2} = \frac{pr}{4t} = \frac{3(50,000)}{8(50)} = 75\,\text{MPa}$$

78

그림과 같은 강봉에서 점 C의 수평변위는? (단, 축강성 EA는 일정하다.)

① $\dfrac{PL}{16EA}$

② $\dfrac{PL}{12EA}$

③ $\dfrac{PL}{8EA}$

④ $\dfrac{PL}{4EA}$

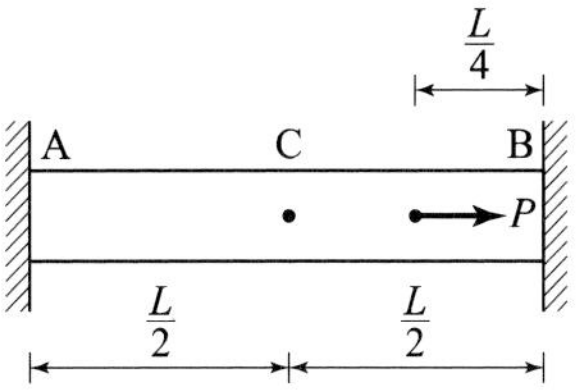

해설

반력을 먼저 구한 후 자유물체도를 그려서 C점의 변위를 계산한다.

(1) B점 반력(R_B)

고정단의 변위는 0이라야 하므로 $\delta_B = \delta_{B}{'}$에서 $\dfrac{P\left(\dfrac{3}{4}L\right)}{EA} = \dfrac{R_B(L)}{EA}$

$\therefore R_B = \dfrac{3}{4}P$

(2) C점의 수평변위(δ_C)

축력도(A.F.D)에서 C점의 변위는 AC 부재의 변형량과 같다.

$\delta_C = \delta_{AC} = \left(\dfrac{NL}{EA}\right)_{AC}$

$= \dfrac{\left(\dfrac{P}{4}\right)\left(\dfrac{L}{2}\right)}{EA} = \dfrac{PL}{8EA}$

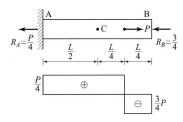

79

연강에 인장하중이 작용하여 10MPa의 응력이 발생했다. 단위체적당의 저장 에너지[N·mm/mm³]는? (단, E=210GPa이다)

① $\dfrac{1}{2,100}$

② $\dfrac{1}{4,200}$

③ $\dfrac{1}{8,400}$

④ $\dfrac{1}{1,050}$

해설

레질리언스 계수

$u = \dfrac{\sigma^2}{2E} = \dfrac{10^2}{2(210\times10^3)} = \dfrac{1}{4,200}$ N·mm/mm³

80

그림과 같이 변형률 게이지를 강재 표면에 붙여 변형률을 계측한 결과

ϵ_a=200×10^{-6}, ϵ_b=250×10^{-6}, ϵ_c=300×10^{-6}이었다. 전단응력 τ_{xy}[MPa]는?

(단, 전단탄성계수는 80GPa이다.)

① 8   ② 10

③ 40   ④ 80

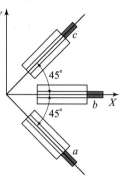

> **해설**
>
> (1) 수직변형률
>
> 두 직교축에 대한 수직변형률의 합은 일정하므로 $\epsilon_X+\epsilon_Y=\epsilon_a+\epsilon_c$에서
>
> $\epsilon_Y=\epsilon_a+\epsilon_c-\epsilon_X=(200+300-250)\times10^{-6}=250\times10^{-6}$
>
> (2) 전단변형률
>
> 평면변형률 변환공식을 적용하면
>
> $\epsilon_x{}'=\epsilon_a=\dfrac{\epsilon_x+\epsilon_y}{2}+\dfrac{\epsilon_x-\epsilon_y}{2}\cos2\theta+\dfrac{\gamma_{xy}}{2}\sin2\theta$에서
>
> $\gamma_{xy}=\dfrac{2\epsilon_a-(\epsilon_X+\epsilon_Y)-(\epsilon_X-\epsilon_Y)\cos2\theta}{\sin2\theta}$
>
> $=\dfrac{2(200)-(250+250)-(250-250)\cos(-90°)}{\sin(-90°)}\times10^{-6}$
>
> $=10^{-4}(\text{rad})$
>
> (3) 전단응력
>
> 후크의 법칙을 적용하면
>
> $\tau_{xy}=G\gamma_{xy}=80\times10^3(10^{-4})=8\text{MPa}$

81

길이가 500cm, 직경이 10cm인 강봉에 인장하중이 작용하여 직경이 0.0021cm 감소하였다. 강봉에 발생한 응력[MPa]은? (단, 푸아송비는 0.3, 탄성계수는 200GPa이다)

① 140   ② 220   ③ 350   ④ 420

> **해설**
>
> 기본공식을 변형하여 답을 구한다.
>
> $\Delta d=\dfrac{d\sigma}{mE}$에서 $\sigma=\dfrac{mE}{d}(\Delta d)=\dfrac{E}{\nu d}(\Delta d)=\dfrac{200\times10^3}{0.3(100)}(0.021)=140\text{ MPa}$

82 그림과 같이 3개의 강판을 6개의 볼트로 연결하였을 때, 허용인장력 P의 최댓값[kN]은? (단, 시공을 위한 볼트 구멍의 여유와 마찰은 무시한다)

> 강판 : 극한인장응력 200MPa, 안전율 2
> 볼트 : 극한전단응력 100MPa, 안전율 1.5
> D=20mm, t=10mm, L=100mm, π는 3을 사용한다.

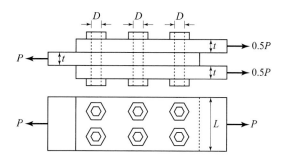

① 60   ② 90

③ 120   ④ 240

둘의 강도를 구해 비교한 후 작은 값이 허용인장력이 된다.

(1) 볼트의 전단에 대한 검토

$$\tau = \frac{V}{A} = \frac{\left(\dfrac{P}{n}\right)}{2\left(\dfrac{\pi D^2}{4}\right)} = \frac{2P}{n\pi D^2} \leq v_a = \frac{\tau_u}{S} \text{ 에서}$$

$$P \leq \frac{n\pi D^2 \tau_u}{2S} = \frac{(6)\times(3)\times(400)\times(100)}{2(1.5)} = 240,000\text{N} = 240\text{kN}$$

(2) 강판의 인장에 대한 검토

$$\sigma = \frac{P}{(L-2D)t} \leq \sigma_a = \frac{\sigma_u}{S}$$

$$P \leq \frac{\sigma_u (L-2D)t}{S} = \frac{200(100-40)\times(100)}{2} = 60,000\text{N} = 60\text{kN}$$

$\therefore P$의 최댓값은 위의 부등식을 만족하는 둘 중 최솟값 60kN이 된다.

83

구조물이 파괴될 때까지 흡수할 수 있는 에너지를 무엇이라 하는가?

① 소성   ② 연성

③ 취성   ④ 인성

해설

① 탄성 : 하중을 가했다 제거하면 원상태로 회복되는 성질

② 소성 : 하중을 가했다 제거하여도 원상태로 회복되지 않고 잔류변형이 남는 성질

③ 연성 : 큰 하중에 의해 큰 변형후에도 변형에 저항하는 성질

④ 취성 : 작은 변형에도 쉽게 파괴되는 성질

⑤ 인성 : 파단될 때까지의 에너지 흡수 능력

⑥ 전성 : 하중에 의해 넓게 퍼지는 성질

※ 변형에너지 밀도

  (1) 인성계수

    • $\sigma - \epsilon$ 선도에서 파단점까지 면적

    • 재료가 파단될 때까지 단위 체적당 저장가능한 에너지

  (2) 레질리언스 계수

    • $\sigma - \epsilon$ 선도에서 탄성한도까지의 면적

    • 재료가 비례한도(탄성한도)내에서 단위체적당 저장 가능한 에너지

84

다음과 같이 길이가 5m인 강봉이 고정지점 A에 지지되어 있고, 강봉의 자유단과 벽 사이의 거리가 1mm이다. 강봉에 발생하는 응력이 100MPa일 때, 온도의 변화량[℃]은? (단, 강봉의 탄성계수=200GPa, 열팽창계수=10^{-5}/℃이다)

① 70   ② 80

③ 90   ④ 100

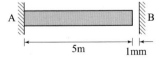

해설

온도응력 $\sigma = E\epsilon_{구속} = E\left\{\dfrac{\alpha(\Delta T)L - \delta_a}{L}\right\}$ 에서

$\Delta T = \dfrac{\dfrac{\sigma L}{E} + \delta_a}{\alpha L} = \dfrac{1}{10^{-5}(5,000)}\left\{\dfrac{100(5,000)}{200 \times 10^3} + 1\right\} = 70\,℃$

85

그림과 같이 길이가 2.5m이고, 단면적이 100mm²인 두 개의 봉이 0.1mm 간격만큼 떨어져 고정되어 있다. 온도가 10℃ 올라갈 때 발생하는 응력의 크기는? (단, 선팽창계수 $\alpha=1.0\times10^{-5}/℃$, 재료의 탄성계수 $E=200GPa$이다.)

① 10 MPa ② 12 MPa

③ 14 MPa ④ 16 MPa

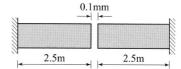

해설

온도의 영향에 의해 발생하는 응력은 변형이 구속되는 양만큼 발생하므로 자유로운 상태의 변위에서 허용변위를 공제하여 구한다.

$$\therefore \sigma = E\epsilon_{구속} = E\left\{\frac{\alpha(\Delta T)L - \delta_a}{L}\right\} = 200\times10^3\left\{\frac{1.0\times10^{-5}(10)(5,000) - 0.1}{5,000}\right\}$$

$$= 16MPa$$

86

그림과 같은 양단고정인 부재에서 C점에 하중이 작용할 때 부재 AC의 축력은? (단, 탄성계수 E는 일정하고, 부재 AC, BC의 단면적은 각각 A_1, A_2이다.)

① $P\dfrac{b_2\,A_1}{b_1\,A_2 + b_2\,A_1}$

② $2P\dfrac{b_2\,A_1}{b_1\,A_2 + b_2\,A_1}$

③ $P\dfrac{b_1\,A_2}{b_1\,A_2 + b_2\,A_1}$

④ $2P\dfrac{b_1\,A_2}{b_1\,A_2 + b_2\,A_1}$

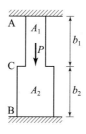

해설

$P_{AC} = R_A$이므로 적합방정식 $\delta_P = \delta_{R_A}$에서 $\dfrac{Pb_2}{EA_2} = \dfrac{R_A b_1}{EA_1} + \dfrac{R_A b_2}{EA_2}$

식을 R_A에 관해서 정리하면 $P_{AC} = R_A = \dfrac{b_2 A_1}{b_1 A_2 + b_2 A_1}P$

87

다음 그림과 같이 단면적이 100cm²의 콘크리트 기둥 속에 단면적 10cm²인 강봉이 일체로 되어 힘 20kN을 받고 있다. 강봉에 생기는 압축력[kN]은?
(단, 콘크리트의 탄성계수는 20GPa, 강봉의 탄성계수는 200GPa이다.)

① 5   ② 7.5

③ 10   ④ 20

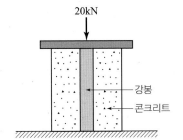

해설

강봉이 받는 압축력(P_s)

$P_c : P_s =$ 콘크리트 강성도 : 철근 강성도

$\qquad = E_c \cdot A_c : E_s \cdot A_s$

$\qquad = 20 \cdot 100 : 200 \cdot 10 = 1 : 1$

그러므로 철근과 콘크리트는 각각 10kN하중을 분담한다.

88

그림과 같은 구조물의 B단에 발생하는 반력[kN]은? (단, 구조물의 자중은 무시하고, 하중은 단면중심에 작용한다)

① 4

② 5

③ 6

④ 7

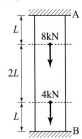

해설

B점의 구속도를 해제하고 중첩에 의해 B점 변위를 구하면 0이 된다.

$$\delta_B = \frac{8(L)}{EA} + \frac{4(3L)}{EA} - \frac{R_B(4L)}{EA} = 0$$

$$\therefore R_B = 5\text{kN}(\uparrow)$$

89

두 개의 알루미늄과 한 개의 강철선에 의해 중량 W인 바(bar)가 수평을 유지하고 있다. 강철선에 작용하는 인장력은 얼마인가? (단, $\frac{E_s}{E_a}=3$, $\frac{A_a}{A_s}=6$이다.)

① $\frac{1}{2}W$　　　　② $\frac{2}{3}W$

③ $\frac{1}{5}W$　　　　④ $\frac{2}{5}W$

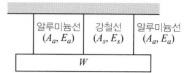

해설

강성도를 구한 후 강성도만큼 하중을 분배해준다. 각 부재의 길이가 같으므로 강성비는 면적과 탄성계수 곱에 비례한다. 이를 적용하면 알루미늄선과 강철선의 강비는 2:1:2이다.

$$\therefore \frac{W}{2+1+2}=\frac{W}{5}$$

90

그림은 단면적 A_s인 강재(탄성계수 E_s)와 단면적 A_c인 콘크리트(탄성계수 E_c)를 결합한 길이 L인 기둥이다. 연직하중 P가 작용할 때 강재의 변형률은?

① $\frac{E_c A_c}{E_c A_c + E_s A_s}P$　　② $\frac{E_s A_s}{E_c A_c + E_s A_s}P$

③ $\frac{1}{E_c + E_s}P$　　④ $\frac{1}{E_c A_c + E_s A_s}P$

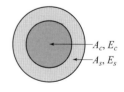

해설

콘크리트 분담하중을 P_c, 강재의 분담하중을 P_s라면 변형적합조건에서 $\epsilon_s = \epsilon_c$ 이므로

$$\therefore \frac{P_c}{E_c A_c}=\frac{P_s}{E_s A_s}, \ P_c=\frac{E_c A_c}{E_s A_s}P_s$$

힘의 평형 조건에서 $P_c+P_s=P$, $\frac{E_c A_c}{E_s A_s}P_s+P_s=P$ $\therefore P_s=\frac{E_s A_s}{E_c A_c + E_s A_s}P$

강재의 변형률은 $\epsilon_s = \frac{P_s}{E_s A_s}=\frac{P}{E_c A_c + E_s A_s}$

91

두 개의 합성재에서 A재료의 응력을 σ_1, 탄성계수를 E_1이라 하고 B재료의 응력을 σ_2, 탄성계수를 E_2라 하면 이들의 관계로 옳은 것은?

① $\sigma_1 E_1 = \sigma_2 E_2$

② $\sigma_1 E_2 = \sigma_2 E_1$

③ $\sigma_1 \sigma_2 = E_1 E_2$

④ $\sigma_1 + \sigma_2 = E_1 + E_2$

해설

합성재의 변형은 일정하므로 $\epsilon_1 = \epsilon_2$에서 $\dfrac{\sigma_1}{E_1} = \dfrac{\sigma_2}{E_2}$

$\therefore \sigma_1 E_2 = \sigma_2 E_1$

92

그림과 같이 길이가 L이고 재질이 다른 2가지의 재료로 된 구조물을 편심이 생기지 않도록 양단에서 힘 P로 잡아당길 때, 각 재료 ① 및 재료 ②가 받는 인장력의 크기는? (단, 재료 ①의 단면적은 A, 탄성계수는 E이며, 재료 ②의 단면적은 $2A$, 탄성계수는 $2E$이다.)

	P_1	P_2
①	$\dfrac{1}{2}P$	$\dfrac{1}{2}P$
②	$\dfrac{1}{3}P$	$\dfrac{2}{3}P$
③	$\dfrac{1}{4}P$	$\dfrac{3}{4}P$
④	$\dfrac{1}{5}P$	$\dfrac{4}{5}P$

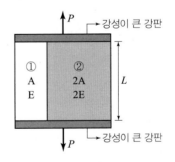

해설

$P = k\delta = \dfrac{EA}{L}\delta \propto EA$에서 δ와 L이 일정하므로 EA에 비례한다.

$\therefore P_① : P_② = E_① A_① : E_② A_② = 1 : 4$

$P_① = \dfrac{1}{5}P, \quad P_② = \dfrac{4}{5}P$

93

그림과 같이 B점에 집중하중 P를 받는 봉에서 압축응력이 발생하지 않기 위해 필요한 온도 변화량(ΔT)은? (단, 봉의 전 구간에서 축강성과 열팽창계수는 각각 EA와 α로 일정하다)

① $-\dfrac{P}{3\alpha EA}$

② $-\dfrac{2P}{3\alpha EA}$

③ $-\dfrac{P}{\alpha EA}$

④ $-\dfrac{4P}{3\alpha EA}$

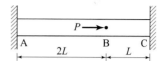

해설

BC구간에 압축력이 강성비에 따라 $\dfrac{2P}{3}$가 작용한다. 압축응력이 발생하지 않기 위해서는 부재에 온도가 낮아져 부재가 줄어 압축력에 의한 처짐을 상쇄시켜주어야 한다.

$$\alpha \Delta TL = \dfrac{\left(\dfrac{2P}{3}\right)L}{EA} \qquad \therefore \ \Delta T = -\dfrac{2P}{3\alpha EA}$$

94

그림과 같이 단면적이 $A_1 = A_2 = A_3$이고, 영률이 $E_1 > E_2 > E_3$로 된 재질이 서로 다른 3개의 부재로 된 합성부재에 힘 P로 압축할 경우 응력 σ_1, σ_2, σ_3에 대한 설명 중 옳은 것은?

① 세 응력(σ_1, σ_2, σ_3)은 모두 같다.

② σ_3가 가장 크다

③ σ_2가 가장 크다.

④ σ_1가 가장 크다.

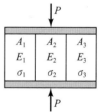

해설

$\sigma = E\epsilon$에서 변형률(ϵ)이 일정하므로 분담응력은 탄성계수에 비례한다.

$\therefore \ \sigma_1$이 가장 크다.

95

그림과 같이 간격 10m로 고정된 바닥(B)과 천정(A) 사이에 단면이 3cm×4cm로 일정한 직사각형 기둥이 놓여 있다. 이 기둥이 C점에 하중 P가 편심이 없이 작용하여 C점이 아래로 1mm 이동하였다면, C점에 작용한 하중 P[kN]는? (단, 탄성계수 E = 200GPa로 일정하고, 기둥의 자중은 무시한다)

① 100

② 120

③ 200

④ 240

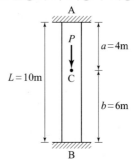

해설

AC구간의 분담하중은 강성비에 따라 $\dfrac{3P}{5}$가 된다.

$$\delta_C = \dfrac{\left(\dfrac{3P}{5}\right)a}{EA} = 1\,\mathrm{mm} = \dfrac{\dfrac{3P}{5} \times 4,000}{200 \times 1,000 \times 30 \times 40}\ \text{이다.}$$

Tip 부호를 신경쓰지 않고 빠르게 계산하면 ①번이 나온다.

96

그림과 같은 구조물에서 B점에 하중이 작용할 때 부재 BC가 받는 응력은?

(단, $\overline{AB}$의 단면적은 $2A$, $\overline{BC}$의 단면적은 A이고, 탄성계수 E는 일정하다)

① $\dfrac{P}{5A}$

② $\dfrac{2P}{5A}$

③ $\dfrac{3P}{5A}$

④ $\dfrac{4P}{5A}$

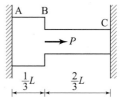

해설

힘의 평형조건 $\sum H = 0$에서 $R_A + R_B = P$ — ①

변형 적합조건 $\delta_{AB} = \delta_{BC}$에서 $\dfrac{R_A}{2EA} \times \dfrac{L}{3} = \dfrac{R_B}{EA} \times \dfrac{2}{3}L$이므로 $R_A = 4R_B$

이것을 ①식에 대입하여 정리하면 $R_B = \dfrac{P}{5}$, $R_A = \dfrac{4}{5}P$

$\therefore \overline{BC}$부재의 응력 $\sigma_{BC} = \dfrac{R_B}{A} = \dfrac{P}{5A}$

97

그림과 같은 직사각형의 알루미늄(AL)과 강재(ST)를 겹쳐서 정사각형 기둥 20cm×20cm를 만들었다. 이 기둥이 압축하중 P를 받을 때 강성이 무한대인 강판이 수평을 유지하기 위한 편심거리 e[cm]는? (단, 알루미늄의 탄성계수 E_{AL}=0.5×10⁵MPa, 강재의 탄성계수 E_{ST}=2×10⁵MPa이고, 알루미늄, 강재 및 강판의 무게는 무시한다.)

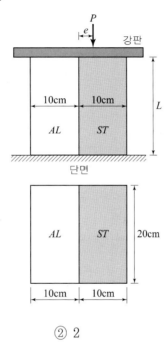

① 1

② 2

③ 3

④ 4

해설

수평을 유지하기 위해서는 두 물체가 일체가 되어 변형이 발생해야 한다. 그렇다면 하중 P는 각 부재의 강성도 비율만큼 분배되어야 한다. 알루미늄과 강재의 강성비는 길이와 면적이 같아 탄성계수비에 비례하여 1:4가 된다. 분담된 하중을 가지고 편심거리를 구하면 아래와 같다.

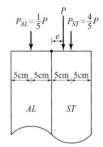

중심 O에서 바리뇽 정리를 적용하면

$$Pe = \left(\frac{4}{5}P\right) \times (5) - \left(\frac{1}{5}P\right) \times (5)$$

$$\therefore \ e = 3\text{cm}$$

98 그림과 같은 원형 중실 강봉에 집중하중 $P=3.14\,kN$이 $L/4$ 지점인 점 B에 작용하고 AC의 온도가 5℃ 상승할 때, 강봉에 발생하는 최대 압축응력[MPa]은?
(단, 길이 $L=10m$, 직경 $d=10mm$, 탄성계수 $E=200GPa$,
　　　열팽창 계수 $\alpha_t=0.000012/℃$이다)

① 12
② 22
③ 42
④ 52

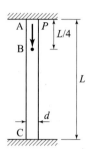

해설

축하중에 의한 BC구간의 압축응력과 온도증가에 따른 구속압축응력을 더해주면 구조물에 작용하는 최대압축응력이 된다.

(1) 축하중의 영향

AB의 변형량(δ_{AB})와 BC의 변형량(δ_{BC})은 같다.

$\delta_{AC}=\delta_{BC}$에서 $\dfrac{R_A\left(\dfrac{L}{4}\right)}{EA}=\dfrac{R_B\left(\dfrac{3L}{4}\right)}{EA}$ 이므로 $R_A:R_B=3:1$

정리하면 $R_A=\dfrac{3P}{4}$(인장) $R_B=\dfrac{P}{4}$(압축)

(2) 온도의 영향

$\delta_R=\delta_T$에서 $\dfrac{R_t L}{EA}=\alpha(\Delta T)L$

$R_t=E\alpha(\Delta T)A$ (압축)

(3) 최대 압축응력

중첩을 적용하면 모두 압축인 BC 구간에서 최대압축력이 발생한다.

$$\sigma_{cmax}=\dfrac{P_{BC}}{A}=\dfrac{R_B+R_t}{A}=\dfrac{P}{4A}+E\alpha(\Delta T)$$

$$=\dfrac{P}{4A}+E\alpha(\Delta T)=\dfrac{4P}{4\pi d^2}+E\alpha(\Delta T)$$

$$=\dfrac{4(3,140)}{4\pi(10^2)}+(2\times10^5)(1.2\times10^{-5})(5)$$

$$=10+12=22\text{MPa}$$

Civil Engineering

4 구조물의 종류 및 판별

구조물의 종류 및 판별

구조물의 판별

구조물은 몇몇 조건에 의해 안정 및 불안정, 정정 및 부정정 구조물 등으로 분류할 수 있다. 그 분류법에 대하여 다룬다.

① 구조물의 종류

1. 보(Beam)

(1) 설명

단일 부재가 구조물로서의 기능을 하고, 보는 일반적으로 수직하중을 받으며, 교량에서 쓰일 때는 보 또는 거더, 건축물에서는 들보라고도 한다.

(2) 보의 종류

① 정정보

   a. 단순보 : 부재 양 끝이 각각 이동 지점과 회전 지점으로 지지하도록 되어 있는 보

   b. 캔틸레버 : 한쪽만을 고정 지점으로 하고 반대편은 자유단인 보

   c. 내민보 : 단순보에서 보의 길이가 길어서 한쪽 또는 양쪽 지점이 지점을 넘어 연장된 보

   d. 게르버보 : 부정정보의 부재 내부에 불안정 구조물이 되지 않도록 적절한 위치에 힌지를 넣어 정정 구조물로 만든 보

② 부정정보

    a. 일단 고정 타단 이동보 : 부정정보의 한 형태

    b. 양단 고정보 : 부정정보의 한 형태

    c. 연속보 : 한 부재를 3개 이상 지점으로 연속해서 지지한 부정정보

③ 간접하중보

보에 하중이 직접 작용하지 않고, 다른 부재를 설치 보에 간접적으로 하중이 작용하도록 만든 보로써 지점 조건에 따라 정정 또는 부정정이 될 수 있다.

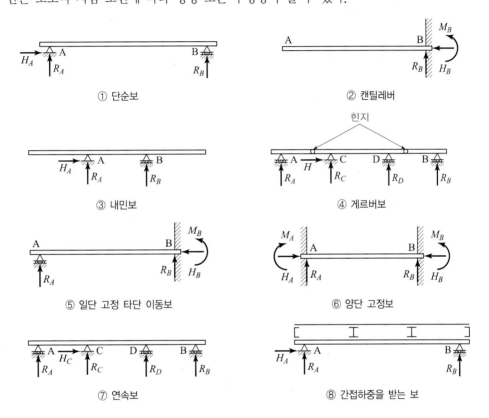

① 단순보 　　② 캔틸레버 　　③ 내민보 　　④ 게르버보 　　⑤ 일단 고정 타단 이동보 　　⑥ 양단 고정보 　　⑦ 연속보 　　⑧ 간접하중을 받는 보

2. 트러스(Truss)

(1) 설명

2개 이상의 직선 부재 양 끝을 마찰이 없는 힌지 또는 핀을 사용하여 부재에 축력만이 작용하게 하여 삼각형 모양으로 연결해 만든 뼈대 구조물을 말한다.

(2) 트러스의 형상에 따른 분류

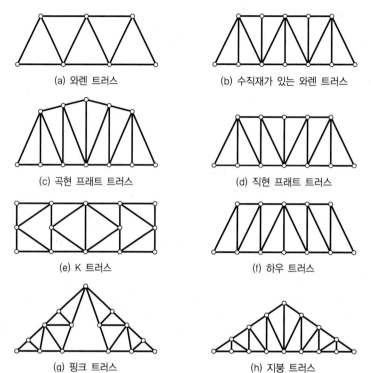

    (a) 와렌 트러스　　　　　　　　　(b) 수직재가 있는 와렌 트러스

    (c) 곡현 프래트 트러스　　　　　　　(d) 직현 프래트 트러스

    (e) K 트러스　　　　　　　　　　　(f) 하우 트러스

    (g) 핑크 트러스　　　　　　　　　　(h) 지붕 트러스

3. 라멘(Rahmen)

(1) 설명

주로 직선부재로 구성되고, 대부분의 절점이 강결되어 있는 구조물, 보통 휨에 저항한다.

(2) 라멘의 종류

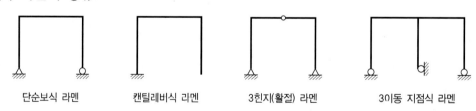

   단순보식 라멘　　　　캔틸레비식 리멘　　　3힌지(활절) 라멘　　　3이동 지점식 라멘

4. 아치(Arch)

(1) 설명

활이나 반달처럼 굽은 곡선 부재로 이루어진 구조물로, 휨모멘트가 작고 압축력이 크다.

(2) 아치의 종류

단순보식 아치

캔틸레버식 아치

3힌지(활절) 아치

타이드 아치

5. 케이블(cable)

휨에 저항하지 못하는 구조물, 부재 전체에 인장력만 존재한다.

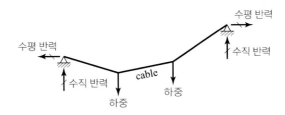

6. 기둥

축방향으로 압축을 받는 구조물로 단주, 중간주, 장주로 구분하여 해석한다.

7. 옹벽

땅을 깎아 내거나 흙을 쌓아놓은 비탈이 흙의 압력에 의해 무너지는 것을 막기 위해 만든 벽체

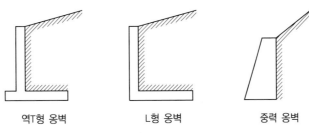
역T형 옹벽

L형 옹벽

중력 옹벽

② 구조물의 안정과 정정

1. 안정과 불안정

(1) 안정

구조물의 형태가 변형되거나 이동하지 않는 구조물

① 내적 안정 : 외력에 의해 구조물의 모양 변화가 없는 경우, 형상의 안정

② 외적 안정 : 외력에 의해 구조물의 위치 이동이 없는 경우, 지지의 안정

(2) 불안정

구조물의 형태가 변형되거나 이동하는 구조물

① 내적 불안정 : 외력에 의해 구조물의 모양 변화가 있는 경우, 형상의 불안정

② 외적 불안정 : 외력에 의해 구조물의 위치 이동이 있는 경우, 지지의 불안정

(3) 불안정한 구조물의 예

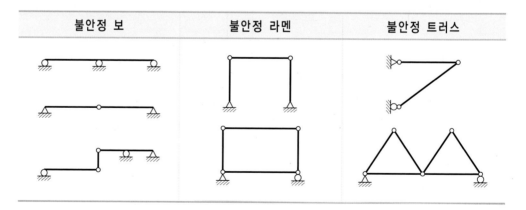

불안정 보	불안정 라멘	불안정 트러스

2. 정정과 부정정

안정구조물로 판별된 것에 대하여 정정과 부정정으로 구분한다.

(1) 정정

① 내적 정정 : 힘의 평형조건식으로 단면력을 구할 수 있는 경우

② 외적 정정 : 힘의 평형조건식으로 반력을 구할 수 있는 경우

(2) 부정정

① 내적 부정정 : 힘의 평형조건식으로 단면력을 구할 수 없는 경우

② 외적 부정정 : 힘의 평형조건식으로 반력을 구할 수 없는 경우

(3) 정정 구조와 부정정 구조의 비교

비교 대상	정정 구조	부정정 구조
안전성	작다	크다
처짐	크다	작다
내구성	작다	크다
경제성	낮다	높다
구조물의 해석 및 설계	간단	복잡
지점침하 온도변화 제작오차	영향을 받지 않음	추가응력 발생으로 큰 영향을 받음
안전율의 설정	높게 설정	낮게 설정

③ 구조물의 판별 방법

1. 판별 순서

우선 구조물을 안정 또는 불안정에 대하여 알아본 후 불안정인 경우 내적과 외적불안정에 대하여 결정한다. 만약 안정 구조물일 경우는 정정과 부정정인지 결정하고 부정정 구조물의 경우 부정정 차수까지 구한다.

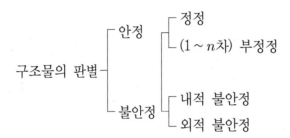

2. 총부정정 차수

구조물 판별 후 부정정 구조물인 경우 부정정 차수까지 계산을 한다.

(1) 총부정정 차수

총부정정 차수는 외적 부정정 차수+내적 부정정 차수로서 아래의 각 구조물 유형에 따른 부정정 차수 계산 방법에 따라 계산해 준다.

(2) 외적 부정정 차수

생략 가능한 반력수를 말한다.

외적 부정정 차수 = 미지의 반력의 수 − 평형방정식 수(3개)

(3) 내적 부정정 차수

생략 가능한 부재수를 말한다.

내적 부정정 차수 = 안정한 내부의 최소부재 외에 추가적인 부재 수 (방법1)

= 총부정정 차수 − 외적 부정정 차수   (방법2)

3. 총부정정 차수의 계산

총부정정 차수의 계산식은 보, 라멘, 트러스로 나눌 수 있다.

(1) 보

총부정정 차수 = 지점의 반력 수 – 3 – 내부힌지 개수

(2) 라멘

총부정정 차수 = 지점의 반력 수 – 3 + (폐합수×3) – 구속력 해제수

① 폐합수

구조물				
폐합수	1개	1개	2개	3개
폐합수×3	3	3	6	9

② 구속력 해제수

하나의 기준 부재를 정한 후 고정시키고 그밖에 움직이는 부재의 개수를 센다.

절점 모양						
구속력 해제수	0개	1개	2개	2개	3개	4개

(3) 트러스

① 총부정정 차수 = 부재의 수 – 자유도 수를 이용하는 방법

　　a. 부재의 수 : 트러스는 모든 절점이 힌지로 연결되어 있다. 부재의 개수를 셀 때는 X자로 교차하는 부재의 경우 4개가 아닌 2개의 부재가 교차한 것이므로 2개로 계산한다.

　　b. 자유도 수 : 트러스의 각 절점은 힌지로서 좌우 그리고 상하 2개의 방향으로 이동이 가능하므로 2개의 자유도 수를 넣어주고 트러스 이동지점(롤러)만 좌우 방향으로 이동이 가능하므로 1개의 자유도로 계산한다.

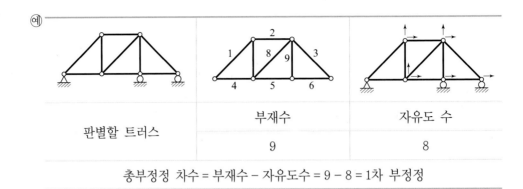

판별할 트러스	부재수	자유도 수
	9	8

총부정정 차수 = 부재수 − 자유도수 = 9 − 8 = 1차 부정정

② 총부정정 차수 = 내적부정정 차수 + 외적부정정 차수를 이용하는 방법

a. 내적부정정 차수 : 트러스는 기본적으로 삼각형 모양을 유지할 때 정정이다. 삼각형 모양에서 부재가 하나씩 추가될 때 부정정차수도 같이 늘어나게 된다. 즉, 생략 가능한 부재수이다.

트러스 모양	△	▭	▨
부정정 차수	0차, 정정	0차, 정정	1차 부정정

b. 외적부정정 차수: 지점의 반력을 계산 후 − 3

트러스 구조물	트러스 모든 부재들이 삼각형의 모습을 유지하고 있다.	반력이 2+1+1 총 4개이고 평형방정식 3개를 빼주면 된다.
	내적부정정 차수	외적부정정 차수
	0차	1

총부정정 차수 = 내직부정정 차수 + 외적부정정 차수 = 0 + 1 = 1차 부정정

핵심 **KEY**

예제1 오른쪽 구조물의 부정정 차수로 옳은 것은?

① 1차 부정정   ② 2차 부정정

③ 3차 부정정   ④ 4차 부정정

해설

보의 총부정정 차수 = 지점의 반력 수 − 3 − 내부힌지 개수이다.

그러므로 (2+2+1+3)−3−1=4

∴ 4차 부정정 구조물

정답 ④

핵심 **KEY**

예제2 오른쪽 구조물을 판별한 것으로 옳은 것은?

① 불안정   ② 정정

③ 1차 부정정   ④ 2차 부정정

해설

라멘의 총부정정 차수 = 지점의 반력 수 − 3 + (폐합수×3) − 구속력 해제수 이다.

그러므로 4−3+(2×3)−5=2차 부정정 구조물

정답 ④

핵심 **KEY**

예제3 오른쪽 트러스 구조물의 내적부정정 차수로 옳은 것은?

① 1차 부정정   ② 2차 부정정

③ 3차 부정정   ④ 4차 부정정

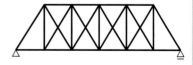

해설

트러스의 내적부정정 차수는 기본 삼각형 모양에서 추가되는 부재의 개수, 즉 생략 가능한 부재수를 구하면 된다. 교차되는 부재가 필요 없는 부재이므로 내적부정정 차수는 4차가 된다.

정답 ④

출제예상문제

01 다음 라멘의 부정정 차수는?

① 3차
② 5차
③ 6차
④ 7차

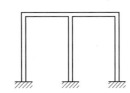

[해설]

라멘의 경우
총부정정 차수 = 지점의 반력 수 − 3 + (폐합수×3) − 구속력 해제수
폐합된 곳과 내부힌지 의한 구속력 해제는 0이므로 3×3−3=6

02 다음 그림에서 힌지를 몇 군데 넣어야 정정보로 해석할 수 있는가?

① 1개
② 2개
③ 3개
④ 4개

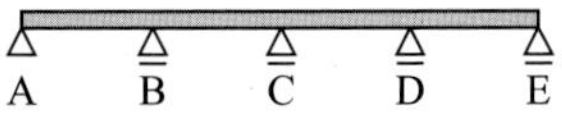

[해설]

보의 경우
총부정정 차수 = 지점의 반력 수 − 3 − 내부힌지 개수
6−3−내부힌지=0 이 되어야 정정구조물이다.
∴ 내부힌지 = 3개

03 다음 구조물 중 부정정 차수가 가장 높은 것은?

①  ②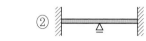

③  ④

해설
① 4−3 = 1차
② 7−3 = 4차
③ 5−3 = 2차
④ 4−3−1 = 0(정정)

04 다음 구조물의 판별로 옳은 것은?

① 정정
② 1차 부정정
③ 2차 부정정
④ 3차 부정정

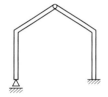

해설
지점반력 − 3 − 내부힌지
4−3−1 = 0 (정정)

05 다음 그림과 같은 구조물의 부정정 차수는?

① 9차 부정정
② 10차 부정정
③ 11차 부정정
④ 12차 부정정

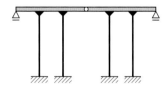

해설
지점반력 − 3 − 내부힌지
(3×4+2)−3−1 = 10차 부정정

06 다음 구조들은 내부적으로 안정이다. 이들의 외부적 부정정 차수가 3차 부정정 인 것은?

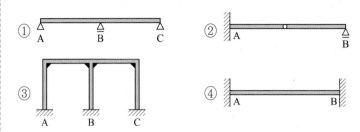

해설

외적 부정정차수는 지점반력 − 3이다.

① 5−3 = 2차

② 4−3 = 1차

③ 9−3 = 6차

④ 6−3 = 3차

07 다음 트러스의 부정정 차수는?

① 내적 1차, 외적 1차

② 내적 2차, 외적 정정

③ 내적 3차, 외적 정정

④ 내적 2차, 외적 1차

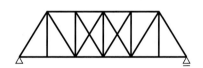

해설

트러스의 경우 총부정정 차수는 외적 부정정 차수 + 내적 부정정 차수이다.

외적 부정정차수 = 지점반력 − 3 = 3−3 = 0 (정정)

내적 부정정차수 = 기본 정정 부재 외 추가 부재 수 = 2차

(X자로 추가된 부재가 2개 이다.)

∴ 총부정정 차수 = (3−3)+2 = 2차 부정정

08 그림과 같은 구조물의 부정정 차수는? (단, A, B 지점과 E절점은 힌지이고 나머지 절점은 고정(강결절점)이다.)

① 1차

② 2차

③ 3차

④ 4차

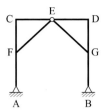

해설

총부정정 차수 = 지점의 반력 수 − 3 + (폐합수×3) − 구속력 해제수

(2+2)−3+(2×3)−3 = 4차 부정정

09 다음 평면 구조물의 부정정 차수는?

① 2차

② 3차

③ 4차

④ 5차

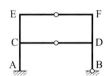

해설

총부정정 차수 = 지점의 반력 수 − 3 + (폐합수×3) − 구속력 해제수

(3+2)−3+(1×3)−2 = 3차 부정정

10 다음 부정정 구조물은 몇 차 부정정인가?

① 4차

② 5차

③ 6차

④ 7차

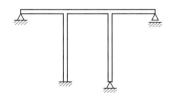

해설

반력 − 3 − 내부힌지   8−3 = 5차

11 다음 라멘의 부정정 차수는?

① 7차

② 8차

③ 9차

④ 15차

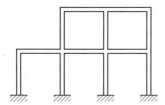

[해설]

라멘의 경우

총부정정 차수 = 지점의 반력 수 − 3 + (폐합수×3) − 구속력 해제수

(4×3)−3+(2×3)−0 = 15차 부정정

12 3경간 연속보에서 이동지점이 3개, 고정힌지지점이 1개라면 이 연속보의 외부적 부정정 차수는?

① 2차

② 3차

③ 4차

④ 5차

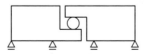

[해설]

외적 부정정차수 = 반력 − 3   5−3 = 2차 (외적)

13 그림과 같이 4개의 지점, 1개의 활절을 가진 보의 외적인 부정정 차수는?

① 1차

② 2차

③ 3차

④ 4차

[해설]

보의 총부정정차수 = 반력−3−내부힌지 = 7−3−1 = 3차 부정정

14 다음 라멘의 부정정의 차수는?

① 23차
② 28차
③ 32차
④ 36차

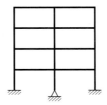

해설

라멘의 경우
총부정정 차수 = 지점의 반력 수 − 3 + (폐합수×3) − 구속력 해제수
8−3+(6×3)−0 = 23차

15 다음과 같은 구조물에서 부정정 차수는?

① 정정
② 3차
③ 6차
④ 9차

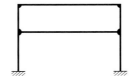

해설

라멘의 총부정정차수 = 반력−3+폐합수×3−힌지에 의한 자유부재수
= 6−3+3−0 = 6차 부정정

16 다음과 같은 연속보의 외적 부정정 차수는?

① 2차
② 3차
③ 5차
④ 6차

해설

10−3−2 = 5차부정정

17 그림과 같은 라멘의 부정정 차수는?

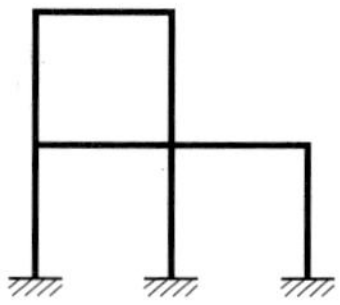

① 6차

② 8차

③ 9차

④ 10차

해설

라멘의 총부정정차수 = 반력−3+폐합수×3−힌지에 의한 자유부재수

= 9−3+3−0 = 9차 부정정

18 다음의 구조물에서 부정정차수는?

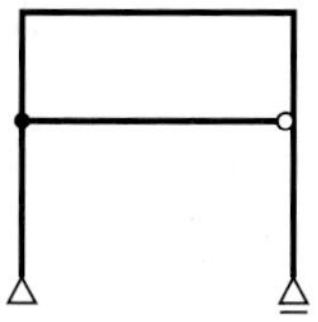

① 1차

② 2차

③ 3차

④ 4차

해설

라멘의 총부정정차수 = 반력−3+폐합수×3−힌지에 의한 자유부재수

= 3−3+3−1 = 2차 부정정

19 다음 구조물 중 불안정한 구조는?

해설

④는 좌우방향의 외력에 의해 구조물의 위치가 이동하므로 외적 불안정 구조물에 해당된다.

20

다음 라멘(Rahmen) 구조물에서 내적 부정정 차수는?

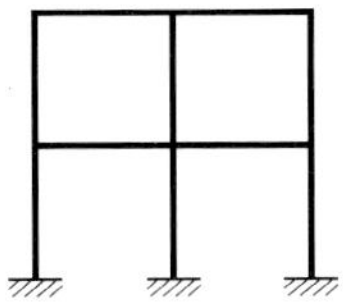

① 2차 부정정 라멘이다.
② 3차 부정정 라멘이다.
③ 5차 부정정 라멘이다.
④ 6차 부정정 라멘이다.

해설

라멘의 총부정정차수 = 반력−3+폐합수×3−힌지에 의한 자유부재수
= 9−3+2×3−0 = 12차 부정정
총부정정차수 = 내적+외적
외적 = 반력−3
∴ 내적 부정정차수 = 총차수−외적 = 12−(9−3) = 내적 6차 부정정

21

다음 트러스교에서 부정정차수는?

① 1차 부정정
② 2차 부정정
③ 3차 부정정
④ 4차 부정정

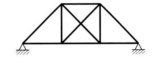

해설

트러스 총부정정차수 = 반력−3+추가 부재수 = 4−3+1 = 2차 부정정

22

다음 중 축방향으로 압축을 받는 압축부재(Compressive member)로 옳은 것은?

① 현수교(Suspension bridge)
② 기둥(Column)
③ 보(Beam)
④ 아치(Arch)

해설

기둥은 축방향 압축을 받는 부재이다.

정답 17 ③ 18 ② 19 ④ 20 ④ 21 ② 22 ②

23

다음 그림과 같은 합성 라멘의 내적 부정정차수는?

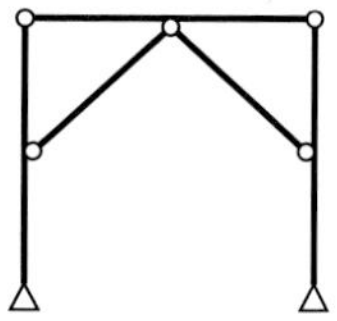

① 0차

② 1차

③ 2차

④ 3차

해설

내적 부정정차수 = 폐합수×3−힌지에 의한 자유부재수

$\qquad\qquad\qquad = (2 \times 3) - (6) = 0$차

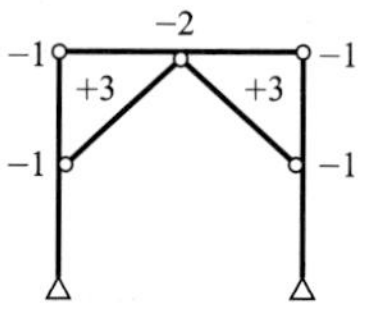

24

다음의 구조형식 중 구조 계산 시 부재들이 축방향력만을 받는 것으로 가정되는 구조형식은?

① 보

② 트러스

③ 라멘

④ 아치

해설

트러스는 가늘고 긴 부재의 양단부가 활절로 연결되므로 축방향 즉, 인장력 또는 압축력만을 받는다.

25

다음 구조물의 부정정차수는?

① 1차 부정정

② 2차 부정정

③ 3차 부정정

④ 4차 부정정

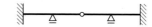

해설

8−3−1 = 4차 부정정

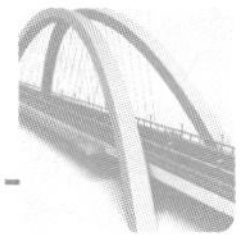

26

다음 구조물의 판별식은?

① 정정

② 1차 부정정

③ 2차 부정정

④ 불안정

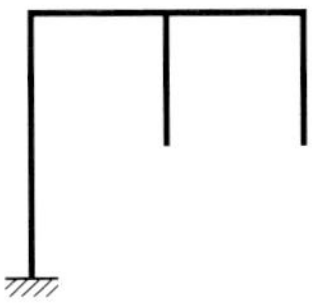

해설

반력−3 = 3−3 = 0차 정정구조물

27

다음 그림과 같은 대각선 집중하중이 작용할 때 연속보의 부정정차수는?

① 1차

② 2차

③ 3차

④ 4차

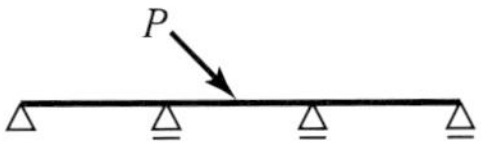

해설

반력−3 = 5−3 = 2차 부정정

28

다음 중 부정정차수가 나머지와 다른 것은?

해설

총부정정차수 = 반력−3−내부힌지

① 6−3 = 3차　　② 8−3−1 = 4차

③ 6−3 = 3차　　④ 6−3 = 3차

정답 23 ① 24 ② 25 ④ 26 ① 27 ② 28 ②

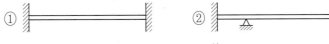

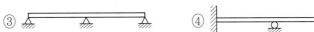

29 그림과 같은 트러스에서 부정정차수는?

① 2차

② 3차

③ 4차

④ 5차

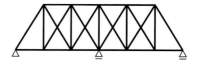

해설

트러스 부정정차수 = 반력−3+잉여부재수 = 4−3+4 = 5차 부정정

30 다음 트러스와 프레임이 혼합된 구조물의 부정정차수는?

① 1

② 2

③ 3

④ 4

해설

총부정정차수 = 반력−3+폐합수×3−힌지에 의한 자유부재수
= 6−3+3−3 = 3차 부정정

31 다음과 같은 2차원 프레임 구조물의 부정정차수는?

① 6

② 7

③ 8

④ 9

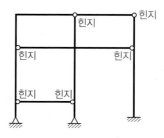

해설

총부정정차수 = 반력−3+폐합수×3−힌지에 의한 자유부재수
= 7−3+(3×3)−7 = 6차 부정정

5 정정보

정정보

정정보

단원에서는 보 중에서 힘의 평형조건식 만으로도 해석 가능한 정정보를 다루며 보에 하중이 작용할 경우 발생하는 반력 및 단면력을 계산하는 방법을 배운다.

1 정정보의 개념

1. 정의

힘의 평형조건식($\sum H = 0$, $\sum V = 0$, $\sum M = 0$)을 이용하여 부재의 반력, 단면력을 모두 해석 가능한 보를 정정보라 한다.

2. 정정보의 종류

(1) 단순보

일단은 이동지점, 타단은 회전지점으로 지지되는 보를 단순보라 한다.

(2) 캔틸레버보

일단은 고정단, 타단은 자유단으로 된 보를 캔틸레버보라 한다.

(3) 내민보

단순보의 한쪽 또는 양쪽을 연장한 보를 내민보라 한다.

(4) 게르버보

부정정 구조물에 내부 힌지를 적절한 위치에 넣어 정정으로 만든 보를 게르버보라 한다.

단순보(Simple Beam)	캔틸레버보(Cantilever Beam)
	또는
내민보(Overhanging Beam)	게르버보(Gerber's Beam)

3. 하중의 종류

구조물 외부에 작용하는 힘으로 구조물 전체 또는 일부에 거동을 일으킨다.

(1) 단위에 따른 분류

① 집중하중(N)

구조물의 한 점에 작용하는 것으로 가정한 힘. 자동차, 기차와 같이 차륜을 통하여 지면
한 지점에 집중되어 작용하는 하중

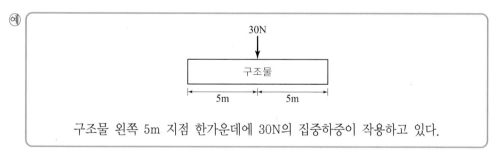

예

30N

구조물

5m   5m

구조물 왼쪽 5m 지점 한가운데에 30N의 집중하중이 작용하고 있다.

② 분포하중(N/m)

구조물 면적에 대하여 연속적으로 받는 하중.

a. 등변분포하중 : 기울기가 일정하게 변하는 분포하중

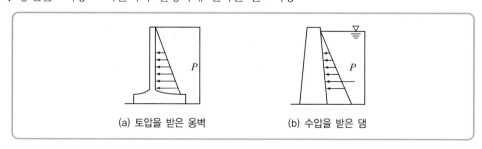

(a) 토압을 받은 옹벽　　　(b) 수압을 받은 댐

b. 등분포하중 : 기울기가 변하지 않고 일정하게 작용하는 하중 (구조물의 자중, 교량의 적설하중 등)

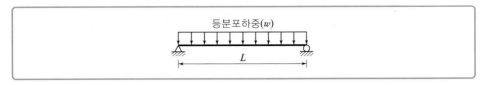

c. 분포하중의 치환 : 분포하중은 하나의 집중하중으로 치환가능하며 집중하중의 크기는 분포하중의 면적이 되며 작용위치는 분포하중의 도심에 위치한다.

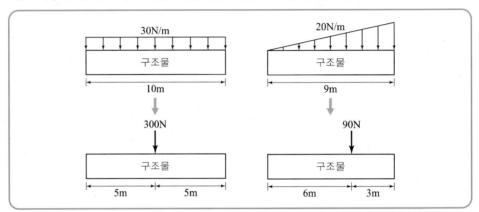

③ 모멘트하중(N·m)

힘(N)×거리(m)로 표현하며 물체를 회전시키려는 힘을 말한다.

시계방향(↻)을 (+), 반시계방향(↺)을 (−)로 한다.

(2) 고정하중과 이동하중

① 고정하중

구조물 자체의 무게 및 구조물에 영구적으로 부착된 하중(기계 설비)을 말하며 크기가 일정하고 작용위치가 고정되어 있다. 고정하중의 크기는 구조물의 크기와 형태가 결정되면 재료의 단위중량을 이용하여 비교적 정확하게 계산할 수 있다.

② 이동하중

자동차나 사람 등의 무게와 같이 작용위치와 크기가 시간에 따라 변화하는 하중을 말한다. 이동하중은 시간에 따라 변하기에 고정하중보다 더 추정하기 어렵다. 대부분 경험에 기초를 둔 시방서를 따른다.

㉔ 사람, 자동차, 이동식 가구, 풍하중, 지진하중, 설하중, 충격하중, 수압, 토압 등

③ 연행하중

열차하중과 같이 하중 간의 간격이 변하지 않는 이동 하중을 연행 하중이라고 한다.

(3) 직접하중과 간접하중

① 직접하중

구조물에 직접적으로 작용하는 하중

② 간접하중

직접 구조물에 하중이 작용하지 않고 다른 구조물을 경유하여 간접적으로 작용하는 하중

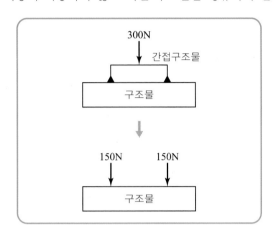

4. 반력(reaction)

구조물에 하중이 작용하면 작용과 반작용의 법칙에 따라 구조물을 지지하는 곳 즉, 지점에서 외력과 힘의 크기는 같고 방향은 반대인 힘이 생긴다. 이를 반력이라 하며 반력에는 수직힘, 수평힘 또는 모멘트가 생기게 된다.

(1) 반력의 종류

반력은 한 지점이 구속이 되어 이동하지 않을 때 생기게 된다.

① 수직반력 : 수직방향으로 움직이지 않는 지점에서 발생하는 반력

② 수평반력 : 수평방향으로 움직이지 않는 지점에서 발생하는 반력

③ 모멘트반력 : 회전이 불가능한 지점에서 발생하는 반력

(2) 지점의 종류

지점의 종류에는 이동지점, 회전지점, 고정지점으로 나뉘며, 반력의 종류에는 수직반력(V), 수평반력(H), 모멘트반력(M)이 있다.

① 이동지점(Roller Support)

지지대에 평행으로 이동이 가능하고 회전이 자유로운 지점상태이며 반력은 수직반력만 생긴다.

② 회전지점(Hinged Support)

이동은 불가능하나 회전은 자유로운 지점상태이며 반력은 수평반력과 수직반력이 생긴다.

③ 고정지점(Fixed Support)

이동과 회전이 불가능한 지점상태로 반력은 수평반력과 수직반력 그리고 모멘트 반력이 생긴다.

지점의 종류	이동 지점	회전 지점	고정 지점
개념도	힌지 / 롤러	힌지	강절점
기호 및 반력	R	H / R	M / H / R
반력의 수 (구속되어 있는 수)	1개 (수직)	2개 (수직, 수평)	3개 (수직, 수평모멘트)

4. 보의 해석 개념

보를 해석한다는 것은 하중작용 시 보의 반력과 단면력을 계산하는 것이다.

(1) 반력 계산

정정보는 아래 힘의 평형조건식만으로 반력을 구할 수 있다.

$\sum M = 0$, $\sum R = 0$, $\sum H = 0$

(2) 보의 단면력

하중이 작용함에 따라 보의 단면에 생기는 합력을 단면력이라 하고, 단면력을 구할 때는 그 단면의 한 쪽(좌측 또는 우측)만을 생각하여 계산한다.

① 전단력(S) : 외부로부터 부재를 부재축의 수직방향으로 절단하려는 힘. 부호는 ↑+↓, ↓-↑이다.

② 휨모멘트(M) : 외력이 부재를 구부리려고 할 때의 힘. ↻+↺, ↺-↻ 이다.

③ 축방향력(A) : 부재축과 나란히 작용하여 압축 또는 인장시키려는 힘. 압축 -, 인장 +

❷ 정정보의 반력 계산

1. 반력의 해법

정정보는 반력과 단면력을 모두 평형방정식에 의해 구한다.

$\sum H = 0, \ \sum R = 0, \ \sum M = 0$

2. 반력의 개념

반력은 기본적으로 구조물에 하중이 작용했을 때 움직임이 없도록 작용하는 지점에서 수동적으로 생기는 힘이다. 지점조건에 따라 수직반력, 수평반력, 모멘트반력이 생긴다. 그리고 반력의 합은 작용하고 있는 외력 즉, 하중의 총합과 같아야 하고 방향은 반대여야 한다.

3. 단순보의 반력

하중이 여러 개 작용할 때는 하중을 하나하나 나눈 후 아래 방법으로 반력 계산 후 중첩시키면 된다.

(1) 집중하중

① 중앙에 집중하중 작용시

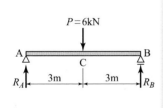

- 하중이 수직하중이므로 반력도 수직반력이 생긴다.
- 수직반력은 A지점과 B지점 모두 가질 수 있다.
- 하중이 보의 중앙에 작용하므로 A와 B가 절반씩 분담한다.

$$\therefore \ R_A = 3\,\text{kN}, \ R_B = 3\,\text{kN}$$

② 임의점에 집중하중 작용시

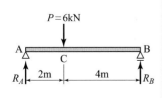

- 하중이 A점 쪽 가까이에 작용하므로 A점의 분담하는 힘 즉, 반력이 B점의 반력보다 크다.

$\cdot \ R_A = \dfrac{BC}{AB} = \dfrac{4\text{m}}{6\text{m}} = \dfrac{2}{3}$ 의 비율

$R_B = \dfrac{AC}{AB} = \dfrac{2\text{m}}{6\text{m}} = \dfrac{1}{3}$ 의 비율

$$\therefore \ R_A = 6 \times \frac{2}{3} = 4\,\text{kN}, \ R_B = 6 \times \frac{1}{3} = 2\,\text{kN}$$

③ 경사진 집중하중 작용시

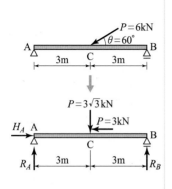

- 경사하중을 수직(V)과 수평(H)으로 나눈다.
- 결국 수직하중과 수평하중이 동시에 작용하므로 수직반력 (R_A, R_B) 뿐만 아니라 수평반력(H_A)도 생긴다.

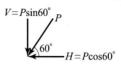

$$\therefore R_A = R_B = \frac{V}{2}, \ H_A = H$$

$$R_A = R_B = \frac{3\sqrt{3}}{2} \text{kN}, \ H_A = 3 \text{kN}$$

(2) 등분포 하중

등분포 하중이 작용할 때는 면적을 구하여 집중하중으로 환산하여 반력을 구한다. 이때, 분포하중의 면적은 집중하중의 크기가 되며 분포하중의 무게 중심은 집중하중의 위치가 된다.

① 전체 작용시

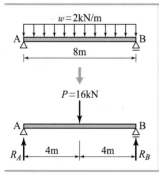

- 사각형의 면적을 구한다.

  가로(8) × 세로(2) = 16kN
- 사각형의 중심은 가운데이므로 결국 16kN의 집중하중이 중앙에 작용하는 경우와 똑같다.

$$\therefore R_A = 8 \text{kN}, \ R_B = 8 \text{kN}$$

② 일부분 작용시

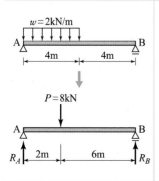

- 사각형의 면적 : $4 \times 2 = 8 \text{kN}$
- 8kN의 집중하중이 A지점에 가까이 작용히는 경우와 같으므로

$$R_A = \frac{6m}{8m} = \frac{3}{4} \text{의 비율}, \ R_B = \frac{2m}{8m} = \frac{1}{4} \text{의 비율}$$

$$\therefore R_A = 8 \times \frac{3}{4} = 6 \text{kN}, \ R_B = 8 \times \frac{1}{4} = 2 \text{kN}$$

(3) 등변분포하중

삼각형하중 작용시 삼각형의 면적을 구하여 집중하중으로 환산하여 반력을 구한다. 이때, 분포하중의 면적은 집중하중의 크기가 되며 분포하중의 무게 중심은 집중하중의 위치가 된다.

① 전체 작용시

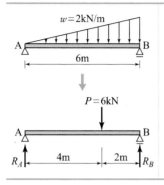

· 삼각형의 면적 : $\dfrac{1}{2} \times 6 \times 2 = 6\,\mathrm{kN}$

· 삼각형의 도심에 집중하중 6kN이 작용하는 경우와 똑같다.

$$R_A = \frac{2\mathrm{m}}{6\mathrm{m}} = \frac{1}{3} \text{의 비율}, \quad R_B = \frac{4\mathrm{m}}{6\mathrm{m}} = \frac{2}{3} \text{의 비율}$$

$$\therefore \ R_A = 6 \times \frac{1}{3} = 2\,\mathrm{kN}, \ R_B = 6 \times \frac{2}{3} = 4\,\mathrm{kN}$$

② 일부분 작용시

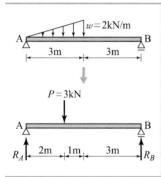

· 삼각형의 면적 : $\dfrac{1}{2} \times 3 \times 2 = 3\,\mathrm{kN}$

· 삼각형의 도심에 집중하중 3kN이 작용하는 경우와 똑같다.

$$R_A = \frac{4\mathrm{m}}{6\mathrm{m}} = \frac{2}{3} \text{의 비율}, \quad R_B = \frac{2\mathrm{m}}{6\mathrm{m}} = \frac{1}{3} \text{의 비율}$$

$$\therefore \ R_A = 3 \times \frac{2}{3} = 2\,\mathrm{kN}, \ R_B = 3 \times \frac{1}{3} = 1\,\mathrm{kN}$$

(4) 모멘트 하중

단순보에 모멘트 하중이 작용하면 지점에서는 우력모멘트 반력이 생긴다.

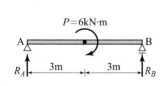

· 모멘트 하중이 시계방향이므로 우력모멘트 반력은 반시계방향이 된다.

· 우력은 크기는 같고($R_A = R_B$), 방향이 반대가 된다.
$R_A(\downarrow), \ R_B(\uparrow)$

· 우력모멘트 = 한 개의 힘 × 두 힘 사이의 거리
$R_A \times 6\,\mathrm{m} = 6\,\mathrm{kN} \cdot \mathrm{m}$

$$\therefore \ R_A = 1\,\mathrm{kN}(\downarrow), \ R_B = 1\,\mathrm{kN}(\uparrow)$$

(5) 단순보 반력 정리

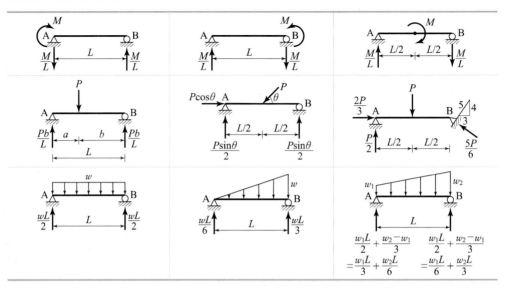

핵심KEY

예제1 그림과 같은 단순보에 집중하중과 등변분포 하중이 작용할 때 A점의 반력의 크기(kN)로 옳은 것은?

① 28   ② 30

③ 32   ④ 34

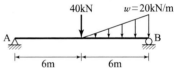

해설

(1) 집중하중에 의한 반력

$$R_{A, 집중} = \frac{40}{2} = 20\text{kN}$$

(2) 등변분포 하중에 의한 반력

$$R_{A, 등변} = \left(20 \times 6 \times \frac{1}{2}\right) \times \frac{2}{12} = 10\text{kN} \quad \therefore R_A = 20 + 10 = 30\text{kN}$$

정답 ②

핵심KEY

예제2 그림의 단순보 B지점에 반력이 발생하지 않기 위한 외력 M의 크기(kN·m)와 방향으로 옳은 것은?

① 20, 시계방향   ② 20, 반시계방향

③ 60, 시계방향   ④ 60, 반시계방향

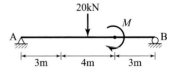

해설

B지점에 반력이 없기 위해서는 A점의 모멘트와 외력 모멘트 M이 서로 상쇄되어야 한다. A점을 기준으로 집중하중 20kN은 시계방향으로 작용하므로 외력 M의 방향은 반시계방향이 되어야 한다.

크기는 $20 \times 3 - M = 0$ $\therefore M = 60\text{kN·m}$ ↺

정답 ④

4. 캔틸레버보의 반력

(1) 설명

캔틸레버보는 고정단에서 수직, 수평, 모멘트 반력이 모두 생긴다. 하중 형태는 집중하중, 등분포하중, 모멘트하중으로 작용하며 여러 하중이 작용하는 경우 하나씩 떼어내어 각각 계산한 후 중첩시켜준다.

(2) 캔틸레버에 작용하는 하중형태 및 반력

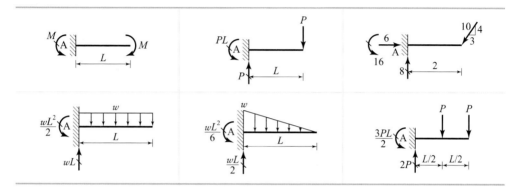

5. 내민보의 반력

(1) 설명

내민보는 지점과 지점 사이의 중앙부, 지점과 자유단 사이의 내민부로 나뉜다. 중앙부에 하중이 작용하는 경우 반력은 단순보 때와 같다. 내민 부분에서 하중이 작용하면, 가까운 지점의 반력은 증가하고, 반대쪽 지점에서는 (−) 반력이 생긴다. 이럴 경우 내민부분의 하중을 가까운 지점으로 이동시킨 후 해석이 가능하다.

처음 하중 상태 → 변환 하중 상태	반력의 계산
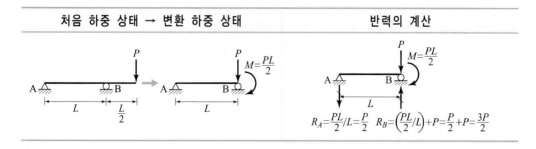	

(2) 내민보에 작용하는 하중형태 및 반력

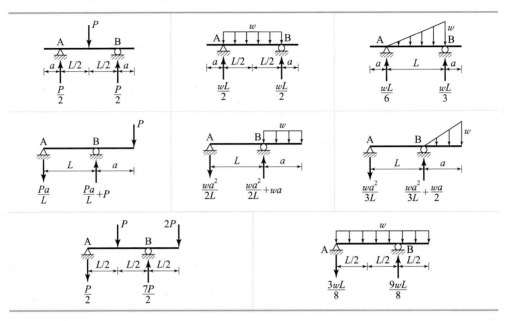

예제3 아래 그림과 같이 하중이 작용할 때 보 B지점에서의 반력의 크기[kN]는?

① 45 ② 47

③ 49 ④ 51

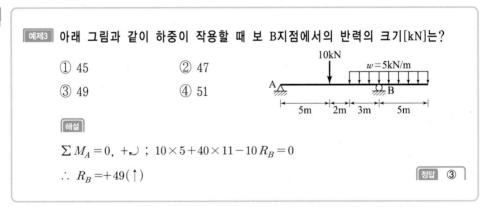

해설

$$\sum M_A = 0, \ +\curvearrowleft \ ; \ 10 \times 5 + 40 \times 11 - 10 R_B = 0$$

$$\therefore R_B = +49(\uparrow)$$

정답 ③

6. 게르버보의 반력

(1) 설명

게르버보는 부재 내에 힌지절점이 들어 있는 특징이 있다.

게르버보는 단순보+내민보, 단순보+캔틸레버보 두 가지 형태이다.

우선 단순보 형태를 먼저 떼어내어 반력을 계산하고 힌지 점을 통해 연결된 나머지 구조물에 하중을 작용시켜 남은 반력을 계산한다.

※ 내부힌지 점에서의 모멘트 크기는 항상 0이다.

(2) 게르버보의 반력

① 단순보+캔틸레버보

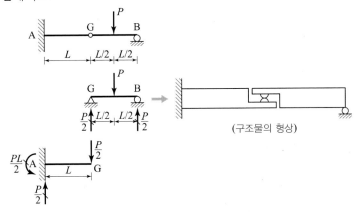

(구조물의 형상)

② 단순보+내민보

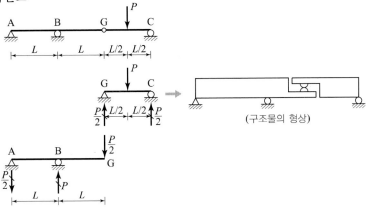

(구조물의 형상)

예제4 C점의 수직 반력 R_c의 크기[kN]와 모멘트 반력 M_c 크기[kN·m]로 옳은 것은?

① $R_c = 4$, $M_c = 12$

② $R_c = 4$, $M_c = 18$

③ $R_c = 6$, $M_c = 12$

④ $R_c = 6$, $M_c = 18$

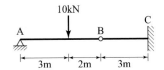

해설

먼저 단순보 부분인 AB부재를 따로 떼어내어 반력을 계산하고 힌지 연결점에 반력에 해당하는 외력을 표시하여 나머지 캔틸레버 부분의 반력 계산을 한다.

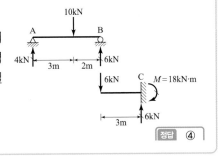

정답 ④

③ 정정보의 단면력 계산

▶ 작용하는 외력에 평형을 유지하기 위해 부재를 절단한 단면에서 발생한 힘을 단면력이라 하며 단면을 절단하면 절단한 면에는 반드시 힘이 존재한다.

1. 종류

(1) 축력(Axial Force)

보의 축에 수평한 힘, $\sum H = 0$ 조건을 만족하게 하는 힘

(2) 전단력(Shear Force)

보의 축에 수직한 힘, $\sum V = 0$ 조건을 만족하게 하는 힘

(3) 휨모멘트(Bending Moment)

휨의 크기를 모멘트로 표시한 것, $\sum M = 0$ 조건을 만족하게 하는 힘

2. 부호 규약

축력(A.F)	전단력(S.F)	휨모멘트(B.M)
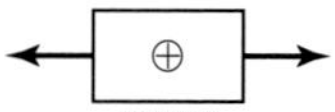 ← ⊕ → (인장)	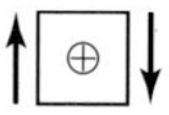 ↑ ⊕ ↓	 M ⊕ M
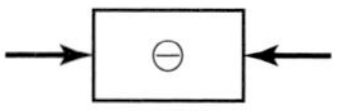 → ⊖ ← (압축)	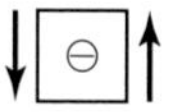 ↓ ⊖ ↑	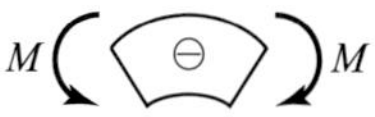 M ⊖ M

3. 단면력을 구하는 방법

(1) 구하고자 하는 점을 부재에서 떼어내어 자유물체도화 한다.

(2) 힘의 평형 조건식을 이용하여 구하고자 하는 점의 단면력(축력, 전단력, 휨모멘트)를 구한다. 단, 위의 부호규약을 적용하여 부호와 힘의 방향에 유의한다.

4. 단면력의 계산

(1) 축력

경사진 집중하중 또는 보의 축에 수평한 힘이 작용할 때 부재에 발생하는 힘이다.

핵심 KEY

예제5 아래 단순보 중앙 C 점에 경사진 집중하중이 작용하고 있다. AC부재에 작용하는 축력의 크기[kN]로 옳은 것은?

① 0

② 20

③ 30

④ 40

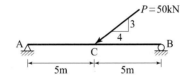

해설

A가 힌지이고 하중이 경사져 있기에 경사하중의 수평성분으로 인해 AC 구간에는 축력이 발생하게 된다.

경사하중 50kN의 수평분력은 $50 \times \dfrac{4}{5} = 40$kN($\leftarrow$)이다.

∴ AC 구간은 압축 40kN의 축력을 받게 된다.

정답 ④

(2) 전단력

① 정의

외부로부터 부재 축의 수직방향으로 절단하려는 힘을 전단력이라 한다.

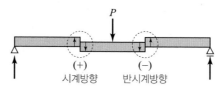

② 전단력의 특징

a. 임의점의 전단력은 그 점을 잘라서 좌측 또는 우측만을 보고 수직력의 합력을 구하면 된다.

b. 구조물 지점에서의 전단력은 지점에서 수직반력과 같다.

c. 부재의 전단력의 부호가 바뀌며 0인 곳에서 최대휨모멘트가 생긴다. (단, 보에 모멘트 하중이 작용하지 않는 경우)

핵심 KEY

예제6 그림과 같은 하중을 받는 단순보에서 중앙 C점의 전단력의 크기[kN]는? (단, 부호는 ↑+↓, ↓−↑이다.)

① −5

② +5

③ −10

④ +10

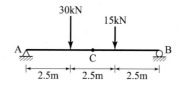

해설

왼쪽에서부터 구하고자 하는 점까지 수직력들의 합력을 구해 나간다.

우선 A점의 반력이 필요하다. $R_A = 30 \times \frac{2}{3} + 15 \times \frac{1}{3} = 25\text{kN}$이고 방향은 아래에서 위로 작용한다. 전단력 부호는 왼쪽이 위로 올라가는 힘의 방향 부호가 +이다.

+25kN 시작 C점 앞에서 30kN이 누르고 있다. 그렇게 되면 힘의 방향이 위에서 아래 방향으로 바뀌고 그 크기는 25−30=−5kN이 된다.

정답 ①

(3) 휨모멘트

① 정의

외력이 부재를 구부리게 하는 힘을 휨모멘트라 한다.

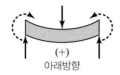 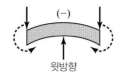

② 휨모멘트의 특징

a. 임의 점의 휨모멘트 크기는 좌측 또는 우측만을 보고 휨모멘트의 합을 구한다.

b. 부호는 부재의 아래쪽이 인장이면 +, 위쪽이 인장이면 −이다.

c. 휨모멘트가 최대인 곳에서 전단력은 0이다.

d. 단위는 힘×거리 이므로 kN·m이다.

핵심 KEY

예제7 아래 구조물에서 D지점에 대한 휨모멘트 크기[kN · m]는?
(단, 부호는 ⌒+⌒, ⌐−⌐ 이다.)

① −26

② −24

③ 24

④ 26

해설

D점의 모멘트는 D점을 기준으로 오른쪽, 또는 왼쪽 적절한 한 곳을 선택하여 계산하면 된다. 위의 경우 왼쪽을 보고 계산한다. 우선 수직반력 R_A 값이 필요하므로 등분포하중을 집중하중으로 변환한다.

$R_A = 30\dfrac{4}{5} + 10\dfrac{2}{5} = 28\text{kN}$, M_D (시계방향+)$= 28 \times 2 - 30 \times 1 = 26\text{kN} \cdot \text{m}$이다.

부호는 단순보가 위에서 아래로 하중이 작용할 때는 항상 밑부분이 인장, 즉 ⌒⌒ 의 방향이므로 부호는 +이다.

정답 ④

④ 단면력도

▶ 고정하중에 대한 부재단면의 단면력을 그림으로 나타낸 것으로 축방향력도, 전단력도, 휨모멘트도가 있으며 특히 보에서는 전단력도와 휨모멘트도가 있다.

1. 전단력도(Shearing Force Diagram, SFD)

(1) 정의

보 전체에 생기는 전단력을 알기 쉽게 그림으로 나타낸 것이다.

(2) 그리는 순서

step1. 보에 작용하는 반력을 구한다.

step2. 보에 평행하게 기준선을 긋고 기준선에 하중 시작점을 표시해 둔다.

step3. 왼쪽부터 위로 향하는 하중이 있으면 기준선 위로 (+) 전단력을, 아래로 향하는 하중이 있으면 (−), 전단력을 누적시켜 적당한 축척을 사용하여 계속 표시해 나가고 부호와 크기를 써 넣는다.

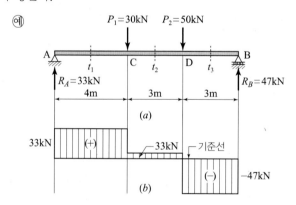

(3) 그리는 순서의 적용

step1. 반력을 먼저 구한다.

반력은 아래에서 위로 A지점 33kN, B지점 47kN이 작용한다.

step2. 그다음으로 보에 기준 선을 긋고 하중이 시작하는 점을 기준선에 표시해준다.

step3. 왼쪽부터 A점에 ↑ 33kN이 작용하므로 기준선 위로 (+)33kN을 표시한 후 선을 긋기 시작한다. AC구간에는 힘이 작용하지 않으므로 전단력의 변화가 없다. 그러므로 그래프 기울기 변화 없이 쭉 이어가고 C점에서 ↓30kN이 작용하므로 ↑33kN과 상쇄되어 C점에서는 ↑(+) 3kN이 된다. CD구간에는 어떠한 힘도 없기에 그대로 +3kN 전단력을 유지하여 선을 그어준다. D지점에서 다시 ↓50kN이 누르므로 누적 전단력은 −47kN이 되고 (−)부호 이기에 기준선 아래에 전단력을 표시한다. DB구간에는 하중이 없으므로 −47kN 유지하고 마지막 B지점에서 다시 반력 ↑47kN이 작용하여 SFD는 0으로 끝나게 된다.

2. 휨모멘트도(Bending Moment Diagram, BMD)

(1) 정의

보 전체에 생기는 휨모멘트를 알기 쉽게 그림으로 나타낸 것이다.

(2) 그리는 순서

step1. 보에 작용하는 반력을 구한다.

step2. 보에 평행하게 기준선을 긋고 기준선에 하중 시작점을 표시해 둔다.

step3. 왼쪽부터 부재 밑이 인장이 되게 하는 (+)모멘트에 대해서는 기준선 윗부분에, 부재 윗부분이 인장이 되게 하는 (−)모멘트는 기준선 아랫부분에 적당한 축척을 사용하여 표시하고 부호와 크기를 써 넣는다.

(3) 전단력도와의 관계

임의 점에서 휨모멘트 크기는 임의 점 전단력도의 면적의 누계와 같다. (단, 부재에 모멘트 하중이 작용하지 않는 경우)

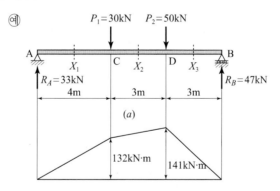

(4) 그리는 순서의 적용

step1. 먼저 수직반력을 구하면 A점 ↑33kN, B점 ↑47kN이 작용한다.

step2. 그 다음으로 보에 기준선을 긋고 하중이 시작하는 점을 기준선에 표시해준다.

step3. 모멘트 크기의 경우 힘×거리이므로 A점은 0부터 시작을 한다. C점 모멘트 크기는 왼쪽을 보고 계산하면 33kN×4m=132kN·m가 되므로 기준선 위에 표시한 후 A점과 연결한다. 계속하여 D점의 모멘트 크기를 구할 때 오른쪽에서 계산하면 47kN×3m=141kN·m가 되고 D점과 지점 B점 연결 후 마무리 해준다.

3. 하중에 따른 단면력도

(1) 단순보

① 집중하중 작용시

단면력도		분석
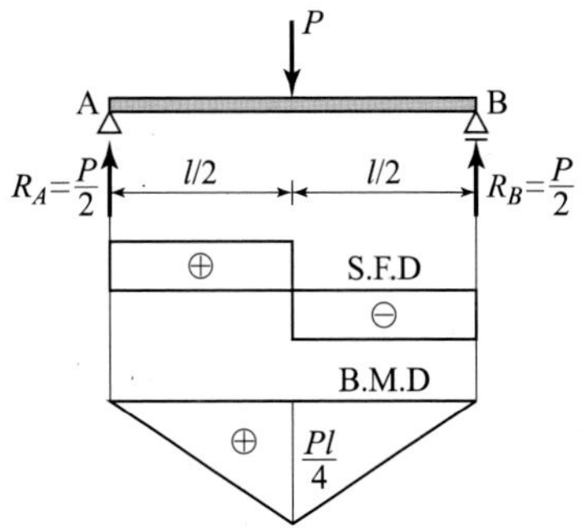	S.F.D	전단력도는 수직인 힘에 관계되므로 A점에서 $R_A = \left(\dfrac{P}{2}\right)$만큼 올라가서, C점까지 일정하게 가다가, C점에서 P만큼 내려가고, 다시 일정하게 가다가 $R_B = \left(\dfrac{P}{2}\right)$만큼 올라간다. 즉, 전체적으로 사각형 분포이다.
	B.M.D	휨은 아래방향($+$)이며 경사직선 분포를 하고, 하중 작용점에서 최댓값$\left(\dfrac{Pl}{4}\right)$을 갖는다. 즉, 전체적으로 삼각형 분포이다.

② 등분포 하중 작용시

단면력도		분석
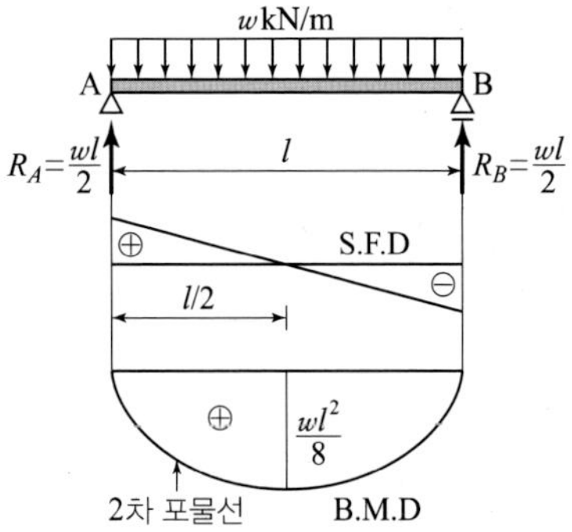	S.F.D	전단력도는 중앙에서 $S=0$이며, 지점에서 전단력이 최대이다. $(S_{\max} = R_A = R_B)$ 전체적으로 삼각형 분포이다.
	B.M.D	휨은 중앙점에서 최댓값$\left(\dfrac{wl^2}{8}\right)$을 갖는다. 전체적으로 2차 포물선분포이다.

③ 등변분포하중 작용시

단면력도		분석
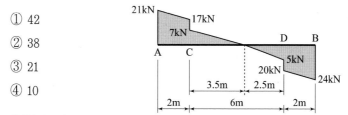 삽입	S.F.D	2차 포물선분포이며, 전단력이 0인 위치는 A점으로부터 $\dfrac{l}{\sqrt{3}}$ 만큼 떨어진 곳이다.
	B.M.D	3차 포물선분포이며, 전단력이 0인 곳에서의 최대 휨모멘트 값은 $\dfrac{wl^2}{9\sqrt{3}}$ 이다.

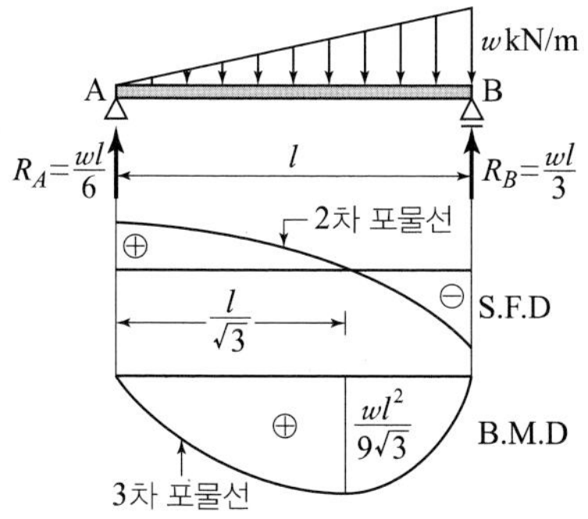

위 표의 첫 번째 셀 그림 설명:

A $\triangle$ ～ B $\triangle$, $w\,\text{kN/m}$, 길이 l

$R_A = \dfrac{wl}{6}$, $R_B = \dfrac{wl}{3}$

2차 포물선, S.F.D, $\dfrac{l}{\sqrt{3}}$

3차 포물선, B.M.D, $\dfrac{wl^2}{9\sqrt{3}}$

④ 모멘트 하중 작용시

단면력도		분석
$M\,\text{kN/m}$ 그림, A $\triangle$ ～ B $\triangle$, $R_A = \dfrac{M}{l}$, $l/2$, $l/2$, $R_B = \dfrac{M}{l}$, S.F.D, B.M.D	S.F.D	반력은 $\dfrac{M}{l}$ 이며 따라서 전단력도 $\dfrac{M}{l}$ 으로 일정한 사각형 분포이다.
	B.M.D	삼각형 분포이며, 모멘트 하중이 작용하면 보 작용점에서 BMD는 연속적인 선이 아닌 그림과 같이 수직으로 급격한 변화를 보인다.

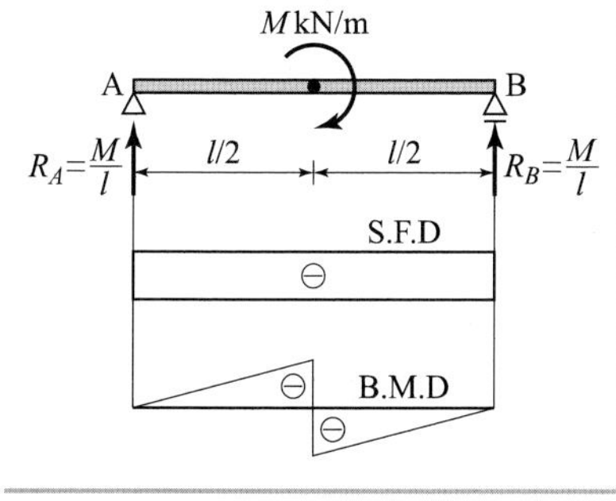

핵심 KEY

예제8 그림에 표시한 것은 단순보에 대한 전단력도이다. 이 보의 C점에 발생되는 휨모멘트크기[kN·m]는? (단, 보에는 모멘트 하중은 없다.)

① 42
② 38
③ 21
④ 10

전단력도 그림: 21kN, 17kN, 7kN, A, C, D, B, 5kN, 20kN, 24kN, 3.5m, 2.5m, 2m, 6m, 2m

해설

SFD와 BMD의 관계에서 임의점 모멘트크기는 SFD의 면적의 합과 같다. C점 왼쪽과 오른쪽 중 왼쪽의 면적을 구하면 손쉽게 정답을 고를 수 있다. C점 왼쪽의 SFD의 도형은 사다리꼴 형태이므로 면적은 $\dfrac{(21+17)}{2} \times 2 = 38\text{kN·m}$

정답 ②

핵심KEY

예제9 다음 정정보에서 전단력도(SFD)가 옳게 그려진 것은?

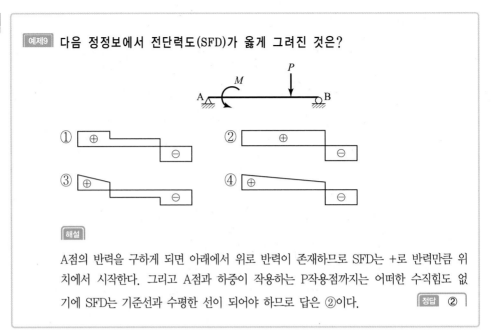

해설

A점의 반력을 구하게 되면 아래에서 위로 반력이 존재하므로 SFD는 +로 반력만큼 위치에서 시작한다. 그리고 A점과 하중이 작용하는 P작용점까지는 어떠한 수직힘도 없기에 SFD는 기준선과 수평한 선이 되어야 하므로 답은 ②이다.

정답 ②

(2) 캔틸레버보

① 각 하중에 따른 단면력도

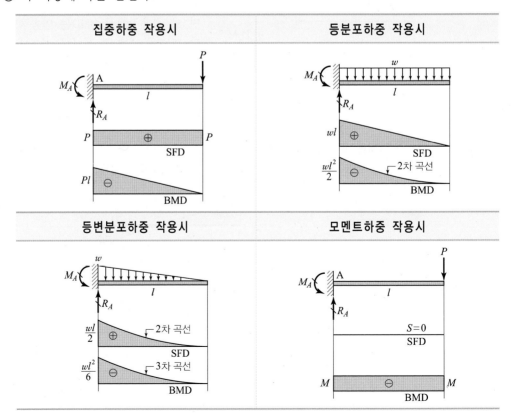

핵심 KEY

예제10 다음과 같은 힘이 작용할 때 생기는 휨모멘트도의 모양은 어떤 형태인가?

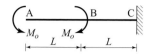

해설

A, B모멘트는 크기가 같고 방향이 반대이므로 서로 상쇄되어 고정지점 C점에서 반력은 모두 0이다. A, B 모멘트하중이 작용하는 구간은 위로 솟아오르는 (−)휨모멘트만 존재한다. ∴ ①

추가로, 만약 전단력도를 묻는 문제였다면 캔틸레버보에 모멘트 하중만 작용할 경우 SFD는 기준선만 존재하므로 답은 ④번이 된다.

정답 ①

(3) 내민보와 게르버보

내민보와 게르버보는 기본적으로 단순보와 캔틸레버보의 조합으로 이루어진다. 앞에서 단순보와 캔틸레버보 단면력도를 이해했다면 무리 없이 S.F.D와 B.M.D의 작도가 가능하다.

4. 전단력도와 모멘트도의 관계

하중	전단력도(S.F.D)	휨모멘트도(B.M.D)
모멘트하중	수평직선	1차 직선(수직변화 지점 생김)
집중하중	수평직선	1차 직선
등분포하중	1차 직선	2차 포물선
등변분포하중	2차 포물선	3차 포물선

하중 – (적분) → 전단력 – (적분) → 휨모멘트

$$\therefore M = \int S\,dx = -\int\int w\,dx \cdot dx$$

휨모멘트 – (미분) → 전단력 – (미분) → 하중

$$\therefore -w = \frac{dS}{dx} = \frac{d^2M}{dx^2}$$

5. 단순보의 단면력도 특징 (단, 모멘트 하중이 작용하지 않을 시)

(1) 전단력도의 (+)면적과 (−)면적은 같다.

(2) 하중이 없는 부분의 전단력도는 기준선과 나란하며 휨모멘트도는 경사직선(1차 직선)이 된다.

(3) 휨모멘트의 극대 및 극소는 전단력이 0인 단면에서 생긴다.

(4) 보의 임의 단면에서 휨모멘트 절댓값은 그 단면의 좌측 또는 우측에서 전단력도의 면적과 같다.

(5) 모멘트 단면력이 0이 되는 지점에서 변곡점 즉, 곡률이 뒤바뀌게 된다.

⑤ 정정보의 해석

> ▶ 보의 해석이란 앞에서 배운 반력과 단면력을 결정하여 단면력도를 작성하는 것을 말한다.

1. 단순보의 해석

(1) 모멘트 하중(우력)이 작용하는 경우

① 지점에 모멘트 하중이 작용하는 경우

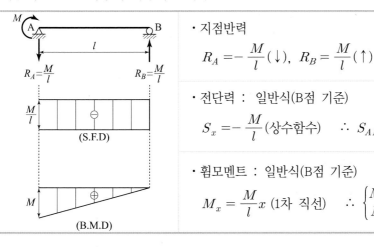

• 지점반력

$$R_A = -\frac{M}{l}(\downarrow), \ \ R_B = \frac{M}{l}(\uparrow)$$

• 전단력 : 일반식(B점 기준)

$$S_x = -\frac{M}{l}(\text{상수함수}) \quad \therefore S_{AB} = -\frac{M}{l}$$

• 휨모멘트 : 일반식(B점 기준)

$$M_x = \frac{M}{l}x \ (\text{1차 직선}) \quad \therefore \begin{cases} M_A = M \\ M_B = 0 \end{cases}$$

② 보 중간에 모멘트 하중이 작용하는 경우

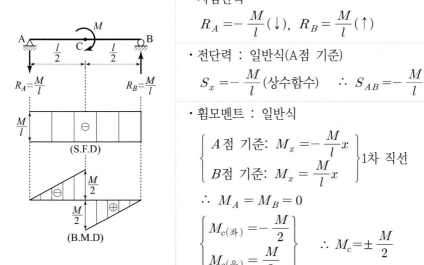

• 지점반력

$$R_A = -\frac{M}{l}(\downarrow), \ \ R_B = \frac{M}{l}(\uparrow)$$

• 전단력 : 일반식(A점 기준)

$$S_x = -\frac{M}{l}(\text{상수함수}) \quad \therefore S_{AB} = -\frac{M}{l}$$

• 휨모멘트 : 일반식

$$\begin{cases} A\text{점 기준}: M_x = -\frac{M}{l}x \\ B\text{점 기준}: M_x = \frac{M}{l}x \end{cases} \Big\}\text{1차 직선}$$

$$\therefore M_A = M_B = 0$$

$$\begin{cases} M_{c(\text{좌})} = -\frac{M}{2} \\ M_{c(\text{우})} = \frac{M}{2} \end{cases} \quad \therefore M_c = \pm\frac{M}{2}$$

핵심 **KEY**

예제11 단순보의 양 지점에 그림과 같은 모멘트가 작용할 때 이 보에 일어나는 휨모멘트도가 옳게 된 것은?

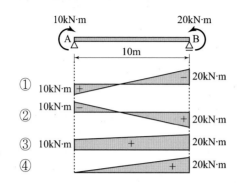

해설

모멘트 하중이 둘 다 보를 누르는 형태이다. 그렇다면 부호는 모두 +이고 BMD는 A점에서는 +10, B점은 +20이 되어야 하므로 답은 ③이다.

정답 ③

(2) 집중하중이 작용하는 경우

① 임의의 점에 집중하중이 작용하는 경우

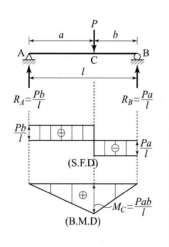

(S.F.D)

(B.M.D)

· 지점반력

$$R_A = \frac{Pb}{l}(\uparrow), \ R_B = \frac{Pa}{l}(\uparrow)$$

· 전단력 : 일반식

$$\left.\begin{array}{l} A점 \ 기준: S_x = \dfrac{Pb}{l} \\ B점 \ 기준: S_x = -\dfrac{Pa}{l} \end{array}\right\} 상수함수$$

$$S_{AC} = \frac{Pb}{l}, \ S_{BC} = -\frac{Pa}{l}$$

∴ 둘 중 큰 값을 C점의 설계전단력으로 한다.

· 휨모멘트 : 일반식

$$\left.\begin{array}{l} A점 \ 기준: M_x = \dfrac{Pb}{l}x \\ B점 \ 기준: M_x = \dfrac{Pa}{l}x \end{array}\right\} 1차 \ 직선$$

$$M_A = M_B = 0, \ M_c = \frac{Pb}{l} \times a = \frac{Pab}{l}(최대)$$

② 보의 중앙에 집중하중이 작용하는 경우

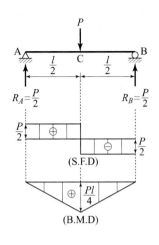

· 지점반력

하중대칭이므로 $R_A = R_B = \dfrac{P}{2}(\uparrow)$

· 전단력 : 일반식

$\left. \begin{cases} A점\ 기준: S_x = \dfrac{P}{2} \\ B점\ 기준: S_x = -\dfrac{P}{2} \end{cases} \right\}$상수함수

$S_{AC} = \dfrac{P}{2}, \ S_{BC} = -\dfrac{P}{2} \quad \therefore \ S_c = \pm\dfrac{P}{2}$

· 휨모멘트 : 일반식

$\left. \begin{cases} A점\ 기준: M_x = \dfrac{P}{2}x \\ B점\ 기준: M_x = \dfrac{P}{2}x \end{cases} \right\}$1차 직선

$M_A = M_B = 0$

$M_c = \dfrac{P}{2} \times \dfrac{l}{2} = \dfrac{Pl}{4}(최대)$

③ 집중하중으로 인해 순수 굽힘이 작용하는 경우

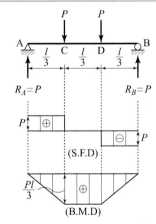

CD구간은 전단력 0이고
휨모멘트만 존재하는
순수 굽힘(휨) 발생

· 지점반력

하중대칭이므로 $R_A = R_B = P(\uparrow)$

· 전단력

① AC구간 : $S_{AC} = P$

② CD구간 : $S_{CD} = 0$

③ BD구간 : $S_{BD} = -P$

· 휨모멘트

① AC구간 : $M_{AC} = Px$(A점 기준)

② CD구간 : $M_{CD} = \dfrac{Pl}{3}$

③ BD구간 : $M_{BD} = Px$

핵심 **KEY**

예제12 아래 보에서 전단력이 0이 되는 구간의 길이[m]로 옳은 것은?

① 없다.

② 1

③ 2

④ 3

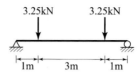

해설

두 개의 하중이 대칭으로 같은 값이 누르고 있는 순수굽힘이 발생하는 단순보이다. 지점의 수직반력은 하중과 같은 3.25고 전단력이 지점에서 하중작용점까지만 존재한다. 그 이후 두 개의 하중이 작용하는 사이에서는 전단력이 0인 즉, 순수굽힘 구간이 되므로 구간의 길이는 3m가 된다.

정답 ④

(3) 분포하중이 작용하는 경우

① 등분포하중이 작용하는 경우

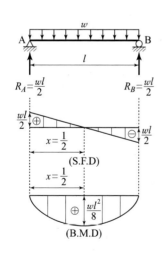

	· 지점반력 하중대칭이므로 $R_A = R_B = \dfrac{wl}{2}(\uparrow)$
	· 전단력 : 일반식(A점 기준) $S_x = R_x - wx = \dfrac{wl}{2} = -wx \,(1차\ 직선)$ $S_A = \dfrac{wl}{2},\ S_B = -\dfrac{wl}{2}$
	· 휨모멘트 : 일반식(A점 기준) $M_x = R_A x - \dfrac{wx^2}{2} = \dfrac{wl}{2}x - \dfrac{wx^2}{2}\,(2차\ 포물선)$ $\dfrac{dM}{dx} = S = 0$에서 $x = \dfrac{l}{2}$이므로 중앙단면에서 최대 휨모멘트 발생 $M_{\max} = \dfrac{wl}{2}\left(\dfrac{l}{2}\right) - \dfrac{w}{2}\left(\dfrac{l}{2}\right)^2 = \dfrac{wl^2}{8}$

② 삼각형 등변분포하중이 작용하는 경우

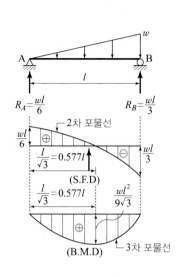

· 지점반력

$$R_A = \frac{wl}{6}(\uparrow), \ R_B = \frac{wl}{3}(\uparrow)$$

· 전단력 : 일반식(A점 기준)

$$S_x = R_A - \frac{wx^2}{2l} = \frac{wl}{6} - \frac{wx^2}{2l} \text{(2차 포물선)}$$

$$S_A = \frac{wl}{6}, \ S_B = -\frac{wl}{3}$$

· 휨모멘트 : 일반식(A점 기준)

$$M_x = R_A x - \frac{wx^3}{6l} = \frac{wl}{6}x - \frac{wx^3}{6l} \text{(3차 포물선)}$$

$$\frac{dM}{dx} = S = 0 \text{에서 } x = \frac{l}{\sqrt{3}} = 0.577\,l \text{이므로}$$

$$\therefore \ M_{\max} = \frac{wl}{6} \times \frac{l}{\sqrt{3}} - \frac{w}{6l}\left(\frac{l}{\sqrt{3}}\right)^3 = \frac{wl^2}{9\sqrt{3}}$$

핵심 **KEY**

예제13 다음 그림에서 중앙점의 휨모멘트는 얼마인가?

① $\dfrac{Pl}{4} - \dfrac{wl^2}{8}$ ② $\dfrac{Pl}{4} + \dfrac{wl}{8}$

③ $\dfrac{Pl}{8} - \dfrac{wl}{4}$ ④ $\dfrac{Pl}{4} + \dfrac{wl^2}{8}$

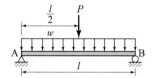

해설

집중하중 중앙 모멘트 크기는 $\dfrac{Pl}{4}$, 등분포하중 중앙 모멘트 크기는 $\dfrac{wl^2}{8}$ 이며, 두 값을 더한다. 두 모멘트 모두 보를 밑으로 휘게 만들므로 부호는 (+) 이다.   정답 ④

(4) 단순보 휨모멘트 공식

하중 형태	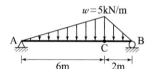		
전단력 공식	$V_D = \dfrac{w(b-a)}{2}$	$V_D = \dfrac{w(b-a)}{2} \times \dfrac{1}{3}$	$V_D = \dfrac{w(b-a)}{2} \times \dfrac{2}{3}$
휨모멘트 공식	$M_D = \dfrac{wab}{2}$	$M_D = \dfrac{wab}{2} \times \dfrac{1}{3}$	$M_D = \dfrac{wab}{2} \times \dfrac{2}{3}$

※ 단 등변분포하중의 크기가 같을 경우 사용한다.

핵심 KEY

예제14 아래 보 C점에서 모멘트 크기[kN·m]로 옳은 것은?

① 12   ② 16

③ 20   ④ 24

해설

공식을 모르면 왼쪽부분의 수직반력을 계산 후 C점에서 모멘트 해준 값과 C점 왼쪽부분 하중에 의한 모멘트 값을 빼주어 답을 찾아야 한다. 하지만 그렇게 하기에 시간이 오래 걸리고 또한 그만큼 계산에서 실수할 확률이 올라가게 된다. 공식을 활용하는 부분은 최대한 공식을 암기하여 활용해야 한다.

같은 등변분포하중이 위와 같이 배치되었을 때 만나는 C점에서의 모멘트 식은

$M_C = \dfrac{wab}{2} \times \dfrac{2}{3}$ 이므로 대입하면

$M_C = \dfrac{5 \times 6 \times 2}{2} \times \dfrac{2}{3} = 20\text{kN·m}$

정답 ③

2. 캔틸레버보의 해석

(1) 모멘트 하중(우력)이 작용하는 경우

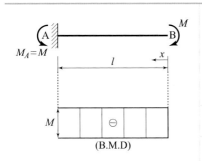

- 지점반력
  ① $\sum H = 0 : H_A = 0$
  ② $\sum V = 0 : R_A = 0$
  ③ $\sum M = 0 : M_A = M(\curvearrowleft)$

- 전단력 $S_x = 0$

- 휨모멘트 $M_x = M$

(2) 집중하중이 작용하는 경우

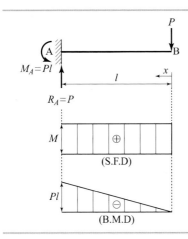

- 지점반력
  ① $\sum H = 0 : H_A = 0$
  ② $\sum V = 0 : V_A = P(\uparrow)$
  ③ $\sum M = 0 : M_A = Pl(\curvearrowleft)$

- 전단력
  $S_x = P(\text{상수함수})$

- 휨모멘트 : $M_x = -Px(\text{1차 직선})$
  $\therefore M_A = -Pl, \ M_B = 0$

(3) 등분포하중이 작용하는 경우

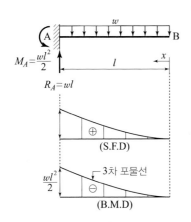

- 지점반력
  ① $\sum H = 0 : H_A = 0$
  ② $\sum V = 0 : R_A = wl(\uparrow)$
  ③ $\sum M = 0 : M_A = \dfrac{wl^2}{2}(\curvearrowleft)$

- 전단력 : $S_x = wx(\text{1차 직선})$
  $\therefore S_A = wl, \ S_B = 0$

- 휨모멘트 : $M_x = -\dfrac{wx^2}{2}(\text{2차 포물선})$
  $\therefore M_A = -\dfrac{wl^2}{2}, \ M_B = 0$

(4) 등변분포하중이 작용하는 경우

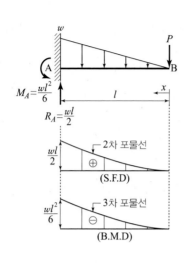

- 지점반력

① $\sum H = 0$: $H_A = 0$

② $\sum V = 0$: $R_A = \dfrac{wl}{2}$ ($\uparrow$)

③ $\sum M = 0$: $M_A = \dfrac{wl}{2} \times \dfrac{l}{3} = \dfrac{wl^2}{6}$ ($\curvearrowleft$)

- 전단력 : $S_x = \dfrac{wx^2}{2l}$ (2차 포물선)

$\therefore\ S_A = \dfrac{wl}{2}$, $S_B = 0$

- 휨모멘트 : $M_x = -\dfrac{wx^3}{6l}$ (3차 포물선)

$\therefore\ M_A = -\dfrac{wl^2}{6}$, $M_B = 0$

핵심 KEY

예제15 다음 보에서 A점의 휨모멘트크기[kN·m]는? (단, $\curvearrowright$+$\curvearrowleft$, $\curvearrowleft$-$\curvearrowright$)

① −6.25

② −5.25

③ 5.25

④ 6.25

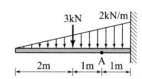

해설

캔틸레버는 반력을 구하지 않아도 단면력을 구할 수 있다. A점을 고정으로 생각하며 왼쪽부분만을 보고 계산한다. 집중하중과 등변분포하중으로 나누어 모멘트 계산 후 중첩시킨다.

집중하중을 먼저 보면 부재의 윗부분을 인장으로 만드는 −휨모멘트 3×1=−3kN·m 가 작용하며 등변분포하중으로 인한 모멘트는 집중하중으로 변환 후 원래 분포하중의 도심까지의 거리를 곱해야 하므로 면적×도심까지 거리=$\left(3 \times 2 \times \dfrac{3}{4} \times \dfrac{1}{2}\right) \times 1 = 2.25$이다.

등변분포하중 또한 부재를 위로 솟게 하는 −휨모멘트이므로 둘의 값을 더해준다.

$\therefore\ -5.25\text{kN}\cdot\text{m}$

정답 ②

(5) 캔틸레버보 특징

① 반력

    a. 고정단에서 모든 외력을 받아야 한다.

    b. 고정단에서 하중에 따라 수직, 수평, 모멘트 반력이 모두 생길 수 있다.

② 전단력

    a. 전단력 값은 고정단에서 최대이다.

    b. 모멘트 하중만 작용할 경우 전단력이 없으므로 SFD는 기준선만 있다.

    c. 전단력의 부호는 보의 위치에 따라 변한다. 하중의 방향이 아래로 작용할 때 고정단이
좌측이면 (+), 우측이면 (−)이다.

③ 휨모멘트

    a. 휨모멘트 값은 고정단에서 최대이고 그 값은 모멘트 반력과 같다.

    b. 하중이 하향일 때는 항상 (−)이다.

    c. 반력을 구하지 않아도 전단력이나 휨모멘트를 구할 수 있다.

3. 내민보의 해석

단순 구간에 작용하는 하중은 단순보와 동일한 단면력을 가지고 내민 구간은 캔틸레버와 동일한 작용을 가진다. 다만 내민 구간의 하중이 작용하면 가까운 쪽의 반력은 커지고, 반대쪽의 반력은 (−) 반력이 생겨 단순 구간의 단면력은 단순보에 비해 감소하게 된다.

(1) 모멘트 하중(우력)이 작용하는 경우

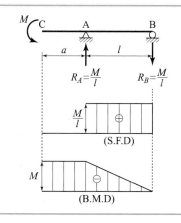

- 지점반력

$$R_A = \frac{M}{l}(\uparrow), \ R_B = -\frac{M}{l}(\downarrow)$$

- 단면력

  ① AC구간(C점 기준)

$$S_x = 0, \ M_x = -M$$

  ② AB구간(B점 기준)

$$S_x = R_B = \frac{M}{l}, \ M_x = -\frac{M}{l}x$$

(2) 집중하중이 작용하는 경우

① 유형 1

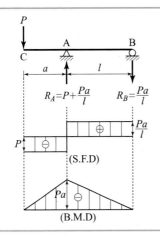

- 지점반력

$$R_A = P + \frac{Pa}{l}(\uparrow), \ R_B = -\frac{Pa}{l}(\downarrow)$$

- 단면력
  ① AC구간(C점 기준)
  $$S_x = -P, \ M_x = -Px$$
  ② AB구간(B점 기준)
  $$S_x = R_B = \frac{Pa}{l}, \ M_x = -\frac{Pa}{l}x$$

② 유형 2

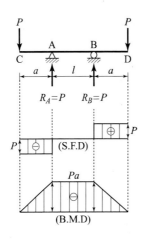

- 지점반력

대칭하중이므로 $R_A = R_B = P(\uparrow)$

- 단면력
  ① AC구간(C점 기준)
  $$S_x = -P$$
  $$M_x = -Px$$
  ② AB구간(C점 기준)
  $$S_x = -P + R_A = 0$$
  $$M_x = -Px + P(x-a) = -Pa$$
  ③ BD구간(D점 기준)
  $$S_x = P$$
  $$M_x = -Px$$

③ 유형 3

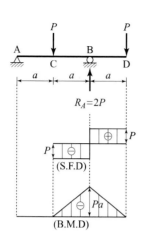

- 지점반력

  $R_A = 0$

  $R_B = 2P(\uparrow)$

- 단면력

  ① AC구간(C점 기준)

  $S_x = M_x = 0$

  ② BC구간 (A점 기준)

  $S_x = -P$

  $M_x = -Px$

  ③ BD구간(D점 기준)

  $S_x = P$

  $M_x = -Px$

(3) 등분포하중이 작용하는 경우

① 유형 1

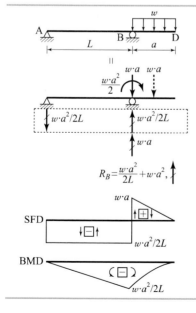

- 지점반력

  $R_A = \dfrac{wa^2}{2L}(\downarrow), \; R_B = \dfrac{wa^2}{2L} + wa(\uparrow)$

- 단면력

  ① AB구간 (x는 A점 기준)

  $S_x = -\dfrac{wa^2}{2L}, \; M_x = -\dfrac{wa^2 x}{2L}$

  ② BC구간 (x는 C점 기준)

  $S_x = wx, \; M_x = -\dfrac{wx^2}{2}$

핵심KEY

예제16 아래 내민보 C점의 전단력과 모멘트의 크기는?

(단, 전단력은 ↑+↓, ↓-↑, 모멘트 ⌐+⌐, ⌐-⌐이다.)

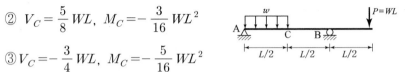

① $V_C = -\dfrac{5}{8}WL$, $M_C = -\dfrac{3}{16}WL^2$

② $V_C = \dfrac{5}{8}WL$, $M_C = -\dfrac{3}{16}WL^2$

③ $V_C = -\dfrac{3}{4}WL$, $M_C = -\dfrac{5}{16}WL^2$

④ $V_C = \dfrac{3}{4}WL$, $M_C = -\dfrac{5}{16}WL^2$

해설

A점의 반력을 구한 후 C점의 전단력과 모멘트 크기를 구한다.

$\sum M_B = 0 \curvearrowleft +$: $(R_A \times L) - \left(\dfrac{WL}{2} \times \dfrac{3L}{4}\right) + \left(WL \times \dfrac{L}{2}\right) = 0$

$\therefore R_A = -\dfrac{WL}{8}(\downarrow)$

$V_C = -\dfrac{WL}{8} - \dfrac{WL}{2} = -\dfrac{5}{8}WL \quad \downarrow-\uparrow$

$M_C = -\left(\dfrac{WL}{8} \times \dfrac{L}{2}\right) - \left(\dfrac{WL}{2} \times \dfrac{L}{4}\right) = -\dfrac{3}{16}WL^2 \quad \curvearrowright-\curvearrowleft$

정답 ①

② 유형 2

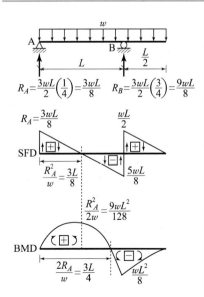

$R_A = \dfrac{3wL}{2}\left(\dfrac{1}{4}\right) = \dfrac{3wL}{8}$ $\quad R_B = \dfrac{3wL}{2}\left(\dfrac{3}{4}\right) = \dfrac{9wL}{8}$

SFD

$\dfrac{R_A^2}{w} = \dfrac{3L}{8}$ $\quad \dfrac{5wL}{8}$

$\dfrac{R_A^2}{2w} = \dfrac{9wL^2}{128}$

BMD

$\dfrac{2R_A}{w} = \dfrac{3L}{4}$ $\quad \dfrac{wL^2}{8}$

• 지점반력

$R_A = \dfrac{3wL}{8}(\uparrow)$, $\quad R_B = \dfrac{9wL}{8}(\uparrow)$

• 단면력

$S_{\max} = -\dfrac{5wL}{8}$ (B점 왼쪽)

$M_{\max \text{ 위치}} = \dfrac{R_A}{w} = \dfrac{3L}{8}$ (A점 →)

정 $M_{\max} = \dfrac{R_A^2}{2w} = \dfrac{9wL^2}{128}$, 부 $M_{\max} = \dfrac{wL^2}{8}$

$M=0$인 지점

변곡점 위치 $= \dfrac{2R_A}{w} = \dfrac{3L}{4}$ (A점 →)

③ 유형 3

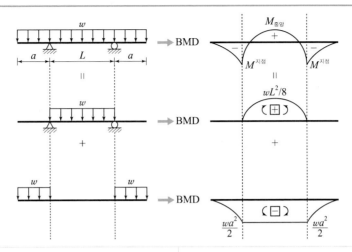

・지점반력

$$R_{A,B} = \frac{w(L+2a)}{2}(\uparrow)$$

대칭이므로 반력 값이 같다.

・단면력

$$M_{지점} = \frac{wa^2}{2}$$

$$M_{중앙} = \frac{wL^2}{8} - \frac{wa^2}{2}$$

(4) 내민보의 특징

① 내민보는 중앙부와 내민부로 나눌 수 있고 중앙부는 지점과 지점사이로 단순보와 같이 해석한다. 내민부는 지점과 자유단사이 부분으로 캔틸레버와 같이 해석한다.

② 내민 부분의 전단력은 하중이 하향일 때 캔틸레버보와 같이 지점 좌측은 (−), 우측에서는 (+)이다.

③ 내민보의 중앙부에 작용하는 하중은 단순보와 같이 (+)의 휨모멘트가 생기며, 내민부에 작용하는 하중은 캔틸레버보와 같이 (−) 휨모멘트를 일으킨다.

④ 내민보의 반력은 내민 부분을 캔틸레버보와 같이 구하고, 그 모멘트 반력을 단순보 구간에 적용시켜서 반력을 구한다.

4. 게르버보의 해석

게르버보는 부재 내에 힌지절점이 들어 있다. 힌지 절점을 중심으로 하나는 불완전한 단순구조가 상부에 있고 완전한 구조가 하부에 있어야 안정하므로 게르버보의 경우 단순구조를 상부에 두고 계산한 반력을 하부구조에 하중으로 작용시켜 해석한다. 그리고 부재 내 힌지절점에서 휨모멘트는 0이다.

(1) 모멘트하중이 작용하는 경우

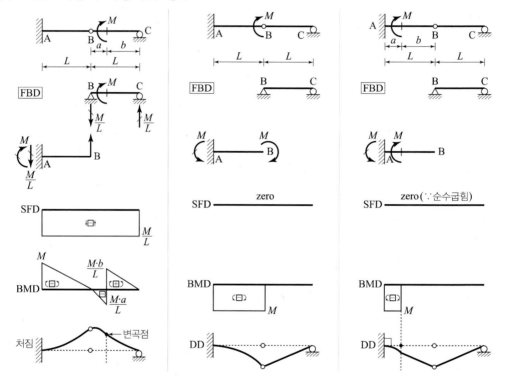

예제17 다음 그림의 게르버보에서 A점의 연직반력크기[kN]와 방향은?

① 1↑   ② 1↓

③ 2↑   ④ 2↓

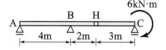

해설

HC부재를 먼저 해석하면 H에 작용하는 힘은 짝힘 $\dfrac{6\text{kN} \cdot \text{m}}{3\text{m}} = 2\text{kN}(\uparrow)$이 된다.

나머지 AH 부재는 내민보로서 H점에 상향의 2kN이 작용하는 상태가 된다.

$\sum M_B = 0 \;\curvearrowright + : \;(R_A \times 4) - (2\text{kN} \times 2\text{m}) = 0$

$\therefore R_A = 1\text{kN}(\uparrow)$

정답 ①

(2) 집중하중이 작용하는 경우

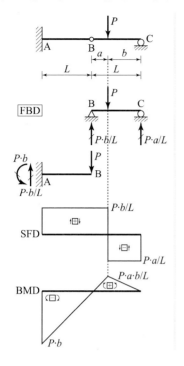
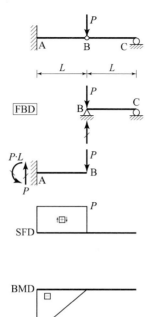
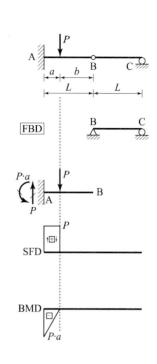

(3) 등분포하중이 작용하는 경우

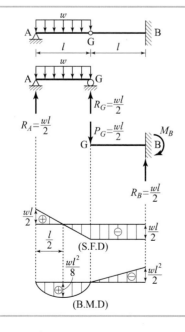

- 지점반력

  하중대칭이므로 $R_A = R_B = \dfrac{wl}{2} (\uparrow)$

- 단면력

  ① AG구간 (A점 기준)

  $$S_x = \frac{wl}{2} - wx$$

  $$M_x = \frac{wl}{2}x - \frac{wx^2}{2}$$

  ② GB구간 (G점 기준)

  $$S_x = -\frac{wl}{2}$$

  $$M_x = -\frac{wl}{2}x$$

예제18 다음 그림은 게르버보의 GB 구간에 등분포 하중이 작용할 때의 전단력도 이다. 등분포하중 w의 크기[kN/m]는?

① 5   ② 10

③ 20   ④ 40

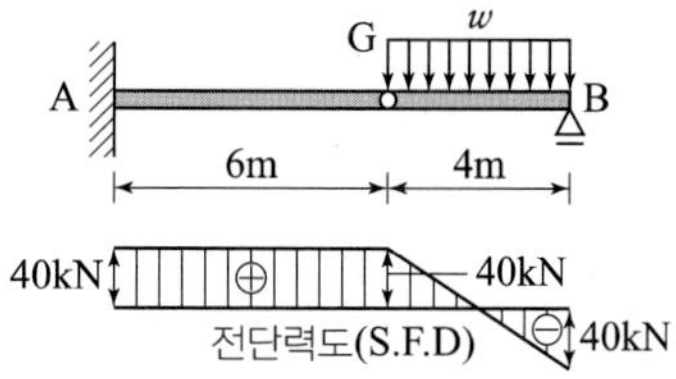

해설

GB부재에만 하중이 작용하고 있다. GB부재를 떼어 내어 단순보로 파악하고 문제를 풀면 된다.

G지점, B지점의 반력의 합은 수직하중과의 크기와 같다.

그러므로 40kN+40kN = $w \times$ 4m이다.

∴ $w = 20$kN/m

정답 ③

(4) 게르버보 특징

① 게르버보는 부재 내에 힌지절점이 들어있고 힌지절점에서 모멘트 크기는 0이다.

② 힌지절점을 중심으로 부재를 나누어 단순보 부분을 먼저 해석해 나간다.

5. 간접하중 및 간접부재를 갖는 보

(1) 간접하중보

보 위에 보가 또 존재하는 형태로 세로보를 단순보로 보고 계산한 반력을 가로보를 통해 하부구조 하중으로 작용시켜 해석한다.

① 단면력

하부구조는 상단의 가로보를 통하여 집중하중을 전달 받으므로 주형의 전단력도는 집중하중을 받는 보와 같다. 따라서 전단력도는 보의 축에 평행하고 휨모멘트도는 경사 직선이 된다.

② 유형

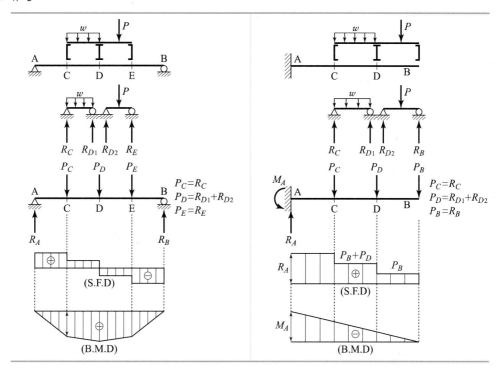

핵심 KEY

예제19 아래 간접 하중을 받는 단순보에 대한 전단력도(SFD), 휨모멘트도(BMD)를 작도하시오.

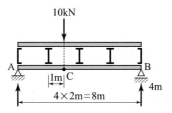

해설

세로보에 하중에 대하여 반력을 구하고 하부보에 반력을 하중으로 전달하면 오른쪽과 같은 상태가 된다. SFD와 BMD를 그리기 위해서 지점 반력이 필요하다.

$$R_A = \left(5 \times \frac{3}{4}\right) + \left(5 \times \frac{2}{4}\right) = 6.25 \text{kN},$$

$$R_B = 10 - 6.25 = 3.75$$

이를 기초로 SFD와 BMD를 그리면 오른쪽 그림과 같이 된다.

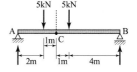

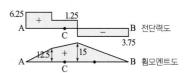

(2) 간접부재를 갖는 경우

간접부재를 자유물체도화 한 후 원래 보에 하중을 전달하여 해석하면 된다.

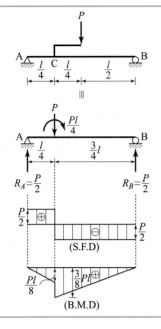

・지점반력

$$R_A = \frac{P}{2}(\uparrow), \ R_B = \frac{P}{2}(\uparrow)$$

・단면력

① AC구간(A점 기준)

$$S_x = \frac{P}{2}, \ M_x = \frac{P}{2}x$$

② BC구간(B점 기준)

$$S_x = -\frac{P}{2}, \ M_x = -\frac{P}{2}x$$

③ $M_c \begin{cases} M_{c(좌)} = \dfrac{P}{2} \times \dfrac{l}{4} = \dfrac{Pl}{8} \\ M_{c(우)} = \dfrac{P}{2} \times \dfrac{3}{4}l = \dfrac{3}{8}Pl \end{cases}$

핵심 KEY

예제20 아래와 같은 단순보의 휨모멘트도(BMD)중 옳은 것은?

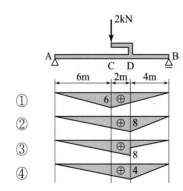

해설

간접부재에 대하여 자유물체도화 한 후 하중을 전달하면 오른쪽 그림과 같이 D점에 집중하중과 모멘트하중이 작용하는 것으로 바꿀 수 있다.

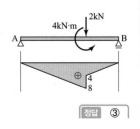

정답 ③

6. 경사해석

하중, 부재 또는 지점 중 한 개 이상이라도 경사지게 주어진 보에 대해서는 앞에서 배운 힘의 합성과 분해, 그리고 힘의 평형조건식을 적절하게 이용하여 보를 해석해야 한다.

유형	보 형태	보 해석		단면력 축 력($\leftarrow\oplus\downarrow, \rightarrow\ominus\leftarrow$) 전 단 력($\uparrow\oplus\downarrow, \downarrow\ominus\uparrow$) 휨모멘트($\smile\oplus\frown, \frown\ominus\smile$)
		해석도	반력	
유형1			$R_A = 2P(\uparrow)$ $R_B = 2P(\uparrow)$ $H_A = 3P(\rightarrow)$	$F_D = -3P$ $F_E = 0$ $V_D = 2P$ $V_E = -2P$ $M_{D,E} = 2PL$
유형2			$R_A = P(\uparrow)$ $R_B = P(\uparrow)$	$F_D = -\frac{3}{5}P$ $F_E = \frac{3}{5}P$ $V_D = \frac{4}{5}P$ $V_E = -\frac{4}{5}P$ $M_{D,E} = PL$
유형3			$R_A = 4P(\uparrow)$ $R_B = 5P(\nwarrow)$ $H_A = 3P(\rightarrow)$	$F_{D,E} = -3P$ $V_D = 4P$ $V_E = -4P$ $M_{DE} = 4PL_E$
유형4			$R_A = \frac{7}{40}P(\uparrow)$ $R_B = \frac{5}{8}P(\uparrow)$ $H_A = \frac{3}{5}P(\leftarrow)$	$F_{D,E} = -\frac{3}{8}P$ $V_D = \frac{P}{2}$ $V_E = -\frac{P}{2}$ $M_{D,E} = \frac{5PL}{8}$
유형5			$R_A = \frac{17}{25}P(\uparrow)$ $R_B = \frac{2}{5}P(\nwarrow)$ $H_A = \frac{6}{25}P(\rightarrow)$	$F_D = -\frac{3}{5}P$ $F_E = 0$ $V_D = \frac{2}{5}P$ $V_E = -\frac{2}{5}P$ $M_{D,E} = \frac{PL}{2}$

KEY

예제21 아래와 같이 50kN의 경사하중이 작용할 때 A지점에 생기는 수평반력크기[kN]는?

① 30

② 35

③ 40

④ 45

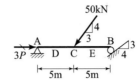

해설

경사하중과 경사지점 B에 대하여 힘을 분해해주면 아래와 같다.

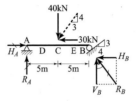

수직하중 40kN은 보의 정중앙에 작용하므로 R_A, $V_B = 20$kN이 되므로

$H_B = 20 \times \dfrac{3}{4} = 15$kN($\leftarrow$)이 된다.

힘의 평형조건식에서 $\sum H = 0$, $H_A = 30 + 15 = 45$kN($\rightarrow$)

정답 ④

6 영향선

1. 정의

단위하중($P=1$)이 구조물 위를 지날 때 그 이동하중으로 인한 지점반력 또는 전단력, 휨모멘트의 값을 구해 적당한 척도의 종거로 나타낸 그림이다. 이동하중에 대하여 반력이나 단면력의 변화를 알아보고자 할 때 영향선을 작도한다.

2. 작도 목적

이동하중에 의한 보의 특정부분에서의 반력, 전단력, 휨모멘트 값을 구하거나 이동하중에 의한 최댓값을 구하기 위해 영향선을 작도한다.

3. 계산식

(1) 집중하중 작용 시

집중하중×영향선의 종거＝$P \cdot y$

(2) 등분포하중 작용 시

등분포하중×등분포하중이 작용하는 영향선도의 면적＝$w \times A$

4. 영향선 작도 시 가정조건

(1) 영향선의 기선은 지점과 떨어질 수 없다.

(2) 영향선의 기선은 꺾이지 않는다. 하지만 내부힌지에서는 꺾일 수 있다.

(3) 영향선 기선보다 위에 있을 경우 부호는 (+), 밑에 있을 경우 (−)이다.

　주의　그림이 뒤집혀서 영향선 기선보다 위에 있을 경우 부호를 (−), 밑에 있을 경우를 (+)로 하기도 한다.

5. 영향선의 작도 방법

구분	step 1. 구하는 점의 변환	step 2. 종거 값의 대입
반력의 영향선 (R-IL)	지점의 제거 (자유단으로 변환) 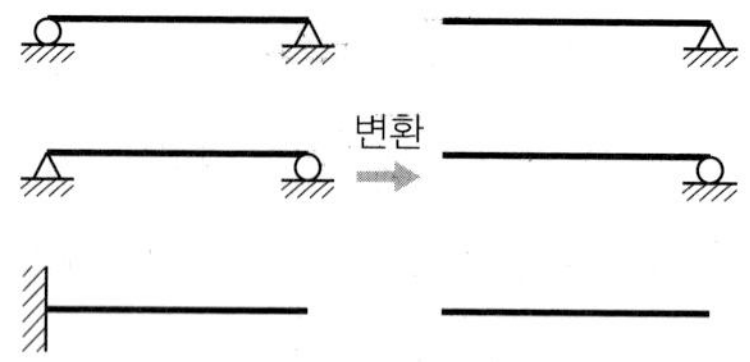	제거한 지점을 위로 1만큼 올려준다. 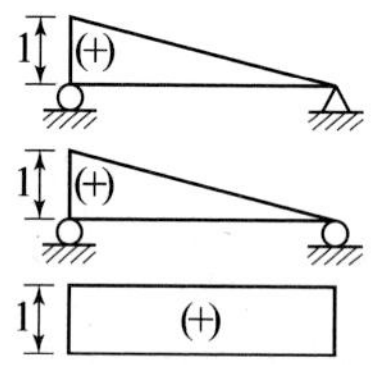
전단력의 영향선 (S-IL)	부재의 절단 후 롤러 삽입 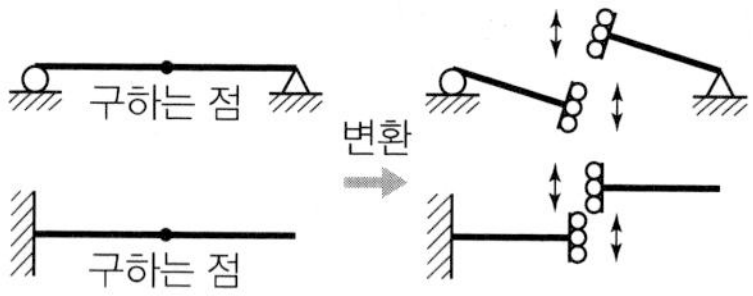	구하는 점을 기준으로 ↓↑ 반시계 방향으로 부재를 쳐준다. (단, 부호는 기선 위가 +, 아래가 −가 된다.) 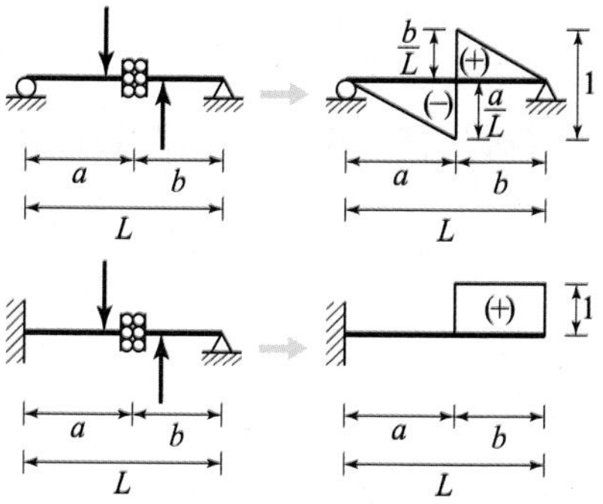
휨모멘트의 영향선 (M-IL)	내부 힌지 삽입 (힌지를 기준으로 부재가 꺾임) 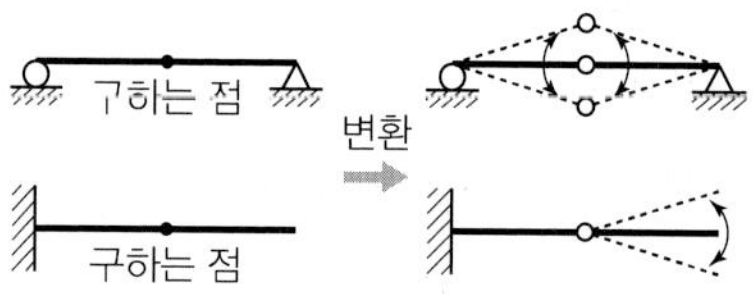	내부 힌지를 중심으로 양쪽을 ( ) 방향으로 꺾어준다. (단, 부호는 기선 위가 +, 아래가 − 된다.) 이때, 삼각형의 높이는 $\dfrac{ab}{L}$이 되며 꺾인 부재의 사이 각의 합은 1rad이 된다. 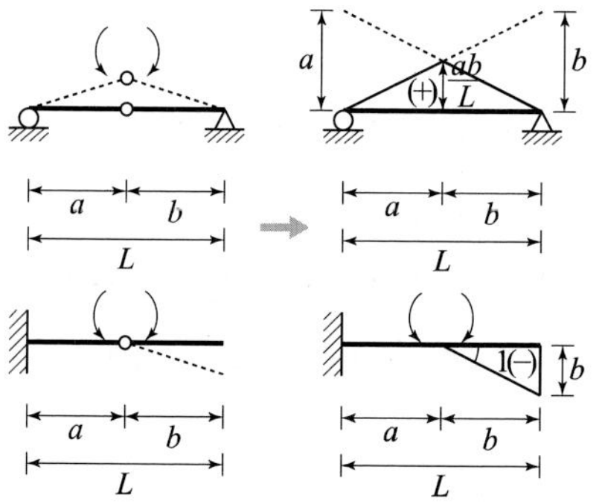

6. 정정보의 영향선

(1) 단순보의 영향선

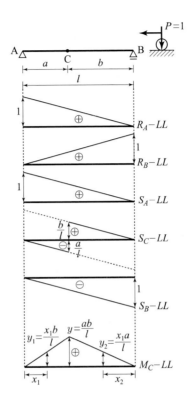

핵심 KEY

예제22 다음 그림의 영향선도는 어떤 것을 나타낸 것인가?

① A지점의 반력의 영향선
② B지점의 반력의 영향선
③ 단면 C에서의 전단력의 영향선
④ 단면 C에서의 휨모멘트 영향선

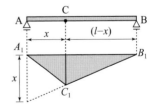

해설

C점에 내부 힌지를 넣고 힘을 주면 위의 문제에서 주어진 영향선 모양이 된다.
∴ ④ (위 문제의 경우 영향선도 아래의 부호가 (+)이다.)

정답 ④

(2) 캔틸레버보의 영향선

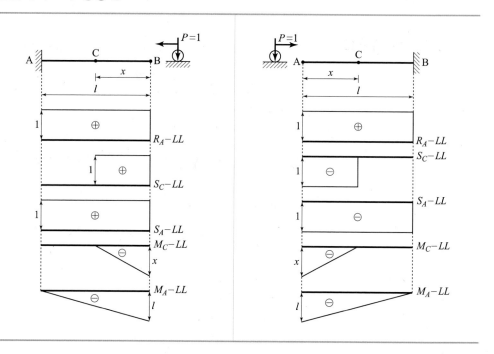

(3) 내민보의 영향선

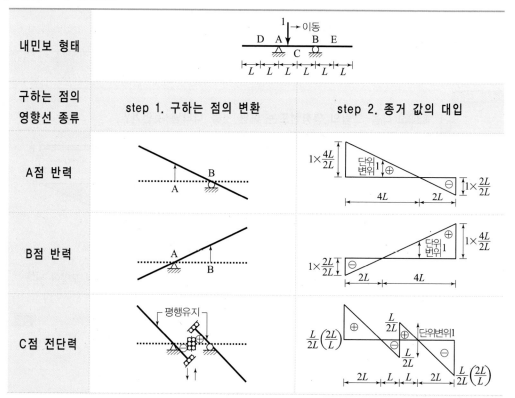

구하는 점의 영향선 종류	step 1. 구하는 점의 변환	step 2. 종거 값의 대입
D점 전단력 E점 전단력	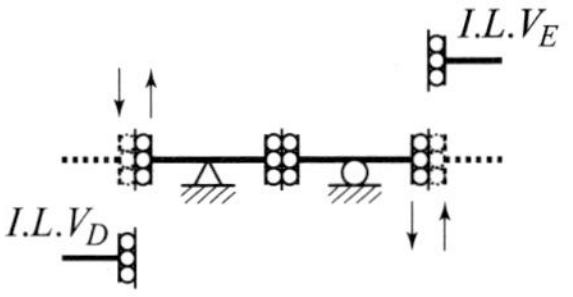	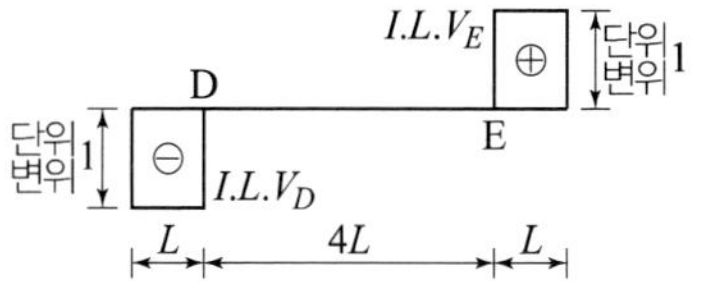
A점 전단력 (왼쪽)	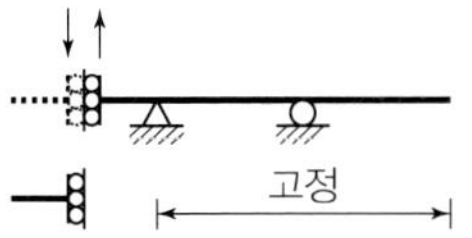	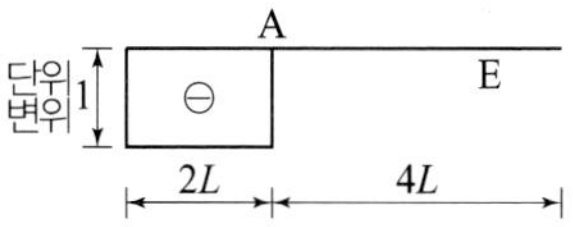
A점 전단력 (오른쪽)	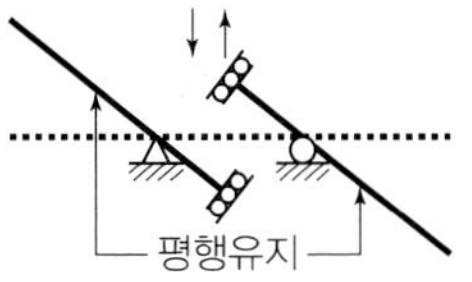	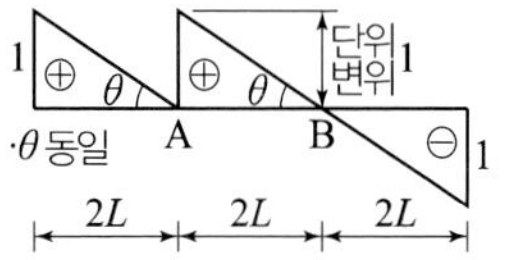
C점 모멘트	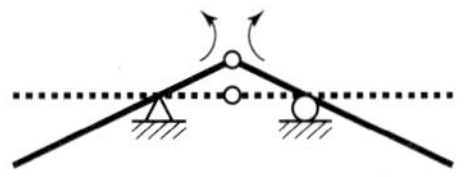	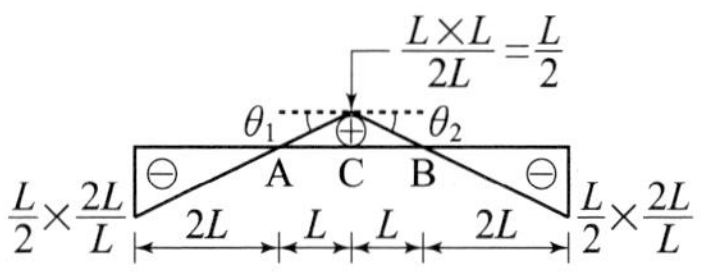
D점 모멘트 E점 모멘트	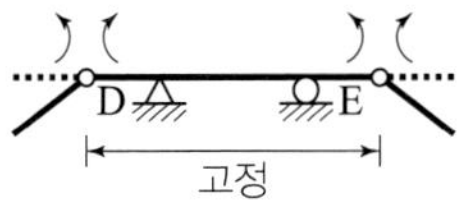	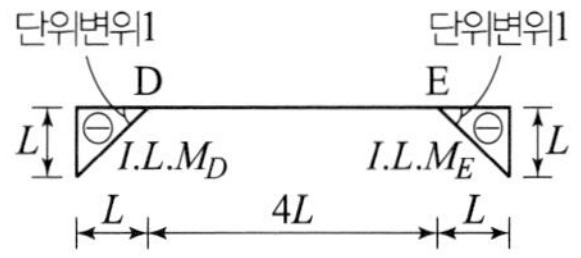
A점 모멘트 B점 모멘트	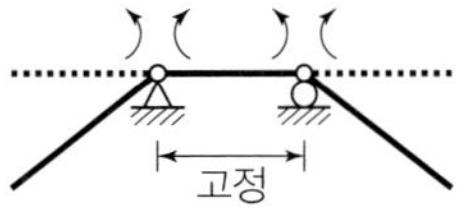	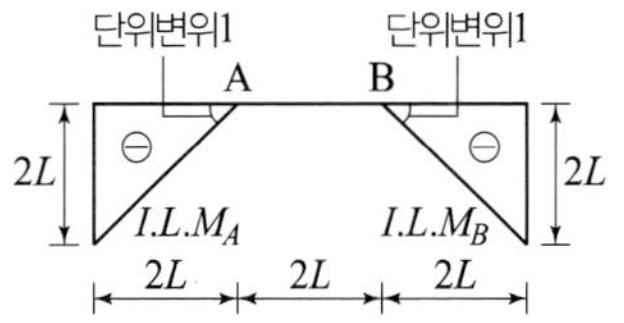

예제23 다음 그림과 같은 내민보에서 C점에 대한 전단력의 영향선에서 D점의 종거는?

① −0.1　　② −0.2

③ −0.3　　④ −0.4

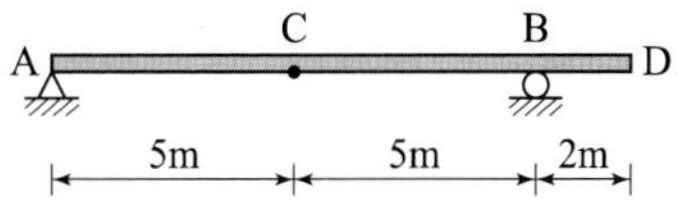

해설

C점의 전단력의 영향선을 작도하면 오른쪽과 같다.

전단력 종거 값은 각각 공식 $\dfrac{a}{L}$, $\dfrac{b}{L}$ 을 대입하면 0.5 를 쉽게 알 수 있고 D점 y종거 값은 부호는 (−)이며 그 크기는 삼각형 닮음을 이용하면 $0.5 \times \dfrac{2}{5} = -0.2$이다.

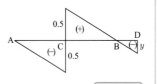

정답 ②

(4) 게르버보의 영향선

① 유형1

게르버보 형태	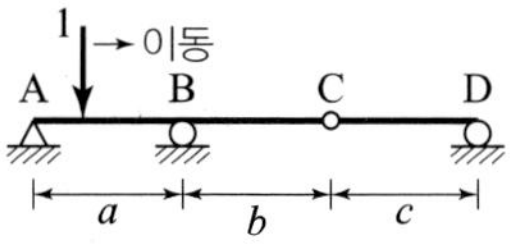	
구하는 점의 영향선 종류	step 1. 구하는 점의 변환	step 2. 종거 값의 대입
A점 반력	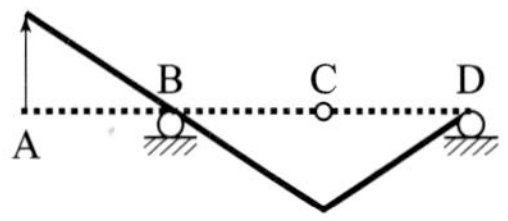	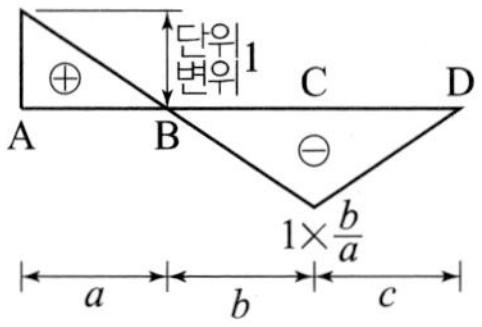
B점 반력	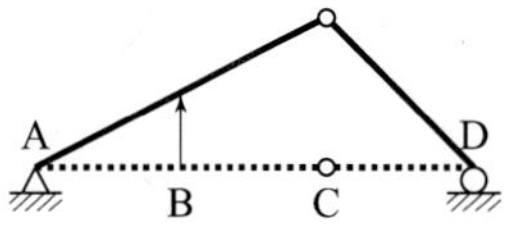	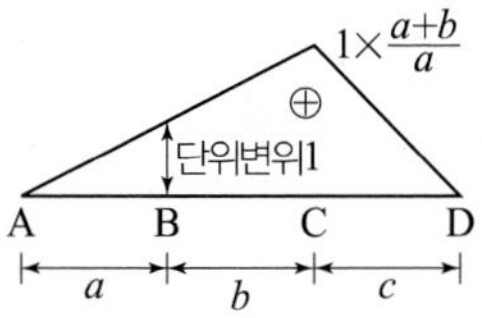
D점 반력	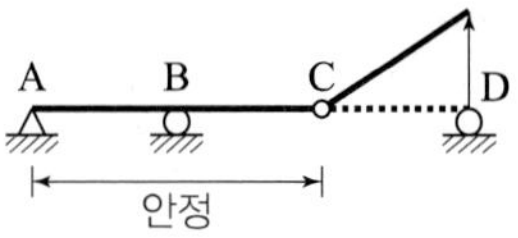	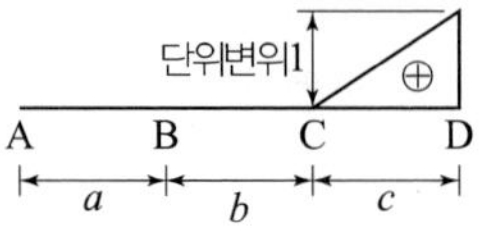
B점 전단력 (왼쪽)	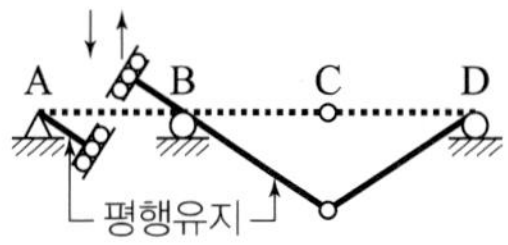	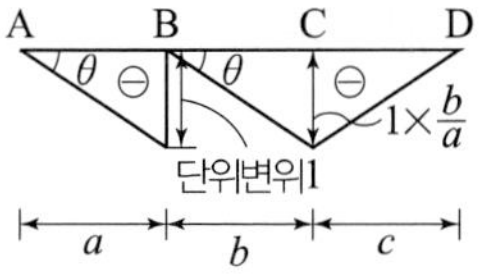
B점 전단력 (오른쪽)	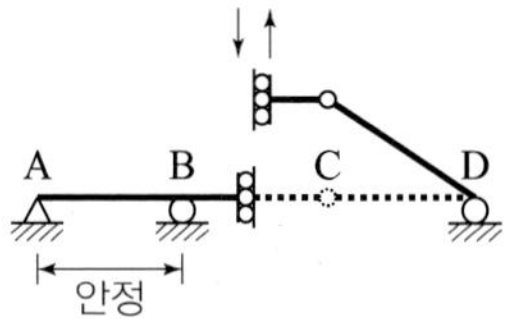	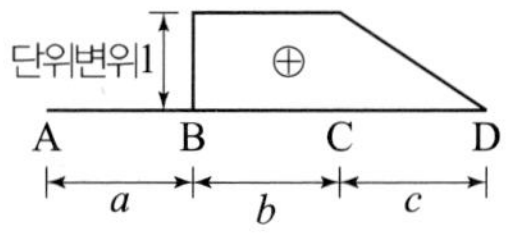
C점 전단력	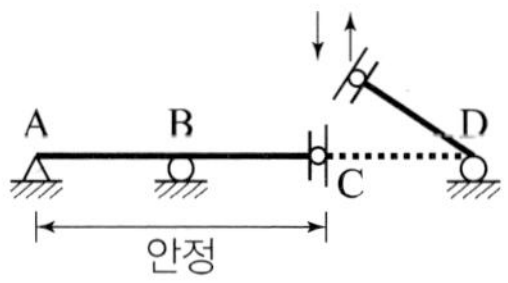	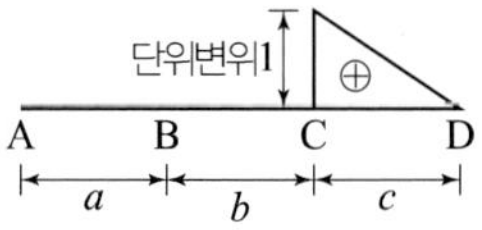
B점 모멘트	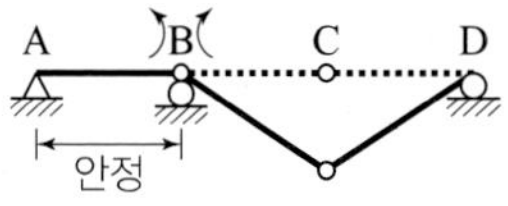	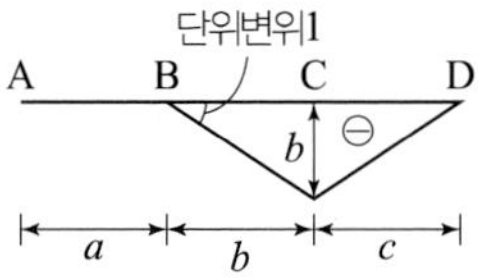

② 유형2

게르버보 형태		
		1 →이동 B C D A a b c

구하는 점의 영향선 종류	step 1. 구하는 점의 변환	step 2. 종거 값의 대입
A점 반력	A점 반력 그림	A B C D 단위변위1 $1 \times \dfrac{c}{b}$ a b c
C점 반력	C점 반력 그림 안정	A B C D 단위변위1 $1 \times \dfrac{b+c}{b}$ a b c
B점 전단력	B점 전단력 그림 안정	단위변위1 A B C D $1 \times \dfrac{c}{b}$ a b c
C점 전단력 (왼쪽)	C점 전단력 그림 안정 수평유지	A B C D 단위변위1 $1 \times \dfrac{c}{b}$ a b c
C점 전단력 (오른쪽)	C점 전단력 그림 안정	A B C D 단위변위1 a b c
A점 전단력	A점 전단력 그림	단위변위1 A B C D $a \times \dfrac{c}{b}$ a a b c
C점 모멘트	C점 모멘트 그림 안정	단위변위1 A B C D c a b c

핵심 KEY

예제24 다음은 게르버보의 m단면에 대한 전단력 영향선이다. 영향선의 종거 y를 계산한 값으로 옳은 것은?

① 0.3

② 0.4

③ 0.5

④ 0.6

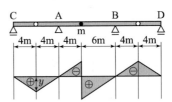

해설

m지점의 영향선 종류를 찾아야한다. m점을 기준으로 부재가 잘린 후 위아래로 교차하는 경우 전단력도이다.

y종거 값을 알기 위해서는 m점 왼쪽 부분의 종거 값을 계산 후 삼각형 닮음을 이용한다. m지점 왼쪽의 종거 값은 공식에 의해 $y = \dfrac{a}{L} = \dfrac{4}{10}$이다.

좌우길이가 같으므로 y종거 값은 0.4가 된다.

정답 ②

핵심 KEY

예제25 그림과 같은 게르버보의 C점에 대한 전단력의 영향선도 중 옳은 것은?

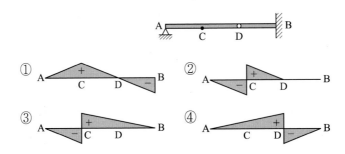

해설

전단력의 영향선을 그리기위해서는 우선 C점 부재를 자른 후 C점 왼쪽은 ↓, 오른쪽은 ↑ 쳐준다. (단, 이때는 기선 위가+, 아래가− 된다.)

그러면 AC구간은 A점 지점과는 만나고 있어야 하므로 기선 아래로 삼각형 모양이 된나. 오른쪽 CD부새는 D점이 내부 힌지점이므로 부재가 꺾인다. 즉, 기선 위로 삼각형 모양이 D점까지만 가게 되고 DB에는 영향선이 작도되지 않는다.

그러므로 ②번과 같이 작도된다.

정답 ②

7 보의 최댓값 종류 및 크기

1. 최대 반력

반력 영향선을 그린 후 문제에서 제시한 집중하중 또는 등분포하중이 최댓값이 되도록 적절하게 배치한 후 영향선을 통해 최댓값을 계산한다.

(1) 한 개의 집중하중이 이동하는 경우

최대 종거에 재하될 때 발생

(2) 두 개 이상의 집중하중이 이동하는 경우

차례로 최대 종거에 재하시켜 계산한 반력 중 큰 값

(3) 등분포 하중이 이동하는 경우

등분포 하중의 한쪽 끝이 최대 종거에 재하될 때 발생

핵심 KEY

예제26 D 지점이 내부힌지인 게르버보가 있다. 우측과 같이 이동하중이 지날 때, 지점 B의 반력의 최대 크기[kN]는?

① 10
② 12
③ 14
④ 16

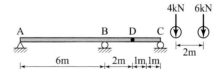

해설

B지점의 반력 영향선을 그리려면 지점을 제거하고 위로 1만큼 상승시켜 주어야 한다. 그렇게 하면 오른쪽과 같은 영향선이 된다. 두 개의 이동하중 중 최댓값인 6kN을 최

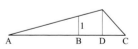

대 종거 D에 놓으면 최대 반력이 발생한다. D점 종거 값 y_D는 삼각형 닮음을 통해 $y_D = \dfrac{8}{6}$이다. 4kN은 왼쪽으로 2m지점 종거 값 y가 1임을 이미 알고 있으므로 반력을 계산한다. 집중하중이 작용할 때 영향선을 이용한 계산식은 집중하중×종거 값이다. 하중이 2개이므로 중첩시켜주면 $R_B = (4 \times 1) + \left(6 \times \dfrac{8}{6}\right) = 12\text{kN}$이 된다.

정답 ②

2. 최대 단면력

최대 반력을 계산하는 법과 같다. 단면력 (전단력, 휨모멘트)영향선을 그린 후 문제에서 제시한 집중하중 또는 등분포하중이 최댓값이 되도록 적절하게 배치한 후 영향선을 통해 최댓값을 계산한다.

(1) 최대 전단력

① 한 개의 집중하중이 이동하는 경우 : 최대 종거에 재하될 때 발생

② 두 개의 집중하중이 이동하는 경우 : 하나의 집중하중이 최대 종거에 재하되고 나머지 하중은 부호가 동일한 위치에 재하될 때 발생

③ 등분포 하중이 이동하는 경우 : 등분포하중의 한 쪽 끝이 최대 종거에 재하될 때 발생

핵심 KEY

예제27 아래 보에 6m에 걸쳐 20kN/m의 등분포활하중과 10kN의 집중활하중이 작용할 때 구조물 C지점에 생기는 최대 전단력의 크기[kN]로 옳은 것은?

① 38

② 40

③ 42

④ 44

해설

C점 부재에 대하여 영향선을 그리면 아래의 모양과 같다.

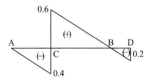

등분포하중이 6m에 작용하고 있으므로 최댓값이 되기 위해서는 부재CB구간에 걸쳐서 작용해야한다. 그리고 집중하중은 등분포하중과 같은 부호이며 최대 종거값이 존재하는 C지점 오른쪽 0.6에 배치하면 된다.

최대 전단력 = (집중하중 × 종거값) + (등분포하중 × 영향선면적)

$$= (10 \times 0.6) + \left(20 \times 0.6 \times 6 \times \frac{1}{2}\right) = 42\text{kN}$$

정답 ③

(2) 최대 휨모멘트

① 한 개의 집중하중이 이동하는 경우 : 최대 종거에 재하될 때 발생

② 두 개의 집중하중이 이동하는 경우 : 차례로 최대 종거에 재하시켜 계산한 휨모멘트 중 큰 값

③ 등분포하중이 이동하는 경우 : 영향선도의 면적이 큰 쪽에 재하될 때 발생

핵심 **KEY**

예제28 아래 그림과 같은 단순보를 연행 이동하중이 통과할 때, C점의 최대 휨모멘트 크기[kN·m]는?

① 10

② 12

③ 14

④ 16

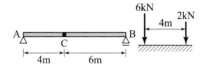

해설

우선 C점에 대한 휨모멘트 영향선을 그리면 아래와 같다.

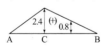

C점 종거값$= \dfrac{ab}{L} = \dfrac{4 \times 6}{10} = 2.4$

집중하중 최댓값 6kN을 최대 종거값 2.4에 배치하여 C점에 대한 최대 휨모멘트 크기를 구한다. 참고로 4kN이 작용하는 종거값은 삼각형 닮음을 통해 $2.4 \times \dfrac{2}{6} = 0.8$이다.

$M_C = (6 \times 2.4) + (2 \times 0.8) = 16$

정답 ④

3. 절대 최대 전단력

이동하중에 의하여 보에 최대 전단력 크기를 묻는 것으로 보통 하중이 지점에 재하될 때 지점에서의 반력 크기와 같다.

(절대 최대 전단력 = 적절한 이동하중 배치로 보에서 발생할 수 있는 최대 반력 값)

4. 절대 최대 휨모멘트

이동하중에 의해 보에 발생할 수 있는 최대 휨모멘트 크기를 의미하며 단순보에서 2개 이상의 집중하중이 작용할 때 하중들의 합력과 가까운 하중과의 2등분점이 보 중앙에 일치시켰을 때 합력과 가까운 큰 하중 위치에서 절대 최대 휨모멘트가 발생한다.

(1) 구하는 순서

step1. 주어진 집중하중에 대해 바리뇽의 정리를 이용하여 합력과 합력의 작용점까지의 거리를 구한다.

step2. 합력과 가까운 하중을 확인하고 둘 사이의 거리의 중간이 되는 곳을 확인한다.

step3. 합력과 가까운 하중까지의 중간이 되는 곳과 단순보의 중앙점을 일치시킨다.

step4. 이때 합력과 가까운 하중 지점에서 구한 휨모멘트 값이 절대 최대 휨모멘트 값이 된다.

(2) 문제에서 요구하는 값

① 발생위치 : 합력과 가까운 하중이 위치한 점이 발생위치가 된다. 문제에서 기준이 보의 지점 왼쪽인지 오른쪽부터인지 꼭 확인해야 한다.

② 절대 최대 휨모멘트 크기 : 합력과 가까운 하중이 위치한 점에서의 모멘트 크기이다. 만약 발생위치를 보의 중앙까지 길이보다 짧은 쪽을 쓴다면 아래의 식으로 나타낼 수 있다.

$$|M_{\max}| = \frac{합력(R)}{지간거리(L)} \times (발생위치)^2$$

단, 발생위치는 보 중앙값보다 짧은 쪽 거리를 쓴다.

예제29 다음 그림과 같은 단순보에 이동하중이 작용하는 경우 절대 최대 휨모멘트 크기[kN·m]는?

① 16.72

② 17.64

③ 18.50

④ 22.53

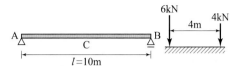

해설

합력의 위치를 구한다.

합력 R=6+4=10kN

합력의 위치(x)는 $10 \times x = 4 \times 4$

∴ x=1.6m

합력과 가까운 하중이 6kN이고 합력과 가까운 하중과의 거리는 0.4m이고 이 가운데 값을 아래와 같이 보 중앙에 위치시켜야 한다.

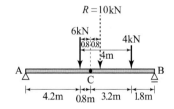

이제 위의 단순보 큰 하중이 작용하는 점에서 모멘트 크기를 구하면 그 값이 절대 최대 휨모멘트 값이 된다. $|M_{\max}| = \dfrac{\text{합력}(R)}{\text{지간거리}(L)} \times (\text{발생위치})^2$

단, 발생위치는 중앙값 5m보다 작은 값인 4.2m를 대입해야 한다.

$|M_{\max}| = \dfrac{10}{10} \times 4.2^2 = 17.64$

정답 ②

출제예상문제

01

그림과 같은 경우에 지점 A에 일어나는 반력 V_A [kN]를 구하시오.

① 3.6

② 4.8

③ 6.2

④ 8.4

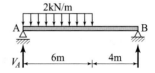

> **해설**
>
> 등분포하중을 집중하중으로 바꿔준 후 각 지점에 하중을 분배한다.

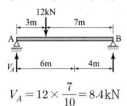

$$V_A = 12 \times \frac{7}{10} = 8.4\text{kN}$$

02

그림과 같은 보의 지점 반력 R_A, R_B의 크기[kN]로 옳은 것은?

R_A R_B

① 0.8 (↑), 0.8 (↓)

② 0.8 (↑), 0.8 (↑)

③ 0.8 (↓), 0.8 (↓)

④ 0.8 (↓), 0.8 (↑)

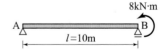

> **해설**
>
> 반시계방향의 모멘트 하중이 작용하므로 지점에서 짝힘을 통해 반시계방향으로 같은 크기의 모멘트가 생기게 해주면 된다.
>
> $R_A = 0.8\text{kN}(↑)$, $R_B = 0.8\text{kN}(↓)$

03

다음 보에서 지점 반력 $R_B = 2R_A$ 이다. 하중의 위치 x의 값은?

① 3m ② 3.5m

③ 4m ④ 4.5m

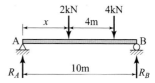

해설

힘의 평형조건 $\sum V = 0$과 $R_B = 2R_A$ 관계를 통해 $R_A = 2$kN, $R_B = 4$kN임을 알 수 있다. 그 다음 x의 값을 알기 위해 힘의 평형조건 $\sum M = 0$을 A점에 대하여 적용한다.

$\sum M_A = 0$ 에서

$2 \times x + 4(4+x) - R_B \times 10 = 0$

$2x + 16 + 4x = 40$

$\therefore x = 4$m

04

그림과 같은 단순보의 A 지점의 반력[kN]은?

① 3.5 ② 4.5

③ 5.5 ④ 6.5

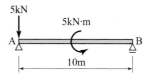

해설

집중하중과 모멘트 하중을 나누어서 계산한 후 합한다.

(1) 집중하중에 의한 R_A

R_A는 바로 위에 하중과 같은 값이다.

$\therefore R_A = 5$ kN($\uparrow$)

(2) 모멘트하중에 의한 R_A

R_A는 반시계의 모멘트 하중과 반대인 시계방향의 짝힘이 된다.

$\therefore R_A = \dfrac{5}{10}$ kN($\uparrow$)

$(1) + (2) = 5.5$kN

05 다음 그림과 같은 단순보에서 R_B 가 5kN까지의 힘을 받을 수 있다면 하중 14kN 은 A점에서 몇 m까지 이동할 수 있는가?

① 2.5m ② 3.0m

③ 4.0m ④ 4.5m

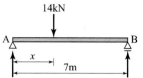

[해설]

$$R_B = 14 \times \frac{x}{7} = 5\text{kN}$$

$$x = 2.5\text{m}$$

06 다음 그림에서 지점 A의 반력을 구한 값은?

① $R_A = \dfrac{P}{3} - \dfrac{M_2 - M_1}{l}$

② $R_A = \dfrac{P}{3} - \dfrac{M_1 - M_2}{l}$

③ $R_A = \dfrac{P}{2} - \dfrac{M_2 + M_1}{l}$

④ $R_A = \dfrac{P}{2} - \dfrac{M_1 - M_2}{l}$

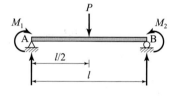

[해설]

$\sum M_B = 0$에서 $R_A \times l + M_1 - M_2 - P \times \dfrac{l}{2} = 0$

$$R_A \times l = P \times \frac{l}{2} - (M_1 - M_2)$$

$$\therefore \ R_A = \frac{P}{2} - \frac{M_1 - M_2}{l}$$

07 그림과 같은 구조물에서 A점의 수평방향의 반력[kN]과 방향은? (단, B지점은 이동지점이다.)

① 5(→) ② 5(←)

③ 6(→) ④ 6(←)

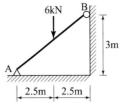

해설

B점은 이동지점이기에 수직하중 6kN은 오직 A점에서 전부 받게 된다.

$R_A = 6$kN(↑)

$\sum M = 0$을 B점에 대하여 적용한다.

$\sum M_B = 0$에서 $R_A \times 5$m $- H_A \times 3$m $- 6$kN $\times 2.5$m $= 0$

$\therefore H_A = 5$kN(→)

08 그림과 같은 단순보에서 옳은 A점의 지점반력[kN]은?
(단, A, B 지점의 반력은 R_A, R_B임)

① 5 ② 6

③ 7 ④ 8

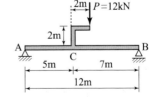

해설

반력을 구할 때는 하중을 그대로 밑으로 내려 각 지점의 반력을 구하면 된다.

$R_A = \dfrac{5}{12} \times 12$kN $= 5$kN

$\therefore R_A = 5$kN(↑)

09 다음 보에서 B-D 구간의 전단력[kN]은?

① 3   ② 5

③ 7   ④ 9

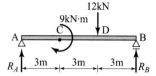

해설

B-D 구간에는 작용하는 하중이 없기에 전단력은 B점의 반력과 같은 값이 된다.

$$R_B = \left(12 \times \frac{2}{3}\right) + \left(\frac{9}{9}\right) = 9\,\text{kN}$$

10 다음 보에서 AB 구간에 작용하는 전단력은?

① $\dfrac{M}{l}$ ② 0

③ $\dfrac{2M}{l}$ ④ $\dfrac{M}{2l}$

해설

$\sum M_B = 0$에서 $V_A \times l - M + M = 0$ $\therefore V_A = 0, \; V_B = 0$

따라서, AB구간에는 전단력은 없고 휨모멘트만 생긴다.

11 다음 그림과 같이 길이가 $5l$ 인 단순보 위를 길이가 l 인 등분포하중 w 가 이동하고 있을 때 이 단순보에 발생하는 최대반력은?

① $0.7wl$ ② $0.8wl$

③ $0.9wl$ ④ $1.0wl$

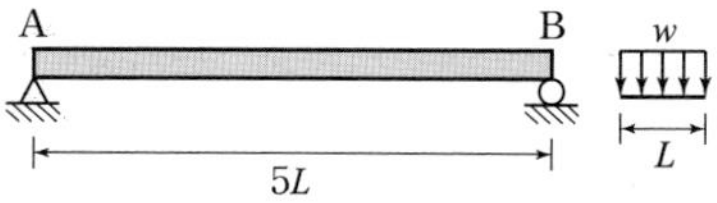

해설

최대 반력은 하중이 지점에 놓일 때 발생한다.

$$wl \times \frac{4.5}{5} = 0.9wl$$

12 다음 하중을 받고 있는 보에서 A점의 전단력의 크기[kN]는?

① 6   ② 7

③ 8   ④ 9

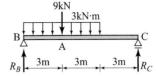

해설

B점에서 반력을 구한 후 BA구간에 작용하는 하중을 빼주면 A점에서의 전단력이 된다.

$$R_B = \left(9 \times \frac{2}{3}\right) + \left(18 \times \frac{2}{3}\right) = 18\text{kN}$$

$$V_A = 18 - (3 \times 3) = 9\text{kN} \quad \uparrow\downarrow$$

13 자중이 1kN/m이고, 지간이 8m인 단순보 위를 집중하중 5kN이 통과할 때 이 보에 일어나는 최대 휨모멘트 M과 최대전단력 S가 옳게 된 것은?

① $M = 10\text{kN} \cdot \text{m}, \ S = 6.5\text{kN}$

② $M = 10\text{kN} \cdot \text{m}, \ S = 9\text{kN}$

③ $M = 18\text{kN} \cdot \text{m}, \ S = 6.5\text{kN}$

④ $M = 18\text{kN} \cdot \text{m}, \ S = 9\text{kN}$

해설

자중은 고정하중으로 작용하므로 변하지 않고 집중하중이 이동하중으로 작용하므로 최댓값이 되도록 변화를 준다.

$M_{\max}$는 집중하중이 중앙에 놓일 때이다.

$$M_{\max} = \frac{Pl}{4} + \frac{wl^2}{8} = \frac{5 \times 8}{4} + \frac{1 \times 8^2}{8} = 18\text{kN} \cdot \text{m}$$

$S_{\max}$는 집중하중이 지점에 놓일 때 지점 값이다.

$$S_A = 5 + 4 = 9\text{kN}$$

14 그림과 같이 경사진 단순보 AB에서 B지점의 전단력[kN]은?

① 2

② $2\sqrt{3}$

③ 3

④ $3\sqrt{3}$

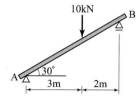

해설

B점의 수직반력을 구한 후 힘을 분해하여 부재의 직각으로 작용하는 전단력을 구한다.

$$R_B = 10 \times \frac{3}{5} = 6 \text{kN}$$

이때 전단력은 보의 수직방향이므로

$$\therefore \ S_B = 6 \text{kN} \times \cos 30° = 6 \times \frac{\sqrt{3}}{2} = 3\sqrt{3} \text{ kN}$$

15 그림 (a)와 같은 하중이 그 진행방향을 바꾸지 아니하고, 그림 (b)와 같은 단순보 위를 통과할 때, 이 보에 절대 최대 휨모멘트를 일어나게 하는 하중 9kN의 위치는? (단, B지점으로부터 거리임)

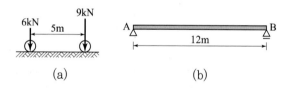

(a)   (b)

① 2m

② 3m

③ 4m

④ 5m

해설

(1) 두 개의 하중 합력의 위치를 구한다.

$$R = 6 \text{kN} + 9 \text{kN} = 15 \text{kN} = 15 \text{kN} \times x$$

$$= -6 \text{kN} \times 5 \text{m}$$

$$\therefore \ x = 2 \text{m}$$

(2) $\frac{x}{2}$ 의 위치를 중앙점에 위치시킨다.

그리고 최대 모멘트는 가장 큰 하중이 위치하는 점에서 발생한다.

16 다음에 보이는 그림은 외팔보에 P=10kN이 축방향과 30°의 각을 이루며 작용한다. 이때 m점에 작용하는 전단력[kN]은? (단, 외팔보의 길이가 l=2.0m)

① 2.5

② 5

③ $5\sqrt{3}$

④ 10

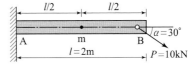

> **해설**
>
> 주어진 하중을 수직과 수평력으로 분해하면 수직력이 m점의 전단력이 된다.
> $P_V = P \times \sin30° = 5\text{kN}$ $\therefore S_m = P_V = 5\text{kN} \uparrow + \downarrow$

17 다음 그림에서 연행하중으로 인한 최대 반력[kN]은?

① 6

② 5

③ 3

④ 1

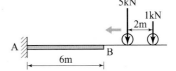

> **해설**
>
> 캔틸레버는 지점이 1곳으로 최대가 되려면 하중이 모두 보 위에 놓이면 된다.
> $\therefore$ 5+1=6kN

18 다음 캔틸레버에서 M_A와 M_B의 비는?

① 1 : 1

② 2 : 1

③ 3 : 1

④ 4 : 1

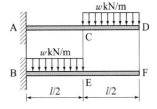

> **해설**
>
> A, B 모두 등분포하중은 서로 같고 거리만 다르다. 따라서 거리 비교만 하면 된다.
> $M_A = P \times \dfrac{3}{4}l$이고 $M_B = P \times \dfrac{1}{4}l$이다. $\therefore M_A : M_B = 3 : 1$

19 지점 B에서의 수직반력의 크기[kN]는?

① 0   ② 5

③ 10   ④ 20

> **해설**
>
> 보에는 모멘트 하중만 작용하고 지점 B에는 이로 인한 모멘트 반력만 존재하므로 $R_B = 0$이 된다.

20 다음 캔틸레버의 끝에 1kN·m의 모멘트 하중이 작용할 경우 다음 사항 중 옳은 것은? (단, ↶+, ↷−이다.)

① A점의 전단력은 1kN이다.

② A점의 휨모멘트는 −1 kN·m이다.

③ B점의 휨모멘트는 −5 kN·m이다.

④ 중앙점의 휨모멘트는 5 kN·m이다.

> **해설**
>
> ① 수직하중이 없으므로 전단력도 없다. $S_A = 0$
>
> ③, ④ 위 부재의 휨모멘트는 모든 위치에서 모멘트하중과 같은 1 kN·m
> 단, 부재를 ↶ 솟아오르게 하는 (−) 부호이다.

21 다음 내민보를 가진 단순 지지보의 A점에서 반력[kN]과 방향을 구한 값은?

① 1, ↑   ② 1, ↓

③ 12.5, ↑   ④ 12.5, ↓

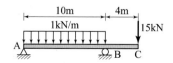

> **해설**
>
> $\sum M_B = 0$ 에서 $V_A \times 10\text{m} - 1\text{kN/m} \times 10\text{m} \times 5\text{m} + 15\text{kN} \times 4\text{m} = 0$
>
> $\therefore V_A = -1\text{kN}(\downarrow)$

22 다음 그림에서 A점의 휨모멘트는? (단, ↻+, ↺-↻이다.)

① $\dfrac{4}{3}w \cdot l^2$　　　② $-\dfrac{4}{3}w \cdot l^2$

③ $\dfrac{1}{3}w \cdot l^2$　　　④ $-\dfrac{1}{2}w \cdot l^2$

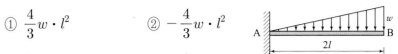

해설

등분포하중을 집중하중으로 바꾸면 $\dfrac{1}{2}\times w \times 2l = wl$

$\therefore\ M_A = -wl \times \left(2l \times \dfrac{2}{3}\right) = -\dfrac{4}{3}wl^2$ ↺-↻

23 그림의 보에서 지점 B의 반력이 $3P$일 때 하중 $3P$의 재하위치 x는?

① $\dfrac{l}{6}$　　　② $\dfrac{l}{3}$

③ $\dfrac{l}{2}$　　　④ 0

해설

$\sum M_A = 0$ 에서 $-P \times \dfrac{l}{2} + 3P \times x - 3P \times l + 2P \times \dfrac{3}{2}l = 0$

정리하면 $-\dfrac{1}{2}Pl + 3Px - 3Pl + 3Pl = 0$ 　$\therefore\ x = \dfrac{l}{6}$

24 그림의 보에서 지점 B의 휨모멘트[kN·m]가 옳게 된 것은?

① 50　　　② 150

③ 300　　　④ 900

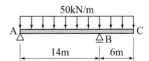

해설

B점을 기준으로 오른쪽을 보고 캔틸레버보처럼 보고 휨모멘트를 구한다.

$M_B = -50\text{kN/m} \times 6\text{m} \times 3\text{m} = -900\text{kN·m}$

25 그림과 같은 내민보에서 최대 휨모멘트가 일어나는 점의 위치 x [m]는?

① 4.2 　　　② 2.5

③ 2.0 　　　④ 1.4

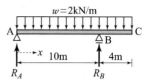

해설

최대휨모멘트는 전단력이 0인 곳에서 생긴다.

A점의 반력을 구한 후 등분포하중과 반력이 같아지는 점까지의 거리를 구한다.

$\sum M_B = 0$에서 $R_A \times 10m - 2kN/m \times 10m \times 5m + 2kN/m \times 4m \times 2m = 0$

$\therefore R_A = 8.4kN(\uparrow)$

$S_x = 8.4kN - 2kN/m \times x = 0$

$\therefore x = 4.2m$

26 그림과 같은 보에서 C점의 전단력[kN]은? (단, $\uparrow + \downarrow$, $\downarrow - \uparrow$ 이다.)

① $S_c = -0.5$ 　　　② $S_c = 0.5$

③ $S_c = -1.0$ 　　　④ $S_c = 1.0$

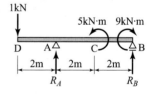

해설

C점을 기준으로 오른쪽을 보고 계산하는 것이 간단하다.

B점의 반력을 구하면 CB구간에는 수직하중이 없으므로

그 값이 C점의 전단력이 된다.

$\sum M_A = 0$에서 $-1kN \times 2m - 5kN \cdot m + 9kN \cdot m - R_B \times 4m = 0$

$\therefore R_B = 0.5kN(\uparrow)$

C점을 잘라 오른쪽만 고려하면

$S_c = -0.5kN, \ \downarrow - \uparrow$

27

다음 그림과 같은 내민보에서 집중하중 P, 반력 R_B 및 B.M.D에서 X의 값은?

	$P(t)$	$R_B(t)$	$M(kN \cdot m)$
①	$4\,kN(\downarrow)$	$4\,kN(\uparrow)$	$8\,kN \cdot m$
②	$4\,kN(\downarrow)$	$4\,kN(\downarrow)$	$16\,kN \cdot m$
③	$4\,kN(\uparrow)$	$4\,kN(\uparrow)$	$8\,kN \cdot m$
④	$4\,kN(\uparrow)$	$4\,kN(\downarrow)$	$16\,kN \cdot m$

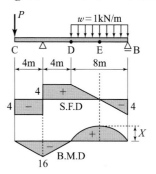

[해설]

(1) 하중 P는 SFD가 $-4kN$이므로 아래로 향한다는 것을 알 수 있다.

(2) B점의 반력은 SFD에서 $-4kN$을 B지점에서 아래에서 위로 향하는 하중에 의해 0이 되게 하므로 위로 $4kN$이 작용한다는 것을 알 수 있다.

(3) X의 값은 최대 정모멘트 크기를 구하라는 것이다. 그러기 위해 위의 SFD를 활용해 SFD의 면적이 그 지점의 휨모멘트 크기이므로 삼각형의 면적은

$$\frac{1}{2} \times 4kN \times 4m = 8kN \cdot m$$

28

그림과 같은 게르버보에 대한 설명 중 옳지 <u>않은</u> 것은?

① C점에서의 휨모멘트는 0이다.

② C점에서의 전단력은 $-2\,kN$이다.

③ B점에서의 수직반력은 $5\,kN$이다.

④ B점에서의 휨모멘트는 $-12\,kN \cdot m$이다.

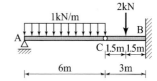

[해설]

① $M_C = 0$ (활절점)

② $S_C = -6 + 3 = -3kN \ (\downarrow - \uparrow)$

③ $V_B = 3 + 2 = 5kN(\uparrow)$

④ $M_B = -3kN \times 3m - 2kN \times 1.5m = -12kN \cdot m \ (\curvearrowright - \curvearrowleft)$

29 그림과 같은 게르버보에서 B점의 휨모멘트 값은? (단, ↻+↺, ↺−↻이다.)

① $\dfrac{wl^2}{2}$　　　　　　② $-\dfrac{wl^2}{3}$

③ $\dfrac{wl^2}{3}$　　　　　　④ $-\dfrac{wl^2}{6}$

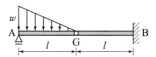

해설

AG부재를 단순보로 보고 등분포하중을 집중하중으로 바꿔주고 무게중심에 위치한 후 G점에서의 수직하중을 계산한다.

$$V_G = \frac{1}{2} \times w \times l \times \frac{1}{3} = \frac{wl}{6}$$

GB부재를 캔틸레버보로 해석하여 B점에서의 휨모멘트를 구한다.

$$\therefore M_B = -\frac{wl}{6} \times l = -\frac{wl^2}{6} \ (↺−↻)$$

30 그림과 같이 게르버보에 연행하중이 이동할 때 지점 B에서 최대 휨모멘트[kN·m]는?

① 8　　　　　　② 9

③ 10　　　　　④ 11

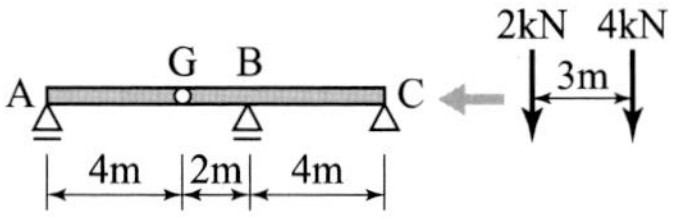

해설

B지점에 힌지를 넣고 휨모멘트의 영향선을 그려준 후 가장 큰 값이 되도록 연행하중을 적절하게 배치한다. 영향선에 연행하중을 배치하면 아래와 같다. (휨모멘트 영향선은 BC점이 고정이 되므로 GB부재만 밑으로 처지며 그 종거값은 BG의 길이가 된다.)

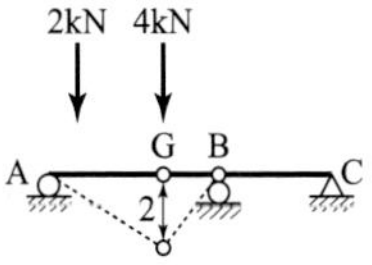

M_B = 집중하중 × 영향선의 종거값

$$= \left(2 \times -2 \times \frac{1}{4}\right) + (4 \times (-2)) = -9\text{kN} \cdot \text{m} \ (↺−↻)$$

31 다음 그림과 같은 게르버보에서 단위하중에 의한 영향선으로 옳은 것은?

① A점에서의 반력의 영향선

② B점에서의 반력의 영향선

③ B점에서의 모멘트의 영향선

④ C점에서의 반력의 영향선

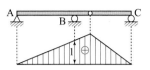

[해설]

지점 B에서의 영향선 종거가 1이므로 B점에 대한 반력의 영향선이다.

32 아래 그림과 같은 게르버보에서 B지점의 수직반력에 관한 영향선으로 가장 가까운 꼴은?

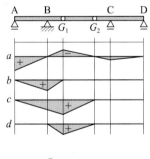

① a

② b

③ c

④ d

[해설]

반력의 영향선은 지점을 분리하고 그 곳에 1만큼의 종거값을 만들어준다. 단, 부재는 힌지점 외에는 꺾이지 않고 지점을 분리한 곳 외에는 부재와 지점은 만나고 있어야 한다. 이를 충족하는 것은 C 그림이다.

33 다음 단순보의 수평반력 R_{ax}의 크기[kN]는?

① 30   ② 35

③ 45   ④ 50

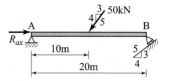

해설

A점의 수평반력은 50kN의 수평하중과 B지점의 반력의 수평반력의 합과 같다.

$P_V = 50\text{kN} \times \dfrac{4}{5} = 40\text{kN}(\downarrow)$

$P_H = 50\text{kN} \times \dfrac{3}{5} = 30\text{kN}(\leftarrow)$

$V_A = 20\text{kN}, \quad V_B = 20\text{kN}(\uparrow)$

$R_B = 20\text{kN} \times \dfrac{5}{4} = 25\text{kN}(\searrow)$

$H_B = 25\text{kN} \times \dfrac{3}{5} = 15\text{kN}(\leftarrow)$

$\therefore \ H_A = P_H + H_B = 30\text{kN} + 15\text{kN} = 45\text{kN}$

34 지간길이가 l인 단순보에 그림과 같은 삼각형 분포하중이 작용할 때 발생하는 최대 휨모멘트의 크기는?

① $\dfrac{wl^2}{9}$ ② $\dfrac{wl^2}{9\sqrt{2}}$

③ $\dfrac{wl^3}{9\sqrt{2}}$ ④ $\dfrac{wl^2}{9\sqrt{3}}$

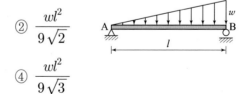

해설

암기 필요. 삼각형 하중작용시 최대 휨모멘트가 생기는 위치 A점으로부터 오른쪽으로

$\dfrac{l}{\sqrt{3}} = 0.577l$ 이다.

최대 휨모멘트의 크기 $M_{\max} = \dfrac{wl^2}{9\sqrt{3}}$ 이다.

35

다음 단순보에서 A점의 반력[kN]을 구한 값은?

① 10.5 ② 11.5
③ 12.5 ④ 13.5

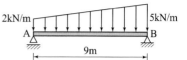

해설

사다리꼴 하중을 삼각형의 등변분포하중과 사각형의 등분포 하중으로 나누어 계산한 후 합친다.

$$R_A = 삼각형 + 사각형 = \left(\frac{3 \times 9}{2} \times \frac{1}{3}\right) + \left(2 \times 9 \times \frac{1}{2}\right) = 13.5\,\mathrm{kN}$$

36

다음 구조물에서 A점의 지점반력[kN]은?

① 1.6 ↑ ② 1.6 ↓
③ 1.0 ↑ ④ 1.0 ↓

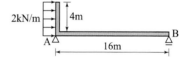

해설

$$\sum M_B = 0 \text{에서} \quad V_A \times 16\mathrm{m} + 2\mathrm{kN/m} \times 4\mathrm{m} \times 2\mathrm{m} = 0 \quad \therefore V_A = -1\mathrm{kN}(\downarrow)$$

37

지점 A, B의 반력이 같기 위한 x의 위치는?

① 1.5m ② 2.5m
③ 3.5m ④ 4.5m

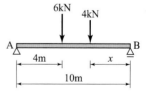

해설

$V_A = V_B$이고 $\sum V = 0$에서 $V_A + V_B = 6\mathrm{kN} + 4\mathrm{kN}$

$2V_A = 10\mathrm{kN} \quad \therefore V_A = 5\mathrm{kN}, \ V_B = 5\mathrm{kN}$

$\sum M_B = 0$에서 $5\mathrm{kN} \times 10\mathrm{m} - 6\mathrm{kN} \times 6\mathrm{m} - 4\mathrm{kN} \times x = 0 \quad \therefore x = 3.5\mathrm{m}$

38 그림과 같은 간접하중을 받는 단순보의 E점의 휨모멘트[kN · m]는?

① 28   ② 30

③ 32   ④ 35

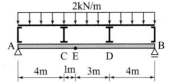

[해설]

간접하중 보이다. 등분포하중을 보에 작용하는 직접하중
으로 오른쪽과 같이 변환시켜준다.

하중이 대칭이므로 각 지점 반력은 총하중의 절반이 된다.

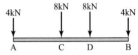

R_A, $R_B = 12\text{kN}$ ↑

$\therefore M_E = 12\text{kN} \times 5\text{m} - 4\text{kN} \times 5\text{m} - 8\text{kN} \times 1\text{m} = 32\text{kN} \cdot \text{m}$

39 다음 보에서 지점 A부터 최대 휨모멘트가 생기는 단면은?

① $\dfrac{l}{3}$ ② $\dfrac{l}{4}$

③ $\dfrac{2l}{5}$ ④ $\dfrac{3l}{8}$

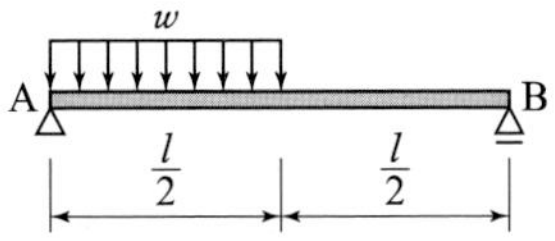

[해설]

등분포하중이 보의 절반만 작용할 때의 최대휨모멘트가 생기는 곳(전단력이 0인 곳)
은 A점으로부터 $\dfrac{3}{8}l$인 곳이다.

40 다음 그림과 같은 단순보에서 m점의 모멘트 영향선에 대한 n점에서의 종거는?

① $\dfrac{l}{4}$ ② $\dfrac{1}{2}$

③ l ④ $2l$

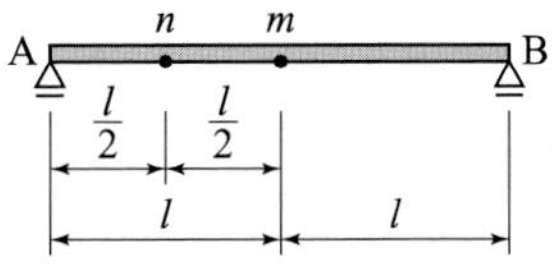

[해설]

m점의 종거 $y_m = \dfrac{ab}{l} = \dfrac{l \times l}{2l} = \dfrac{l}{2}$이므로 n점의 종거 $y_n = \dfrac{l}{4}$이다.

41 중앙점 C의 휨모멘트 M_c는? (단, C는 보의 중앙임)

① $\dfrac{wl^2}{4}+pa$ 　　② $\dfrac{wl^2}{8}+\dfrac{pa}{2}$

③ $\dfrac{wl^2}{8}+pa$ 　　④ $\dfrac{wl^2}{5}+\dfrac{pl}{8}$

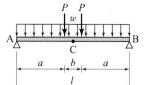

해설

등분포하중에 의한 $M_c=\dfrac{wl^2}{8}$ 이므로 나머지 집중하중에 대하여만 고려하면 된다.

하중이 좌우대칭이므로 $V_A=P$가 된다.

따라서 C점 좌측에 대하여 V_A와 하중 P가 우력이 되므로 크기는 $P\times a$가 된다.

$\therefore\ M_c=\dfrac{wl^2}{8}+Pa$

42 다음 단순보에서 여러 가지 하중상태에 대한 전단력도를 그린 것 중 옳지 <u>않은</u> 것은?

①

②

③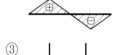

④

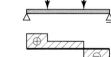

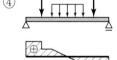

해설

①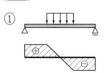

43

다음과 같은 이동 등분포하중이 보 AB 위를 지날 때 C점에서 최대 휨모멘트가 생기려면 등분포하중의 앞단에서 C점까지의 거리가 얼마일 때가 되겠는가?

① 2.0m

② 2.4m

③ 2.7m

④ 3.0m

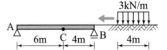

해설

암기필요!

C점에 최대휨모멘트가 생기려면 등분포하중이 지간의 비율에 맞게 놓이면 된다.

$\therefore\ x = 2.4\text{m}$

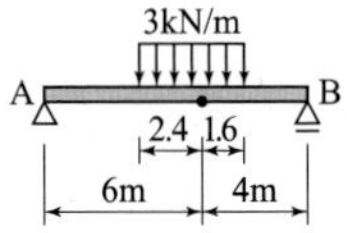

6:4=3:2=2.4:1.6

44

지간이 l인 단순보 위를 그림과 같이 이동하중이 통과할 때 지점 B로부터 절대 최대 휨모멘트가 일어나는 위치는 다음 중 어느 것인가?

① $\dfrac{l}{2} - \dfrac{3e}{4}$

② $\dfrac{l}{2}$

③ $\dfrac{l}{2} - \dfrac{e}{4}$

④ $\dfrac{l}{2} - \dfrac{e}{2}$

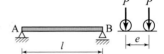

해설

$R = 2P$, $\dfrac{a}{2} = \dfrac{e}{4}$ 이므로 B점으로부터의 거리는 $\dfrac{l}{2} - \dfrac{e}{4}$ 이다.

45

다음 그림에서 지점 C의 반력이 0이 되기 위해서 B점에 작용시킬 집중하중의 크기[kN]는?

① 8

② 10

③ 12

④ 14

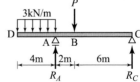

해설

C점의 수직반력이 0이므로 A점에서 모멘트 힘의 평형조건을 적용하면 빠르게 P값을 구할 수 있다.

$3\text{kN/m} \times 4\text{m} \times 2\text{m} = P \times 2\text{m}$ $\therefore\ P = 12\text{kN}$

46

단순보 AB에 그림과 같은 이동하중이 오른편에서 왼편으로 이동할 때, 이 보에 생기는 절대 최대 휨모멘트를 구하고자 한다. B지점으로부터 절대 최대 휨모멘트가 생기는 위치[m]는?

① 5.0 ② 5.5

③ 6.0 ④ 6.5

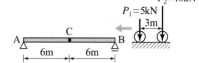

해설

절대최대휨모멘트 문제이다.

두 개 하중의 합력과 합력까지의 거리를 구한다. 그리고 합력과 둘 중 큰 하중과의 중간위치를 부재의 중앙에 놓으면 큰 하중의 작용점에서 절대최대 휨모멘트가 발생하게 된다.

$R = 15\text{kN}$, $\dfrac{a}{2} = 0.5\text{m}$가 되므로 B점으로부터의 거리는 $6\text{m} - 0.5\text{m} = 5.5\text{m}$이다.

47

그림과 같은 양단 내민보 전구간에 등분포하중이 균일하게 작용할 때 보의 중앙점과 두 지점에서의 절대 최대 휨모멘트가 같게 되려면 l과 a의 관계는?

① $l = \sqrt{2a}$ ② $l = \sqrt{2}\,a$

③ $l = 2a$ ④ $l = 2\sqrt{2}\,a$

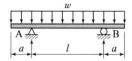

해설

$$M_A = -\frac{wa^2}{2}, \quad M_c = \frac{wl^2}{8} - \frac{wa^2}{2}$$

$|M_A| = |M_c|$이므로 $\dfrac{wa^2}{2} = \dfrac{wl^2}{8} - \dfrac{wa^2}{2}$

$$wa^2 = \frac{wl^2}{8}$$

$$8a^2 = l^2 \quad \therefore \ l = \sqrt{8}\,a = 2\sqrt{2}\,a$$

48 그림과 같은 내민보에서 A, B점의 휨모멘트가 $-\dfrac{Pl}{8}$ 이면 a의 길이는?

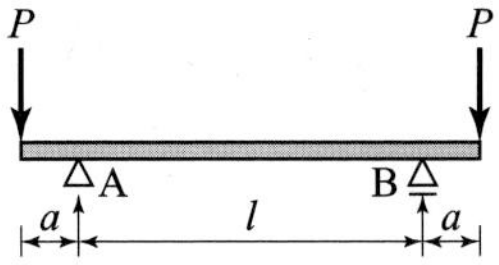

① $\dfrac{l}{2}$ ② $\dfrac{l}{6}$

③ $\dfrac{l}{4}$ ④ $\dfrac{l}{8}$

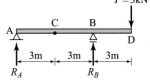

> **해설**
>
> $M_A = -\dfrac{Pl}{8}$ 일 때의 길이 a를 묻는 문제이므로 $M_A = -Pa = -\dfrac{Pl}{8}$ 에서
>
> $\therefore a = \dfrac{l}{8}$

49 그림과 같은 내민보에서 D점에 집중하중 3kN이 가해질 때 C점의 휨모멘트[kN·m]는 얼마인가?

① 3.0 ② 3.5

③ 4.0 ④ 4.5

> **해설**
>
> $\sum M_B = 0$ 에서
>
> $R_A \times 6m + 3kN \times 3m = 0$
>
> $\therefore R_A = -1.5kN(\downarrow)$
>
> $\therefore M_c = -1.5kN \times 3m = -4.5kN \cdot m$

50 다음 그림과 같은 구조물에서 지점 A에서의 수직반력의 크기[kN]는?

① 0 ② 1

③ 2 ④ 3

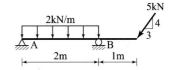

> **해설**
>
> $\sum M_B = 0$ 에서 $R_A \times 10m - 1kN/m \times 10m \times 5m + 10kN \times 5m = 0$
>
> $\therefore R_A = 0$(B점의 좌측과 우측의 모멘트가 같다.)

51 그림과 같은 양단 내민보에서 C점(중앙점)에서 휨모멘트가 0이 되기 위한 $\dfrac{a}{l}$ 는 얼마인가? (단, $p = wl$)

① $\dfrac{1}{2}$

② $\dfrac{1}{4}$

③ $\dfrac{1}{7}$

④ $\dfrac{1}{8}$

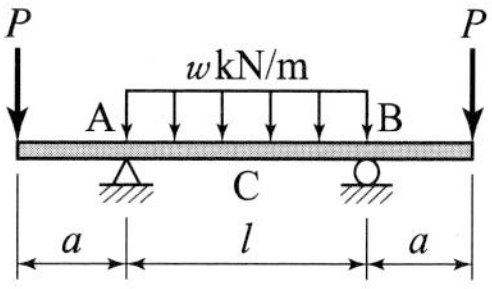

[해설]

하중이 대칭이므로 V_A 는 집중하중과 등분포하중의 절반이 된다.

$$V_A = P + \frac{wl}{2}$$

$$M_c = -P\left(a + \frac{l}{2}\right) + \left(P + \frac{wl}{2}\right) \times \frac{l}{2} - \frac{wl}{2} \times \frac{l}{4} = 0$$

$$-Pa - \frac{Pl}{2} + \frac{Pl}{2} + \frac{wl^2}{4} - \frac{wl^2}{8} = 0$$

$$-Pa + \frac{wl^2}{8} = 0 \,(\text{여기서 } P = wl \text{ 이므로})$$

$$-Pa + \frac{Pl}{8} = 0 \qquad \therefore \frac{a}{l} = \frac{1}{8}$$

52 그림과 같은 보에서 D점의 휨모멘트[kN·m]는 얼마인가? (단, ↻+↺, ↺−↻)

① -4

② $+4$

③ -6

④ $+6$

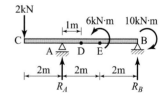

[해설]

$\sum M_B = 0$ 에서

$$-2\text{kN} \times 6\text{m} + R_A \times 4\text{m} - 6\text{kN} \cdot \text{m} + 10\text{kN} \cdot \text{m} = 0$$

$$\therefore R_A = 2\text{kN}(\uparrow)$$

$$\therefore M_D = -2\text{kN} \times 3\text{m} + 2\text{kN} \times 1\text{m} = -4\text{kN} \cdot \text{m}$$

53 그림의 내민보에서 A점의 반력에 대한 영향선으로 옳은 것은?

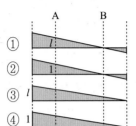

해설

반력에 대한 영향선을 작도할 때는 구하고자 하는 지점의 영향선 종거(y)값이 1이어야 한다.
그리고 부재는 꺾이지 않아야 하므로 답은 ②번이 된다.

54 다음 그림과 같은 내민보에서 C점에 대한 전단력의 영향선에서 D점의 종거는?

① -0.1 ② -0.2

③ -0.3 ④ -0.4

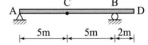

해설

C점의 전단력의 영향선을 작도하면
오른쪽과 같다.

$\therefore y_D = -0.2$

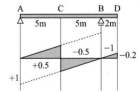

55 다음과 같은 게르버보에서 A점의 연직반력[kN]은?

① 5   ② 7

③ 9   ④ 11

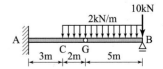

해설

$V_G = 2\text{kN/m} \times 5\text{m} \times 1/2 = 5\text{kN}$

$\therefore V_A = 5\text{kN} + 2\text{kN/m} \times 2\text{m} = 9\text{kN}$

56 그림과 같은 게르버보에서 가장 큰 반력이 생기는 지점은 어디인가?

① A　　　　　② B

③ C　　　　　④ D

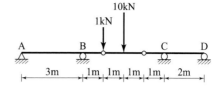

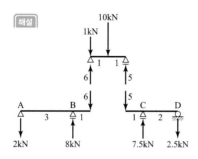

57 다음 내민보에서 B점의 모멘트와 C점의 모멘트의 절댓값의 크기를 같게 하기 위한 $\dfrac{L}{a}$의 값을 구하면?

① 6　　　　　② 5

③ 4　　　　　④ 3

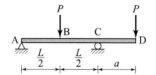

해설

내민보의 내민 경간(span) 산정

(1) $\sum M_c = 0$: $+(V_A)(L) - (P)\left(\dfrac{L}{2}\right) + (P)(a) = 0$

$\therefore V_A = +\left(\dfrac{P}{2} - \dfrac{P \cdot a}{L}\right)(\uparrow)$

(2) 휨모멘트 계산

· $M_{B, Left} = +\left[+\left(\dfrac{P}{2} - \dfrac{P \cdot a}{L}\right)\left(\dfrac{L}{2}\right)\right] = \dfrac{PL}{4} - \dfrac{P \cdot a}{2}$

· $M_{c, Right} = -\left[+(P)(a)\right] = -P \cdot a$

(3) 문제의 조건에서 휨모멘트의 절댓값이 같다고 제시하였으므로

$\dfrac{PL}{4} - \dfrac{P \cdot a}{2} = P \cdot a$ 에서 $\dfrac{L}{a} = 6$

58 그림과 같은 게르버보에서 A점의 반력 모멘트 M_A는 몇 kN·m인가?

(단, ↶+↷, ↷−↶)

① −2.4 ② +2.4

③ −4.8 ④ +4.8

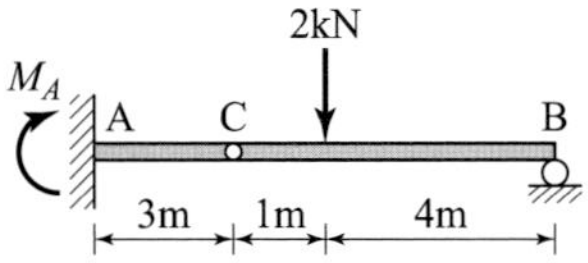

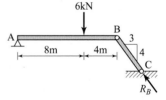

해설

(1) C−B보에서

$\sum M_B = 0$

$V_c \times 5\text{m} - 2\text{kN} \times 4\text{m} = 0$ ∴ $V_c = 1.6\text{kN}$

(2) A−C보에서

$M_A = 1.6\text{kN} \times 3\text{m} = 4.8\text{kN} \cdot \text{m}$ ↷−↶

부재 상단이 인장 하단이 압축이 되므로 부호는 (−)이다.

59 그림과 같은 구조물의 지지봉 BC에 일어나는 반력 R_B를 구한 값은? (단, BC의 경사는 연직 4에 대하여 수평 3)

① 6kN ② 5kN

③ 4kN ④ 3kN

해설

반력을 수직, 수평력으로 분해하여 B점으로 이동시킨 후 A점에 대하여 힘의 평형조건을 적용한다.

$\sum M_A = 0$ 에서 $6\text{kN} \times 8\text{m} - V_B \times 12\text{m} = 0$ ∴ $V_B = 4\text{kN}$

$V_B = R_B \times \dfrac{4}{5}$ 이므로(수직분력)

$R_B = 4\text{kN} \times \dfrac{5}{4} = 5\text{kN}$, ↘

60 그림과 같은 보의 A점의 휨모멘트 M_A의 크기[kN·m]는? (단, ↶+↷, ↷−↶)

① −12   ② +12

③ −36   ④ +36

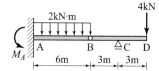

> [해설]
> $\sum M_C = 0$에서 $V_B \times 3\text{m} + 4\text{kN} \times 3\text{m} = 0$
> $\therefore V_B = -4\text{kN}(\downarrow)$이므로 $M_A = 4\text{kN} \times 6\text{m} - 2\text{kN/m} \times 6\text{m} \times 3\text{m} = -12\text{kN} \cdot \text{m}$

61 다음 구조물에 생기는 최대 부모멘트의 크기[kN·m]는? (단, C점에 힌지가 있는 구조물이다.)

① 15   ② −15

③ 30   ④ −30

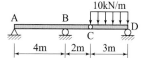

> [해설]
> 위처럼 게르버보에 하중이 작용하는 경우 B점에서 위로 솟아오르는 모멘트가 최대가 된다.
> $V_c = \dfrac{1}{2} \times 10 \times 3 = 15\text{kN}$ $\therefore M_B = -15\text{kN} \times 2\text{m} = -30\text{kN} \cdot \text{m}$

62 그림과 같이 $w_2 = 2w_1$인 사다리꼴 하중이 작용할 때 지점 A, B의 반력비는?

① 1 : 3   ② 2 : 3

③ 3 : 4   ④ 4 : 5

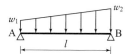

> [해설]
> 중첩의 원리를 적용하면
> $R_A = \dfrac{wl}{2} + \dfrac{wl}{6} = \dfrac{4wl}{6}$ $R_B = \dfrac{wl}{2} + \dfrac{wl}{3} = \dfrac{5wl}{6}$
> $\therefore R_A : R_B = 4 : 5$
>
>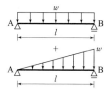

63 그림과 같은 단순보 AB에 하중 P가 경사지게 작용하고, 지간 $a < b$일 경우 다음 중 옳은 것은? (단, $0° < \theta < 90°$)

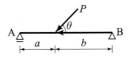

① 지점 A의 수직반력이 지점 B의 수직반력보다 작다.

② θ가 $90°$에 가까울수록 수직반력은 작아진다.

③ θ가 작을수록 수평반력은 작아진다.

④ 수평반력은 A지점에는 생기지 않고 B지점에만 생긴다.

해설

수평반력은 힌지(회전)지점 B에서만 생긴다.

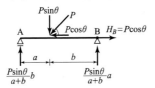

(1) $b > a$이므로 $V_A > V_B$

(2) θ가 증가하면 수직반력은 증가하고, 수평반력은 감소한다. ($\theta = 90°$이면 $H_B = 0$)

64 다음 그림과 같은 단순보에 등분포 하중이 작용할 때 C단면의 휨모멘트[kN·m]는 얼마인가?

① 19　　② 20

③ 21　　④ 22

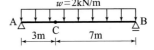

해설

$$M_c = \frac{wab}{2} = \frac{2 \times 3 \times 7}{2} = 21 \, \text{kN} \cdot \text{m}$$

65 그림과 같은 단순보에서 전단력 $Q_x = 0$이 되는 단면까지 거리는 A점에서 약 몇 m인가?

① $4 + 1.2\sqrt{2}$ ② $4 + 1.4\sqrt{2}$

③ $4 + 1.2\sqrt{5}$ ④ $4 + 1.4\sqrt{5}$

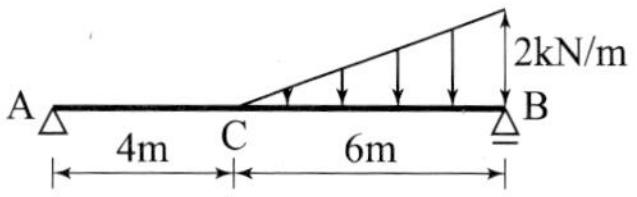

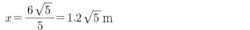

해설

지점반력 $R_A = \dfrac{\left(\dfrac{6 \times 2}{2}\right) \times \left(6 \times \dfrac{1}{3}\right)}{10} = 1.2\text{kN}$

C점에서 전단력이 0인 위치를 x라 하면

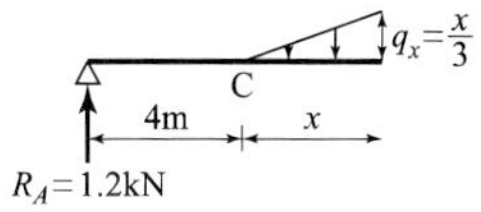

$q_x = \dfrac{w}{l}x = \dfrac{2}{6}x = \dfrac{x}{3}$

$S_x = R_A - \dfrac{1}{2}\left(\dfrac{x}{3}\right)x = 0$에서

$x = \dfrac{6\sqrt{5}}{5} = 1.2\sqrt{5}\,\text{m}$

∴ A점에서 $Q_x = 0$인 위치 $= 4 + x = (4 + 1.2\sqrt{5})\,\text{m}$

66 그림과 같은 단순보에서 D점의 휨모멘트[kN·m]는?

① 14 ② 16

③ 21 ④ 23

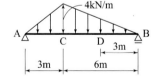

해설

반력을 계산하면

$R_A = \dfrac{wa}{6} + \dfrac{wb}{3} = \dfrac{4 \times 3}{3} + \dfrac{4 \times 6}{3} = 10\text{kN}(\uparrow)$

$R_B = \dfrac{wa}{3} + \dfrac{wb}{6} = \dfrac{4 \times 3}{3} + \dfrac{4 \times 6}{6} = 8\text{kN}(\uparrow)$

∴ $M_D = R_B(3) - \dfrac{(2 \times 3)}{2} \times \left(\dfrac{3}{3}\right) = 8(3) - 3(1) = 21\,\text{kN·m}$

67

그림은 어느 단순보의 전단력도(S.F.D)이다. 최대 휨모멘트[kN·m]는?

① 4

② 6

③ 8

④ 10

> **해설**
>
> 전단력이 0인 점까지의 면적이 최대 휨모멘트를 의미하므로
>
> $$M_{max} = \frac{4(5)}{2} = 10\,kN \cdot m$$
>
> 단순보에서 최대 휨모멘트는 전단력이 0이 되는 위치에서 생기며 크기는 전단력이 0
> 인 점까지의 면적과 같다.
>
> ※ 하중 – 단면력 – 처짐(각) 관계

```
                    ┌──────────┐
                    │  처  짐   │ ↑
                    ├──────────┤
                    │  처짐각   │
  미분              ├──────────┤        적분
  조건              │  휨모멘트 │        조건
                    ├──────────┤
                    │  전단력   │
                    ├──────────┤
                    │ ⊖하중강도 │
                    └──────────┘
```

68

그림과 같은 모멘트 하중과 집중하중을 받고 있는 단순보 D점의 휨모멘트
[kN·m]는?

① 5

② 10

③ 15

④ 24

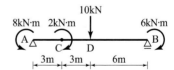

> **해설**
>
> 반력계산
>
> $\sum M_B = 0$에서 $R_A(12) - 8 + 2 - 10(6) + 6 = 0$
>
> $\therefore R_A = 5\,kN$(상향)
>
> $M_D = R_A(6) - 8 + 2 = 5(6) - 8 + 2 = 24\,kN \cdot m$

69

다음은 단순보의 전단력도(S. F. D)이다. 이 보에서 C점의 휨모멘트[kN·m]는?

① 2

② 4

③ 6

④ 8

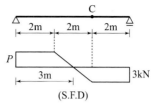

> [해설]
>
> 임의점의 휨모멘트는 그 점까지의 전단력도(S.F.D)의 면적과 같으므로
>
> $M_c = 3(2) = 6\text{kN·m}$

70

다음과 같은 내민보에서 C점에 최대 휨모멘트가 발생하기 위한 하중강도 w의 크기[kN/m]는? (단, 보의 자중은 무시한다.)

① 2

② 4

③ 6

④ 8

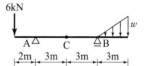

> [해설]
>
> 중앙점 휨모멘트가 최대가 되기 위해서는 지점 A, B의 휨모멘트가 같아야 한다.
>
> $M_A = M_B$에서
>
> $-6(2) = -\dfrac{3w}{2}\left(3 \times \dfrac{2}{3}\right)$ ∴ $w = 4\text{kN/m}$

71

다음과 같은 내민보에서 A, B점의 휨모멘트의 크기가 같고, $-\dfrac{wl^2}{18}$일 때 l_1의 길이는?

① $\dfrac{l}{2}$

② $\dfrac{l}{3}$

③ $\dfrac{l}{4}$

④ $\dfrac{l}{5}$

> [해설]
>
> $M_A = M_B = -\dfrac{wl_1{}^2}{2} = -\dfrac{wl^2}{18}$ ∴ $l_1 = \dfrac{l}{3}$

72

그림과 같은 내민보의 중앙점 C의 휨모멘트는?

① $0.5wa^2$ ② $1.0wa^2$

③ $1.5wa^2$ ④ $2.0wa^2$

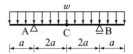

해설

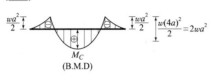

$$\therefore \; M_c = 2wa^2 - \frac{wa^2}{2} = \frac{3}{2}wa^2 = 1.5wa^2$$

73

그림과 같은 단순보에서 영향선에 대한 설명으로 옳은 것은?

① A지점의 반력에 대한 영향선이다.
② C점의 전단력에 대한 영향선이다.
③ B지점의 반력에 대한 영향선이다.
④ A점의 전단력에 대한 영향선이다.

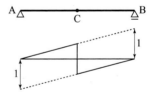

해설

영향선(Influence Line)

C점에서 영향선도가 불연속이므로 C점의 전단력 영향선이다.

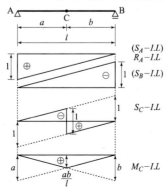

74

그림과 같은 내민보에서 D점의 휨모멘트[kN·m]는? (단, ↪+↩, ↩−↪)

① +42

② −42

③ +28

④ −28

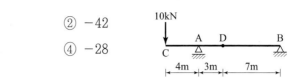

해설

지점반력은 $\sum M_A = 0$에서 $R_B(10) - 10(4) = 0$ ∴ $R_B = 4\text{kN}(\downarrow)$

$M_D = R_B(7) = -4(7) = -28\text{kN·m}$

※ 내민보의 휨모멘트 계산 : 휨모멘트(B. M. D)에 의한 방법

$$M_D = -40 \times \frac{7}{10} = -28\text{kN·m}$$

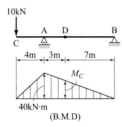

(B.M.D)

75

그림과 같은 이동하중이 작용할 때 C점의 최대 휨모멘트[kN·m]는?

① 7.6

② 8.2

③ 9.4

④ 10.2

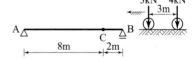

해설

휨모멘트 영향선을 그린 후 최대 집중하중을 최대 종거값에 배치해 최대 휨모멘트가 발생하도록 한다.

$M_{c,\max}$의 발생조건 : $\dfrac{Ra}{l} = \dfrac{7(8)}{10} = 5.6 < P_1 + P_2 = 7$

∴ $P_2 = 4\text{kN}$이 C점에 재하될 때 $M_{c\max}$ 발생

$y_1 = \dfrac{2(5)}{10} = 1.0\text{m}$, $y_2 = \dfrac{2(8)}{10} = 1.6\text{m}$

∴ $M_{c\max} = P_1 y_1 + P_2 y_2 = 3(1.0) + 4(1.6) = 9.4\text{kN·m}$

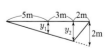

76 다음 내민보의 A지점에서 변곡점의 위치 x[m]는?

① 0.5 　　　② 1.0

③ 1.5 　　　④ 2.0

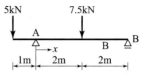

해설

변곡점은 휨모멘트가 0인 점에서 발생한다.

$\sum M_B = 0$: $R_A(4) - 5(5) - 7.5(2) = 0$

$\therefore R_A = 10\text{kN}(\uparrow)$

AB구간에서 휨모멘트 일반식을 구성하면 $M_x = 10x - 5(1+x) = 0$

$\therefore x = 1\text{m}$

77 그림과 같은 단순보 위를 이동하중이 이동할 때 절대 최대 휨모멘트[kN·m]는?

① 106 　　　② 148

③ 164 　　　④ 192

해설

합력과 가까운 하중의 2등분점이 보 중앙과 일치할 때 $|M_{\max}|$발생

(1) 합력의 작용위치

$$e = \frac{Pd}{R} = \frac{60(4)}{120} = 2\text{m}$$

(2) 절대 최대 휨모멘트 발생위치

$$x = \frac{L}{2} - \frac{e}{2} = \frac{10}{2} - \frac{2}{2} = 4\text{m}$$

(3) 반력 $\sum M_B = 0$에서 $R_A = \frac{120(4)}{10} = 48\text{ kN}$

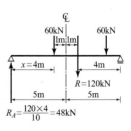

(4) $|M_{\max}| = R_A x = 48(4) = 192\text{kN·m}$

78 다음과 같은 단순보에서 절대 최대 전단력[kN]은?

① 7.1   ② 7.4

③ 7.8   ④ 8.0

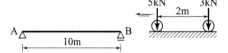

[해설]

절대 최대 전단력($|S_{\max}|$)

최대반력과 같으므로 큰 하중이 지점에 재하될 때 발생하고, 크기는 그 지점의 반력과 같다.

$|S_{\max}| = R_{\max}$

큰 하중 5kN이 지점 A에 재하될 때 발생하므로

$|S_{\max}| = 5(1) + 3(0.8) = 7.4 \text{kN}$

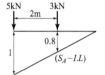

79 자중이 2 kN/m인 그림과 같은 단순보에서 이동하중이 작용할 때 이 보에 일어나는 절대 최대 전단력의 크기[kN]는?

① 17.1   ② 18.1

③ 19.1   ④ 20.1

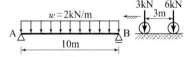

[해설]

절대 최대 전단력

최대반력과 같으므로 큰 하중이 지점에 재하될 때 그 지점의 반력과 같다.

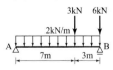

$\therefore |S_{\max}| = R_{B\max} = 6(1) + 3(0.7) + \dfrac{2(10)}{2} = 18.1 \text{kN}$

80 연행이동이 다음 단순보 위를 통과할 때 생기는 최대 전단력[kN]은?
(단, ↑ + ↓ , ↓ - ↑)

① 67

② 62

③ -62

④ -67

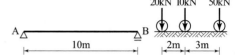

해설

최대 전단력

큰 하중이 지점에 재하될 때 그 지점에서 발생한다.

$$\therefore S_{\max} = S_B = -\{20(0.5) + 10(0.7) + 50(1)\} = -67\text{kN}$$

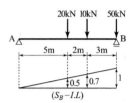

81 다음과 같은 구조물에서 지점 C의 반력이 작용하중 P의 3배일 때, 거리 비 $\dfrac{x}{y}$는?

① 3

② 4

③ 6

④ 9

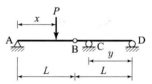

해설

$$\sum M_A = 0 \ : \ P(x) - 3P(2L - y) + R_D(2L) = 0$$

$$R_D = \frac{3P(2L - y) - Px}{2L} (\downarrow)$$

$$\sum M_{B(좌)} = 0 \ : \ R_A(L) - P(L - x) = 0$$

$$R_A = \frac{P(L - x)}{L} (\uparrow)$$

$$\sum V = 0 \ : \ R_A + R_C + D_D = P$$

$$\frac{P(L - x)}{L} + 3P - \frac{3P(2L - y) - Px}{2L} = P$$

정리하면 $-Py + Px = 0$ $\therefore \ \dfrac{x}{y} = 3$

82 다음 단순보에서 지점 A의 반력과 지점 B의 반력이 바르게 짝지어진 것은?

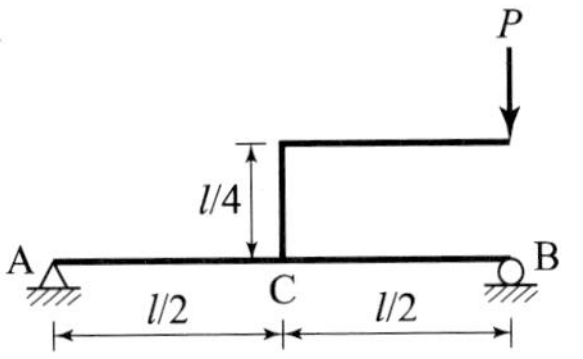

① $R_A = 0$, $R_B = P$

② $R_A = \dfrac{P}{2}$, $R_B = \dfrac{P}{2}$

③ $R_A = \dfrac{P}{4}$, $R_B = \dfrac{3}{4}P$

④ $R_A = P$, $R_B = 0$

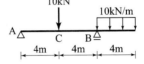

> **해설**
>
> $\sum M_B = 0$: $R_A(l) - P(0) = 0$ $\quad \therefore R_A = 0$
>
> $\sum V = 0$: $R_A + R_B = P$ $\quad \therefore R_B = P$

83 다음 그림과 같은 내민보에서 최대 전단력[kN]을 구하면 얼마인가?

① 10

② 20

③ 30

④ 40

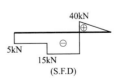

> **해설**
>
> 지점반력은 $\sum M_B = 0$ 에서
>
> $V_A(8) - 10(4) + 10(4) \times (2) = 0$
>
> $\therefore V_A = -5\text{kN}(\downarrow)$
>
> $\sum V = 0$ 에서 $V_B = 50 + V_A = 55\text{kN}$
>
> $\therefore$ 전단력도(S. F. D)에 의해 $S_{\max} = 40\text{kN}$

84 전단력 S와 굽힘 모멘트 M에 대한 설명 중 옳은 것은?

① S가 변하지 않으면 M은 기준선에 평행한 직선으로 된다.

② S가 직선적으로 변화하면 M도 직선적으로 변화한다.

③ S가 직선적으로 변화하면 M은 곡선적으로 변화한다.

④ S가 0일 때 M은 3차 곡선이다.

해설

단면력도의 개형

구 분	S.F.D	B.M.D
집중하중	축에 평행	직선
등분포하중	직선	2차 포물선
등변분포하중	2차 포물선	3차 포물선

85 다음과 같이 집중하중 P와 등분포하중 w=5kN/m를 받는 내민보에서, 전단력이 0이 되는 위치가 B점에서 왼쪽으로 2m 떨어져 있을 때, 집중하중 P의 크기[kN]는?

① 6 ② 8

③ 10 ④ 12

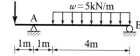

해설

⑴ B점의 반력

전단력이 0이 되는 위치가 B점에서 왼쪽으로 2m 떨어져 있으므로

$S_{x_B=2m} = R_B - 5(2) = 0$에서 $R_B = 10\text{kN}(\uparrow)$

⑵ 집중하중의 크기

평형조건 $\sum M_A = 0$: $-P(1) + (5\times4)\left(1+\dfrac{4}{2}\right) - R_B(5) = 0$에서

$P = (5\times4)\left(1+\dfrac{4}{2}\right) - R_B(5) = 10\text{kN}$

86

다음은 집중하중 P와 등분포하중 w를 받는 내민보의 단면력도를 나타낸 것이다. 전단력도(SFD)와 휨모멘트도(BMD)가 다음과 같을 때, 등분포하중 w, 지점 A의 수직반력 V_A, 지점 B로부터 모멘트가 0인 곳까지의 거리 a는 각각 얼마인가? (단, BMD에서 최대 휨모멘트는 M_{max}=3.125kN·m이고, 최소 휨모멘트는 M_{min}=-10kN·m이다)

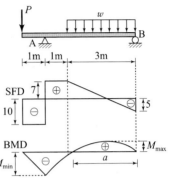

	w[kN/m]	V_A[kN]	a[m]
①	3	10	2.4
②	3	17	2.5
③	4	17	2.4
④	4	17	2.5

해설

(1) 전단력도(S.F.D)에서

$P = 10$kN

$V_A = $ 불연속량 $= 7 + 10 = 17$kN

$w = $기울기 $= \dfrac{(7+5)}{3} = 4$kN/m

$V_B = 5$kN

(2) 휨모멘트도(B.M.D)

거리 a는 B지점에서 전단력이 0이 되는 지점에서 2배(-전단력으로 둘러싸인 면적과 +전단력으로 둘러싸인 면적의 합이 0이 되는 거리)이므로

$V_B - \left(\dfrac{wa}{2}\right) = 0$에서 $a = \dfrac{2V_B}{w} = \dfrac{2(5)}{4} = 2.5$m

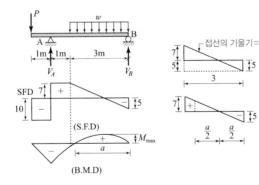

87 다음과 같은 내민보에서 발생하는 최대휨모멘트[kN·m]는?

① 4 　　　　　② 12

③ 16 　　　　　④ 19

해설

최대 휨모멘트가 발생하는 점은 전단력이 0인 위치이며 최대 휨모멘트는 전단력도의 면적과 같다.

(1) 지점 반력

$$\sum M_B = 0 \ : \ R_A(10) - (2 \times 6)\left(\frac{6}{2}+1\right) + 4(2) = 0 \text{에서}$$

$$R_A = \frac{(2 \times 6)\left(\frac{6}{2}+1\right) - 4(2)}{10} = 4\text{kN}(\uparrow)$$

$$\sum V = 0 \ : \ R_A + R_B = 2(6) + 4 \text{에서}$$

$$R_B = 2(6) + 4 - R_A = 12\text{kN}(\uparrow)$$

(2) 전단력이 0인 위치

$$S = R_A - wx = 0 \text{에서}$$

$$x = \frac{R_A}{w} = \frac{4}{2} = 2\text{m}$$

$$\therefore \text{A점에서 위치는 } 3 + 2 = 5\text{m}$$

(3) 최대 휨모멘트

$$M_{\max} = R_A(5) - (2 \times 2)\left(\frac{2}{2}\right)$$

$$= 4(5) - (2 \times 2)\left(\frac{2}{2}\right) = 16\text{kN} \cdot \text{m}$$

또는 $S = 0$인 점까지 전단력의 면적과 같으므로

$$M_{\max} = R_A(3) - \frac{1}{2}R_A(2)$$

$$= 4(3) + \frac{1}{2}(4)(2) = 16\text{kN} \cdot \text{m}$$

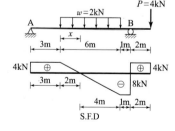

88 다음 단순보에서 C~D 간의 휨모멘트를 일정하게 하려면 하중 P_1, P_2와 a, b 사이에 대한 관계 중 옳은 것은?

① $P_1 : P_2 = (l-b) : a$

② $P_1 : P_2 = (l-b) : (l-a)$

③ $P_1 : P_2 = (l-a) : (l-b)$

④ $P_1 : P_2 = b : a$

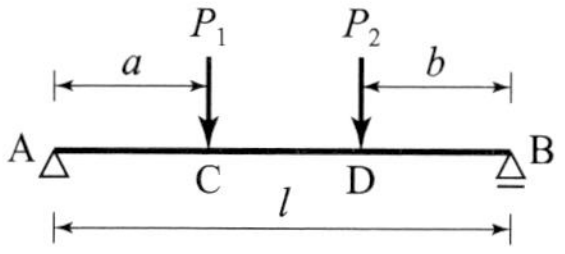

해설

C~D 간의 휨모멘트가 일정하려면 $R_A = P_1$, $R_B = P_2$ 라야 한다.

$\therefore$ $M_C = M_D$에서 $P_1 a = P_2 b$

$\dfrac{P_1}{P_2} = \dfrac{b}{a}(\therefore P_1 : P_2 = b : a)$

89 그림과 같은 삼각형 분포하중이 작용하는 단순보의 S_c [kN]와 M_c [kN·m]는?

① $S_c = 8$, $M_c = 96$

② $S_c = 6$, $M_c = 82$

③ $S_c = 4$, $M_c = 67$

④ $S_c = 10$, $M_c = 54$

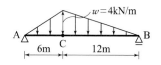

해설

(1) 지점반력 : $\sum M_B = 0$에서 $R_A(18) - 36(10) = 0$

$\therefore R_A = 20\,\text{kN}$

(2) 단면력

$S_c = R_A - \dfrac{wa}{2} = 20 - \dfrac{4(6)}{2} = 8\,\text{kN}$

$M_c = R_A a - \dfrac{wa^2}{6} = 20(6) - \dfrac{4(6^2)}{6} = 96\,\text{kN}\cdot\text{m}$

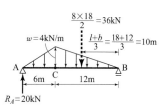

90 다음과 같은 구조물을 지탱하고 있는 A물체를 움직이는데 필요한 힘 $P\,[\text{kN}]$는?
(단, A물체의 자중은 무시하며, A물체와 바닥면의 마찰계수는 $\mu = 0.2$이다.)

① 4

② 8

③ 12

④ 20

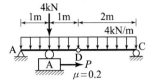

【해설】

(1) $\sum M_A = 0$

$4 \times 1 + 4 \times 2 \times 1 + 4 \times 2 = R \times 1$

$\therefore\ R = 20\text{kN}$

(2) 물체 A에 필요한 힘

$P \geq F = R\mu = 20(0.2) = 4\text{kN}$

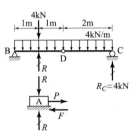

91 다음과 같은 게르버보에서 B지점의 휨모멘트는?

① $\dfrac{10wl^2}{6}$

② $-\dfrac{wl^2}{6}$

③ $-\dfrac{7wl^2}{6}$

④ $-\dfrac{10wl^2}{6}$

 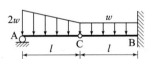

【해설】

(1) $R_c = \dfrac{wL}{2} \times \dfrac{1}{3} + \dfrac{wL}{2} + \dfrac{2}{3}wL$

(2) $M_B = \dfrac{2}{3}wL \times L + \dfrac{wL^2}{2} = \dfrac{7}{6}wL^2\ (\cup \ominus \cup)$

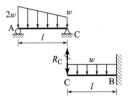

92

다음과 같은 내민보에서 지점 B, D의 연직반력과 C점에서의 전단력 및 휨모멘트에 대한 영향선으로 옳지 <u>않은</u> 것은?

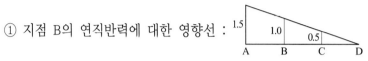

① 지점 B의 연직반력에 대한 영향선 :

② 지점 D의 연직반력에 대한 영향선 :

③ C점에서의 전단력에 대한 영향선 :

④ C점에서의 휨모멘트에 대한 영향선 :

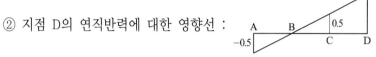

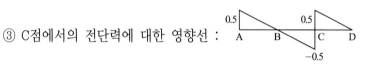

해설

휨모멘트 영향선의 중앙종거값은 $\dfrac{ab}{L} = \dfrac{6 \times 6}{12} = 3$

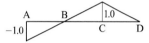

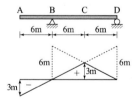

93 그림과 같은 단순보에서 휨모멘트에 대한 설명 중 옳지 <u>않은</u> 것은?

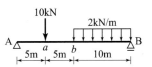

① 최대 휨모멘트의 값은 $50\text{kN}\cdot\text{m}$이다.

② 최대 휨모멘트는 a점 한 점에서만 발생한다.

③ 휨모멘트의 분포는 ab구간에서 직선이다.

④ 휨모멘트의 분포는 bB구간에서 포물선이다.

> **해설**
>
>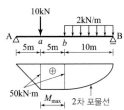
>
> ab구간에서는 순수굽힘이 발생하므로 ab구간의
> 휨모멘트는 최댓값 $50\,\text{kN}\cdot\text{m}$로 일정하다.
>
> 순수 굽힘 발생 시 특징
>
> ① $R_A = P_1 = 10\text{kN}, \ R_B = P_2 = 10\text{kN}$
>
> ② $S_{ab} = 0$
>
> ③ $M_{ab} = P_1 a = P_2 b =$ 최대로 일정
>
> ④ $a, \ b$ 구간의 곡률반경은 일정하다. ∴ 탄성곡선의 개형은 원호를 이룬다.

94 다음 그림과 같은 정정 게르버보에서 A점에서의 모멘트[$\text{N}\cdot\text{m}$]는? (단, B, D, F 는 내부힌지이다.)

① 4

② 5

③ 6

④ 7

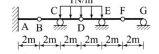

> **해설**
>
> 영향선을 이용하여 계산하면
>
> $$M_A = w A = 1\left(\frac{4 \times 2}{2}\right) = 4\text{N}\cdot\text{m}$$
>
>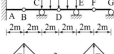
>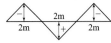

95

다음 그림과 같은 게르버보에 대한 설명 중 옳은 것은?

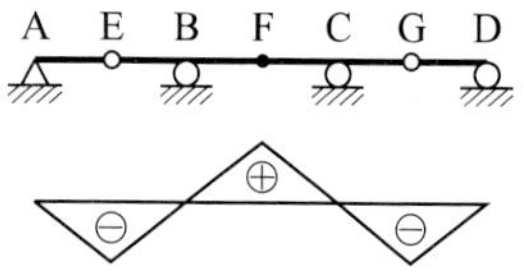

① B지점의 반력에 대한 영향선($R_B - I.L$)

② B지점의 전단력에 대한 영향선($S_B - I.L$)

③ F지점의 휨모멘트에 대한 영향선($M_F - I.L$)

④ F지점의 전단력에 대한 영향선($S_F - I.L$)

해설

영향선의 개형

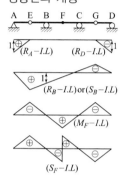

F지점에서 휘어졌으므로 F지점의 휨모멘트에 대한 영향선이다.

96

다음 정정보에서 지점 C점에서의 반력[N]은? (단, B, D, F는 내부힌지이다.)

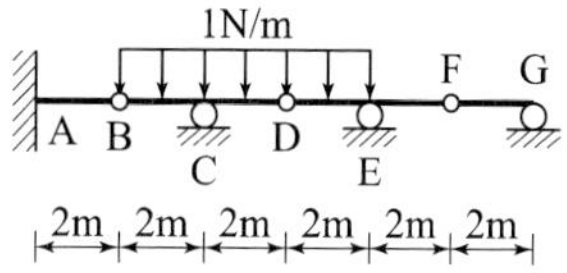

① 4   ② 5

③ 6   ④ 7

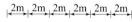

해설

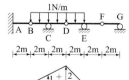

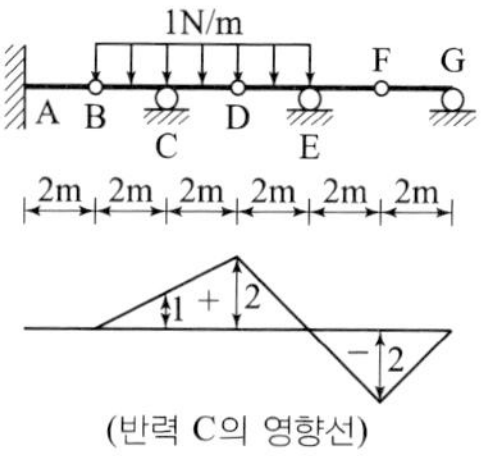

$$R_A = wA = 1\left(\frac{6 \times 2}{2}\right) = 6\text{N}$$

97

다음 그림과 같은 정정보에서 임의의 위치에 등분포하중 w가 재하될 때, C점의 정(+)방향 최대 휨모멘트 $M_{c,\,max}$는?

① $\dfrac{wL^2}{9}$ ② $\dfrac{2wL^2}{9}$

③ $\dfrac{wL^2}{7}$ ④ $\dfrac{2wL^2}{7}$

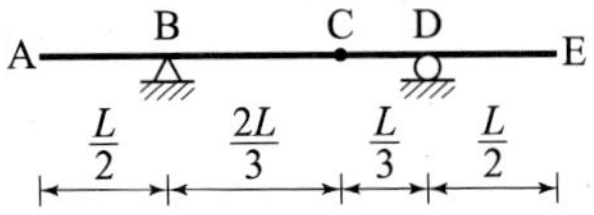

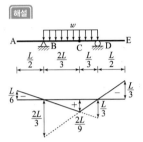

해설

$$\therefore M_{c,\,max} = wA = w\left(\dfrac{L \times \dfrac{2L}{9}}{2}\right) = \dfrac{wL^2}{9}$$

98

그림과 같은 단순보에서 이동하중 P가 보의 중앙단면에서 x만큼 떨어져서 작용할 때 하중점에서 모멘트 크기는?

① $\dfrac{P}{l}(2l^2 - x^2)$ ② $\dfrac{P}{l}\left(\dfrac{l^2}{2} - x^2\right)$

③ $\dfrac{P}{l}\left(\dfrac{l^2}{3} - x^2\right)$ ④ $\dfrac{P}{l}\left(\dfrac{l^2}{4} - x^2\right)$

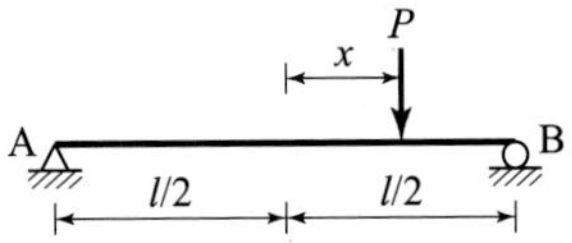

해설

$$M = \dfrac{Pab}{l} = \dfrac{P}{l}\left(\dfrac{l}{2} + x\right)\left(\dfrac{l}{2} - x\right) = \dfrac{P}{l}\left(\dfrac{l^2}{4} - x^2\right)$$

99 그림과 같은 게르버보(A는 힌지지점, B, C, D는 롤러지점, E, F는 내부힌지)에 서 지점 B의 바로 왼쪽과 바로 오른쪽 단면의 전단력 영향선으로 적절한 것은?

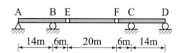

지점 B의 바로 왼쪽 선도　　　지점 B의 바로 오른쪽 선도

①

②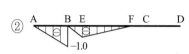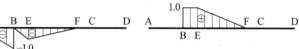

③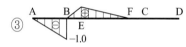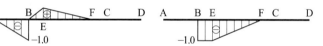

④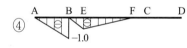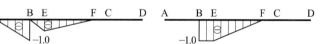

해설

중간지점 B는 지점반력이 작용하므로 전단력이 불연속이 된다.

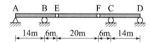

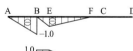

100

다음 그림과 같은 정정 게르버보에 대한 영향선으로 옳지 <u>않은</u> 것은 (단, 여기서 C, D점은 내부힌지이다)

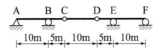

① A점 연직반력

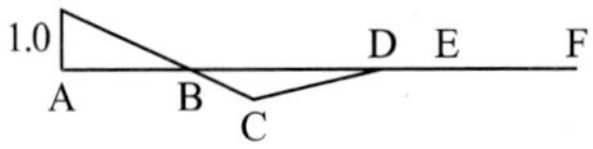

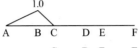

② B점 연직반력

③ B점 휨모멘트

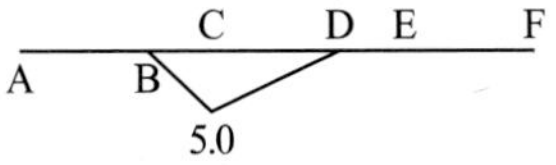

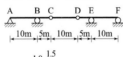

④ B 우측점 전단력

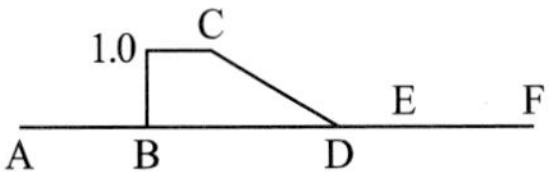

> **해설**
>
> B점 반력의 영향선

101

그림과 같은 연행하중이 게르버보 위를 지날 때 R_B(B점 반력)의 최대 크기[kN]는?

① 5.6   ② 6.4

③ 7.2   ④ 8.6

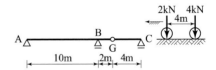

> **해설**
>
> $R_{B\max}$는 4kN이 최대 종거에 재하될 때 발생하므로
> $R_{B\max} = 2(0.8) + 4(1.2) = 6.4\text{kN}$

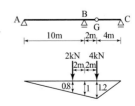

102 다음 보 ABC에서 최대 휨모멘트의 크기는?

① 5kN·m ② 10kN·m

③ 15kN·m ④ 20kN·m

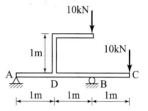

> **해설**

반력을 구한 후 휨모멘트를 그린다.

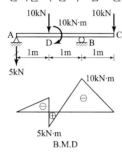

103 다음 보에서 등분포 활하중 w_1=10kN/m와 집중 활하중 P_1=50kN이 작용할 때 C점에서 최대 전단력의 크기는 몇 kN인가?

① 85kN ② 75kN

③ 65kN ④ 55kN

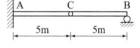

> **해설**

C점의 전단력에 대한 영향선에서

$$S_{c,\max} = P_1 y + w_1 A = 50(1) + 10\left\{\frac{1}{2}(1)(5)\right\}$$
$$= 75kN$$

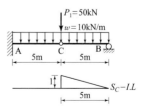

104

다음 그림에 대한 설명 중 옳지 <u>않은</u> 것은?

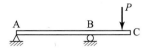

① A에서의 반력은 하향(↓)이다.

② 최대 모멘트는 A와 B 사이에서 발생한다. (A와 B는 제외)

③ 보의 어느 곳에서도 정모멘트(+)는 작용하지 않는다.

④ C에서의 전단력은 영(0)이다.

해설

(1) A지점 반력

$$\sum M_B = 0 \ : \ P(a) - R_a(L) = 0 \quad R_a = \frac{Pa}{L}(\downarrow)$$

∴ 지점 A에서의 반력은 하향(↓)이다.

(2) 최대 모멘트는 중간지점 B에서 부모멘트(−) Pa가 발생한다.

(3) 보의 어느 곳에서도 정모멘트 (+)는 발생하지 않는다.

(4) C에서의 전단력은 전단력도(S.F.D)에서 나타나듯이 0이다.

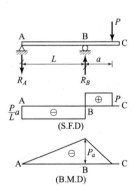

105

그림과 같은 게르버보에서 B점의 휨모멘트는 얼마인가?

① 120kN·m   ② 150kN·m

③ 180kN·m   ④ 210kN·m

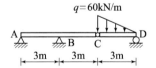

해설

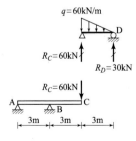

$$M_B = R_c(3) = 60(3) = 180 \text{kN} \cdot \text{m}$$

106 그림과 같은 내민보의 최대 휨모멘트의 크기는 얼마인가?

① 400kN·m ② 320kN·m

③ 240kN·m ④ 200kN·m

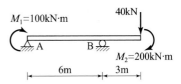

해설

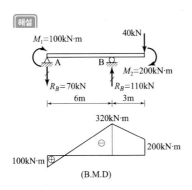

107 그림과 같은 구조물에서 발생하는 최대 휨모멘트[kN·m]는? (단, 자중은 무시한다.)

① 16 ② 18

③ 20 ④ 22

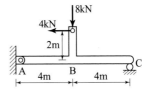

해설

반력을 구하고 휨보멘트노를 그린다.

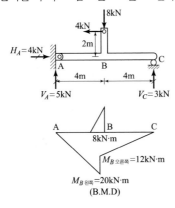

108

그림과 같이 연행하중이 내민보 위를 지날 때 A점에서 수직반력 R_A의 최댓값은?

① 10kN

② 9kN

③ 8kN

④ 7kN

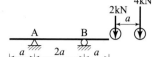

해설

반력의 영향선을 그린 후 최댓값이 되도록 연행하중을 배치한다.

$$R_{A,\,max} = 2(1.5) + 4(1) = 7\text{kN}$$

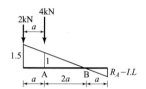

109

그림과 같은 단순보에서 CD부재의 자유물체도는?

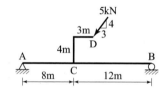

①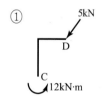

②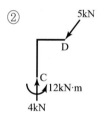

③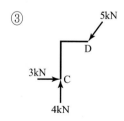

④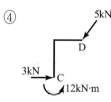

해설

부재를 자르고 자유물체도 표현할 때도 힘의 평형조건은 성립해야 한다.

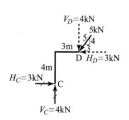

110

그림과 같은 내민보에 대한 설명으로 옳지 <u>않은</u> 것은? (단, 단면은 이축대칭으로 전 길에 걸쳐 균일하며, 자중은 무시한다.)

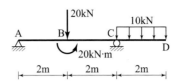

① 지점 A와 B의 단면에 발생하는 최대 전단응력은 같다.

② 지점 C의 단면에 발생하는 최대 전단응력은 지점 A의 단면에 발생하는 최대 전단응력의 2배이다.

③ 지점 B와 C의 단면에 발생하는 최대 휨응력은 같다.

④ BC구간 중앙점 단면에 발생하는 최대 휨응력은 CD구간 중앙점 단면에 발생하는 최대 휨응력보다 작다.

해설

전단력도와 휨모멘트도를 그린 후 보기를 확인해 나간다.

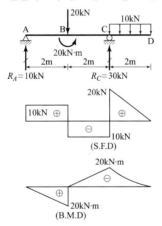

① 지점 A와 지점 B의 전단력과 단면이 같으므로 최대전단응력은 같다.

② 지점 C에 발생하는 최대전단력(20kN)은 지점 A에 발생하는 최대전단력(10kN)의 2배이므로 최대 전단응력도 2배이다.

③ 지점 B에 발생하는 최대 휨모멘트(20kN·m)와 지점 C에 발생하는 최대 휨모멘트(20kN·m)는 절댓값이 같으므로 최대 휨응력은 같다.

④ BC구간 중앙점 휨모멘트(10kN·m)는 CD구간 중앙점 휨모멘트(5kN·m)보다 더 크므로 최대 휨응력도 더 크다.

Civil
Engineering

보의 응력

보의 응력

보에 발생하는 휨응력과 전단응력에 대해서 알아보고 그 응력 값을 구해 본다.
또한 허용응력값에 의한 단면을 설계하는 방법을 학습해 본다.

❶ 휨응력

1. 정의

보가 수직한 하중을 받으면 상단은 압축, 하단은 인장이 발생하게 되는데 이와 같이
한 부재에서 인장과 압축이 동시에 발생하는 경우를 휨이라 하고 이때의 인장응력과
압축응력을 휨응력이라 한다.

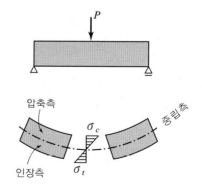

2. 휨응력 일반식

보에 수직하중이 아래로 작용하여 부재 내에 휨모멘트가 가해지면 부재는 휘어지고 단면의 중립축을 경계로 하여 그 위쪽에는 압축응력이, 아래쪽에는 인장응력이 발생한다.

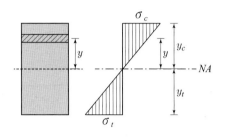

$$\sigma = \pm \frac{M}{I} \cdot y$$

단, σ : 휨응력 (MPa, N/mm²)

M : 휨모멘트 (N·mm)

I : 단면 2차 모멘트(mm⁴)

y : 중립축으로부터 구하는 점까지의 거리(mm)

3. 휨응력의 특징

① 휨응력은 단면이 같다면 y거리에 따라 비례해 커진다. 즉, 1차 직선분포한다.

② 단면의 상, 하단에서 y가 최대이므로 휨응력 또한 최대가 된다.

③ 즉, 부재 양 끝단에서 최대 휨 압축응력 또는 최대 휨 인장응력이 발생한다.

④ 중립축에서 휨응력은 0이다.

⑤ 휨만 작용하는 경우 중립축은 도심축과 일치한다. 하지만 축력이 동시에 작용하는 경우 일치하지 않게 된다.

예제1 아래 그림과 같은 단면을 가지는 보가 최대 휨모멘트 $M=60\text{kN}\cdot\text{m}$를 받을 때 중립축으로부터 3cm 떨어진 점에서 휨응력의 크기[MPa]는?

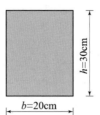

① 2

② 4

③ 6

④ 8

해설

$\sigma = \dfrac{M}{I}y$에 대입한다.

$\sigma = \dfrac{60\times10^6}{\dfrac{200\times300^3}{12}}\times 30 = 4\text{MPa}$

정답 ②

4. 휨응력과 변형률

(1) 휨변형률

기하학적 조건에 의해 유도되는 휨변형률은 중립축으로부터의 수직거리(y)에 비례하며 재료의 성질에 관계없이 성립한다.

$\epsilon = \dfrac{\text{변형된 길이}}{\text{원래 길이}} = \dfrac{\text{중립축으로부터 수직 거리}}{\text{곡률반경}} = \dfrac{y}{R}$

　단, R : 곡률 반경(곡률중심에서 중립축까지의 거리)

(2) 곡률과 곡률반경(=회전반경) 관계

곡률 반경(R) $=\dfrac{1}{\text{곡률}(\rho)}$

곡률과 곡률 반경과는 역수관계이다.

(3) 곡률과 휨모멘트 관계

곡률 반경(R) $=\dfrac{EI}{M}=\dfrac{y}{\epsilon}$　(단, E : 탄성계수, I : 단면 2차 모멘트)

(4) 휨응력 공식의 정리

$$\sigma = \frac{M}{I}y = E\epsilon = \frac{E}{R}y$$

핵심 KEY

예제 2 탄성계수 E가 120GPa, 회전반경이 100m일 때 아래 보의 중립축에서 2cm 떨어진 지점의 휨응력 크기[MPa]로 옳은 것은?

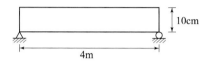

10cm

4m

① 20   ② 22

③ 24   ④ 26

해설

회전반경을 이용한 휨응력공식은 $\sigma = \dfrac{Ey}{R}$ 이다. 그리고 y값은 문제에서 제시한 중립축에서부터 거리 2cm를 대입한다.

$$\frac{120 \times 10^3 \text{MPa} \times 20\text{mm}}{100 \times 10^3 \text{mm}} = 24\text{MPa}$$

정답 ③

5. 최대 휨응력

최대 휨응력은 보에서 휨모멘트가 최대인 지점의 부재 연단 끝에서 발생한다.

(1) 비대칭 단면의 최대 휨응력

단면의 상단 또는 하단에서 발생하고 중립축에서 연단까지 거리(y)가 큰 쪽에서 최대 휨응력이 발생한다.

(2) 직사각형(대칭) 단면의 최대휨응력

직사각형 단면의 연단에서 발생, 최대 휨 인장응력과 최대 휨 압축응력의 크기가 같다.

$$\sigma_{\max} = \pm \frac{M}{I}y = \pm \frac{M}{I}\left(\frac{h}{2}\right) = \pm \frac{M}{Z} = \pm \frac{6M}{bh^2}$$

단, M : 구하는 단면의 휨모멘트, Z : 단면계수, b : 부재의 폭, h : 부재의 높이

핵심 KEY

예제3 단면이 20cm×30cm이고 경간이 5m인 단순보의 중앙에 16.8kN의 집중하중이 작용할 때 이보에서 발생하는 최대 휨응력 크기[MPa]는?

① 3
② 30
③ 7
④ 70

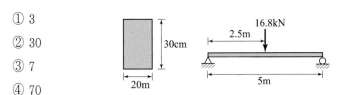

해설

최대휨응력을 구하기 위해서는 최대휨모멘트부터 구해야 한다. 특히 단순보 중앙에 집중하중이 작용하는 경우 최대 휨모멘트는 집중하중 작용점에서 발생하게 된다.

$$M_{\max} = \frac{PL}{4} = \frac{16.8 \times 10^3 \times 5,000}{4}$$ 을 최대 휨모멘트를 최대휨응력 공식에 대입한다.

$$\sigma_{\max} = \frac{6M_{\max}}{bh^2} = \frac{6 \times 16.8 \times 10^3 \times 5,000}{4 \times 200 \times 300 \times 300} = 7\text{MPa}$$

정답 ③

6. 보의 합성응력

보에 수직하중에 의한 휨응력과 축방향력에 의한 축응력이 동시에 작용하게 되면 이들 두 힘에 의하여 합성응력이 생기게 된다.

(1) 축력이 중립축에 작용하는 경우

휨에 의한 응력	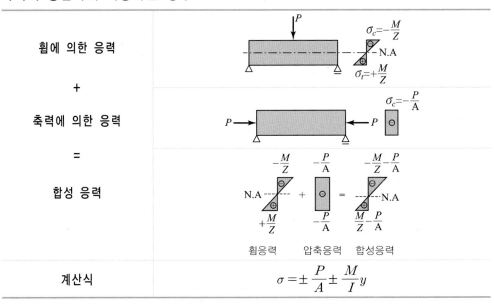
+	
축력에 의한 응력	
=	
합성 응력	
계산식	$\sigma = \pm \dfrac{P}{A} \pm \dfrac{M}{I} y$

※ 인장(+), 압축(−)

(2) 축력이 중립축에 작용하지 않는 경우(중립축으로부터 편심 e만큼 떨어진 축력)

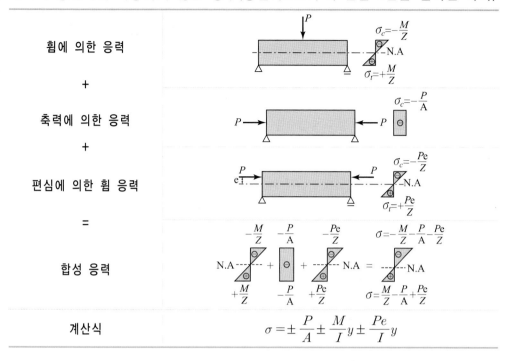

휨에 의한 응력	
+	
축력에 의한 응력	
+	
편심에 의한 휨 응력	
=	
합성 응력	
계산식	$\sigma = \pm \dfrac{P}{A} \pm \dfrac{M}{I} y \pm \dfrac{Pe}{I} y$

핵심 KEY

예제 4 폭 b=20cm, 높이 h=30cm 단순보가 있다. 아래와 같이 하중이 작용했을 때 보의 최대 압축응력의 크기[MPa]로 옳은 것은? (단, 60kN은 단면 중심부에 작용한다.)

① 1.5

② 3.5

③ 7.5

④ 12.5

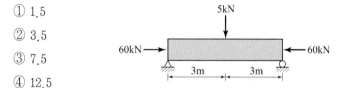

해설

축응력과 휨응력이 동시에 작용하는 합성 응력보이다. 축력을 통해 부재는 기본적으로 전체에 압축응력이 발생하고 또한 집중하중에 의한 휨응력이 발생 보의 단면 윗부분에 는 압축, 밑부분에는 인장이 작용하게 된다. 그러므로 최대 압축응력은 보 중앙의 단면 가장 윗부분에서 발생하게 된다.

$$\sigma = -\frac{P}{A} - \frac{M}{Z} = -\frac{60 \times 10^3}{200 \times 300} - \left(\frac{5 \times 10^3 \times 6 \times 10^3}{4} \right) \times \frac{6}{200 \times 300 \times 300}$$

$$= -1 - 2.5 = -3.5 \, \text{MPa}$$

정답 ②

7. 합성보

탄성계수가 다른 2개의 재료를 일체로 만든 보를 합성보라 한다.

(1) 중립축

① 정의 : 중립축은 응력과 변형이 생기지 않는 축을 의미한다.

② 단면의 중립축 산정 : 중립축을 구하는 방법은 도심을 구하는 방법과 같다. 복합단면에서 탄성계수가 다른 물체인 경우에는 탄성계수가 큰 단면에 탄성계수비$\left(=\dfrac{\text{큰 탄성계수}}{\text{작은 탄성계수}}\right)$를 탄성계수가 큰 단면적에 곱하여 기존 단면적을 환산단면적으로 만들어 준 후 도심을 구한다.

step1. $\dfrac{\text{큰 탄성계수}}{\text{작은 탄성계수}}$ 비를 구한다.

step2. 탄성계수가 큰 쪽 단면의 폭에 탄성계수비를 곱하여 환산단면적으로 만들어준다.

step3. 기존의 도심 구하는 방법으로 도심을 구한다.

Tip 실면적 대신 면적비율을 사용할 수 있다.

핵심 KEY

예제5 아래는 어느 합성 구조물의 단면이다. 윗부분의 플랜지 탄성계수는 4GPa, 아래 복부 탄성계수는 8GPa일 때, $x-x$부터 중립축까지의 거리 y의 값(mm)은?

① 20

② 25

③ 30

④ 35

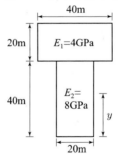

해설

중립축을 구하는 문제도 도심을 구하는 문제와 같은 방법으로 푼다. 다만 탄성계수가 다른 단면일 경우 환산단면적으로 바꿔준 후 계산한다.

step1. 탄성계수 비를 구한다. $\dfrac{8}{4}=2$

step2. 아래 도형을 위의 도형과 탄성계수를 맞춰주기 위해 면적을 2배 늘려준다. 다만, 세로축의 중립축 길이를 구하므로 높이가 아닌 밑변의 길이를 2배로 조정하여 면적을 2배로 만들어 준다.

step3. 아래도형을 높이 60mm, 밑변 40mm 직사각형 단면의 부재로 만들면 밑변 40mm, 높이 60mm 직사각형 단면으로 변한다. 그러므로 도심은 중심에 위치한다.

$\therefore y=\dfrac{60}{2}=30\,\text{mm}$

정답 ③

② 전단응력(휨전단응력)

1. 정의

보가 하중을 받아 휨응력이 발생하면 휨응력 외에도 부재를 수직과 수평으로 자르려는 전단력에 의한 전단응력이 발생한다. 이러한 전단응력을 휨전단응력이라 한다.

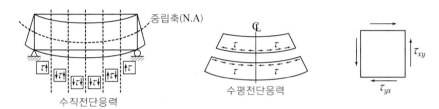

보의 전단응력은 수직전단응력과 수평전단응력이 공존하며 크기는 같고 방향은 반대이다.

$$\tau_{xy} = -\tau_{yx}$$

전체구조가 평형을 만족하므로 요소의 자유물체도에서도 평형을 만족한다.

2. 전단응력 일반식

$$\tau = \frac{Q \cdot S}{I \cdot b}$$

단, τ : 전단응력(N/mm^2, MPa)

   $V,\ S$: 전단력(N)

   I : 중립축에 대한 단면 2차 모멘트(mm^4)

   b : 전단응력을 구하고자 하는 위치의 단면폭(mm)

   Q : 전단응력을 구하고자 하는 축의 상부 또는 하부의 바깥쪽 단면적에 대한 중립축 단
   면 1차 모멘트(mm^3)

3. 기본도형의 전단응력 분포

단면 모양	중립축에서 y만큼 떨어진 위치에서의 전단응력 구하는 식	$y=0,\ y=\dfrac{h}{2},\ y=\dfrac{h}{4}$에서 전단응력 크기		

사각형 단면

$$\tau = \frac{SQ}{Ib}$$
$$= \frac{S}{\dfrac{bh^3}{12}(b)}\cdot\frac{b}{2}\left(\frac{h^2}{4}-y^2\right)$$
$$= \frac{6S}{bh^3}\left(\frac{h^2}{4}-y^2\right)$$
$$= \frac{3S}{2bh^3}(h^2-4y^2)$$
$$= \frac{3}{2}\frac{S}{A}\left(1-\frac{4y^2}{h^2}\right)$$
$$\left[I=\frac{bh^3}{12},\right.$$
$$Q=b\left(\frac{h}{2}-y\right)\left(\frac{h}{4}-\frac{y}{2}+y\right)$$
$$\left.=\frac{b}{2}\left(\frac{h^2}{4}-y^2\right)\right]$$

$\tau = \dfrac{3}{2}\cdot\dfrac{S}{A}\left(1-\dfrac{4y^2}{h^2}\right)$, $\tau_{max}=\dfrac{3}{2}\cdot\dfrac{S}{A}$, $\tau=\dfrac{9}{8}\cdot\dfrac{S}{A}$, $(A=bh)$

중립축$(y=0)$	연단$\left(y=\dfrac{h}{2}\right)$	4등분점 $\left(y=\dfrac{h}{4}\right)$
$\tau=\dfrac{3}{2}\dfrac{S}{A}$	$\tau=0$	$\tau=\dfrac{9}{8}\dfrac{S}{A}$

원형 단면

$$\tau_v = \frac{SQ}{Ib} = \frac{4}{3}\frac{S}{A}\left(1-\frac{4y^2}{d^2}\right)$$

$\tau=\dfrac{4}{3}\cdot\dfrac{S}{A}\left(1-\dfrac{4y^2}{d^2}\right)$, $\tau_{max}=\dfrac{4}{3}\cdot\dfrac{S}{A}$, $A=\dfrac{\pi d^2}{4}=\pi r^2$

중립축$(y=0)$	연단$\left(y=\dfrac{d}{2}\right)$	4등분점 $\left(y=\dfrac{d}{4}\right)$
$\tau_v=\dfrac{4}{3}\dfrac{S}{A}$	$\tau_v=0$	$\tau_v=\dfrac{S}{A}$

삼각형 단면

꼭짓점에서 y만큼 떨어진 위치에서의 전단응력

$$\tau_v = \frac{SQ}{Ib} = 6\frac{S}{A}\left(\frac{y}{h}-\frac{y^2}{d^2}\right)$$

$\tau=6\dfrac{S}{A}\left(\dfrac{y}{h}-\dfrac{y^2}{h^2}\right)$, $\tau_{max}=\dfrac{3}{2}\cdot\dfrac{S}{A}$, $\tau=\dfrac{4}{3}\cdot\dfrac{S}{A}$, $A=\dfrac{bh}{2}$

중립축$\left(y=\dfrac{2h}{3}\right)$	연단 $(y=0\ or\ h)$	2등분점 $\left(y=\dfrac{h}{2}\right)$
$\tau_v=\dfrac{3}{2}\dfrac{S}{A}$	$\tau_v=0$	$\tau_v=\dfrac{4}{3}\dfrac{S}{A}$

핵심 KEY

예제 6 다음 두 단면의 단면적과 작용하는 전단력의 크기가 같을 때, 직사각형 단면의 중립축 전단응력은 원형 단면의 중립축 전단응력의 몇 배인가?

① $\dfrac{9}{8}$

② $\dfrac{8}{9}$

③ $\dfrac{5}{6}$

④ $\dfrac{6}{5}$

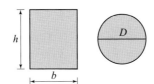

해설

직사각형의 중립축 전단응력은 $\dfrac{3S}{2A}$ 이고 원형 단면의 중립축 전단응력은 $\dfrac{4S}{3A}$ 이다.

두 단면의 전단력과 단면적이 같으므로 $\dfrac{\dfrac{3S}{2A}}{\dfrac{4S}{3A}} = \dfrac{9}{8}$

정답 ①

4. 평균 전단응력(τ_{av})과 최대 전단응력($\tau_{\max}$)

(1) 평균 전단응력, τ_{av}

단면 내에 발생하는 전단응력의 크기가 일정하다고 보고 부재 단면에 작용하는 전단력을 단면적으로 나누어 준 값이다.

$$\tau_{av} = \frac{S}{A}$$

(2) 최대 전단응력, $\tau_{\max}$

단면에 발생하는 전단응력 중 가장 큰 값을 말한다. 최대 전단응력은 평균 전단응력에 일정한 계수(K)를 곱하여 얻을 수 있다.

$$\tau_{\max} = K \cdot \sigma_{av} = K \cdot \frac{S}{A}$$

5. 필수 도형의 평균 전단응력에 대한 최대 전단응력 값

사각형	$\frac{3}{2}\tau_{av}$	$\tau_{\max} = \frac{3}{2}\tau_{av}$
원형	$\frac{4}{3}\tau_{av}$	$\tau_{\max} = \frac{4}{3}\tau_{av}$
삼각형	$\frac{3}{2}\tau_{av}$	$\tau_{\max} = \frac{3}{2}\tau_{av}$
마름모	$\frac{9}{8}\tau_{av}$	$\tau_{\max} = \frac{9}{8}\tau_{av}$

핵심 KEY

예제7 어떤 보 단면에 전단응력도를 그렸더니 아래 그림과 같았다. 이 단면에 가해진 전단력의 크기[kN]로 옳은 것은?

① 48

② 64

③ 72

④ 96

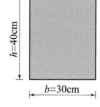

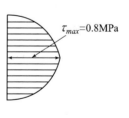

$\tau_{max}=0.8\text{MPa}$

$h=40\text{cm}$

$b=30\text{cm}$

해설

직사각형 최대전단응력 구하는 식은 $\tau_{\max} = \dfrac{3S}{2A}$ 이므로 주어진 조건을 대입한다.

$$\tau_{\max} = \frac{3 \times S}{2 \times 300 \times 400} = \frac{8}{10}$$

∴ $S = 64{,}000\text{N}$, 즉 64kN이다.

정답 ②

6. 전단응력 분포형상

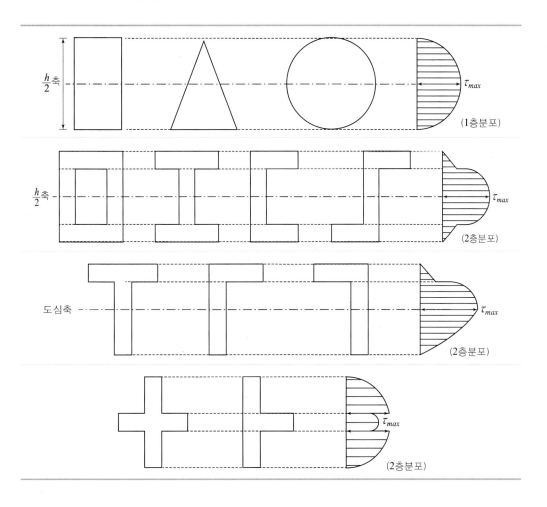

7. 전단응력의 특징

① 전단응력도는 중립축으로부터의 거리 y에 관한 2차 곡선(포물선) 형태로 분포한다.

② 일반적으로 전단 응력은 단면의 중립축에서 최대이다. 단, 삼각형, 마름모, 십자모형 등에서는 예외이다.

③ 전단응력의 분포형상은 단면의 형상에 따라 다르다.

④ 전단응력은 부재 단면의 상·하단 양끝에서 그 크기가 0이다.

⑤ 사각형 단면과 삼각형 단면에서 단면적이 같다면 최대전단응력 또한 그 크기가 같다.

$$\left(\tau_{\max} = \frac{3S}{2A}\right)$$

⑥ 전단응력 분포는 단면의 위치뿐만 아니라 보에 작용하는 전단력 분포에 따라 그 값이 변한다.

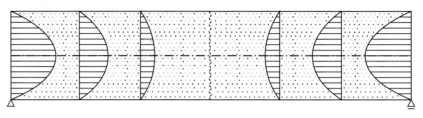

등분포 하중 작용 시 단순보 전단응력도

8. 최대 응력의 비

앞에서 배운 기본공식을 통해 최대휨응력(σ_{max})과 최대전단응력(τ_{max})의 비를 구할 수 있다.

구조물	사각형 단면의 $\dfrac{\sigma_{max}}{\tau_{max}}$ (단, 밑변 b 높이 h)	원형 단면의 $\dfrac{\sigma_{max}}{\tau_{max}}$ (단, 지름 d)
캔틸레버 집중하중 P, 길이 l	$\dfrac{\sigma_{max}}{\tau_{max}} \dfrac{\frac{6Pl}{bh^2}}{\frac{3P}{2bh}} = \dfrac{4l}{h} = \dfrac{4l}{h}$	$\dfrac{\sigma_{max}}{\tau_{max}} = \dfrac{\frac{32Pl}{\pi d^3}}{\frac{4 \times 4P}{3\pi d^2}} = \dfrac{6l}{d}$
캔틸레버 등분포하중 w, 길이 l	$\dfrac{\sigma_{max}}{\tau_{max}} \dfrac{\frac{6wl^2}{bh^2 2}}{\frac{3wl}{2bh}} = \dfrac{2l}{h}$	$\dfrac{\sigma_{max}}{\tau_{max}} = \dfrac{\frac{32\omega l^2}{\pi d^3 2}}{\frac{4 \times 4\omega l}{3\pi d^2}} = \dfrac{3l}{d}$
단순보 중앙 집중하중 P, $\frac{l}{2}+\frac{l}{2}$	$\dfrac{\sigma_{max}}{\tau_{max}} \dfrac{\frac{6Pl}{bh^2 4}}{\frac{3P}{2bh 2}} = \dfrac{2l}{h}$	$\dfrac{\sigma_{max}}{\tau_{max}} = \dfrac{\frac{32Pl}{\pi d^3 4}}{\frac{4 \times 4P}{3\pi d^2 2}} = \dfrac{3l}{d}$
단순보 등분포하중 w, 길이 l	$\dfrac{\sigma_{max}}{\tau_{max}} = \dfrac{\frac{6wl^2}{bh^2 8}}{\frac{3wl}{2bh 2}} = \dfrac{l}{h}$	$\dfrac{\sigma_{max}}{\tau_{max}} = \dfrac{\frac{32\omega l^2}{\pi d^3 8}}{\frac{4 \times 4\omega l}{3\pi d^2 2}} = \dfrac{3l}{2d}$

핵심 KEY

예제8 아래 단순보에 그림과 같은 등분포하중이 작용할 때 최대휨응력/최대전단응력의 값은?

① 2

② 20

③ 4

④ 40

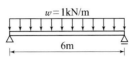

해설

단순보 등분포하중이 작용할 때 직사각형 단면의 최대휨응력/최대전단응력 비는

$$\frac{\dfrac{6wl^2}{bh^28}}{\dfrac{3wl}{2bh2}} = \frac{l}{h} \text{와 같으므로 } \frac{600}{30} = 20\text{이다.}$$

정답 ②

9. 단순보의 휨응력과 전단응력의 분포

(1) 보 중앙에 집중하중이 작용할 때

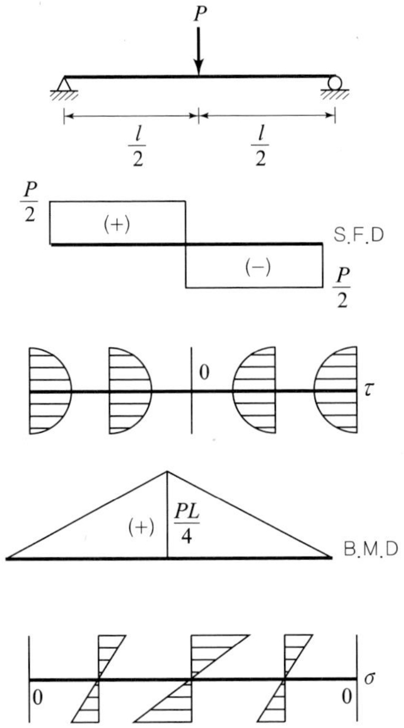

(2) 등분포하중이 작용할 때

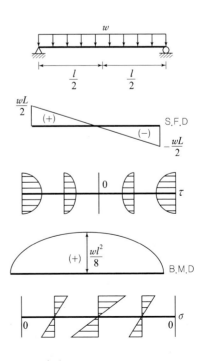

(3) 보의 휨응력, 전단응력 분포도 특징

① 보 중앙에 집중하중이 작용할 때 휨모멘트는 중앙으로 갈수록 커지며, 이에 따라 보 중앙으로 올수록 연단의 최대휨응력 크기는 증가한다. 하지만 중립축에서는 항상 0이다.

② 보 중앙에 집중하중이 작용할 때 전단응력의 분포는 지점에서 중앙점까지는 전단력이 같기에 동일한 전단응력 분포를 나타낸다. 그러나 중앙점에서는 전단력이 0이기에 연단뿐만 아니라 중립축에서도 전단응력 크기는 모두 0이 된다. (부재 단면 연단에서 전단응력 크기는 항상 0이다.)

③ 위의 보에서 한가운데 부재 단면의 정중앙점에서는 휨응력과 전단응력이 모두 0으로 어떠한 힘도 작용하지 않는 점이 된다. (구멍을 뚫어도 피해가 최소인 지점)

10. 전단중심과 전단 흐름

(1) 정의

보에 하중이 작용할 때 비틀림이 없는 순수 휨상태를 유지하기 위해서는 전단응력의 합력이 통과하는 특정한 점에 하중을 작용시켜야 하는데 이러한 합력이 통과하는 점을 전단중심이라 한다.

(2) 단면에 따른 도심(G)과 전단중심(S) 위치

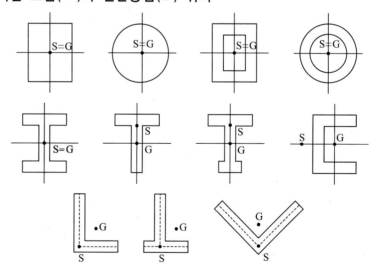

(3) 전단중심의 성질

① 전단중심에 하중이 작용하면 휨모멘트에 의한 수직응력만 발생하고 비틀림은 발생하지 않는다.

② 2축 대칭 단면의 전단중심은 도심과 일치한다.

③ 1축 대칭단면의 전단중심은 대칭축상에 있다.

④ 중심선이 1점에서 교차하는 얇은 개단면의 전단중심은 중심선의 교점과 일치한다.

3 보의 설계

1. 설계의 기본

보가 안전하기 위해서는 단면에 작용하는 응력이 허용응력 이하여야 한다. 보에는 기본적으로 휨응력과 전단응력이 모두 작용하므로 두 허용응력에 대해 모두 안전해야 한다.

2. 탄성설계

(1) 정의

하중에 의한 응력이 구조물 재료의 허용응력(탄성범위)를 넘지 않도록 설계하는 것으로 허용응력설계로도 불린다.

(2) 저항모멘트

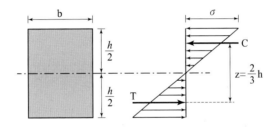

탄성설계의 응력분포는 삼각형 분포로 가정하고, 여기서 압축응력 C와 인장응력 T는 우력이 되어 저항모멘트가 생긴다.

저항모멘트 $M_r = Cz = Tz$ 에서 $C = T = \dfrac{1}{2}\sigma b\dfrac{h}{2} = \dfrac{\sigma bh}{4}$ 이고 우력간 거리 $z = \dfrac{2}{3}h$ 가 되

므로 $M_r = Cz = \dfrac{\sigma bh}{4} \times \dfrac{2}{3}h = \dfrac{\sigma bh^2}{6} = \sigma Z$

$$\therefore\ M_r = \sigma Z$$

(Z : 단면계수)

3. 소성설계

(1) 정의

하중에 의한 응력이 구조물 재료의 극한 응력을 넘지 않도록 설계하는 것으로 강도설계라고도 불린다.

(2) 소성모멘트

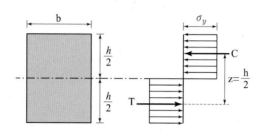

소성설계의 응력분포는 직사각형 분포로 가정하고, 여기서 압축응력 C와 T는 우력이 되어 소성모멘트가 생긴다.

소성모멘트 $M_P = Cz = Tz$ 에서 $C = T = \sigma_y b \dfrac{h}{2} = \dfrac{\sigma_y bh}{2}$ 이고 우력간 거리 $z = \dfrac{h}{2}$ 가 되므로

$$M_P = Cz = \frac{\sigma_y bh}{2} \times \frac{h}{2} = \frac{\sigma_y bh^2}{4} = \sigma_y Z_P$$

$$\therefore \ M_P = \sigma_y Z_P$$

(Z_P : 소성계수)

핵심 KEY

예제 9 아래 그림은 단순보 직사각형단면에서의 휨응력 분포도이다. 아래 단면에서 소성모멘트(M_P) 크기로 옳은 것은?

① $M_P = \dfrac{1}{12} Ah \times \sigma_y$

② $M_P = \dfrac{1}{6} Ah \times \sigma_y$

③ $M_P = \dfrac{1}{4} Ah \times \sigma_y$

④ $M_P = \dfrac{1}{2} Ah \times \sigma_y$

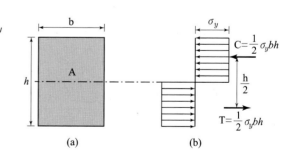

해설

소성설계 기본식은 $\sigma_y = \dfrac{M_P}{Z_P} = \dfrac{4M_P}{bh^2}$ 이므로 $M_P = \dfrac{1}{4} Ah \times \sigma_y$

정답 ③

4. 보의 설계

(1) 허용응력(σ_a, τ_a)

구조물에 하중이 작용하더라도 파괴되지 않고, 또 큰 변형을 일으키는 일 없이 구조물의 제 기능을 발휘하며 안전하도록 하기 위해서 부재 내부에 일어나는 응력이 일정한 한도를 넘지 않도록 정한 값이다.

(2) 안전율

사용재료의 실제 버틸 수 있는 강도와 허용응력과의 비이다.

$$안전율 = \frac{부재의\ 강도}{허용응력(\sigma_a)}$$

(3) 보의 설계

보가 안전하기 위해서는 단면에 작용하는 휨응력과 전단응력 두 조건이 모두 허용응력 이하 여야 한다.

$$\sigma \leq \sigma_a, \ \tau \leq \tau_a$$

단, σ : 휨모멘트에 의해 생기는 부재의 휨응력

σ_a : 사용재료의 허용 휨응력

τ : 전단력에 의해 생기는 부재의 전단응력

τ_a : 사용 재료의 허용 전단응력

⑩ 허용 휨응력에 의해 부재에 작용할 수 있는 허용하중의 크기가 100kN 허용 전단응력에 의해 부재에 작용할 수 있는 허용하중의 크기가 80kN일 때 부재에 작용할 수 있는 최대 허용하중의 크기는?

답 : 80kN

해설 : 부재에 작용할 수 있는 허용하중이란 파괴되지 않는 범위에서 하중을 말하므로 부 재는 80kN에서 허용 전단력에 도달, 전단파괴가 예상되므로 허용 휨하중 한계인 100kN의 하중까지 가지 못한다.

핵심 KEY

예제10 다음과 같은 보가 중앙점에 집중하중 P를 받고 있다. 이 재료의 허용 휨응력 σ_a=8MPa이고, 허용 전단응력 τ_a=0.8MPa이다. 이 보가 받을 수 있는 최대 하중 크기[kN]는?

① 24

② 240

③ 64

④ 640

해설

최대허용휨응력과 최대허용전단응력 값을 통해 구한 최대하중 P를 비교하여야 한다.

최대허용휨응력은 위의 부재에서 모멘트가 최대인 중앙점의 휨응력이 최대가 되는 부재 단면 양끝단에서 그 값을 구해야 한다.

$$\sigma_a \geq \left(\frac{PL}{4}\right)\left(\frac{6}{bh^2}\right), \quad \sigma_a = 8 \geq \frac{6 \times P \times 4 \times 10^3}{200 \times 300 \times 300 \times 4}$$

계산하면 허용휨응력을 적용할 때 하중 최댓값 $P \leq 24\text{kN}$

최대허용전단응력은 위의 부재에서 전단력이 최대인 지지점의 전단응력이 최대가 되는 부재 단면 중립축에서 그 값을 구해야 한다.

$$\tau_a \geq \left(\frac{P}{2}\right)\left(\frac{3}{2A}\right), \quad \tau_a = 0.8 \geq \frac{3 \times \frac{P}{2}}{2 \times 200 \times 300}$$

계산하면 허용전단응력을 적용할 때 하중 최댓값 $P \leq 64\text{kN}$

그렇다면 부재는 24kN에 도달했을 때 휨에 의해 부재가 파괴가 될 것이므로 이 보가 받을 수 있는 최대 하중 크기는 두 값 중 최솟값인 24kN이 된다.

정답 ①

06

출제예상문제

01 다음은 보의 휨응력에 대한 설명이다. 틀린 것은?

① 휨모멘트의 크기에 비례한다.

② 보의 중립축에서 0이다.

③ 단면 2차 모멘트에 비례한다.

④ 보의 상하단에서 최대이다.

[해설]

③ 보의 휨응력 구하는 식 $\sigma = \dfrac{M}{I} y$에서 휨응력은 단면 2차 모멘트에 반비례한다.

02 보를 해석하거나 설계하는 데 사용되는 기본식 중에 $\sigma = \dfrac{M}{I} y$가 있다. 이 식에 대한 설명 중 옳지 **않은** 것은?

① σ는 단면 내 임의의 점에서 휨응력으로 단위는 N/mm²이다.

② 휨모멘트 M의 단위는 kN·m이다.

③ I는 중립축에 대한 단면 2차 모멘트로 단위는 mm⁴이다.

④ y는 중립축으로부터 최대 휨모멘트까지의 거리로 단위는 mm이다.

[해설]

④ y는 중립축으로부터 휨응력을 구하고자 하는 점까지의 거리로 단위는 mm이다.

03 경간 l, 단면의 폭 b, 높이 h인 직사각형 단면의 단순보가 최대 휨모멘트 M일 때 단면의 최대·최소 휨응력은 얼마인가?

① $\pm \dfrac{M}{b^2 h}$　　　　　　　② $\pm \dfrac{6M}{bh^2}$

③ $\pm \dfrac{M}{bh^2}$　　　　　　　④ $\pm \dfrac{M}{6bh^2}$

[해설]

최대 휨응력 $\sigma_{\max} = \pm \dfrac{M}{Z}$

여기서 $Z = \dfrac{bh^2}{6}$ 이므로　　$\therefore \sigma_{\max} = \pm \dfrac{6M}{bh^2}$

04 단면이 20cm×30cm이고 경간이 5m인 단순보의 중앙에 집중하중 16.8kN이 작용할 때의 최대 휨응력[MPa]은?

① 5

② 7

③ 9

④ 12

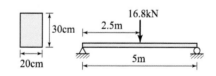

[해설]

$M_{\max} = \dfrac{P \cdot l}{4} = \dfrac{16.8 \times 5}{4} = 21\,\text{kN} \cdot \text{m}$

$Z = \dfrac{bh^2}{6} = \dfrac{200 \times 300^2}{6} = 3 \times 10^6 \,\text{mm}^3$

$\therefore \sigma_{\max} = \dfrac{M_{\max}}{Z} = \dfrac{21 \times 10^6}{3 \times 10^6} = 7\,\text{MPa}$

05 폭 b, 높이 h인 단순보에 등분포하중이 만재했을 때 보의 중앙지점 단면에서 최대 휨응력은? (단, 스팬은 l)

① $\sigma_{\max} = \dfrac{5wl^2}{4bh^2}$

② $\sigma_{\max} = \dfrac{3wl^2}{4bh^2} + \dfrac{3wl^2}{bh}$

③ $\sigma_{\max} = \dfrac{wl^2}{bh^2}$

④ $\sigma_{\max} = \dfrac{3wl^2}{4bh^2}$

> **해설**
>
> $$M_{\max} = \frac{wl^2}{8}, \quad Z = \frac{bh^2}{6} \qquad \therefore \sigma_{\max} = \frac{M}{Z} = \frac{\left(\dfrac{wl^2}{8}\right)}{\left(\dfrac{bh^2}{6}\right)} = \frac{3wl^2}{4bh^2}$$

06 길이 l인 단순보에 등분포하중이 만재되었을 때 최대 휨응력이 σ이면 등분포하중 w는? (단, 보의 단면은 폭 b, 높이 h인 구형이다.)

① $\dfrac{3\sigma bh^2}{4l^2}$

② $\dfrac{4\sigma b^2 h}{3l^2}$

③ $\dfrac{4\sigma bh^2}{3l^2}$

④ $\dfrac{3\sigma b^2 h}{4l^2}$

> **해설**
>
> $M = \dfrac{wl^2}{8}$ 이고 $\sigma_b = \dfrac{M}{Z} = \dfrac{\dfrac{wl^2}{8}}{\dfrac{bh^2}{6}} = \dfrac{3wl^2}{4bh^2}$ 이므로
>
> $$\therefore w = \frac{4\sigma bh^2}{3l^2}$$

07 그림과 같은 단면의 허용 모멘트[kN·m]는? (단, 이 재료의 허용 휨응력은 9MPa이다.)

① 2.7

② 27

③ 5.4

④ 54

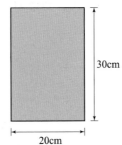

30cm

20cm

해설

$$\sigma_b = \frac{M}{Z} \text{에서 } M = \sigma_b \cdot Z \quad \therefore M = 9 \times \frac{200 \times 300^2}{6} = 27 \times 10^6 \text{N} \cdot \text{mm} = 27\text{kN} \cdot \text{m}$$

08 다음 보에서 허용 휨응력이 80MPa일 때 보에 작용할 수 있는 등분포하중 w [kN/m]는? (단, 보의 단면은 6×10cm)

① 4

② 3

③ 2

④ 1

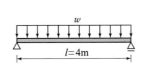

w

$l=4$m

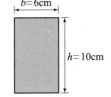

$b=6$cm

$h=10$cm

해설

$$M = \sigma \cdot Z \text{ 에서 } \frac{wl^2}{8} = \sigma \cdot \frac{bh^2}{6}$$

$$\therefore w = \frac{4\sigma bh^2}{3l^2} = \frac{4 \times 80 \times 60 \times 100^2}{3 \times 4,000^2} = 4\text{N/mm} = 4\text{kN/m}$$

Tip 보기를 먼저 보면 각자 다른 상수가 나온다. 이럴 경우 단위를 신경쓰지 않고 빠르게 상수값만 구한다면 더욱 빠르게 답을 고를 수 있다.

예 원래 식 $\frac{4 \times 80 \times 60 \times 100^2}{3 \times 4,000^2}$ 를 $\frac{4 \times 8 \times 6}{3 \times 4 \times 4}$ 변환하여 빠르게 상수 값 4를 계산 할 수 있다.

09 직경 D인 원형단면보에 휨모멘트 M가 작용할 때 휨응력은?

① $\dfrac{16M}{\pi D^3}$ ② $\dfrac{6M}{\pi D^3}$

③ $\dfrac{32M}{\pi D^3}$ ④ $\dfrac{64M}{\pi D^3}$

해설

직경 D인 원형 단면의 $Z = \dfrac{\pi D^3}{32}$

$\therefore\ \sigma_b = \dfrac{M}{Z} = \dfrac{32M}{\pi D^3}$

10 다음은 보의 응력에 대한 설명이다. **틀린** 것은?

① 보의 휨응력은 중립축에서 0이고, 상하 양단에서 최대이다.

② 보의 단면의 임의점의 휨응력도 σ를 구하는 식은 $\sigma = \dfrac{M}{I}y$ 이다.

③ 중립축에 대하여 대칭인 단면의 전단응력도는 단면의 형상에 관계없이 모두 중립축에서 최대이다.

④ 전단응력도의 분포는 포물선이다.

해설

중립축에 대하여 대칭인 단면이더라도 단면의 형상에 따라 최대 전단응력의 위치는 항상 중립축은 아니다.

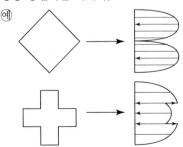

11 길이 100cm이고 폭 4cm, 높이 6cm의 직사각형 단면을 가진 단순보의 허용휨응력이 40MPa이라면 이 단순보의 중앙에 작용시킬 수 있는 최대 집중 하중[kN]은?

① 2.42

② 24.2

③ 3.84

④ 38.4

[해설]

$\sigma_b = \dfrac{M}{Z}$ 에서 $M = \sigma_b \cdot Z$

$\dfrac{P \times 1,000}{4} = 40 \times \dfrac{40 \times 60^2}{6}$

$\therefore P = 3,840(\text{N}) = 3.84\text{kN}$

[Tip] 보기에 소수점만 바뀌고 같은 숫자로 나올 경우 단위문제이므로 단위에 주의하며 문제를 푼다.

12 단순보에 그림과 같이 집중하중 5kN이 작용하는 경우 허용휨응력이 20MPa일 때 최소로 요구되는 단면계수[mm³]는?

① 3×10^5

② 4×10^5

③ 5×10^5

④ 6×10^5

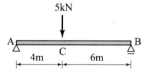

[해설]

$M = \dfrac{Pab}{L}$, $\sigma = \dfrac{M}{Z}$, $Z = \dfrac{\frac{Pab}{L}}{\sigma} = \dfrac{Pab}{\sigma L}$ 이다.

$Z = \dfrac{Pab}{\sigma L} = \dfrac{(5 \times 10^3) \times (4 \times 10^3) \times (6 \times 10^3)}{20 \times 10 \times 10^3} = 6 \times 10^5$

13 다음은 축방향력과 휨모멘트를 동시에 받고 있는 보의 합성응력에 관한 설명이
다. **틀린** 것은?

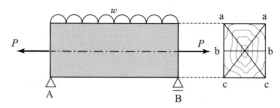

① 축방향력 P가 인장력일 때 보의 상연 a–a 면에서는 휨압축응력이 감소
한다.

② 축방향력 P가 압축력이면 보의 하연 c–c 면에서는 휨 인장응력이 감소
한다.

③ P가 압축력이든 인장력이든 중립축을 통과하는 b–b 면에서는 합성응력
이 항상 영이다.

④ 휨모멘트에 의한 연단응력과 축방향력에 의한 응력이 같으면 보의 상연 또
는 하연 중 어느 하나의 합성응력은 영(0)이 된다.

해설

중립축에서의 응력은 0이지만 위의 구조물은 P에 의한 추가적인 압축, 인장응력이
발생해 조합응력을 발생시켜 중립축의 위치가 바뀔 수 있다.

① 압축의 경우

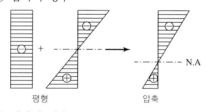

② 인장의 경우

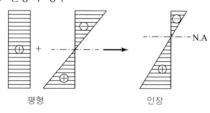

14 단면 30cm×40cm, 지간이 10m인 단순보가 6kN/m의 등분포하중을 받을 때 최대 전단응력[kPa]은?

① 375

② 37.5

③ 575

④ 57.5

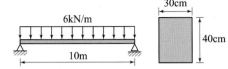

> **해설**
>
> $$S_{\max} = V_A = V_B = \frac{wl}{2} = \frac{6 \times 10}{2} = 30\,\text{kN}$$
>
> $$\therefore\ \tau_{\max} = \frac{3}{2} \cdot \frac{S}{A} = \frac{3}{2} \times \frac{30 \times 1,000}{300 \times 400} = 0.375\,\text{MPa} = 375\,\text{kPa}$$

15 그림과 같은 단순보에서 전단력에 충분히 안전하도록 하기 위한 지간 l[cm]을 계산한 값은? (단, 최대전단응력도는 0.7MPa이다.)

① 450

② 440

③ 430

④ 420

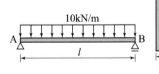

> **해설**
>
> 보기가 모두 다른 상수이므로 단위를 배제하고 상수값만 빠르게 계산한다.
>
> $$S_{\max} = V_A = \frac{wl}{2}$$
>
> $$\tau_{\max} = \frac{3}{2} \times \frac{S_{\max}}{b \times h}$$
>
> $$7 = \frac{3}{2} \times \frac{1 \times l}{2} \times \frac{1}{3 \times 15}$$
>
> $$l = 60 \times 7 = 420$$

16 다음 하중을 받고 있는 캔틸레버상에서 발생되는 최대 전단응력의 크기[MPa]를 구한 값은? (단, 부재는 균질의 직사각형 (5cm×10cm) 강철보이며 자중은 무시함)

① 2.7

② 27

③ 1.8

④ 18

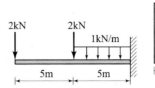

> **해설**
>
> 지점반력이 최대전단력이므로
>
> $S_{max} = 2 + 2 + 1 \times 5 = 9\text{kN}$
>
> $\tau_{max} = \dfrac{3}{2} \cdot \dfrac{S_{max}}{A} = \dfrac{3}{2} \times \dfrac{9 \times 1,000}{50 \times 100} = 2.7\text{MPa}$

17 다음 단면을 갖는 보에서 전단력이 S N, 단면적이 A mm²일 경우 단면의 빗금친 부분에서의 최대 전단응력은?

① $0.375\dfrac{S}{A}\text{N/cm}^2$

② $1.125\dfrac{S}{A}\text{N/cm}^2$

③ $1.500\dfrac{S}{A}\text{N/cm}^2$

④ $2.500\dfrac{S}{A}\text{N/cm}^2$

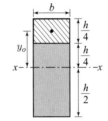

> **해설**
>
> $I_x = \dfrac{bh^3}{12}$
>
> $G_x = Ay_o = b \times \dfrac{h}{4} \times \left(\dfrac{h}{4} + \dfrac{h}{8}\right) = \dfrac{3}{32}bh^2$
>
> $\tau = \dfrac{GS}{Ib} = \dfrac{\dfrac{3}{32}bh^2 \times S}{\dfrac{1}{12}bh^3 \times b} = \dfrac{36}{32} \times \dfrac{S}{bh} = 1.125\dfrac{S}{A}$

18 대칭 I형강 보의 어느 단면의 전단응력 분포도는 그림과 같다. 복부판과 플랜지와의 접합면에서 전단응력의 크기는? (단, 단위는 [mm]이다.)

① 2층으로 되며 b는 a의 4배이다.

② 2층으로 되며 b는 a의 6배이다.

③ 2층으로 되며 b는 a의 8배이다.

④ 2층으로 되며 b는 a의 10배이다.

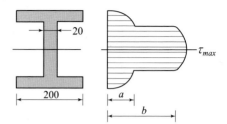

해설

$\tau = \dfrac{GS}{Ib}$ 에서 폭 b는 τ에 반비례하므로

$\tau_a : \tau_b = \dfrac{1}{200} : \dfrac{1}{20}$

$\therefore \tau_a : \tau_b = 1 : 10$

19 직사각형 단면의 폭 b, 높이 h인 단순보에 등분포 하중 w kN/m가 만재했을 때 보의 중앙지점 단면에서 최대 주응력값은? (단, 보의 지간은 l 임)

① $\sigma_{\max} = 0$

② $\sigma_{\max} = \dfrac{3w \cdot l^2}{4b \cdot h^2} + \dfrac{3w \cdot l}{8b \cdot h}$

③ $\sigma_{\max} = \dfrac{3}{4}\left(\dfrac{w \cdot l}{b \cdot h} + \dfrac{w \cdot l^2}{b \cdot h^2}\right)$

④ $\sigma_{\max} = \dfrac{3w \cdot l^2}{4b \cdot h^2}$

해설

보의 중앙점에서 휨은 최대이고 전단력은 0이다.

$\sigma = \dfrac{M}{Z} = \dfrac{\dfrac{wl^2}{8}}{\dfrac{bh^2}{6}} = \dfrac{3wl^2}{4bh^2}, \ \tau = 0$

최대 주응력은 $\sigma_1 = \dfrac{\sigma}{2} + \sqrt{\left(\dfrac{\sigma}{2}\right)^2 + \tau^2} = \dfrac{\sigma}{2} + \dfrac{\sigma}{2} = \sigma \quad \therefore \ \sigma_1 = \sigma = \dfrac{3wl^2}{4bh^2}$

20 그림과 같은 보가 중앙점에 집중하중 P를 받고 있다. 이 재료의 허용 휨응력 $\sigma_w=8\text{MPa}$이고, 허용 전단응력 $\tau_y=0.8\text{MPa}$이다. 이 보가 받을 수 있는 최대 하중[kN]은?

① 2.4

② 24

③ 6.4

④ 64

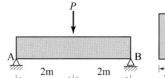

해설

휨과 전단에 대해서 각각 검토하여 큰 값 도달 전에 작은 값에서 파괴되므로 둘 중 작은 값을 선택한다.

(1) 휨응력 $\sigma=\dfrac{M}{Z}$ 에서 $M=\sigma Z$

$$\frac{P\times 4000}{4}=8\times\frac{200\times 300^2}{6} \qquad \therefore\ P=24,000\text{N}=24\text{kN}$$

(2) 전단응력 $\tau=1.5\dfrac{S}{A}$ 에서 $S=\dfrac{\tau A}{1.5}$

$$\frac{P}{2}=\frac{0.8\times 200\times 300}{1.5}=64,000\text{N}=64\text{kN} \qquad \therefore\ \text{작은 값}\ P=24\text{kN}$$

21 단면의 전단 중심(shear center)이란?

① 단면에 작용하는 최대 전단응력의 축

② 단면의 도심을 통하는 축

③ 단면에 비틀림이 작용하지 않는 축

④ 대칭축을 갖는 단면의 중심축

해설

전단중심이란 비틀림이 없는 순수휨 중심(축)을 의미한다.

22 그림과 같은 단순보에서 A점으로부터 x만큼 떨어진 점의 휨응력은?
(단, y : 도심축에서의 거리)

① $\dfrac{6P \cdot x}{b \cdot h^3}y$ ② $\dfrac{3P \cdot x}{b \cdot h^2}y$

③ $\dfrac{P \cdot x}{6b \cdot h^3}y$ ④ $\dfrac{P \cdot x}{3b \cdot h^2}y$

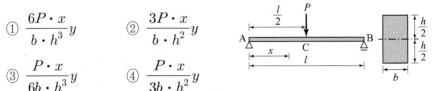

해설

$$M_x = \frac{P}{2} \times x \qquad \therefore \ \sigma_x = \frac{M_x}{I}y = \frac{\frac{P}{2}x}{\frac{bh^3}{12}} \times y = \frac{6Px}{bh^3}y$$

23 다음 그림과 같은 단순보에서 최대 휨응력의 값은?

① $\dfrac{3w \cdot l^2}{4b \cdot h^2}$ ② $\dfrac{3w \cdot l^2}{8b \cdot h^2}$

③ $\dfrac{27w \cdot l^2}{32b \cdot h^2}$ ④ $\dfrac{27w \cdot l^2}{64b \cdot h^2}$

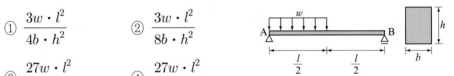

해설

그림과 같은 경우의 최대 휨모멘트가 생기는 위치(전단력이 0인 위치)는 $x = \dfrac{3}{8}l$이므로 최대 휨모멘트

$$M_{\max} = \frac{3}{8}wl \times \frac{3}{8}l - w \times \frac{3}{8}l \times \left(\frac{3}{8}l \times \frac{1}{2}\right) = \frac{9wl^2}{64} - \frac{9wl^2}{128} = \frac{9wl^2}{128}$$

$$\therefore \ \sigma_{\max} = \frac{\dfrac{9wl^2}{128}}{\dfrac{bh^2}{6}} = \frac{27wl^2}{64bh^2}$$

Tip 보기를 보면 어차피 문자부호는 전부 같다는 것을 알 수 있다.
그러므로 문자는 제외하고 앞의 상수값만 빠르게 계산해 나간다.

24

지간 l=10m, 단면 30cm×50cm 되는 단순보의 중앙에 150kN 되는 집중하중을 받고 있을 때 최대 휨응력[MPa]을 구한 값은? (단, 자중은 5kN/m로 한다.)

① 35

② 45

③ 55

④ 65

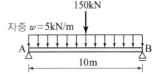

해설

$$M_{max} = \frac{Pl}{4} + \frac{wl^2}{8} = \frac{150 \times 10}{4} + \frac{5 \times 10^2}{8} = \frac{3,500}{8} \, kN \cdot m$$

$$\sigma_{max} = \frac{M_{max}}{Z} = \frac{6M}{bh^2} = \frac{6 \times 3,500 \times 10^6}{8 \times 300 \times 500^2} = 35 \, MPa$$

25

그림과 같은 보 위를 20 kN/m의 이동하중이 지나갈 때 보에 생기는 최대 휨응력[MPa]은? (단, 보의 단면은 8cm×12cm인 직사각형이고 자중은 무시한다.)

① 325

② 425

③ 525

④ 625

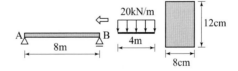

해설

이동하중이 보의 중앙에 대칭으로 놓일 때 중앙점에서 휨모멘트가 최대이므로

$$M_{max} = 40kN \times 4m - 40kN \times 1m = 120kN \cdot m$$

보기가 전부 다 다른 상수이므로 단위를 배제하고 빠르게 계산한다.

$$\sigma_{max} = \frac{M_{max}}{Z} = \frac{6M}{bh^2} = \frac{6 \times 12}{8 \times 12 \times 12} = \frac{1}{16} = \frac{1}{2^4} = 5^4 = 625$$

약식으로 빠르게 계산가능하다.

26 그림과 같은 길이 6m인 직사각형 단면의 단순보가 자중을 포함하여 4kN/m의 등분포 하중을 받고 있다. 폭이 높이의 1/2이 되도록 할 때 보의 높이[cm]는? (단, σ_n=8MPa)

① 20   ② 30

③ 40   ④ 50

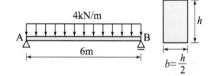

해설

$b=\dfrac{h}{2}$의 조건을 이용한다.

$$Z=\frac{bh^2}{6}=\frac{\dfrac{h}{2}\times h^2}{6}=\frac{h^3}{12}$$

$$M_{\max}=\frac{wl^2}{8}=\frac{4\times 6^2}{8}=18\text{kN}\cdot\text{m}$$

$\sigma=\dfrac{M}{Z}$ 에서 $8=\dfrac{18\times 10^6}{\dfrac{h^3}{12}}$ $\therefore\ h={}^3\sqrt{\dfrac{18\times 10^6\times 12}{8}}=300\text{mm}=30\text{cm}$

27 폭 5cm, 높이 10cm인 보를 A라고 하고, 폭 10cm, 높이 5cm인 보를 B라 할 때 다음 사항 중 옳은 것은?

① 단면적이 같기 때문에 강도가 같다.

② 보 A가 보 B보다 단면계수가 크므로 유리하다.

③ 보 B가 보 A보다 단면계수가 크므로 유리하다.

④ 보 B가 단면2차 반지름(회전 반지름)이 크기 때문에 유리하다.

해설

b에 비하여 h가 클수록 Z가 커지므로 A가 B보다 휨에 유리하다.

$$Z=\frac{bh^2}{6}$$

28 보의 단면으로서 B는 A보다 휨에 대하여 몇 배 강한가?

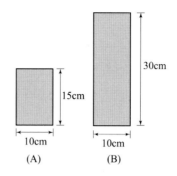

① 2 ② 3
③ 4 ④ 8

[해설]

단면계수로 비교한다.

$Z = \dfrac{bh^2}{6}$ 에서 Z는 h의 제곱에 비례한다.

따라서 b는 같고, h는 (B)가 (A)보다 2배 크므로 $Z = 2^2 = 4$배 크다.

29 똑같은 휨모멘트 M을 받고 있는 두 보의 단면이 그림 (a) 및 그림 (b)와 같다. 그림 (b)에 있는 보의 최대휨응력은 그림 (a)에 있는 보의 최대휨응력의 몇 배인가?

① $\sqrt{2}$ 배 ② $2\sqrt{2}$ 배
③ $\sqrt{5}$ 배 ④ $\sqrt{3}$ 배

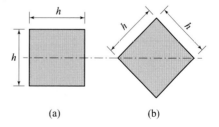

(a) (b)

[해설]

단면 2차 모멘트에서 대칭단면의 도심을 지나는 축에 대한 I는 모두 같다.$(I_a = I_b)$

$$Z_a = \frac{I}{y_a} = \frac{I}{\dfrac{h}{2}} = \frac{2I}{h}, \qquad Z_b = \frac{I}{y_b} = \frac{I}{\dfrac{\sqrt{2}}{2}h} = \frac{2I}{\sqrt{2}\,h}$$

$$\therefore Z_a : Z_b = 1 : \frac{1}{\sqrt{2}}, \quad \sigma_a : \sigma_b = 1 : \sqrt{2}$$

30 그림과 같은 보에서 수직 방향의 최대 휨응력의 비율로 맞는 것은? (단, 작용하중은 동일함)

① (a)=4 : (b)=2 : (c)=1

② (a)=1 : (b)=2 : (c)=4

③ (a)=8 : (b)=4 : (c)=1

④ (a)=1 : (b)=4 : (c)=8

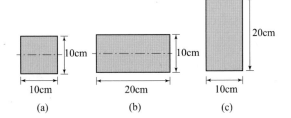

(a) (b) (c)

해설

σ 는 Z 에 반비례 한다.

$$Z_a = \frac{10 \times 10^2}{6} = \frac{1,000}{6}$$

$$Z_b = \frac{20 \times 10^2}{6} = \frac{2,000}{6}$$

$$Z_c = \frac{10 \times 20^2}{6} = \frac{4,000}{6}$$

$$Z_a : Z_b : Z_c = 1 : 2 : 4 \qquad \therefore \ \sigma_a : \sigma_b : \sigma_c = \frac{1}{1} : \frac{1}{2} : \frac{1}{4} = 4 : 2 : 1$$

31 다음 그림과 같은 단면에 전단력 V 가 작용할 때 구형 단면 (a)와 원형 단면 (b)에 사용하는 최대전단 응력들의 비, 즉 $\dfrac{\text{직사각형 단면의 최대전단응력}}{\text{원형 단면의 최대전단응력}}$ 을 구한 값은?

① $\dfrac{3\pi}{32}$

② $\dfrac{3\pi}{16}$

③ $\dfrac{9\pi}{32}$

④ $\dfrac{9\pi}{16}$

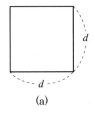
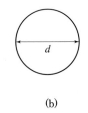

(a) (b)

해설

(a) $\tau_{\max} = \dfrac{3}{2} \dfrac{S}{A} = \dfrac{3S}{2d^2}$ \qquad (b) $\tau_{\max} = \dfrac{4}{3} \dfrac{S}{A} = \dfrac{16S}{3\pi d^2}$

$$\therefore \ \frac{(a)}{(b)} = \frac{\dfrac{3S}{2d^2}}{\dfrac{16S}{3\pi d^2}} = \frac{9}{32}\pi$$

32 단순보에서 그림과 같이 하중 P가 작용할 때 보의 중앙점의 단면 하단에 생기는 수직응력의 값으로 옳은 것은? (단, 보의 단면에서 높이는 h이고 폭은 b이다.)

① $\dfrac{P}{bh^2}\left(\dfrac{6a}{h}+1\right)$ ② $\dfrac{P}{bh}\left(\dfrac{6a}{h}-1\right)$

③ $\dfrac{P}{b^2h^2}\left(\dfrac{6a}{h}-1\right)$ ④ $\dfrac{P}{b^2h}\left(\dfrac{a}{h}-1\right)$

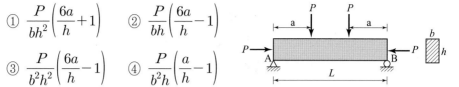

해설

보의 중앙점에서 휨모멘트 $M_c=Pa$이고 하단에서의 휨응력은 인장을 받으며, 축력에 의해서도 압축력을 받는다.

- 휨응력 $f_b = \dfrac{M}{Z} = \dfrac{Pa}{\dfrac{bh^2}{6}} = \dfrac{6Pa}{bh^2}$

- 압축응력 $f_c = -\dfrac{P}{A} = -\dfrac{P}{bh}$

- 조합응력 $f = f_t - f_c = \dfrac{6Pa}{bh^2} - \dfrac{P}{bh} = \dfrac{P}{bh}\left(\dfrac{6a}{h}-1\right)$

33 그림과 같은 단순보의 최대전단응력 $\tau_{\max}$를 구하면? (단, 보의 단면은 지름이 D인 원이다.)

① $\dfrac{wL}{2\pi D^2}$ ② $\dfrac{9wL}{4\pi D^2}$

③ $\dfrac{3wL}{2\pi D^2}$ ④ $\dfrac{2wL}{\pi D^2}$

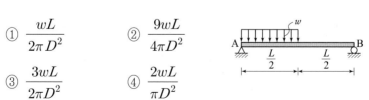

해설

최대전단력은 지점 A에서 생기므로 $V_A = \dfrac{3}{8}wL$

원형 단면의 최대전단응력은 $\tau_{\max} = \dfrac{4}{3} \times \dfrac{S_{\max}}{A} = \dfrac{4}{3} \times \dfrac{\dfrac{3}{8}wL}{\dfrac{\pi D^2}{4}} = \dfrac{2wL}{\pi D^2}$

34 I형 단면을 보로 쓸 때 높이가 플랜지폭에 비해 큰 값이라면 다음 중 맞는 것은?

① I형을 회전시켜 H형으로 쓰면 휨 저항이 매우 약하게 된다.
② I형을 그대로 쓸 때 휨 저항이 매우 약하다.
③ 어느 경우이거나 모두 같은 휨 저항을 갖는다.
④ H형인 경우 휨 저항이 매우 강하다.

> **[해설]**
>
> H형 단면에 비하여 I형 단면의 높이 h가 폭 b에 비하여 크므로 휨에 유리하다.

35 전단응력에 대한 사항 중 옳지 <u>않은</u> 것은?

① 전단응력 τ와 전단력 S는 비례한다.
② 수직전단 응력 τ_v와 수평전단응력 τ_N는 같다.
③ 전단응력은 상, 하연에서 0이고 중립축에서 최대이다.
④ 전단응력 τ와 휨응력 σ는 비례한다.

> **[해설]**
>
> ④ 전단응력과 휨응력은 무관하다.

36 전단응력도에 대한 다음 설명 중 옳지 <u>않은</u> 것은?

① 직사각형 단면에서는 중앙부의 전단응력도가 제일 크다.
② I형 단면에서는 상·하단의 전단응력도가 제일 크다.
③ 원형 단면에서는 중앙부의 전단응력도가 제일 크다.
④ 전단응력도는 전단력의 크기에 비례한다.

> **[해설]**
>
> $\tau = \dfrac{S \cdot G}{I \cdot b}$에서 G는 구하고자하는 점에서 끝단까지의 단면 1차 모멘트이므로 단면의 형태에 관계없이 상·하단의 전단응력은 항상 0이다.

37 다음 보의 응력에 관한 설명 중 옳지 <u>않은</u> 것은?

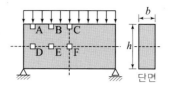

① 휨응력을 가장 크게 받는 부분은 C부분이다.

② 전단응력을 가장 크게 받는 부분은 A부분이다.

③ F 부분은 휨응력과 전단응력이 최소가 되는 점이다.

④ D부분에서 응력 상태는 전단응력만 존재한다.

해설

휨응력은 상·하단에서 최대이고, 전단응력은 중립축에서 최대이다.

38 등분포 하중을 만재한 직사각형 단면의 단순보에서 최대 휨응력과 최대 전단응력의 비를 스팬 l 과 보 단면의 높이 h의 비로 표시한 것은?

① $\dfrac{l}{h}$ ② $\dfrac{h}{l}$

③ $\dfrac{l}{2h}$ ④ $\dfrac{h}{2l}$

해설

$$\sigma_{\max} = \frac{M_{\max}}{Z} = \frac{\dfrac{wl^2}{8}}{\dfrac{bh^2}{6}} = \frac{3wl^2}{4bh^2}$$

$$\tau_{\max} = \frac{3}{2} \times \frac{S}{A} = \frac{3}{2} \times \frac{\dfrac{wl}{2}}{b \times h} = \frac{3wl}{4bh}$$

$$\therefore \ \frac{\sigma_{\max}}{\tau_{\max}} = \frac{\dfrac{3wl^2}{4bh^2}}{\dfrac{3wl}{4bh}} = \frac{l}{h}$$

39 다음 설명 중 옳지 <u>않은</u> 것은?

① 휨응력도는 직선변화한다.

② 휨응력도는 중립축으로부터의 거리에 비례한다.

③ 휨응력도는 동일 단면에서 최대 휨모멘트가 생기는 곳에서 최대이다.

④ 휨응력도는 중립축에서 0이 되고 지점에서 최대가 된다.

해설

굽힘(휨)응력도는 중립축에서 0이고, 상·하연에서 최대이며 지점에서는 0이다.

($\because$ 지점 $M=0$)

※ 보의 응력도

(1) 휨응력도

(2) 전단응력도

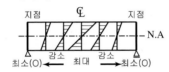

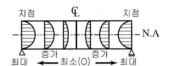

40 폭 b=8cm, 높이 h=12cm의 구형단면을 가지는 지간 L=4m의 단순보 중앙에 집중하중이 작용할 때 휨에 저항하기 위한 집중하중 P의 최대치[kN]는? (단, 허용응력 σ_a=10MPa이다.)

① 1.14

② 1.44

③ 1.72

④ 1.92

해설

$$\sigma_{\max} = \frac{M}{Z} = \frac{\dfrac{PL}{4}}{\dfrac{bh^2}{6}} = \frac{3PL}{2bh^2} \leq \sigma_a \text{에서}$$

$$P_{\max} = \frac{2bh^2}{3L}\sigma_a = \frac{2(80) \times (120^2)}{3(4,000)} \times (10)$$

$$= 1,920\text{N} = 1.92\text{kN}$$

41

다음과 같은 단순보 위에 10kN/m의 등분포하중이 만재되었고 그 위를 40kN의 집중하중이 이동할 때의 최대휨응력[MPa]은? (단, 폭과 높이는 각각 12cm, 20cm이다)

① 220   ② 240

③ 260   ④ 200

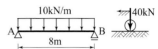

해설

최대휨응력을 구하기 위해서는 최대휨모멘트를 구해야 한다.

$$M_{max} = \frac{wL^2}{8} + \frac{PL}{4} = \frac{10(8^2)}{8} + \frac{40(8)}{4} = 160 \text{kN} \cdot \text{m}$$

$$\sigma_{max} = \frac{M}{Z} = \frac{6M}{bh^2} = \frac{6(160 \times 10^6)}{120(200^2)}$$

$$= 200 \text{N/mm}^2 = 200 \text{MPa}$$

42

다음과 같은 단순보에 집중하중이 중앙에서 상연과 하연의 휨 응력[kN/m²]을 각각 구하면 얼마인가? (단, 중립축 단면 2차 모멘트는 I [m⁴]이다.)

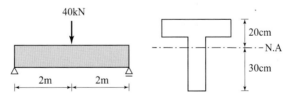

① 상연 : $-\dfrac{2}{I}$, 하연 : $\dfrac{8}{I}$ ② 상연 : $-\dfrac{4}{I}$, 하연 : $\dfrac{10}{I}$

③ 상연 : $-\dfrac{6}{I}$, 하연 : $\dfrac{12}{I}$ ④ 상연 : $-\dfrac{8}{I}$, 하연 : $\dfrac{12}{I}$

해설

T형 보의 경우 중립축과 상·하연의 길이 y값이 각각 다르다. 주의해서 비교해야 한다.

$$M = \frac{PL}{4} = \frac{40(4)}{4} = 40 \text{kN} \cdot \text{m}$$

$$\sigma_{\text{상연}} = \frac{40}{I}(0.2) = \frac{8}{I}(\text{압축}) \quad \therefore \text{상연응력} = -\frac{8}{I}$$

$$\sigma_{\text{하연}} = \frac{40}{I}(0.3) = \frac{12}{I}(\text{인장}) \quad \therefore \text{하연응력} = \frac{12}{I}$$

43 다음 설명 중 옳은 것은?

① 수직전단응력보다 수평전단응력이 크다.

② 수직전단응력보다 수평전단응력이 작다.

③ 수직전단응력과 수평전단응력의 크기는 서로 다르다.

④ 수직전단응력과 수평전단응력의 크기는 서로 같다.

해설

요소에 생기는 전단응력은 모멘트 평형을 이루기 위해 수평전단응력과 수직전단응력이 항상 공존한다.

44 아래의 그림과 같은 보에 대한 설명 중 옳지 <u>않은</u> 것은?

① A점에서 휨응력은 생기지 않는다.

② B점에서 최대전단응력이 생긴다.

③ C점에서 최대 휨응력이 생긴다.

④ A, B점에서 전단응력은 같다.

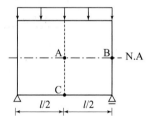

해설

지점으로 갈수록 전단력이 증가하므로 전단응력도는 동일한 위치에서 지점으로 갈수록 증가한다.

$\tau_A \neq \tau_B \ (\tau_A < \tau_B)$

※ 등분포하중을 받는 단순보의 응력분포도

· 휨응력 분포도 · 전단응력 분포도

45

다음과 같이 지름이 d인 원형단면을 깎아 휨응력에 대해 가장 효과적인 직사각형 단면으로 제작할 때, 지름 d, 단면의 폭 b와 높이 h의 비로 옳은 것은?

① $d:b:h = \sqrt{3}:1:\sqrt{2}$

② $d:b:h = \sqrt{5}:\sqrt{2}:\sqrt{3}$

③ $d:b:h = 2\sqrt{2}:\sqrt{3}:\sqrt{5}$

④ $d:b:h = 2:1:\sqrt{3}$

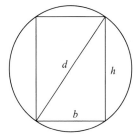

해설

$$d:b:h = \sqrt{3}\,b:b:\sqrt{2}\,b = \sqrt{3}:1:\sqrt{2}$$

46

단면이 10cm×30cm인 직사각형 단순보에서 자중을 포함한 등분포하중이 10 kN/m로 작용할 때 이 보에 필요한 최대 지간길이[m]는?
(단, 허용 휨응력 σ_a=120MPa 허용전단응력 τ_a=3MPa이다.)

① 8

② 9

③ 10

④ 12

해설

휨응력과 전단응력 모두 검토해야 한다.

(1) 휨응력 검토

$$\sigma_{\max} = \frac{M}{Z} = \frac{6wL^2}{8bh^2} = \frac{3wL^2}{4bh^2} \leq \sigma_a$$

$$L \leq \sqrt{\frac{4bh^2}{3\omega}\sigma_a} = \sqrt{\frac{4(100)\times(300^2)}{3(10)}\times(120)} = 12\times10^3\text{mm} = 12\text{m}$$

(2) 전단응력 검토

$$\tau_{\max} = \frac{3}{2}\cdot\frac{wL}{2A} \leq \tau_a$$

$$L \leq \frac{4A}{3w}\tau_a = \frac{4\times100\times300}{3\times10}\times3 = 12\times10^3\text{mm} = 12\text{m}$$

47 다음과 같은 보에서 휨강도(EI)가 3,600kN·m²인 경우, CD 구간의 곡률반경 [m]은?

① 600　　　　　　② 900

③ 1,200　　　　　④ 1,500

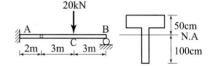

해설

CD 구간의 곡률반경

$$R_{CD} = \frac{EI}{M_{CD}} = \frac{EI}{Pa} = \frac{3,600}{10(0.3)} = 1,200\,\text{m}$$

---

48 다음과 같은 게르버보에 집중하중이 작용하고 있다. 단면이 T형으로 일정할 때 최대압축응력[MPa]은? (단, 중립축 단면 2차 모멘트 $I = 2.0 \times 10^5 \text{cm}^4$이다.)

① 2.0　　　　　　② 5.0

③ 7.5　　　　　　④ 10

해설

T형 보로 중립축 상·하연의 크기가 다르므로 A점과 C점에서 최대 부·정모멘트에서 압축응력을 비교한다.

(1) A점에서

하연에서 최대압축응력이 발생하므로

$$M_A = -10(2) = -20\,\text{kN·m}$$

$$\sigma_{하연} = \frac{M_A}{I} y_{하연} = \frac{(20 \times 10^6)}{(2 \times 10^5 \times 10^4)} \times (1,000) = 10\,\text{N/mm}^2 = 10\,\text{MPa}$$

(2) C점에서

상연에서 최대압축응력이 발생하므로

$$M_C = \frac{PL}{4} = \frac{20(6)}{4} = 30\,\text{kN·m}$$

$$\sigma_{상연} = \frac{M_C}{I} y_{상연} = \frac{(30 \times 10^6)}{(2 \times 10^5 \times 10^4)} \times (500) = 7.5\,\text{N/mm}^2 = 7.5\,\text{MPa}$$

∴ 최대압축응력은 둘 중 큰 값이므로 $\sigma_{cmax} = \sigma_{A(하연)} = 10\,\text{MPa}$

49

그림과 같은 직사각형 단면을 갖는 내민보에 등분포하중이 작용하고 있다. 점 a, b, c, d에서 발생하는 휨응력이 인장응력인 지점은?

① a, d

② b, c

③ a, c

④ b, d

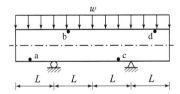

> **해설**
>
> (1) 중앙점의 휨모멘트
>
> 중첩을 적용하면 $M_{중앙} = \dfrac{w(2L)^2}{8} - \dfrac{wL^2}{2} = 0$
>
> (2) 인장응력인 지점
>
> 전체구간에서 부(−)의 휨모멘트가 발생하므로 상연의 점 b, d에서 인장응력이 생긴다. (하연의 점 a, c에서는 압축응력이 생긴다.)

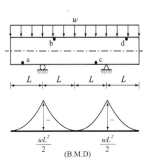

50

다음 그림과 같이 30cm × 60cm 직사각형 단면에 부분 등분포하중 4kN/m을 받는 보에 생기는 최대 휨응력[MPa]은? (단, 소수점 셋째자리에서 반올림한다.)

① 0.89

② 0.93

③ 0.96

④ 0.99

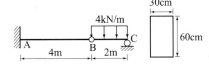

> **해설**
>
> 최대 휨응력을 구하기 위해서는 최대 휨모멘트가 필요하다.
>
> $$\sigma_{max} = \frac{M_{max}}{Z} = \frac{6M_{max}}{bh^2} = \frac{6(16 \times 10^6)}{300(600^2)} = 0.89\,\text{N/mm}^2 = 0.89\,\text{MPa}$$

51 휨에 대하여 높이가 폭의 2배인 직사각형은 단면적이 같은 정사각형에 비해 휨 저항은 약 몇 배 더 강한가?

① 0.8 ② 1.0

③ 1.4 ④ 2.0

> **해설**
>
> 단면적이 같으므로
>
> $A = 2b^2 = a^2$
>
> $\therefore \ a = \sqrt{2}\,b$
>
> $Z_{(직)} = \dfrac{bh^2}{6} = \dfrac{b \times (2b)^2}{6} = \dfrac{2}{3}b^3$
>
> $Z_{(정)} = \dfrac{a^3}{6} = \dfrac{(\sqrt{2}\,b)^3}{6} = \dfrac{\sqrt{2}}{3}b^3$
>
> 휨에 대한 저항성은 단면계수에 비례하므로
>
> $\dfrac{M_{(직)}}{M_{(정)}} = \dfrac{Z_{(직)}}{Z_{(정)}} = \dfrac{\dfrac{2}{3}b^3}{\dfrac{\sqrt{2}}{3}b^3} = \sqrt{2} \fallingdotseq 1.4$

52 그림과 같이 전 길이에 걸쳐 일정한 직사각형 단면(폭 12cm, 높이 20cm)을 갖는 게르버보의 자유단에 반시계 방향 모멘트하중 30kN·m가 작용할 때, 이 보에 발생하는 최대 휨인장응력[MPa]은?

① 25.0 ② 37.5

③ 50.0 ④ 87.5

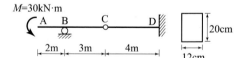

> **해설**
>
> 정의 휨모멘트이므로 D점의 하연에서 발생한다.
>
> $\sigma_{\max} = \dfrac{M_{\max}}{Z} = \dfrac{6M_{\max}}{bh^2}$
>
> $= -\dfrac{6(40 \times 10^6)}{(120)(200)^2} = 50\text{N/mm}^2 = 50\text{MPa}$

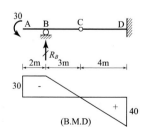

53 그림과 같이 대칭 하중이 작용하는 직사각형 단면(폭 b, 높이 h)의 단순보에서 최대 휨응력과 최대 전단응력의 비 $\left(\dfrac{f_{\max}}{\tau_{\max}}\right)$는?

① $\dfrac{a}{h}$ ② $\dfrac{2a}{h}$

③ $\dfrac{3a}{h}$ ④ $\dfrac{4a}{h}$

해설

(1) $f_{\max} = \dfrac{M_{\max}}{Z} = \dfrac{Pa}{\dfrac{bh^2}{6}} = \dfrac{6Pa}{bh^2}$

(2) $\tau_{\max} = \dfrac{3}{2}\left(\dfrac{S}{A}\right) = \dfrac{3}{2}\left(\dfrac{P}{bh}\right)$

(3) $\dfrac{f_{\max}}{\tau_{\max}} = \dfrac{\dfrac{6Pa}{bh^2}}{\dfrac{3}{2}\left(\dfrac{P}{bh}\right)} = \dfrac{4a}{h}$

54 다음 합성단면에서 두 재료의 탄성계수 관계는 $E_2 = 10E_1$이다. 중립축의 위치 y_c는 상단에서 얼마만큼의 거리에 있는가?

① 84mm   ② 86mm

③ 88mm   ④ 90mm

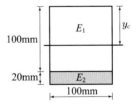

해설

기준점이 어디인지 확인해야 한다. (이 문제는 상단에서부터의 거리를 물어보고 있다.)

(1) E_2 재료를 E_1 재질로 환산했을 때의 면적비

     $A_1 : A_2 = 100(10) : 20(1,000) = 1 : 2$

환산단면을 쓸 때 높이(h)는 변화가 없어야 하고 밑변(b)만을 변화시켜서 단면 증가 또는 축소시켜야 한다.

(2) 상단에서 중립축까지의 거리(y_c)

     $y_c = \dfrac{A_1 y_1 + A_2 y_2}{A_1 + A_2} = \dfrac{1(50) + 2(110)}{1 + 2} = 90\,\text{mm}$

55

다음과 같은 내민보에서 직사각형 단면의 폭이 25cm이고, 허용 전단응력이 30MPa일 때 전단에 안전한 최소 높이 h[cm]는?

① 15   ② 10

③ 7   ④ 4

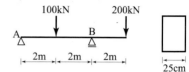

해설

최대전단력을 찾아야 한다.

$$\tau_{max} = \frac{3}{2} \cdot \frac{S}{A} = \frac{3}{2}\left(\frac{S_{max}}{bh}\right) \leq \tau_a$$

$$\therefore h \geq \frac{3S_{max}}{2b\tau_a} = \frac{3(200 \times 10^3)}{2(250) \times (30)} = 40\,mm = 4\,cm$$

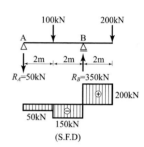

56

그림과 같이 등분포 하중 q=4kN/m를 받는 지간 6m의 직사각형 단면 목재보에 F=12kN의 이동 집중하중이 작용할 경우, 설계 최적 단면 폭 b[mm]는? (단, 단면의 높이가 h=600mm이고 허용 휨응력 σ_a=10N/mm², 허용 전단응력 τ_a=1 N/mm²이다.)

① 48   ② 54

③ 60   ④ 66

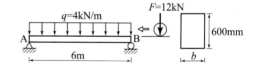

해설

(1) 휨응력 검토

$$\sigma_{max} = \frac{M_{max}}{Z} = \frac{6(36 \times 10^6)}{b(600)^2} \leq \sigma_a(=10\,Mpa) \quad \therefore b \geq 60\,mm$$

$$M_{max} = \frac{qL^2}{8} + \frac{FL}{4} \frac{4(6)^2}{8} + \frac{12(6)}{4} = 36\,kN \cdot m$$

(2) 전단응력 검토

$$\tau_{max} = \frac{3}{2} \cdot \frac{S_{max}}{A} = \frac{3(24 \times 10^3)}{2b(600)} \leq \tau_a(=1\,Mpa) \quad \therefore b \geq 60\,mm$$

$$S_{max} = \frac{qL}{2} + F = \frac{4(6)^2}{2} + 12 = 24\,kN$$

이 중 큰 값으로 해야 하지만 둘 다 같으므로 60mm로 한다.

57 얇은 벽을 가진 원통형 압력용기가 그림과 같이 캔틸레버 형태로 되어 있다. 횡하중 P에 의해 점 A에서 발생하는 휨응력이 20MPa이고, 관 내부의 압력에 의하여 발생되는 원통형 벽에서의 축방향 응력이 15MPa이며, 원주방향 응력이 30MPa이다. 원통형 벽의 점 A에서의 최대 전단응력[MPa]은? (단, 평면 내 응력만을 고려한다.)

① 2.5   ② 5.0

③ 12.5   ④ 25.0

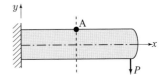

해설

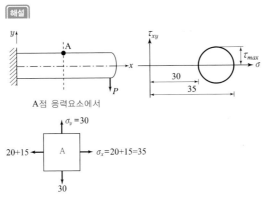

A점 응력요소에서

A점에서 축방향 응력과 원주방향 응력을 고려하여 모아원을 그린 후 최대 전단응력을 구한다.

$$\tau_{\max} = \sqrt{\left(\frac{\sigma_x + \sigma_y}{2}\right)^2 + \tau_{xy}^2}$$

$$= \sqrt{\left(\frac{30-35}{2}\right)^2 + 0}$$

$$= 2.5\text{MPa (모아원의 반지름과 같다.)}$$

7 구조물의 변위 및 부정정보

구조물의 변위 및 부정정보

구조물의 변위 및 부정정보
구조물의 처짐에 관한 이론적 배경과 구하는 방법을 살펴본다. 또한 힘의 평형
조건식만으로 부재를 해석할 수 없는 부정정 구조물의 해석 방법에 대하여 다룬다.

① 구조물의 변위

1. 개요

(1) 정의

변위란 구조물의 한 점의 위치 변화를 말하며 구조물에서 발생하는 변위란 넓은 의미에서는
처짐과 처짐각을 의미한다.

(2) 변위계산의 목적

① 구조물의 제 기능을 발휘하기 위한 사용성 확보를 위해 한다.

② 미관상 불안감을 조성할 수 있다.

③ 구조물에 부착된 다른 부분에 손상을 가할 수 있다.

④ 부정정 구조물의 해석을 위해 이용한다. 정정 구조물은 평형방정식만으로 해석을 힐 수 있
지만 부정정 구조물은 평형방정식 외에 해석을 위해 변위에 관한 적합방정식이 필요하다.

(3) 탄성곡선 (처짐곡선)

구조물의 부재는 하중을 받으면 휘어지는 탄성재료로 만들어져 있다. 구조물이 하중 또는 온도변화, 지점변화, 제작시의 길이의 오차 등을 받게 되면 곡선으로 휘게 되는데 이를 탄성곡선이라 하고 이 곡선에서 변위인 수직 성분만을 처짐이라 한다.

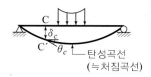

(4) 처짐

처짐곡선에서 변위의 수직 성분을 처짐이라 한다.

$$\delta_x = y$$

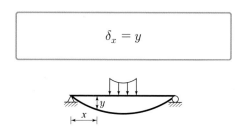

처짐의 부호 : 하향 변위 (+), 상향 변위 (−)

(5) 처짐각

절점의 회전각으로 탄성곡선상의 임의의 점에 그은 접선이 원래의 축과 이루는 각을 처짐각 또는 절점각이라 한다. 처음 부재에서 처짐이 발생한 후의 탄성곡선 방향에 따라 처짐각의 부호가 결정된다.

처짐각의 부호 규약		시계방향 (+)
		반시계방향 (−)

(6) 휨강성과 탄성하중

① 휨강성

탄성계수(E)와 단면2차모멘트(I)의 곱인 EI를 말하며, 휨에 저항하는 척도를 나타내는 값이다.

② 탄성하중

모멘트를 휨강성으로 나눈 값 즉, $\dfrac{M}{EI}$을 말하며, 처짐은 탄성하중에 비례한다.

핵심 KEY

예제 1 다음 그림과 같은 A, B단면이 있다. B단면의 휨강성에 대한 A단면의 휨강성 비율 A/B는? (단, 탄성계수 E는 동일하며, 단면의 도심을 지나는 x축을 기준축으로 한다.)

① $\dfrac{1}{2}$

② $\dfrac{1}{3}$

③ $\dfrac{1}{4}$

④ $\dfrac{1}{5}$

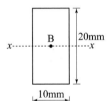

해설

$$\frac{EI_A}{EI_B} = \frac{I_A}{I_A} = \frac{\dfrac{20(10)^3}{12}}{\dfrac{10(20)^3}{12}} = \frac{1}{4}$$

정답 ③

2. 처짐의 해법

(1) 탄성곡선식법 (미분방정식법, 2중 적분법, 적분법)

휨을 받는 부재가 휘어지면 임의의 한 단면에서 곡률(x)과 휨모멘트(M)의 관계식은 $x = \dfrac{M}{EI}$이다. 이를 적분하여 처짐각과 처짐을 구하는 방법이다.

$$\frac{d^2 y}{dx^2} = - \frac{M_x}{EI} \ (\text{탄성곡선식, 미분방정식})$$

① 처짐각(θ) : 미분방정식을 한 번 적분한 것

$$\theta = \frac{dy}{dx} = - \int \frac{M_x}{EI} dx + C_1$$

② 처짐(δ) : 미분방정식을 두 번 적분한 것으로 처짐각을 한 번 적분한 것과 같다.

$$\delta = - \iint \frac{M_x}{EI} dx \cdot dx + C_1 x + C_2$$

단, C_1, C_2 : 적분상수, EI : 휨강성, M_x : 휨모멘트 일반식

③ 특징 : 탄성곡선식을 수식으로 표현할 수 있으나 적분을 해야 하는 불편함이 있다.

(2) 모멘트 면적법 (Green의 정리)

① 모멘트 면적 제1정리

처짐각에 관한 내용으로 탄성곡선상의 두 점에서 그은 접선이 이루는 각은 두 점으로 둘러싸인 휨모멘트의 면적을 휨강성 EI로 나눈 것과 같다.

$$\theta = \frac{A}{EI}$$

단, θ : 탄성곡선상의 두 접선이 이루는 각

A : 두 점으로 둘러싸인 휨모멘트도의 면적

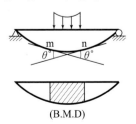

(B.M.D)

② 모멘트 면적 제2정리

처짐에 관한 내용으로 탄성곡선상의 두 점에서 한 점에 그은 접선과 다른 한 점까지의 연직 거리는 두 점으로 둘러싸인 휨모멘트도의 면적에 구하는 점까지의 도심거리를 곱한 것을 휨강성 EI로 나눈 것과 같다. 즉, 처짐은 연직거리를 구하는 점에 대한 단면 1차 모멘트를 EI로 나눈 것과 같게 된다.

$$y = \frac{A \cdot x}{EI}$$

단, y : 탄성곡선상의 두 점에서 한 접선과 다른 한 점 사이의 수직거리

x : 두 점으로 둘러싸인 휨모멘트도의 면적에서 처짐을 구하는 점까지의 도심거리

③ 특징

캔틸레버보에는 직접 작용이 가능하나 단순보에는 간접 적용해야 한다.

(3) 탄성하중법 (Morh의 정리)

① 개요

탄성하중(Morh의 하중 $= x = \frac{M}{IE} = \frac{\alpha(\Delta T)}{h}$)을 보에 작용하는 가상의 분포하중이라고 생각하여 공액보(실제보의 변위조건과 단면력의 경계조건이 일치하도록 만든 보)를 해석하면 구한 전단력이 처짐각이 되고 휨모멘트는 처짐이 된다.

$$\text{처짐각 : } \theta = \text{가상하중}\left(\frac{M}{EI}\right)\text{에 대한 전단력}$$

$$\text{처짐 : } y = \text{가상하중}\left(\frac{M}{EI}\right)\text{에 대한 휨모멘트}$$

② 공액보 경계조건

탄성하중법을 적용하기 전에 실제 보를 변위조건과 단면력의 경계조건이 일치하도록 변환시켜 주어야 한다.

위치	실제보 조건 → 공액보 변환	예시
지점	고정단 → 자유단	(실제 보)
	자유단 → 고정단	(공액보)
내부	중간 지점 → 내부 힌지	(실제 보)
	내부 힌지 → 중간 지점	(공액보)

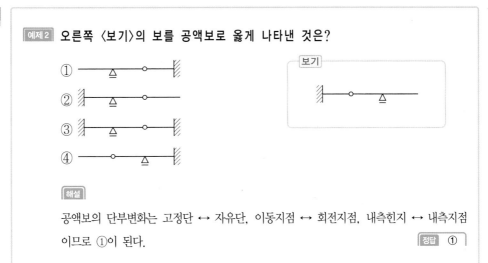

예제 2 오른쪽 〈보기〉의 보를 공액보로 옳게 나타낸 것은?

해설

공액보의 단부변화는 고정단 ↔ 자유단, 이동지점 ↔ 회전지점, 내측힌지 ↔ 내측지점 이므로 ①이 된다.

정답 ①

③ 탄성하중법의 적용 순서

step1. 실제 보를 공액보로 변환시킨다.

step2. 휨모멘트도(B.M.D)를 작도하여 탄성하중$\left(\dfrac{M}{EI}\right)$을 가상하중으로 재하 이때 정모멘트는 하향하중으로 부모멘트가 작용할 경우는 상향하중으로 방향을 정해준다.

step3. 공액보에서 전단력과 휨모멘트 계산 이때 공액보에서의 전단력은 처짐각이 되고 휨모멘트는 처짐이 된다.

(4) 중첩법

미소변위를 갖는 경우 하중에 대한 여러 개의 탄성 곡선을 종합하여 실제의 변위를 구하는 방법

① 내민보의 처짐

  a. 단순구간에 작용하는 하중에 의한 처짐 = 단순구간은 단순보와 동일하게 계산

  b. 내민구간에 작용하는 하중에 의한 처짐 = 내민구간의 하중에 의해 단순구간의 지점에 전달된 모멘트에 의한 처짐 + 내민 구간 자체의 캔틸레버 처짐

② 게르버보의 처짐

  a. 하부구조의 처짐 = 상부로부터 전달받은 하중에 의한 처짐

  b. 상부구조의 처짐 = 상부구조 자체의 처짐

(5) Willot 선도에 의한 방법

트러스에 적용하는 방법으로 대칭인 경우 매우 간단한 계산으로 처짐계산이 가능하며 순서는 아래와 같다.

step1. 절점 구속도 해제

step2. 각 부재의 변위를 표시

step3. 변위의 직각 성분의 교점이 최종 변위점

(6) 가상일의 원리 (단위하중법)

구조물에 작용한 하중에 의해 행한 외적인 일은 그 구조물에 저장된 내적인 탄성에너지와 같다는 에너지보존의 원리에 근거를 둔 방법이다.

(7) 캐스틸리아노의 정리

온도변화나 지점변위가 없는 탄성체에만 적용 가능

① 캐스틸리아노 제1정리 : 부정정 해석법

탄성에너지를 변위에 관해 미분하면 힘이 된다는 것으로 부정정 구조물의 해석에서 부정정력을 계산할 때 사용한다.

② 캐스틸리아노 제2정리 : 처짐, 처짐각 해석법

탄성에너지를 힘에 관해 미분하면 처짐 또는 처짐각이 된다.

(8) 클라페이롱정리

"외적일은 변형에너지와 같다"를 이용하여 대응 변위를 산정하는 방법

핵심 KEY

예제3 다음 중 처짐을 구하는 공식으로 옳지 <u>않은</u> 것은?

① 적분법   ② 탄성하중법
③ 단위하중법   ④ 3연모멘트법

해설

3연모멘트법은 부정정 연속보를 해석할 때 사용하는 방법이다.   **정답** ④

3. 처짐, 처짐각 공식

(1) 처짐, 처짐각 공식 유도 방법

공액보법을 사용하여 공식을 유도한다.

해법 순서		
step.1	휨모멘트도(B.M.D)를 그린다.	(도해)
step.2	실제 보를 공액보로 만든다.	(도해)
step.3	공액보상에 휨모멘트도를 가상의 탄성하중으로 작용시킨다.	(도해)
step.4	가상하중에 의해 구한 전단력은 그 지점에서의 처짐각이 된다. 처짐각 $\theta = \dfrac{S'}{EI}$	$\theta_{\max} = \dfrac{S_A{}'}{EI} = \dfrac{V_A{}'}{EI}$ $= \dfrac{\dfrac{Pl}{4} \times \dfrac{l}{2}}{2} = \dfrac{Pl^2}{16EI}$
	가상하중에 의해 구한 휨모멘트는 그 지점에서의 처짐이 된다. 처짐 $y = \dfrac{M'}{EI}$ 을 구한다.	$y_{\max} = \dfrac{M_c{}'}{EI} = \dfrac{\left[\dfrac{\left(\dfrac{Pl}{4} \right) l^2}{8} \times \dfrac{2}{3} \right]}{\dfrac{1}{EI}}$ $= \dfrac{Pl^3}{48EI}$

(2) 단순보 처짐, 처짐각

구조물	처짐각 (시계방향 +, 반시계방향 −)	처짐 (하향 처짐 +, 상향 처짐 −)
	$\theta_A = \dfrac{Ml}{6EI}, \ \theta_B = -\dfrac{Ml}{3EI}$	$\delta_{중앙} = \dfrac{Ml^2}{16EI},$ $\delta_{\max} = \dfrac{Ml^2}{9\sqrt{3}\,EI}$
	$\theta_A = -\theta_B = \dfrac{Pl^2}{16EI}$	$\delta_{중앙} = \dfrac{Pl^3}{48EI}$
	$\theta_A = -\theta_B = \dfrac{wl^3}{24EI}$	$\delta_{중앙} = \dfrac{5wl^4}{384EI}$

구조물	처짐
	$\delta_C = \dfrac{Pa^2b^2}{3lEI}$
	$\delta_{중앙} = \dfrac{\dfrac{5wl^4}{384EI}}{2} = \dfrac{5wl^4}{768EI}$
	$\delta_{중앙} = \dfrac{Pl^3}{192EI}$
	$\delta_{중앙} = \dfrac{wl^4}{384EI}$

핵심 KEY

예제4 길이 l인 단순보에 등분포하중 $w[\text{kN/m}]$가 작용하고 있다. 최대 처짐각과 최대 처짐은?

① $\dfrac{wl^2}{48EI}$, $\dfrac{wl^3}{384EI}$ ② $\dfrac{wl^3}{48EI}$, $\dfrac{5wl^4}{384EI}$

③ $\dfrac{wl^3}{24EI}$, $\dfrac{wl^4}{384EI}$ ④ $\dfrac{wl^3}{24EI}$, $\dfrac{5wl^4}{384EI}$

해설

단순보에 등분포하중이 작용할 경우 처짐각의 최댓값은 양지점에서 $\dfrac{wl^3}{24EI}$만큼 발생하고 최대 처짐은 보의 중앙에서 $\dfrac{5wl^4}{384EI}$만큼 발생한다.

정답 ④

(3) 캔틸레버보 처짐, 처짐각

구조물	자유단 처짐각, θ_B (최댓값)	자유단 처짐, δ_B (최댓값)
$A \longrightarrow B\ M$ (길이 l)	$\dfrac{ML}{EI}$	$\dfrac{ML^2}{2EI}$
$A \longrightarrow B\ P$ (길이 l)	$\dfrac{PL^2}{2EI}$	$\dfrac{PL^3}{3EI}$
w 등분포 ($A \longrightarrow B$, L)	$\dfrac{\omega L^3}{6EI}$	$\dfrac{\omega L^4}{8EI}$
w 삼각분포 ($A \longrightarrow B$, L)	$\dfrac{\omega L^3}{24EI}$	$\dfrac{\omega L^4}{30EI}$

구조물	B점과 C점의 처짐 비, $\delta_B : \delta_C$	a=b일 경우 $\delta_B : \delta_C$
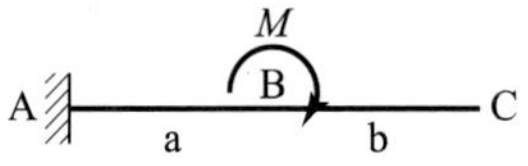 A〰 $\overset{M}{B}$ ⌒ C a b	a : a+2b	1:3
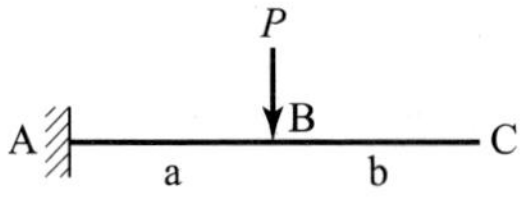 A〰 $\overset{P}{\underset{B}{\downarrow}}$ C a b	2a : 2a+3b	2:5
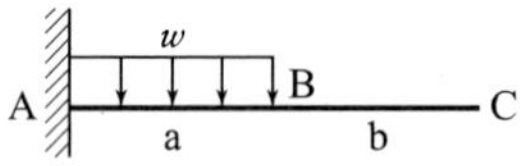 A〰 $\overset{w}{\downarrow\downarrow\downarrow}$ B C a b	3a : 3a+4b	3:7

핵심 **KEY**

예제5 그림과 같은 캔틸레버보 자유단 A의 처짐은? (단, EI는 일정함)

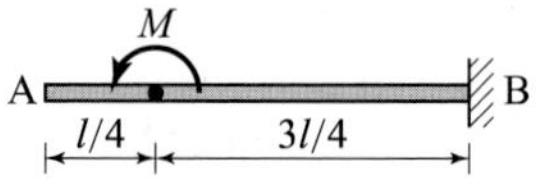

① $\dfrac{3Ml^2}{8EI}(\downarrow)$

② $\dfrac{13Ml^2}{32EI}(\downarrow)$

③ $\dfrac{7Ml^2}{16EI}(\downarrow)$

④ $\dfrac{15Ml^2}{32EI}(\downarrow)$

A ⌒M ───────── B
$\leftarrow l/4 \rightarrow \leftarrow 3l/4 \rightarrow$

해설

캔틸레버 처짐비를 사용하면 손쉽게 A점의 처짐을 구할 수 있다. 모멘트 하중이 작용할 때 처짐비는 a : a+2b이고 a에 길이 3, b에 길이 1을 대입하면 모멘트하중이 작용하는 점의 처짐과 A점의 처짐비는 3 : 5가 되며 즉, A점의 처짐은 모멘트작용 점의 처짐보다 $\dfrac{5}{3}$배 크다는 것을 알 수 있다.

모멘트 하중이 작용하는 점에서 처짐은 $\dfrac{ML^2}{2EI} = \dfrac{M\left(\dfrac{3l}{4}\right)^2}{2EI} = \dfrac{9Ml^2}{16 \times 2EI}$이며

A점의 처짐은 이 값에 5/3배 해준 $\dfrac{9Ml^2}{16 \times 2EI} \times \dfrac{5}{3} = \dfrac{15Ml^2}{32EI}$이다.

정답 ④

(4) 내민보의 처짐, 처짐각

단순구간에 작용하는 변위 선도 + 내민 구간을 캔틸레버로 하는 변위 선도

① 단순보 구간에 하중이 작용하는 경우

구조물	자유단 처짐각, θ_C	자유단 처짐, δ_C
	$\lvert\theta_B\rvert=\lvert\theta_B{'}\rvert=\lvert\theta_C\rvert$ $\theta_C=\dfrac{ML}{6EI}$, ↷	$\delta_C=\theta_B\times a=\dfrac{MLa}{6EI}\,(\uparrow)$
	$\lvert\theta_B\rvert=\lvert\theta_B{'}\rvert=\lvert\theta_C\rvert$ $\theta_A=\dfrac{PL^2}{16EI}$, ↷ $\theta_C=\dfrac{PL^2}{16EI}$, ↷	$\delta_C=\theta_B\times a=\dfrac{PL^2a}{16EI}\,(\uparrow)$
	$\lvert\theta_B\rvert=\lvert\theta_B{'}\rvert=\lvert\theta_C\rvert$ $\theta_A=\dfrac{\omega L^3}{24EI}$, ↷ $\theta_C=\dfrac{\omega L^3}{24EI}$, ↷	$\delta_C=\theta_B\times a=\dfrac{\omega L^3a}{24EI}\,(\uparrow)$

② 내민 구간에 하중이 작용하는 경우

구조물	자유단 처짐각, θ_C	자유단 처짐, δ_C
(그림 A B C with M, L, a)	$\theta_C = \theta_{C1} + \theta_{C2}$ $= \dfrac{ML}{3EI} + \dfrac{Ma}{EI}$, ↶ ($\theta_B = \theta_{C1}$)	$\delta_C = \delta_{C1} + \delta_{C2}$ $= \dfrac{(ML)a}{3EI} + \dfrac{Ma^2}{2EI}$ (↓) ($\because \ \delta_{C1} = \theta_B \times a$)
(그림 A B C with P, L, a)	$\theta_C = \theta_{C1} + \theta_{C2}$ $= \dfrac{(Pa)L}{3EI} + \dfrac{Pa^2}{2EI}$, ↶ ($\theta_B = \theta_{C1}$)	$\delta_C = \delta_{C1} + \delta_{C2}$ $= \dfrac{(Pa)L(a)}{3EI} + \dfrac{Pa^3}{3EI}$ (↓) $= \dfrac{Pa^2L}{3EI} + \dfrac{Pa^3}{3EI}$ $= \dfrac{Pa^2(L+a)}{3EI}$ ($\because \ \delta_{C1} = \theta_B \times a$)
(그림 A B C with w, L, a)	$\theta_C = \theta_{C1} + \theta_{C2}$ $= \dfrac{\left(\dfrac{wa^2}{2}\right)L}{3EI} + \dfrac{wa^3}{6EI}$ ↶ $= \dfrac{wa^2(L+a)}{6EI}$ ↶ ($\theta_B = \theta_{C1}$)	$\delta_C = \delta_{C1} + \delta_{C2}$ $= \dfrac{\left(\dfrac{wL^2}{2}\right)L(a)}{3EI} + \dfrac{wa^4}{8EI}$ (↓) $= \dfrac{wL^3a}{6EI} + \dfrac{wa^4}{8EI}$ (↓) ($\because \ \delta_{C1} = \theta_B \times a$)

예제6 그림과 같은 내민보에서 C점의 처짐은? (단, EI는 일정하다.)

① $\dfrac{Pl^3}{16EI}$ 　　② $\dfrac{Pl^3}{24EI}$

③ $\dfrac{Pl^3}{32EI}$ 　　④ $\dfrac{Pl^3}{48EI}$

(그림: A 지점에서 $l/2$ 위치에 P 하중, B 지점, C점까지 $l/2$ 내민보)

해설

C점의 처짐을 구하기 위해서는 B점의 처짐각을 구한 후 C점까지의 거리 $\dfrac{l}{2}$ 을 곱한다.

$$\delta_C = \theta_B \times \dfrac{l}{2} = \dfrac{Pl^2}{16EI} \times \dfrac{l}{2} = \dfrac{Pl^3}{32EI} (\uparrow)$$

정답 ③

(5) 게르버보의 처짐, 처짐각

구조물	처짐각	처짐
	$\theta_B = \dfrac{\delta_C}{L} + \dfrac{ML}{3EI}$ $= \dfrac{Ma^3}{3L^2EI} + \dfrac{ML}{3EI}$, $\curvearrowleft$	$\delta_C = \dfrac{\left(\dfrac{M}{L}\right)a^3}{3EI} = \dfrac{Ma^3}{3LEI}(\downarrow)$
	$\theta_B = \theta_{B1} + \theta_{B2}$ $= \dfrac{\delta_C}{L} + \dfrac{PL^2}{16EI}\theta_{B1} + \theta_{B2}$ $= \dfrac{\delta_C}{L} + \dfrac{PL^2}{16EI}$ $= \dfrac{Pa^3}{6LEI} + \dfrac{PL^2}{16EI}$, $\curvearrowleft$ $\theta_{C(왼쪽)} = \dfrac{\left(\dfrac{P}{2}\right)a^2}{2EI} = \dfrac{Pa^2}{4EI}$, $\curvearrowright$ $\theta_{C(오른쪽)}$ $= \dfrac{\delta_C}{L}(\curvearrowleft) - \dfrac{PL^2}{16EI}(\curvearrowright)$	$\delta_C = \dfrac{\left(\dfrac{P}{2}\right)a^3}{3EI} = \dfrac{Pa^3}{6EI}(\downarrow)$ $\delta_{중앙} = \delta_{중앙1} + \delta_{중앙2}$ $= \dfrac{\delta_C}{2} + \dfrac{PL^3}{48EI}$ $= \dfrac{Pa^3}{12EI} + \dfrac{PL^3}{48EI}(\downarrow)$
	$\theta_B = \dfrac{\delta_C}{L} + \dfrac{wL^3}{24EI}$ $= \dfrac{\left(\dfrac{wL}{2}\right)a^3}{3LEI} + \dfrac{wL^3}{24EI}$ $+ \dfrac{wa^3}{6EI} + \dfrac{wL^3}{24EI}$, $\curvearrowleft$	$\delta_C = \dfrac{\left(\dfrac{wL}{2}\right)a^3}{3EI} = \dfrac{wLa^3}{6EI}(\downarrow)$ $\delta_{중앙} = \dfrac{\delta_C}{2} + \dfrac{5wL^4}{384EI}$ $= \dfrac{wLa^3}{12EI} + \dfrac{5wL^4}{384EI}(\downarrow)$

핵심 KEY

예제7 다음 그림과 같은 게르버보에서 C점의 처짐은? (단, 보의 휨강성은 EI이다.)

① $\dfrac{7Pa^3}{2EI}$

② $\dfrac{9Pa^3}{2EI}$

③ $\dfrac{11Pa^3}{2EI}$

④ $\dfrac{13Pa^3}{2EI}$

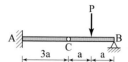

해설

게르버보 상부구조 해석을 통해 C점에는 $\dfrac{P}{2}$의 힘이 아래로 작용하는 것을 알 수 있다.

그러므로 C점의 처짐은 하부구조물인 캔틸레버보 C점에 $\dfrac{P}{2}$의 집중하중이 작용할 때와 같다.

$$\delta_C = \frac{\left(\dfrac{P}{2}\right)(3a)^3}{3EI} = \frac{9Pa^3}{2EI}(\downarrow)$$

정답 ②

(6) 온도차에 의한 보의 변위

보에 위아래 온도 차이가 생기게 되면 보에 처짐이 발생하게 된다. 보의 윗부분이 온도가 높을 때에는 윗부분의 온도변화량이 커져서 보는 위로 솟아오르게 되고 보의 아랫부분이 온도가 높을 경우에는 아래로 볼록한 처짐이 발생한다. 열팽창계수 α, 높이 h인 부재의 상·하단에 ΔT의 온도차가 있는 경우, 곡률 $\dfrac{\alpha\Delta T}{h}\left(=\dfrac{M}{EI}\right)$을 가상하중으로 하는 공액보로 계산하면 앞에서 배운 내용과 같이 온도 가상하중$\left(=\dfrac{\alpha\Delta T}{h}\right)$에 의해 새롭게 구한 전단력은 처짐각, 휨모멘트는 처짐이 된다.

온도변화에 의한 처짐각, 처짐 구하는 순서는 아래와 같다.

step1. 보를 공액보로 변환한다.

step2. 곡률 $\dfrac{\alpha\Delta T}{h}$을 구한 후 보에 등분포 가상하중으로 재하 한다.

step3. 공액보에서 가상하중$\left(=\dfrac{\alpha\Delta T}{h}\right)$ 전단력(=처짐각), 휨모멘트(=처짐) 값을 구한다.

구조물 (단, 이 때 $T_2 > T_1$)	공 식
 T_1 T_2 A　　L　　B　h	$\cdot\ \theta_A = -\theta_B = \dfrac{\alpha(\Delta T)L}{2h}$ $\cdot\ \delta_{중앙} = \dfrac{\alpha(\Delta L)L^2}{8h}$
 T_1 T_2 A　　L　　B　h	$\cdot\ \theta_B = \dfrac{\alpha(\Delta T)L}{h}$ $\cdot\ \delta_B = \dfrac{\alpha(\Delta T)L^2}{2h}$

핵심 **KEY**

예제 8 길이가 10m, 높이가 30cm인 단순보에 상면의 온도가 20℃, 하면의 온도가 80℃ 일 때 보의 중앙에서의 처짐 크기(mm)는? (단, 보의 열팽창계수는 $\alpha = 1.2 \times 10^{-5}/℃$ 이다.)

① 3 　　　　　　　　　　② 30

③ 6 　　　　　　　　　　④ 60

해설

$\dfrac{\alpha \Delta T}{h}$ 를 구한 후 보에 등분포하중으로 재하 후 중앙에서 휨모멘트크기를 구하면 처짐이 된다.

$\delta_{중앙} = \dfrac{\alpha \Delta T}{h} \times \dfrac{L^2}{8}$ 에 주어진 조건을 대입한다. 단, 단위를 맞춰주기 위해 cm는 mm로 변환 후 대입한다.

$\delta_{중앙} = \dfrac{1.2 \times 10^{-5} \times (80-20)}{300\text{mm}} \times \dfrac{10,000^2 \text{mm}^2}{8} = 30\text{mm}$

정답 ②

(7) 변단면보의 처짐, 처짐각

구하는 순서는 아래와 같다.

step1. 공액보로 변환

step2. 휨모멘트도(B.M.D) 작도하여 각 구가별 조건에 따른 탄성하중$\left(\dfrac{M}{EI}\right)$을 가상하중으로 보에 재하

step3. 공액보에서 전단력(=처짐각), 휨모멘트(=처짐) 값을 구한다.

핵심 KEY

예제9 다음 그림과 같은 변단면의 내민보에서 A점에서의 처짐량은? (단, 보의 재료의 탄성계수는 E이다.)

① $\dfrac{3PL^3}{32EI}$ ② $\dfrac{3PL^3}{16EI}$

③ $\dfrac{6PL^3}{16EI}$ ④ $\dfrac{PL^3}{8EI}$

해설

공액보로 변환 후 휨모멘트도(B.M.D) 작도하여 탄성하중$\left(\dfrac{M}{EI}\right)$으로 만든 후 가상하중을 보에 재하한다.

주의 C-B 구간은 2차 모멘트가 $2I$이므로 탄성하중을 그릴 때 주의한다.

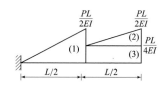

공액보로 위의 그림과 같이 변환 후 고정단에서 모멘트 크기를 구하면 A점에서의 처짐 값이 된다.

Tip 계산을 빠르게 하기 위해 상수만 집어넣어 계산을 해준다.

δ_A = 1번 하중의 모멘트+2번 하중의 모멘트+4번 하중의 모멘트= $M_{(1)} + M_{(2)} + M_{(3)}$

$M_{(1)}$ = 면적×도심까지의 거리= $\left(\dfrac{1}{2}\times\dfrac{1}{2}\times\dfrac{1}{2}\right)\times\left(\dfrac{1}{2}\times\dfrac{2}{3}\right) = \dfrac{1}{24}$

$M_{(2)}$ = 면적×도심까지의 거리= $\left(\dfrac{1}{2}\times\dfrac{1}{4}\times\dfrac{1}{2}\right)\times\left(\dfrac{1}{2}+\dfrac{1}{2}\times\dfrac{2}{3}\right) = \dfrac{5}{96}$

$M_{(3)}$ = 면적×도심까지의 거리= $\left(\dfrac{1}{2}\times\dfrac{1}{4}\right)\times\left(\dfrac{1}{2}+\dfrac{1}{2}\times\dfrac{1}{2}\right) = \dfrac{3}{32}$

$\therefore \delta_A = \dfrac{1}{24}+\dfrac{5}{96}+\dfrac{3}{32} = \dfrac{4+5+9}{96} = \dfrac{18}{96} = \dfrac{3}{16}$

정답 ②

(8) 상반작용의 원리

지점 침하, 제작 오차, 온도 변화가 없는 탄성체에서 에너지 불변의 법칙에 의해 하중의 재하 순서에 관계없이 전체 일이 같아야 한다는 조건에 의해 힘과 변위를 상반되게 곱하여도 같다는 원리이다.

$$P_m \cdot \delta_{m,n} = P_n \cdot \delta_{n,m}$$

$$P_1 \cdot \delta_{1위치,2원인} = P_2 \cdot \delta_{2위치,1원인}$$

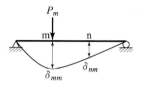

$$M_m \cdot \theta_{m,n} = M_n \cdot \theta_{n,m}$$

$$M_1 \cdot \theta_{1위치,2원인} = M_2 \cdot \theta_{2위치,1원인}$$

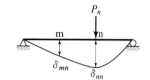

핵심 **KEY**

예제10 그림과 같은 단순보 AB의 B단에 $M_B = 2\text{kN} \cdot \text{m}$의 모멘트가 주어졌을 때 A 및 B에서의 기울기가 0.1 및 0.15radian이 되었다. A단에서 $M_A = 3\text{kN} \cdot \text{m}$의 모멘트가 주어졌을 때 B단의 기울기(radian)는?

① 0.1

② 0.15

③ 0.2

④ 0.3

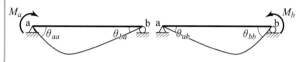

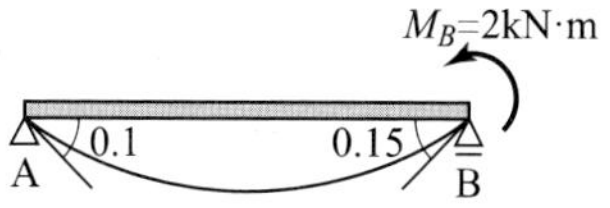

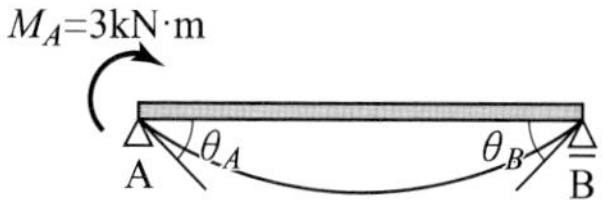

해설

상반작용의 원리를 사용한다. 모멘트의 경우

$M_1 \cdot \theta_{1위치,2원인} = M_2 \cdot \theta_{2위치,1원인}$ 에 대입을 한다.

위에서부터 M_B를 M_1로, M_A를 M_2 공식 원인에 대입하고 A점을 2번 위치 B점을 1번 위치로 보고 대입을 한다.

$2 \times \theta_B = 3 \times 0.1$

$\therefore \theta_B = 0.15$

정답 ②

(9) 보-스프링 구조의 변위

특정 부재를 스프링으로 모델링한 구조물을 보 – 스프링 구조물이라 하고 보와 스프링으로 나누어 중첩을 적용해 부재를 해석한다.

① 강체보의 경우 : 보의 변위가 발생하지 않는 보를 강체보라 하므로 보의 변위는 0이다. 변위는 스프링에 의해서만 발생한다. 따라서 스프링이 받는 힘을 강성도로 나누어 비례식을 통해 구하고자 하는 점에서의 처짐을 구할 수 있다.

② 강체보가 아닌 경우 : 보의 변위가 있는 경우로 스프링에 의한 변위에 보의 변위를 중첩하여 처짐을 구한다.

구조물	강체보일 때	일반보일 때
	$\delta_C = \dfrac{P}{4k}$	$\delta_C = \dfrac{P}{4k} + \dfrac{PL^3}{48EI}$
	$\delta_C = \dfrac{wL}{4k}$	$\delta_C = \dfrac{wL}{4k} + \dfrac{5wL^4}{384EI}$
	$\delta_C = \dfrac{1}{2}\left(\dfrac{P}{2k_1} + \dfrac{P}{2k_2}\right)$	$\delta_C = \dfrac{1}{2}\left(\dfrac{P}{2k_1} + \dfrac{P}{2k_2}\right) + \dfrac{PL^3}{48EI}$
	$\delta_C = \dfrac{1}{2}\left(\dfrac{wL}{2k_1} + \dfrac{wL}{2k_2}\right)$	$\delta_C = \dfrac{1}{2}\left(\dfrac{wL}{2k_1} + \dfrac{wL}{2k_2}\right) + \dfrac{5wL^4}{384EI}$
	$\delta_C = \dfrac{4P}{k}$	$\delta_C = \dfrac{4P}{k} + \left[\left(\dfrac{PL}{2}\right)\left(\dfrac{\frac{L}{2}}{3EI} \times \dfrac{L}{2}\right) + \dfrac{P\left(\frac{L}{2}\right)^3}{3EI}\right]$ $= \dfrac{4P}{k} + \dfrac{PL^3}{24EI} + \dfrac{PL^3}{24EI}$ $= \dfrac{4P}{k} + \dfrac{PL^3}{12EI}$

※ 보가 수평을 유지할 조건

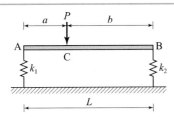

$$\frac{P_A}{k_1} = \frac{P_B}{k_2} \text{에서} \quad \frac{\frac{Pb}{L}}{k_1} = \frac{\frac{Pa}{L}}{k_2}$$

$$\therefore \quad \frac{b}{k_1} = \frac{a}{k_2}$$

핵심 **KEY**

예제11 다음 그림의 구조물에서 C점의 수직 처짐은? (단, 보의 $EI = \infty$, 스프링계수 k는 일정하다.)

① $\dfrac{2P}{K}$ ② $\dfrac{4P}{K}$

③ $\dfrac{6P}{K}$ ④ $\dfrac{8P}{K}$

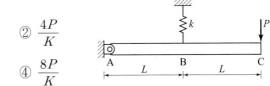

해설

힌지점 A점에서의 모멘트 합은 0이므로 $\sum M_A = 0 \,;\, P \times 2L = R_B \times L$

$$\therefore R_B = 2P$$

보의 휨강성 EI가 무한대이므로 강체보로서 보 자체의 처짐은 발생하지 않고 아래와 같이 스프링에 의한 처짐 형태가 된다.

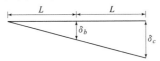

삼각형 닮음을 이용하면 $\delta_C = 2\delta_B$이므로

$$\delta_C = 2 \times \left(\frac{2P}{K} \right) = \frac{4P}{K}$$

정답 ②

(10) 보-케이블 구조의 변위

보와 케이블로 연결되어 있는 구조물로서 보와 케이블로 나누어 중첩을 적용해 부재를 해석한다.

① 강체보의 경우

보의 변위가 발생하지 않는 보를 강체보라 하므로 보의 변위는 0이다. 변위는 케이블에 의해서만 발생한다. 따라서 케이블에 받는 힘을 강성도로 나누어 케이블의 처짐을 구한 후 비례식을 통해 구하고자 하는 점에서의 처짐을 구할 수 있다.

② 강체보가 아닌 경우

보의 변위가 있는 경우로 케이블에 의한 변위에 보의 변위까지 중첩하여 처짐을 구한다.

핵심 KEY

[예제12] 길이가 다른 2개의 케이블로 A점과 B점에 지지된 보의 중앙부 C점에 수직력 P가 작용하는 경우 C점의 수직 처짐은? (단, 케이블의 축강성은 EA, 보의 휨강성은 EI로 일정하며, 보 및 케이블의 자중은 무시한다.)

① $\dfrac{3PL_C}{2EA} + \dfrac{PL^3}{96EI}$

② $\dfrac{3PL_C}{2EA} + \dfrac{PL^3}{48EI}$

③ $\dfrac{3PL_C}{4EA} + \dfrac{PL^3}{96EI}$

④ $\dfrac{3PL_C}{4EA} + \dfrac{PL^3}{48EI}$

[해설]

케이블 A, B에는 각각 반력 $\dfrac{P}{2}$가 작용한다. B점의 케이블 길이가 2배이므로 처짐도 2배 발생한다. $\left(\because \dfrac{PL}{EA} \right)$

또한 케이블과 따로 보가 강체보가 아니므로 처짐이 발생한다. 이를 도식화하면 오른쪽 그림과 같다.

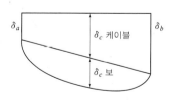

$$\delta_C = \delta_{C케이블} + \delta_{C보} = \left(\dfrac{\delta_a + \delta_b}{2} \right) + \delta_{C보}$$

$$= \left(\dfrac{\dfrac{PL_C}{2EA} + \dfrac{2PL_C}{2EA}}{2} \right) + \dfrac{PL^3}{48EI} = \dfrac{3PL_C}{4EA} + \dfrac{PL^3}{48EI}$$

[정답] ④

4. 처짐의 특성

① 휨모멘트(M) 크기에 비례하므로 하중이 증가하면 처짐도 커진다.

② 단면 2차 모멘트(I)에 반비례하므로 2차 모멘트가 커지면 처짐은 감소한다. 따라서, 같은 단면이라도 배치상태에 따라서 I가 변하면 처짐도 달라진다.

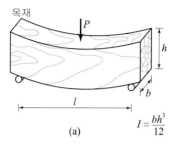

$$I = \frac{bh^3}{12}$$

(a)

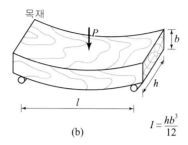

$$I = \frac{hb^3}{12}$$

(b)

③ 탄성계수(E)에 반비례하므로 재료에 따라 처짐이 달라진다.

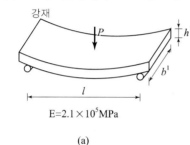

E=2.1×10⁵MPa

(a)

E=8×10⁵MPa

(b)

핵심 KEY

예제13 탄성계수가 E, 길이가 L, 단면의 높이가 h, 단면의 밑변이 b인 단순보에 집중하중 P가 작용하고 있을 때 처짐의 크기가 δ가 발생했다. 이 때 보의 높이와 탄성계수 크기를 각각 2배로 크게 할 경우 보의 처짐은?

① $\frac{1}{16}\delta$　　　　　② $\frac{1}{8}\delta$

③ $\frac{1}{4}\delta$　　　　　④ $\frac{1}{2}\delta$

해설

단순보의 집중하중 처짐 공식은 $\frac{PL^3}{48EI}$이다. 처짐은 탄성계수와 2차 모멘트에 반비례한다.

2차 모멘트의 경우 $\frac{bh^3}{12}$이므로 높이가 2배 크게 될 경우 8배가 커진다.

즉, 보의 처짐은 탄성계수2배, 2차모멘트 8배를 곱한 16배가 처짐식에 의해 반비례로 적용되어 처음보다 $\frac{1}{16}$ 배만큼 처짐이 줄어들게 된다.

정답 ①

2 부정정구조물

1. 개요

(1) 정의

구조물의 해석상 미지수가 3개 이상이어서 힘의 평형조건식($\sum V = 0$, $\sum H = 0$, $\sum M = 0$) 만으로는 단면력 또는 반력을 산정할 수 없는 구조물을 부정정구조물이라 한다.

(2) 해석 특징

부정정구조물은 정역학적 평형방정식 이외에 구조물의 처짐 또는 처짐각을 이용한 기하학적 방법을 활용한 적합방정식을 사용한다.

(3) 부정정구조물의 장점 및 단점

① 장점

    a. 휨모멘트 감소로 보의 단면이 작아져 재료의 절감이 가능하다.

    b. 강성이 커져서 처짐이 감소한다.

    c. 지간이 길고 교각수가 줄어들어 외관상 아름답다.

    d. 과대응력의 재분배가 가능해서 정정구조물보다 큰 하중을 받을 수 있으며 안전성이 좋다.

    e. 가공이 용이하고 시공이 간편하다.

② 단점

    a. 정정구조물보다 해석과 설계절차가 복잡하다.

    b. 응력교체가 정정구조물보다 많이 일어나므로 부가적인 부재를 필요로 한다.

    c. 지반 침하, 온도 변화, 제작오차 등으로 인한 추가적인 응력이 발생한다.

핵심 KEY

예제14 부정정 구조물에 대한 설명으로 옳지 **않은** 것은?

① 구하고자 하는 반력의 개수와 평형 방정식의 개수가 같지 않다.

② 처짐이 증가한다.

③ 해석이 복잡하다.

④ 구조물 제작오차에 의해 추가적인 반력이 발생한다.

해설

부정정구조물은 정정구조물보다 부정정력에 의해 변위가 구속되므로 처짐이 작게 발생한다.

정답 ②

---

(4) 부정정 구조물의 해석법

구분	응력법(유연도법)	변위법(강성도법)
1차 미지수	힘(P, M)	변위(δ, θ)
적용 조건식	평형조건식	적합조건식
종류	• 변형일치법 • 최소일의 방법 • 3연모멘트법	• 처짐각법 • 모멘트 분배법

① 변형일치법(부정정트러스, 연속보, 라멘) : 처짐에 관한 겹침방정식으로부터 미지의 부정 정력을 계산하는 해석법

② 최소일의 방법(부정정트러스, 연속보, 라멘) : 부정정구조물의 각 부재에 의하여 행해진 내적 일은 평형을 유지하기 위하여 필요한 최소의 일인 최소일의 정리를 이용한 해석법

③ 3연모멘트법(연속보) : 연속보에서 임의의 연속된 3개 지점의 휨모멘트 상호관의 관계식 을 이용한 해석법

④ 처짐각법(라멘, 연속보) : 모멘트면적법에 의해 유도된 처짐각방정식을 모멘트저항부재에 적용한 해석법

⑤ 모멘트분배법(라멘, 연속보) : 처짐각법의 과정을 모멘트분배의 순환으로 거듭해가며 근 사해를 찾는 해석법

2. 변형일치법

(1) 해법 원리

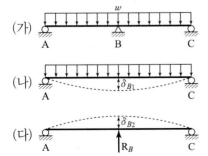

(가)는 현재 등분포하중이 작용하고 있는 부정정보이다. 만약 (나)처럼 지점을 제거하면 등분포하중 w에 의해 지점 B는 아래로 처짐 δ_{B1}만큼 생긴다. 또, 그림 (다)와 같이 점 B에 집중하중 외력 $P = R_B$를 작용시키면 이 보는 위로 처짐 δ_{B2}이 생긴다. 하지만 애초에 (가)에서처럼 이 보는 B지점이 롤러지점으로 처짐이 생길 수 없는 조건을 가지고 있다. 즉, 지점 B에서 변형이 서로 일치되는 현상을 이용하여 부정정보를 푸는 방법을 변형일치의 방법이라고 한다.

$$\delta_{B1} = \delta_{B2}$$

(2) 해법 순서

순서	설명	예시
step.1	지점의 처짐 $\delta_B = 0$을 확인하고 B지점에서 생기는 수직반력을 부정정여력 R_B로 취급한다.	
step.2	B지점을 제거하고 정정구조물인 캔틸레버보로 만든 후 B지점의 처짐 δ_{B1}을 구한다. $$\delta_{B1} = \frac{P\left(\dfrac{l}{2}\right)^3}{3EI} \times \frac{5}{2} = \frac{5Pl^3}{48EI}$$	
step.3	반력 R_B를 하중으로 작용시켰을 때의 B지점의 처짐 δ_{B2}을 구한다. $$\delta_{B2} = \frac{R_B l^3}{3EI}$$	
step.4	지점에서는 처짐이 발생하지 않으므로 $\delta_{B1} = \delta_{B2}$이 성립하여야 하고 이 식으로부터 부정정력 R_B를 구한다. $$\frac{5Pl^3}{48EI} = \frac{R_B l^3}{3EI} \quad \therefore R_B = \frac{5}{16}P(\uparrow)$$	

예 고정지지보에 등분포하중 작용시 반력계산

순서	설명	해석
step.1	지점의 처짐 $\delta_A = 0$을 확인하고 B지점에서 생기는 수직반력을 부정정여력 R_A로 취급한다.	 R_A l
step.2	B지점을 제거하고 정정구조물인 캔틸레버보로 만든 후 B지점의 처짐 δ_{A1}을 구한다.	$\delta_{A1} = \dfrac{wl^4}{8EI}$
step.3	반력 R_B를 하중으로 작용시켰을 때의 B지점의 처짐 δ_{A2}을 구한다.	$\delta_{A2} = \dfrac{R_A l^3}{3EI}$
step.4	지점에서는 처짐이 발생하지 않으므로 $\delta_{A1} = \delta_{A2}$이 성립하여야 하고 이 식으로부터 부정정력 R_A를 구한다.	$\delta_{A1} = \delta_{A2}, \quad \dfrac{wl^4}{8EI} = \dfrac{R_A l^3}{3EI} \quad \therefore R_A = \dfrac{3wl}{8}(\uparrow)$ $\sum V = 0, \quad R_A + R_B = wl \quad \therefore R_B = \dfrac{5wl}{8}(\uparrow)$ $\sum M = 0, \quad \curvearrowleft + : \dfrac{3wl}{8} \times l - \dfrac{wl^2}{2} + M_B = 0$ $\therefore M_B = \dfrac{wl^2}{8}$

핵심 KEY

예제15 다음 부정정 보에서 B점의 수직반력[kN]은?

① $\dfrac{8}{3}$ ② $\dfrac{10}{3}$

③ $\dfrac{12}{3}$ ④ $\dfrac{14}{3}$

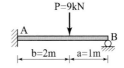

해설

집중하중 P가 작용했을 때의 B점의 지점을 제거한 처짐값 δ_{B1}과 하중을 제거하고 부정정력 R_B에 의한 처짐 δ_{B2}이 같다고 놓고 문제를 푼다.

δ_{B1}은 캔틸레버보 집중하중 비례식 2a:(2a+3b)공식을 통해 하중 P가 작용하는 지점보다 처짐 발생량이 $\dfrac{(2 \times 2) + (3 \times 1)}{2 \times 2} = \dfrac{7}{4}$배 더 발생하게 된다.

$\delta_{B1} = \dfrac{9 \times 2^3}{3EI} \times \dfrac{7}{4}, \quad \delta_{B2} = \dfrac{R_B \times 3^3}{3EI}$ 이며 $\delta_{B1} = \delta_{B2}$이므로

$\dfrac{9 \times 2^3}{3EI} \times \dfrac{7}{4} = \dfrac{R_B \times 3^3}{3EI} \quad \therefore R_B = \dfrac{14}{3}$ kN

정답 ④

(3) 주요하중에 따른 부정정보의 반력

구조물 형태	지점 반력
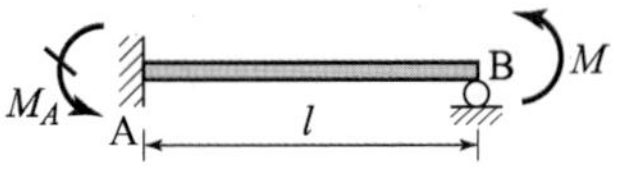	$R_A = \dfrac{3M}{2L}$ (↑), $R_B = \dfrac{3M}{2L}$ (↓), $M_A = \dfrac{M}{2}$ (↶)
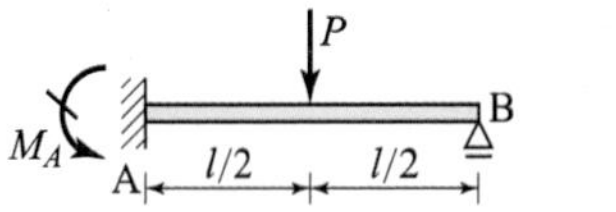	$R_A = \dfrac{11P}{16}$ (↑), $R_B = \dfrac{5P}{16}$ (↓), $M_A = \dfrac{3Pl}{16}$ (↶)
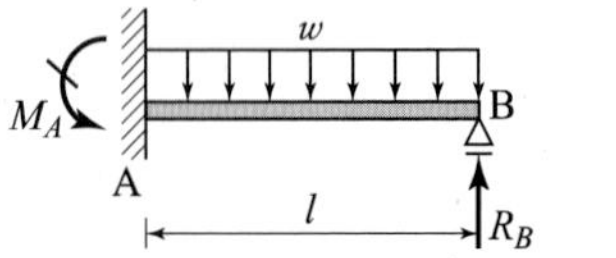	$R_A = \dfrac{5wl}{8}$ (↑), $R_B = \dfrac{3wl}{8}$ (↑), $M_A = \dfrac{wl^2}{8}$ (↶)
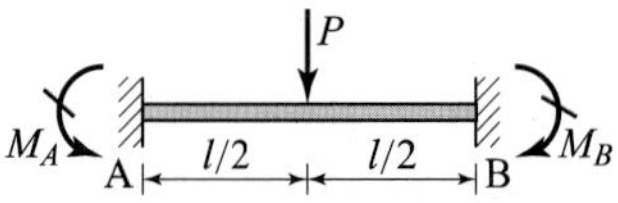	$R_A = R_B = \dfrac{P}{2}$ (↑), $M_A = \dfrac{Pl}{8}$ (↶), $M_B = \dfrac{Pl}{8}$ (↷)
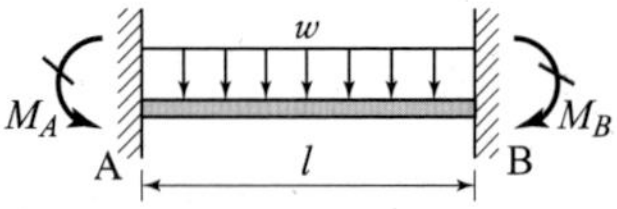	$R_A = R_B = \dfrac{wl}{2}$ (↑), $M_A = \dfrac{wl^2}{12}$ (↶), $M_B = \dfrac{wl^2}{12}$ (↷)
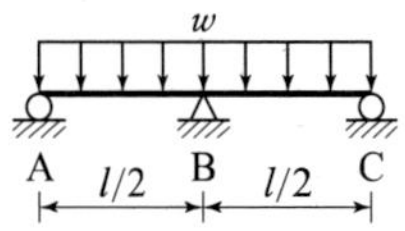	$R_A = R_C = \dfrac{3wL}{16}$ (↑), $R_B = \dfrac{5wL}{8}$ (↑), $M_B = \dfrac{wL^2}{32}$ (↶-↷)

핵심 KEY

예제16 그림과 같은 연속보에서 B점의 수직반력[kN]은?

① 3 　　　　　　② 4

③ 5 　　　　　　④ 6

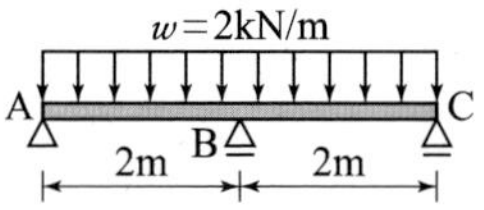

해설

B점에 대하여 변형일치법을 적용한다.

$$\frac{5wL_4}{384EI} = \frac{R_B L^3}{48EI} \quad \therefore R_B = \frac{5wL}{8}$$

$$R_B = \frac{5 \times 2 \times 4}{8} = 5\text{kN}$$

정답 ③

3. 부정정구조의 하중 분배

(1) 개요

① 분담하중

힘은 그것이 반력이든 하중이든 변위와의 상관관계를 가지므로 후크의 법칙에 의해 힘은 F(힘)$= K$(강성도)$\times \delta$(변위)로 표현되며 만약 구조물의 일체화로 인해 변위가 같을 경우 F(힘)은 강성도 K에 비례한다는 것을 알 수 있다.

② 변위

이 경우 전체구조는 병렬로 연결된 구조이므로 하나의 구조로 바꾼 전체 강성도($\sum K$)를 사용하여 분담하중에 대하여 변위를 계산해준다.

$$\delta(\text{변위}) = \frac{F(\text{분담하중})}{\sum K(\text{전체 강성도})}$$

(2) 수평을 유지하는 합성 구조물

재료단원에서 배운 조합부재와 마찬가지로 수평을 유지하는 합성구조물은 변위가 동일한 구조이므로 각 구조물의 분담하중은 강성도(K)에 비례한다는 것을 이용한다.

구조물	분담하중	응력	수평을 유지하기 위한 변위 조건
	$P_{AB} = \dfrac{K_{AB}}{\sum K}P$ $= \dfrac{\dfrac{A_1 E_1}{l_1}}{\dfrac{A_1 E_1}{l_1}+\dfrac{A_2 E_2}{l_2}}P$ $P_{CD} = \dfrac{K_{CD}}{\sum K}P$ $= \dfrac{\dfrac{A_2 E_2}{l_2}}{\dfrac{A_1 E_1}{l_1}+\dfrac{A_2 E_2}{l_2}}P$	$\sigma_{AB} = \dfrac{P_{AB}}{A_1}$, $\sigma_{CD} = \dfrac{P_{CD}}{A_2}$	$\delta_{AB} = \delta_{CD}$, $\dfrac{P_{AB}l_1}{E_1 A_1}=\dfrac{P_{CD}l_2}{E_2 A_2}$

(3) 양단 고정의 부정정봉

하중점을 기준으로 좌측과 우측의 변위가 동일하므로 분담하중은 역시나 강성도에 비례하고 각 단면의 분담하중은 마찬가지로 전체 강성도를 구한 후 각 부재의 강성도만큼 분배해준다.

구조물	
분담하중 (반력)	$P = R_A + R_B$ $R_A = P_{AC} = \dfrac{K_{AC}}{\sum K}P = \dfrac{\dfrac{E_1 A_1}{a}}{\dfrac{E_1 A_1}{a} + \dfrac{E_2 A_2}{b}}P \;\; (\leftarrow)$ $R_B = P_{BC} = \dfrac{K_{BC}}{\sum K}P = \dfrac{\dfrac{E_2 A_2}{b}}{\dfrac{E_1 A_1}{a} + \dfrac{E_2 A_2}{b}}P \;\; (\leftarrow)$
응력	$\sigma_{AC} = \dfrac{P_{AC}}{A_1}, \quad \sigma_{BC} = \dfrac{P_{BC}}{A_2}$
변위	$\delta_{AC} = (-)\delta_{BC}$ $\delta_{AC} = \dfrac{P_{AC}(a)}{E_1 A_1}$ (인장) $\delta_{BC} = (-)\dfrac{P_{BC}(b)}{E_2 A_2}$ (압축)

예제17 그림과 같이 단면적이 동일한 균일한 재료의 봉이 있다. B점에 집중하중 P 가 작용했을 때 BC구간에 작용하는 하중의 종류와 크기로 옳은 것은?

① 압축, $\dfrac{P}{3}$　　② 압축, $\dfrac{2P}{3}$

③ 인장, $\dfrac{P}{3}$　　④ 인장, $\dfrac{2P}{3}$

해설

A, C점의 반력을 구한 후 부재력을 구한다.

반력은 각 구간별 강성도를 구한 후 그에 비례하여 하중을 분배해 주면 된다.

위 부재의 강성도$(k) = \dfrac{EA}{L}$ 이며, 단면적과 탄성계수가 동일한 부재이므로 강성도는 길이의 반비례 관계에 의해서만 영향을 받는다.

$K_{AB} : K_{BC} = \dfrac{1}{2L} : \dfrac{1}{L} = 1 : 2$ 가 되므로 AB, BC부재의 힘의 분배비 또한 1:2 비율로 분배해준다. 힘의 평형조건식에 의해 $P = R_A + R_B$ 이고 $2R_A = R_B$ 이므로

$R_A = \dfrac{P}{3}(\leftarrow)$, $R_B = \dfrac{2P}{3}(\leftarrow)$ 이다.

$\therefore \; P_{AB} = \dfrac{P}{3}$ 인장, $P_{BC} = \dfrac{2P}{3}$ 압축

정답 ②

4. 모멘트 분배법

한 절점에서 모멘트 합이 0이 되어야 한다는 조건으로 부재를 해석하는 방법이다.

(1) 용어설명

① 강도

휨에 대한 저항성능을 말한다. 재료가 동일한 경우(E가 일정) 단면 2차 모멘트(I)에 비례, 부재 길이에 반비례한다.

$$강도(K) = \frac{단면 \; 2차 \; 모멘트(I)}{부재 \; 길이(l)}$$

② 강비

각 부재마다 강도를 계산 후 그 중 가장 작은 값을 기준으로 임의 부재의 강도와의 비를 강비라 한다.

③ 분배율

절점에서 각 부재로 분배되는 비율을 분배율이라 한다.

$$분배율 = \frac{구하는\ 부재의\ 강성도\ or\ 강비}{전체\ 강성도\ or\ 강비}$$

④ 분배모멘트

여러 부재가 강접합된 한 절점에 모멘트가 작용하면 모멘트는 절점에 모인 각 부재의 분배율에 비례하여 분배된다.

⑤ 전달률

절점에서 분배된 모멘트는 반대쪽 부재로 같은 방향으로 전달되는데 그 비율은 반대쪽 부재가 고정단이면 1/2 힌지일 때는 0이 된다.

⑥ 전달모멘트

전달률×분배모멘트를 말한다.

조건	강성도	강비	모멘트 전달률	모멘트 분포도
타단 고정	$\dfrac{4EI}{L}$	4K	1/2	M_{AB} $M_{BA} = \dfrac{1}{2}M_{AB}$
타단 힌지	$\dfrac{3EI}{L}$	3K	0	M_{AB} $M_{BA}=0$

(2) 해법순서

step1. 강절점으로 연결되었을 경우 각 부재의 강성도를 구한다.

step2. 구하는 부재의 강성도/전체 강성도를 통해 각 부재의 모멘트 분배율을 구한다.

step3. 작용 모멘트에 분배율을 곱하여 분배 모멘트를 구한다.

step4. 각 분배 모멘트에 대하여 전달 모멘트를 구한다.

핵심 KEY

예제18 그림과 같은 보의 A단에 모멘트 M이 작용할 때 타단 B의 고정모멘트는?

① $\dfrac{M}{8}$ ② $\dfrac{M}{6}$

③ $\dfrac{M}{4}$ ④ $\dfrac{M}{2}$

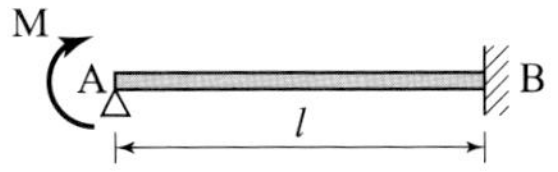

해설

변위일치법으로 구할 수도 있지만 모멘트 분배법을 이용하여 고정단 모멘트를 구해보자. 강절점으로 여러 부재가 연결된 구조물이 아니므로 강성도를 구할 필요 없이 작용모멘트를 통해 전달 모멘트를 구한다. 전달률의 경우 고정단인 경우 작용 모멘트 크기의 $\dfrac{1}{2}$가 되므로 B점의 모멘트는 작용모멘트와 같은 방향이며 크기는 M의 $\dfrac{1}{2}$이 전달된다.

$\therefore M_B = \dfrac{M}{2}, \; (\curvearrowleft)$

정답 ④

핵심 KEY

예제19 그림과 같은 구조물에서 AD부재의 모멘트분배율은?

① 0.3   ② 0.4

③ 0.5   ④ 0.6

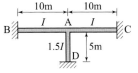

해설

강절점으로 여러 부재가 연결되어 있으므로 각 부재의 강비를 구한 후 그에 비례하여 분배율을 구한다.

강비는 모두 고정단이므로 $4K$를 사용한다.

$K_{AB} = \dfrac{4EI}{L} = \dfrac{4I}{10}, \; K_{AC} = \dfrac{4I}{10}, \; K_{AD} = \dfrac{4 \times 1.5I}{5} = \dfrac{12I}{10}$

$\therefore K_{AB} : K_{AC} : K_{AD} = 4 : 4 : 12 = 1 : 1 : 3$

$\therefore$ AD부재의 분배율 $= \dfrac{3}{5} = 0.6$

정답 ④

01

다음 처짐을 계산하는 방법이 <u>아닌</u> 것은?

① 가상일의 방법

② 2중 적분법

③ 공액보법

④ Müler Breslau의 원리

[해설]

Müler Breslau의 원리는 부정정보의 영향선에 이용된다.

02

그림과 같은 보의 처짐을 공액보의 방법에 의하여 풀려고 한다. 주어진 실제의 보에 대한 공액보(가상적인 보)는?

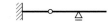

① ——△——○——▨

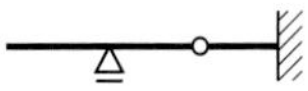

② ▨——△——○——

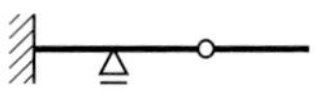

③ ▨——△——○——▨

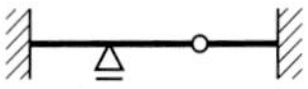

④ ▨——○——△——

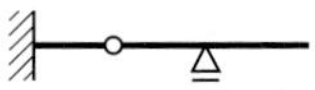

[해설]

공액보란 탄성하중법의 원리를 적용시킬 수 있도록 단부의 조건을 변화시킨 보를 말한다. 단부의 조건 변화는

(1) 고정지점 → 자유단

(2) 자유단 → 고정지점

(3) 부재내 지점 → 힌지절점

(4) 부재내 절점 → 지점

03 『A에서의 접선으로부터 이탈된 B점의 처짐량은(그림 참조) A와 B 사이에 있는 휨모멘트 선도의 면적의 B에 관한 1차 모멘트를 EI로 나눈 값과 같다.』 이러한 정리의 명칭은?

① 모멘트 면적법의 정리
② 3연 모멘트 정리
③ Castigliano의 제2정리
④ 탄성변형의 정리

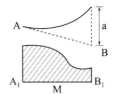

해설

모멘트 면적법에 대한 설명으로, 단순보의 변형 계산에 편리하다.

04 폭이 20cm, 높이가 30cm인 직사각형 단순보에서 최대 휨모멘트가 20kN·m일 때 처짐곡선의 곡률 반지름의 크기[m]는? (단, E =10,000MPa)

① 450
② 4,500
③ 225
④ 2,250

해설

단위 문제이다. 단위 적용에 주의하자.

곡률 $\dfrac{1}{R} = \dfrac{M}{EI}$에서 $R = \dfrac{EI}{M}$

여기서, $I = \dfrac{bh^3}{12} = \dfrac{20 \times 30^3}{12} = 45,000\,\mathrm{cm}^4 = 45 \times 10^7\,\mathrm{mm}$

$\therefore R = \dfrac{10^4 \times 45 \times 10^7}{20 \times 10^6} = 225 \times 10^3\,\mathrm{mm} = 225\,\mathrm{m}$

05 길이 10m인 단순보 중앙에 집중하중 P=20kN이 작용할 때 중앙에서 곡률 반지름 R[m]은? (단, I=400cm⁴, E=2×10⁵MPa)

① 1.6 ② 16

③ 160 ④ 1,600

해설

$$M_c = \frac{Pl}{4} = \frac{20 \times 10}{4} = 50 \text{kN} \cdot \text{m}$$

$$R = \frac{EI}{M} = \frac{2 \times 10^5 \times 400 \times 10^4}{50 \times 10^6} = 16,000 \text{mm} = 16 \text{m}$$

06 그림과 같은 휨모멘트도(B.M.D)을 나타내는 단순보가 있다. 이 보의 탄성계수 E, 단면 2차 모멘트 I라 하면 이 단순보의 양단 처짐각은?

① $\dfrac{Pl^2}{16EI}$ ② $\dfrac{Pl^2}{24EI}$

③ $\dfrac{Pl^2}{8EI}$ ④ $\dfrac{Pl^2}{48EI}$

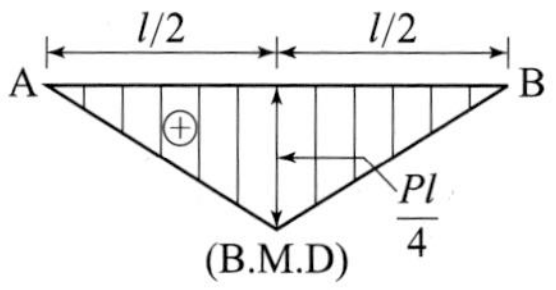

해설

탄성하중법에 의해 처짐각은 BMD를 가상하중으로 놓았을 때 전단력과 같으며, 처짐은 휨모멘트와 같다.

$$\therefore \theta_{\max} = \frac{Pl^2}{16EI}$$

07 길이가 6m인 단순보의 중앙에 30kN의 집중하중이 연직으로 작용하고 있다. 이 때 단순보의 최대 처짐은 몇 mm인가? (단, 보의 E=2×10⁵MPa, I=15,000cm⁴이다.)

① 0.0045 ② 0.045

③ 0.45 ④ 4.5

해설

$$y_{\max} = \frac{Pl^3}{48EI} = \frac{30 \times 1,000 \times 6,000^3}{48 \times 2 \times 10^5 \times 15,000 \times 10^4} = 4.5 \text{mm}$$

08

다음 단순보에서 C점의 처짐은?

① $\dfrac{7Pl^3}{243EI}$ ② $\dfrac{5Pl^3}{243EI}$

③ $\dfrac{3Pl^3}{243EI}$ ④ $\dfrac{4Pl^3}{243EI}$

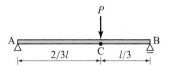

해설

공식 암기 필요. 집중하중이 임의점에 작용할 때

$$y_c = \frac{Pa^2b^2}{3EIl} = \frac{P\left(\dfrac{2}{3}l\right)^2\left(\dfrac{1}{3}l\right)^2}{3EIl} = \frac{4Pl^3}{243EI}$$

Tip 집중하중 처짐 구하는 공식의 형태는 $\dfrac{\text{상수}}{\text{상수}}\dfrac{PL^3}{EI}$ 꼴이므로 문자는 그대로 두고 상수만 빠르게 계산해준다.

09

두 개의 집중하중이 그림과 같이 작용할 때 최대 양단 처짐각은?

① $\dfrac{Pl^2}{6EI}$ ② $\dfrac{Pl^2}{4EI}$

③ $\dfrac{Pl^2}{9EI}$ ④ $\dfrac{Pl^2}{12EI}$

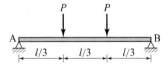

해설

$V_A{}' =$ 면적의 절반이므로

$$= \frac{1}{2} \times \frac{Pl}{3} \times \frac{l}{3} + \frac{Pl}{3} \times \frac{l}{3} \times \frac{1}{2} = \frac{Pl^2}{9}$$

$$\therefore \ \theta_{\max} = \frac{S_A{}'}{EI} = \frac{V_A{}'}{EI} = \frac{Pl^2}{9EI}$$

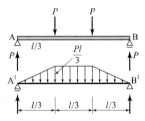

10

그림과 같이 지간의 비가 2:1인 서로 직교하는 두 단순보가 중앙점에서 강결되어 있다. 두 보의 휨강성 EI가 일정할 때 길이가 $2l$인 AB보의 중점에 대한 분담하중이 P_{AB}=4kN이라면 CD보가 중점에서 받을 수 있는 분담하중 P_{CD}의 크기[kN]는?

① 4 　　　　② 8

③ 16 　　　　④ 32

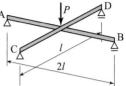

해설

중앙에 집중하중 작용시의 처짐은 l^3에 비례한다. 한편 중앙점에서의 처짐은 같아야 하므로

$$\frac{P_{AB}(2l)^3}{48EI} = \frac{P_{CD}l^3}{48EI}$$

$$4 \times 8l^3 = P_{CD}l^3 \quad \therefore \ P_{CD} = 32\text{kN}$$

11

스팬(길이 l)에 등분포 하중 w를 받는 직사각형 단순보의 최대 처짐에 대하여 옳은 것은?

① 보의 폭에 정비례한다.
② l의 3제곱에 정비례한다.
③ 탄성계수에 반비례한다.
④ 보의 높이의 제곱에 반비례한다.

해설

단순보 등분포하중 작용 시 처짐은 $y_{\max} = \dfrac{5wl^4}{384EI}$이다.
① 폭 b에 반비례
② l의 4제곱에 비례
④ 높이 h의 3제곱에 반비례

12 그림과 같이 등분포하중 w가 작용하는 보를 하중 w와 보의 크기를 변화시키지 않고 보의 길이 l을 $3l$로 바꾸면 최대 처짐은 몇 배로 되겠는가?

① 9배 ② 27배

③ 81배 ④ 162배

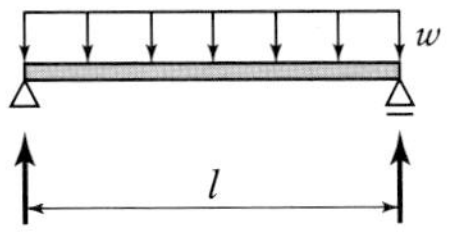

> **해설**
>
> 순보에 등분포하중 작용시 처짐 y는 지간 l의 4제곱에 비례한다.
> 따라서 l을 $3l$로 바꾸면 처짐은 $3^4 = 81$배 커진다.

13 보의 단면이 그림과 같고 지간이 같은 단순보에서 중앙에 집중하중 P가 작용할 경우 처짐 y_1은 y_2의 몇 배인가?

① 2배 ② 4배

③ 8배 ④ 16배

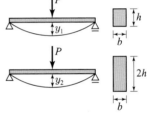

> **해설**
>
> 단순보에 집중하중 작용시 처짐 y는 높이 h의 세제곱에 반비례한다.
> 따라서 y_1은 y_2에 비하여 h가 절반이므로 $\dfrac{1}{\left(\dfrac{1}{2}\right)^3} = 8$배

14 그림과 같은 단순보에서 B점에 모멘트 하중이 작용할 때, A점과 B점의 처짐각의 비($\theta_A : \theta_B$)는?

① 1 : 2 ② 2 : 1

③ 1 : 3 ④ 3 : 1

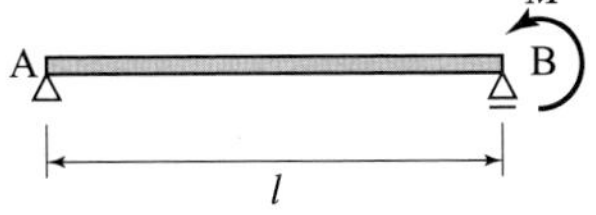

> **해설**
>
> $$\theta_A = \frac{l}{6EI}M, \ \theta_B = \frac{l}{3EI} \quad \therefore \ \theta_A : \theta_B = 1 : 2$$

15 길이가 같고 EI가 일정한 단순보 (a), (b)에서 (a)의 중앙 처짐 $\triangle C$는 (b)의 중앙처짐 $\triangle C$의 몇 배인가?

① 1.6배

② 2.4배

③ 3.2배

④ 4.8배

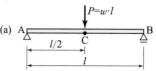

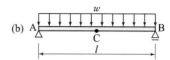

해설

$$y_a = \frac{Pl^3}{48EI} = \frac{wl^4}{48EI}, \ \ y_b = \frac{5wl^4}{384EI}$$

$$\therefore \ \frac{y_a}{y_b} = \frac{\dfrac{1}{48}}{\dfrac{5}{384}} = \frac{384}{48 \times 5} = 1.6$$

16 단순보의 휨모멘트도가 그림과 같을 때 B점의 처짐각은? (단, EI는 일정하다.)

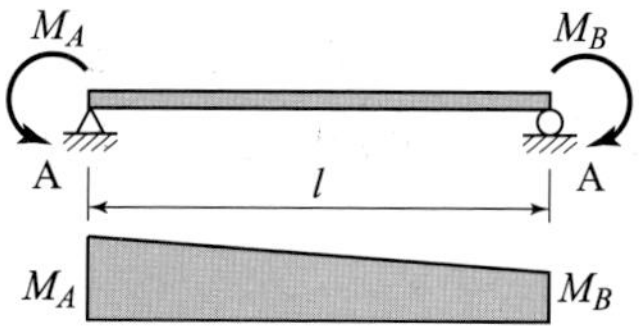

① $\left(\dfrac{M_A + 2M_B}{3EI}\right)l$

② $\left(\dfrac{2M_A + M_B}{6EI}\right)l$

③ $\left(\dfrac{M_A + 2M_B}{6EI}\right)l$

④ $\left(\dfrac{2M_A + M_B}{3EI}\right)l$

해설

A, B점 모멘트 하중은 B점에 시계방향으로 처짐각이 생기게 하도록 하므로 각자 처짐각을 구한 후 더해 중첩시켜준다.

M_A에 의한 B점의 처짐각 $= \dfrac{M_A l}{6EI}$ ↷, M_B에 의한 B점의 처짐각 $= \dfrac{M_B l}{3EI}$ ↷

$$\therefore \ \theta_B = \frac{l}{6EI}(M_A + 2M_B)$$

17 그림과 같은 캔틸레버보의 최대 처짐이 옳게 된 것은?

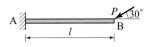

① $\dfrac{Pl^3}{2EI}$

② $\dfrac{Pl^3}{3EI}$

③ $\dfrac{Pl^3}{6EI}$

④ $\dfrac{Pl^3}{8EI}$

해설

수직분력 $P_v = P\sin 30° = \dfrac{P}{2}$

$$y_B = \dfrac{\left(\dfrac{P}{2}\right)l^3}{3EI} = \dfrac{Pl^3}{6EI}$$

18 그림과 같은 단순보에서 A단에 모멘트 하중 M이 시계방향으로 작용할 때 이 보에 발생하는 최대 수직 처짐은 얼마인가? (단, EI는 일정)

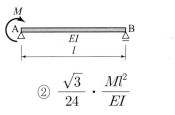

① $\dfrac{\sqrt{3}}{21} \cdot \dfrac{Ml^2}{EI}$

② $\dfrac{\sqrt{3}}{24} \cdot \dfrac{Ml^2}{EI}$

③ $\dfrac{\sqrt{3}}{27} \cdot \dfrac{Ml^2}{EI}$

④ $\dfrac{\sqrt{3}}{30} \cdot \dfrac{Ml^2}{EI}$

해설

최대 휨모멘트는 B점으로부터 $\dfrac{l}{\sqrt{3}}$만큼 떨어진 곳에서 발생하며 그 크기는

$$M_{\max} = \dfrac{Ml^2}{9\sqrt{3}} = \dfrac{\sqrt{3}}{27}Ml^2$$

$$\therefore \ y_{\max} = \dfrac{M_{\max}}{EI} = \dfrac{\sqrt{3}\,Ml^2}{27EI}$$

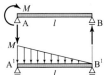

19 재질과 단면이 같은 2개의 외팔보(cantilever beam)에서 자유단의 처짐을 같게 하려면 $\dfrac{P_1}{P_2}$의 값은?

① $\dfrac{21}{125}$　　　② $\dfrac{24}{125}$

③ $\dfrac{27}{125}$　　　④ $\dfrac{29}{125}$

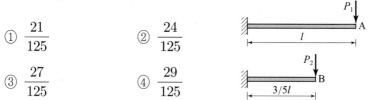

해설

$$y_A = \frac{P_1 l^3}{3EI}, \quad y_B = \frac{P_2\left(\frac{3}{5}l\right)^3}{3EI}$$

$y_A = y_B$이므로　$P_1 l^3 = P_2\left(\dfrac{3}{5}l\right)^3$　　$\therefore \dfrac{P_1}{P_2} = \left(\dfrac{3}{5}\right)^3 = \dfrac{27}{125}$

20 다음의 보에서 점 C의 처짐은?

① $\dfrac{5Pl^3}{48EI}$　　　② $\dfrac{Pl^3}{48EI}$

③ $\dfrac{Pl^3}{24EI}$　　　④ $\dfrac{Pl^3}{12EI}$

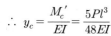

EI는 일정

해설

두 가지 방법을 사용한다.

(1) 공액보법에 의한 휨모멘트도를 이용하는 방법

$$M_c' = \left(\frac{1}{2} \times \frac{Pl}{2} \times \frac{l}{2}\right) \times \frac{5l}{6} = \frac{5Pl^3}{48}$$

$$\therefore y_c = \frac{M_c'}{EI} = \frac{5Pl^3}{48EI}$$

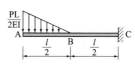

(2) 공식을 이용하는 방법

$$y_B : y_C = 2a : (2a+3b) = 2 : 5$$

$$y_C = y_B \times \frac{5}{2} = \frac{P\left(\frac{l}{2}\right)^3}{3EI} \times \frac{5}{2} = \frac{5Pl^3}{48EI}$$

21

다음 그림과 같이 캔틸레버보 ①과 ②가 서로 직각으로 자유단이 겹쳐진 상태에서 자유단에 하중 P를 받고 있다. l_1이 l_2보다 2배 길고, 두 보의 EI는 일정하며 서로 같다면 짧은 보는 긴 보보다 몇 배의 하중을 더 받는가?

① 2배

② 4배

③ 6배

④ 8배

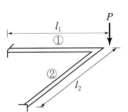

[해설]

캔틸레버에 집중하중이 작용할 때의 최대처짐 $y_{\max} = \dfrac{Pl^3}{3EI}$이므로 처짐은 l^3에 비례한다. 따라서 l_1이 l_2보다 2배 길므로 하중은 짧은 쪽이 $2^3 = 8$배만큼 더 받는다.

22

그림과 같은 외팔보에서 처짐 $\delta_{\max}$는 어느 것인가? (단, 보의 휨강성은 EI임)

① $\delta_{\max} = \dfrac{Pa^2}{6EI}(3l - a)$

② $\delta_{\max} = \dfrac{Pa^2}{3EI}(3l + a)$

③ $\delta_{\max} = \dfrac{Pa^2}{3EI}(3l - a)$

④ $\delta_{\max} = \dfrac{Pa^2}{6EI}(3l + a)$

[해설]

$$M_B' = \left(\frac{1}{2} \times Pa \times a\right) \times \left(l - \frac{a}{3}\right) = \frac{Pa^2}{2}\left(l - \frac{a}{3}\right) = \frac{Pa^2}{6}(3l - a)$$

$$\therefore y_{\max} = \frac{M_B'}{EI} = \frac{Pa^2}{6EI}(3l - a)$$

23 그림과 같은 단순보에서 B단에 모멘트 하중 M이 작용할 때 경간 AB 중에서 수직처짐이 최대가 되는 곳의 거리 x는? (단, EI는 일정하다.)

① $0.5l$
② $0.577l$
③ $0.667l$
④ $0.75l$

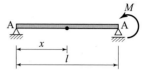

해설

B점의 모멘트 하중에 의한 휨모멘트도는 등변분포이므로 최대처짐이 생기는 곳은 전단력이 0인 위치가 된다.

$$\therefore \; x = \frac{l}{\sqrt{3}} = \frac{1.732l}{3} = 0.577l$$

24 그림과 같은 캔틸레버보의 최대 처짐은?

① $\dfrac{3wl^4}{2Ebh^3}$
② $\dfrac{3wl^4}{4Ebh^3}$
③ $\dfrac{4wl^4}{3Ebh^3}$
④ $\dfrac{1wl^4}{8Ebh^3}$

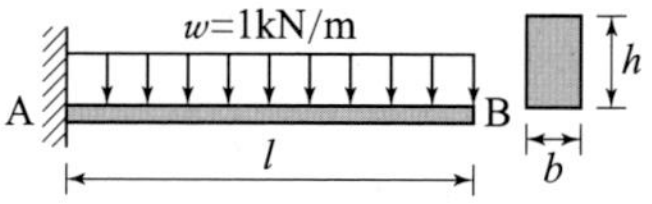

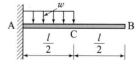

해설

$$y_{\max} = \frac{wl^4}{8EI} = \frac{wl^4}{8E \times \dfrac{bh^3}{12}} = \frac{3wl^4}{2Ebh^3}$$

25 그림과 같은 캔틸레버보에서 B점의 처짐각은?

① $\dfrac{7wl^4}{384EI}$
② $\dfrac{9wl^4}{384EI}$
③ $\dfrac{7wl^3}{48EI}$
④ $\dfrac{wl^3}{48EI}$

해설

$\theta_B = \theta_C$이므로

$$\theta_B = \frac{w\left(\dfrac{l}{2}\right)^3}{6EI} = \frac{wl^3}{48EI}$$

26 그림과 같은 외팔보가 있다. 보는 탄성계수가 E인 재료로 되어 있고, 단면은 전 길이에 걸쳐 일정하며 단면 2차 모멘트는 I이다. 그림과 같이 하중을 받고 있을 때 C점의 처짐각은 B점의 처짐각보다 얼마나 큰가?

① $\dfrac{Pa^2}{2EI}$ 　② $\dfrac{Pa^2}{3EI}$

③ $\dfrac{Pal}{2EI}$ 　④ $\dfrac{Pal}{3EI}$

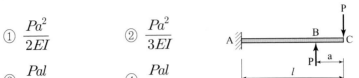

해설

공액보법에 의하면 하중에 따른 휨모멘트에 의한 전단력을 통해 처짐각을 구하므로 C점과 B점의 처짐각 차이는 결국 C에서 B까지의 휨모멘트도 면적이 된다.

$M_B = Pa$ 인 삼각형 분포가 되므로 $\dfrac{1}{2} \times a \times Pa = \dfrac{Pa^2}{2}$

$\therefore \ \theta = \dfrac{Pa^2}{2EI}$

27 다음 보에서 C점의 처짐각으로 옳은 것은? (단, EI는 일정하다.)

① $\dfrac{4ML}{5EI}$ 　② $\dfrac{8ML}{5EI}$

③ $\dfrac{5ML}{6EI}$ 　④ $\dfrac{5ML}{4EI}$

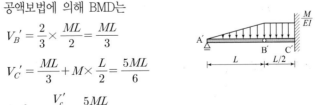

해설

공액보법에 의해 BMD는

$V_B{'} = \dfrac{2}{3} \times \dfrac{ML}{2} = \dfrac{ML}{3}$

$V_C{'} = \dfrac{ML}{3} + M \times \dfrac{L}{2} = \dfrac{5ML}{6}$

$\therefore \ \theta_C = \dfrac{V_c{'}}{EI} = \dfrac{5ML}{6EI}$

28

지름 30cm의 원형 단면을 갖는 강봉을 최대 휨응력이 60MPa을 넘지 않도록 하여 원형으로 휘게 할 수 있는 가능한 최소 반지름은[m]? (단, $E=2\times10^5$MPa)

① 175

② 350

③ 500

④ 545

해설

$\sigma=\dfrac{M}{I}y$ 에서 $\dfrac{I}{M}=\dfrac{y}{\sigma}$

$\therefore R=\dfrac{EI}{M}=\dfrac{Ey}{\sigma}=\dfrac{2\times10^5\times150}{60}=500,000\text{mm}=500\text{m}$

29

보에 하중이 작용하게 되면 처짐을 일으키게 되어 보가 탄성곡선을 야기하게 된다. 이 탄성곡선의 곡률 K에 대한 설명 중에서 옳은 것은?

① K는 보의 탄성계수에 정비례한다.

② K는 보의 단면 2차 모멘트에 정비례한다.

③ K는 휨모멘트에 반비례한다.

④ K는 보의 휨강도에 반비례한다.

해설

곡률 $K=\dfrac{1}{R}=\dfrac{M}{EI}$

따라서 K는 휨강도(EI)에 반비례한다.

30

단순보에 하중이 작용할 때 다음 중 옳지 <u>않은</u> 것은?

① 중앙에 집중하중이 작용하면 양지점에서의 처짐각이 최대로 된다.

② 중앙에 집중하중이 작용하면 최대처짐은 하중이 작용하는 곳에서 생긴다.

③ 등분포하중이 만재될 때 최대처짐은 중앙점에서 일어난다.

④ 등분포하중이 만재될 때 중앙점의 처짐각이 최대각이 된다.

해설

④ 등분포하중이 만재될 때 처짐각은 지점에서 최대, 처짐은 중앙에서 최대이다.

31 다음 캔틸레버보에서 $M_0 = \dfrac{PL}{2}$ 이면 자유단의 처짐 δ는? (단, EI는 일정)

① $\dfrac{PL^3}{12EI}$　　　② $\dfrac{PL^3}{24EI}$

③ $\dfrac{PL^3}{8EI}$　　　④ $\dfrac{PL^3}{16EI}$

해설

집중하중과 모멘트하중이 동시에 작용하므로

$$y = \frac{Pl^3}{3EI} - \frac{Ml^2}{2EI} = \frac{Pl^3}{3EI} - \frac{Pl^3}{4EI} = \frac{Pl^3}{12EI}$$

32 다음 중 a점의 탄성 곡선의 경사각은?

① $\theta_a = \dfrac{180}{EI}$　　　② $\theta_a = \dfrac{280}{EI}$

③ $\theta_a = \dfrac{380}{EI}$　　　④ $\theta_a = \dfrac{480}{EI}$

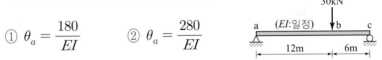

해설

$$\theta_A = \frac{Pab}{6EIl}(a+2b) = \frac{30 \times 12 \times 6}{6EI \times 18}(12+2\times 6) = \frac{480}{EI}$$

33 다음 그림과 같은 단순보에서 A점의 처짐각 θ_A는?

① $\dfrac{Ml}{3EI}$　　　② $\dfrac{Ml}{4EI}$

③ $\dfrac{Ml}{5EI}$　　　④ $\dfrac{Ml}{6EI}$

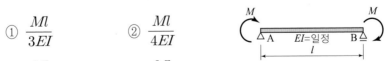

해설

$$\theta_A = \frac{l}{6EI}(2M-M) = \frac{Ml}{6EI}$$

34 다음 하중을 받고 있는 보 중 최대 처짐량이 가장 큰 것은? (단, 보의 길이 단면치수 및 재료는 동일하고 $P = w \cdot l$, l은 보의 길이이다.)

①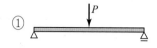

②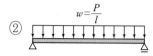

③

④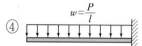

해설

① $\dfrac{Pl^3}{48EI} = \dfrac{wl^4}{48EI}$ ② $\dfrac{5wl^4}{384EI}$

③ $\dfrac{Pl^3}{3EI} = \dfrac{wl^4}{3EI}$ ④ $\dfrac{wl^4}{8EI}$

$\therefore$ ③ > ④ > ① > ②

35 다음 게르버(Gerber)보에 등분포하중이 작용할 때 B점에서의 수직처짐은?

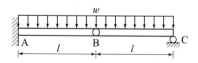

① $\dfrac{3wl^3}{32EI}$ ② $\dfrac{3wl^4}{32EI}$

③ $\dfrac{7wl^3}{24EI}$ ④ $\dfrac{7wl^4}{24EI}$

해설

$V_B = \dfrac{wl}{2}$ 이므로 결국 캔틸레버에 오른쪽과 같이 작용하는 경우와 같다.

$y_B = \dfrac{Pl^3}{3EI} + \dfrac{wl^4}{8EI} = \dfrac{\dfrac{wl}{2} \times l^3}{3EI} + \dfrac{wl^4}{8EI} = \dfrac{7wl^4}{24EI}$

36 그림과 같이 게르버보의 C점에 하중 P가 작용할 때 D점의 처짐 δD는 얼마인가?

① $-\dfrac{Pl^2}{16EI}$

② $-\dfrac{Pl^2}{64EI}$

③ $-\dfrac{Pl^3}{16EI}$

④ $-\dfrac{Pl^3}{64EI}$

해설

$$V_B{}' = \frac{1}{2} \times \frac{Pl}{4} \times \frac{l}{2} = \frac{Pl^2}{16}, \quad M_D{}' = \frac{Pl^2}{16} \times \frac{l}{4} = \frac{Pl^3}{64}$$

$$\therefore y_D = \frac{M_D{}'}{EI} = \frac{Pl^3}{64EI} \,(\text{상향처짐이므로} \ominus)$$

37 단순보의 중앙에 수평하중 P가 작용할 때 B점에서의 처짐각을 구하면?

① $-\dfrac{PL^2}{240EI}$

② $-\dfrac{PL^2}{20EI}$

③ $-\dfrac{5PL^2}{40EI}$

④ $-\dfrac{3PL^2}{80EI}$

해설

주어진 하중에 대하여 휨모멘트도를 그린 후
하중으로 재하시킨다.

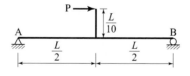

$$R_B = \theta_B = \frac{\left(\dfrac{PL^2}{80EI} \times \dfrac{L}{3} \right)}{L} = \frac{PL^2}{240EI}$$

반시계 방향으로 부재가 처지므로 부호는 (−)가 된다.

38 다음과 같은 단순보에서 탄성곡선의 최대곡률은 얼마인가? (단, 이 보의 휨강도 $EI=2{,}000\text{kN}\cdot\text{m}^2$)

① 0.010m^{-1} ② 0.015m^{-1}

③ 0.020m^{-1} ④ 0.025m^{-1}

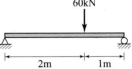

해설

최대곡률은 최대휨모멘트가 생기는 점에서 발생하므로

$V_A=20\text{kN}, \; M_{\max}=20\text{kN}\times2\text{m}=40\text{kN}\cdot\text{m}$

$\therefore \; \dfrac{1}{R}=\dfrac{M}{EI}=\dfrac{40}{2{,}000}=0.02\text{m}^{-1}$

39 그림과 같은 단순보에 등분포하중 w가 만재하여 작용할 경우 이 보의 처짐곡선에 대한 곡률 반지름의 최솟값은 다음 중 어느 점에 발생하는가?

① A   ② B

③ C   ④ D

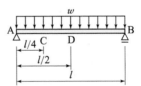

해설

$R=\dfrac{EI}{M}$ 에서, M이 클수록 R은 작아진다.

따라서, R의 최솟값은 M이 최대인 D점에서 생긴다.

40 다음 중 처짐각 θ_B, θ_C, θ_A의 관계에 대하여 옳은 것은? (단, EI 는 일정하다.)

① $\theta_A>\theta_C$ ② $\theta_C>\theta_B$

③ $\theta_B>\theta_C$ ④ $\theta_B=\theta_C$

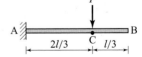

해설

$\theta_A=0$ 이고 C와 B 사이에 하중이 없으므로 $\theta_B=\theta_C$ 이다.

41

단면이 일정하고 서로 똑같은 두 보가 중점에서 포개어 놓여 있다. 이 교차점 위에 수직하중 P가 작용할 때 C점의 처짐 계산식 중 옳은 것은? (단, δ_A는 (B) 보가 없을 때 (A) 보만에 의한 C점의 처짐이다.)

① $y_c = \dfrac{a^4}{a^4 + b^4} \cdot y_A$

② $y_c = \dfrac{b^4}{a^4 + b^4} \cdot y_A$

③ $y_c = \dfrac{a^3}{a^3 + b^3} \cdot y_A$

④ $y_c = \dfrac{b^3}{a^3 + b^3} \cdot y_A$

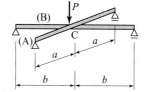

해설

A보의 C점의 처짐 $y_c = \dfrac{P_a (2a)^3}{48EI} = \dfrac{P_a a^3}{6EI}$

B보의 C점의 처짐 $y_c = \dfrac{P_b (2b)^3}{48EI} = \dfrac{P_b b^3}{6EI}$

C점의 처짐은 동일하므로 $\dfrac{P_a a^3}{6EI} = \dfrac{P_b b^3}{6EI}$

$\therefore P_a = \dfrac{b^3}{a^3} P_b$

한편 $P = P_a + P_b = \dfrac{b^3}{a^3} P_b + P_b = P_b \left(\dfrac{b^3}{a^3} + 1 \right) = P_b \left(\dfrac{a^3 + b^3}{a^3} \right)$

$\therefore P_b = P \left(\dfrac{a^3}{a^3 + b^3} \right)$

위에서 $y_c = \dfrac{P_a a^3}{6EI} = \dfrac{a^3}{6EI} (P - P_b)$, P_b를 대입하면

$= \dfrac{a^3}{6EI} \left[P - P \left(\dfrac{a^3}{a^3 + b^3} \right) \right] = \dfrac{Pa^3}{6EI} \left(1 - \dfrac{a^3}{a^3 + b^3} \right) = \dfrac{Pa^3}{6EI} \left(\dfrac{b^3}{a^3 + b^3} \right)$

한편, 문제의 조건에서 y_A는 A보만 있을 때 P에 의한 C점의 처짐을 의미하므로

$y_A = \dfrac{P(2a)^3}{48EI} = \dfrac{Pa^3}{6EI}$

$\therefore y_c = \dfrac{Pa^3}{6EI} \left(\dfrac{b^3}{a^3 + b^3} \right) = y_A \left(\dfrac{b^3}{a^3 + b^3} \right)$

42 그림과 같은 보에서 A점의 처짐 δ_A을 구한 값은?

① $\dfrac{2Pl^2}{324EI}$ ② $\dfrac{17Pl^3}{324EI}$

③ $\dfrac{2Pl^2}{81EI}$ ④ $\dfrac{10Pl^3}{81EI}$

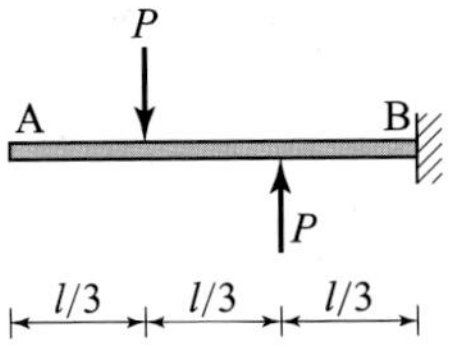

해설

휨모멘트도를 그리면 오른쪽 그림과 같다.

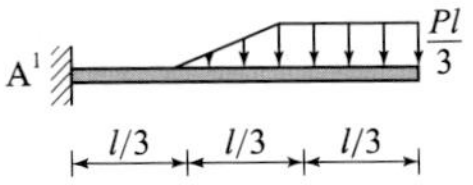

$$M_A{}' = \frac{Pl}{3} \times \frac{l}{3} \times \frac{5l}{6} + \frac{1}{2} \times \frac{Pl}{3} \times \frac{l}{3} \times \left(\frac{l}{3} + \frac{l}{3} \times \frac{2}{3} \right)$$

$$= \frac{5Pl^3}{54} + \frac{Pl^2}{18} \times \frac{5l}{9} = \frac{20Pl^3}{162} = \frac{10Pl^3}{81}$$

$$\therefore y_A = \frac{M_A{}'}{EI} = \frac{10Pl^3}{81EI}$$

43 다음 내민보 그림에서 점 A의 처짐량은? (단, EI는 일정)

① $\dfrac{PL^3}{2EI}$ ② $\dfrac{3PL^3}{4EI}$

③ $\dfrac{PL^3}{EI}$ ④ $\dfrac{3PL^3}{2EI}$

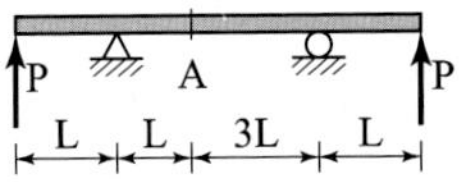

해설

내민보의 휨모멘트를 그려보면 오른쪽 그림과 같다.

$$M_A = 2PL^2 \times L - PL \times L \times \frac{L}{2} = 2PL^3 - \frac{PL^3}{2} = \frac{3PL^3}{2}$$

$$\therefore y_A = \frac{M_A}{EI} = \frac{3PL^3}{2EI}$$

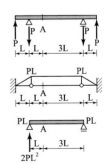

44

켄틸레버보의 B점에서 처짐을 구한 값은?

① $\dfrac{5Pl^3}{16EI}$　　② $\dfrac{9Pl^3}{48EI}$

③ $\dfrac{5Pl^3}{96EI}$　　④ $\dfrac{7Pl^3}{36EI}$

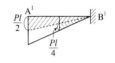

> **해설**
>
> $M = \dfrac{1}{2} \times \dfrac{Pl}{4} \times \dfrac{l}{2} \times \left(\dfrac{l}{2} \times \dfrac{2}{3} \right) + \dfrac{1}{2} \times \dfrac{Pl}{2} \times l \times \dfrac{2l}{3}$
>
> $\quad = \dfrac{Pl^3}{48} + \dfrac{Pl^3}{6} = \dfrac{9Pl^3}{48}$
>
> $\therefore\ y_B = \dfrac{M}{EI} = \dfrac{9Pl^3}{48EI}$

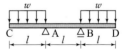

45

다음과 같은 보에서 내민 부분의 등분포하중에 의한 C점의 처짐각으로서 옳은 것은? (단, EI는 일정하다)

① $-\dfrac{5wl^3}{12EI}$　　② $-\dfrac{5wl^2}{24EI}$

③ $-\dfrac{5wl^3}{36EI}$　　④ $-\dfrac{5wl^2}{48EI}$

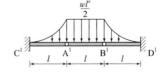

> **해설**
>
> $V_A{}' = \dfrac{wl^2}{2} \times \dfrac{l}{2} = \dfrac{wl^3}{4}$
>
> $V_C{}' = \dfrac{wl^3}{4} + \dfrac{1}{3} \times \dfrac{wl^2}{2} \times l$
>
> (2차 곡선 밑부분의 면적은 직사각형의 1/3이 된다.)
>
> $\quad = \dfrac{wl^3}{4} + \dfrac{wl^3}{6} = \dfrac{10wl^3}{24} = \dfrac{5wl^3}{12}$
>
> $\therefore\ \theta_C = \dfrac{V_C{}'}{EI} = -\dfrac{5wl^3}{12EI}$

46 다음 외팔보의 자유단에 힘 P와 C점에 모멘트 M이 작용한다. 자유단에 발생하는 처짐과 처짐각을 구하면? (단, EI는 일정하다.)

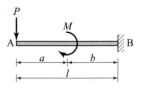

① $\theta_A = \dfrac{Pl^2}{4EI} - \dfrac{Mb}{EI}$, $y_A = \dfrac{Pl^3}{4EI} - \dfrac{Mb}{EI}\left(a + \dfrac{b}{2}\right)$

② $\theta_A = \dfrac{4EI}{Pl^2} - \dfrac{EI}{Mb}$, $y_A = \dfrac{4EI}{Pl^3} - \dfrac{EI}{Mb}\left(a + \dfrac{b}{2}\right)$

③ $\theta_A = \dfrac{Pl^2}{2EI} - \dfrac{Mb}{EI}$, $y_A = \dfrac{Pl^3}{3EI} - \dfrac{Mb}{EI}\left(a + \dfrac{b}{2}\right)$

④ $\theta_A = \dfrac{2EI}{Pl^2} - \dfrac{EI}{Mb}$, $y_A = \dfrac{3EI}{Pl^3} - \dfrac{EI}{Mb}\left(a + \dfrac{b}{2}\right)$

해설

(1) 집중하중에 의한 처짐각 및 처짐(하향이므로 ⊕)

$$\theta_A = \frac{Pl^2}{2EI}, \ y_A = \frac{Pl^3}{3EI}$$

(2) 모멘트 하중에 의한 처짐각 및 처짐(상향이므로 ⊖)

$$\theta_A = -\frac{Mb}{EI}, \ y_A = -\frac{Mb}{2EI}(l+a) = -\frac{Mb}{EI}\left(a + \frac{b}{2}\right)$$

$$\therefore \ \theta_A = \frac{Pl^2}{2EI} - \frac{Mb}{EI}$$

$$y_A = \frac{Pl^3}{3EI} - \frac{Mb}{EI}\left(a + \frac{b}{2}\right)$$

47 다음 내민보에서 C점의 처짐은?

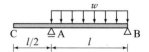

① $\dfrac{wl^4}{8EI}$　　　② $\dfrac{wl^4}{16EI}$

③ $\dfrac{wl^4}{24EI}$　　　④ $\dfrac{wl^4}{48EI}$

해설

$$V_A{}' = \frac{2}{3} \times \frac{wl^2}{8} \times \frac{l}{2} = \frac{wl^3}{24}, \ M_C{}' = \frac{wl^3}{24} \times \frac{l}{2} = \frac{wl^4}{48}$$

$$\therefore \ y_c = \frac{wl^4}{48EI}$$

48 그림과 같은 연속보에서 B점의 지점 반력[kN]은?

① 5

② 2.5

③ 1.5

④ 1

[해설]

B지점을 제거하고 변형일치법을 적용한다.

등분포하중에 의한 B지점의 처짐=R_B에 의한 처짐은 $\dfrac{w \times L^4}{384EI} = \dfrac{R_B \times L^3}{48EI}$

$R_B = \dfrac{5wL}{8}$, $R_{A,C} = \dfrac{3wL}{16}$ $\quad \therefore \ R_B = \dfrac{5wL}{8} = \dfrac{5 \times 2 \times 4}{8} = 5\,\text{kN}$

49 다음 보에서 휨강성은 EI로 동일할 때 휨에 의한 처짐량 δ_{cb}와 δ_{bc}의 관계는?

① $\delta_{cb} > \delta_{bc}$

② $\delta_{cb} < \delta_{bc}$

③ 상관관계 없음

④ $\delta_{cb} = \delta_{bc}$

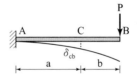

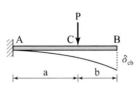

[해설]

맥스웰의 상반처짐정리에 의하여 $\delta_{cb} = \delta_{bcd}$

50 다음에서 부정정보의 해석방법은 어느 것인가?

① 변형일치의 방법　　② 모멘트면적법

③ 단위하중법　　　　④ 공액보법

[해설]

②, ③, ④는 처짐을 구하는 방법이다.

51 그림과 같은 1차 부정정 구조물의 B지점의 반력은? (단, EI는 일정하다.)

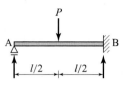

① $\dfrac{5P}{16}$

② $\dfrac{11P}{16}$

③ $-\dfrac{3P}{16}$

④ $\dfrac{5P}{32}$

> 해설
>
> 변형일치법으로 부정정 반력을 구한다.
> P점에 의한 A점 처짐=A점에서의 반력에 의한 처짐은
>
> $$\dfrac{P\left(\dfrac{l}{2}\right)^3}{3EI}\times\dfrac{5}{2}=\dfrac{R_A l^3}{3EI}\quad \therefore\ R_A=\dfrac{5P}{16},\ R_B=\dfrac{11P}{16}$$

52 휨강성 EI가 일정한 다음과 같은 부정정보에서 M_A는?

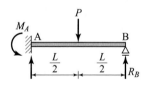

① $\dfrac{11Pl}{16}$

② $\dfrac{7Pl}{16}$

③ $\dfrac{5Pl}{16}$

④ $\dfrac{3Pl}{16}$

> 해설
>
> 변형일치법을 통해 반력을 구하면 $R_A=\dfrac{11P}{16},\ R_B=\dfrac{5P}{16}$
>
> 힘의 평형조건 $\sum M=0$을 적용한다.
>
> $$\sum M_A \circlearrowleft+=0:\ -M_A+P\times\dfrac{l}{2}-\dfrac{5P}{16}\times l=0\quad \therefore\ M_A=\dfrac{3Pl}{16}\ \circlearrowright$$

53 그림과 같이 하중을 받고 있는 부정정 구조물 부재에 발생되는 최대 휨모멘트의 크기[kN·m]는? (단, $\circlearrowleft +$, $\circlearrowright -$)

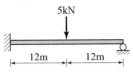

① -22.5

② 22.5

③ -11.25

④ 11.25

해설

고정단에서 최대이므로

$$M_A = -\frac{3}{16}Pl = -\frac{3}{16} \times 5 \times 24 = -22.5 \text{kN·m} \; \circlearrowright$$

54 다음 그림과 같은 부정정 구조물에서 A점의 회전각 θ_A은 얼마인가?

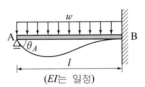

(EI는 일정)

① $\dfrac{1}{12} \cdot \dfrac{w \cdot l^3}{EI}$

② $\dfrac{1}{16} \cdot \dfrac{w \cdot l^3}{EI}$

③ $\dfrac{1}{24} \cdot \dfrac{w \cdot l^3}{EI}$

④ $\dfrac{1}{48} \cdot \dfrac{w \cdot l^3}{EI}$

해설

단순보로 가정하여 등분포하중에 의한 처짐과 M_B에 의한 처짐각을 합한다.

$$\theta_{A1} = \frac{wl^3}{24EI} \qquad \theta_{A2} = \frac{l}{6EI}\left(-\frac{wl^2}{8}\right) = -\frac{wl^3}{48EI}$$

$$\therefore \; \theta_A = \frac{wl^3}{24EI} - \frac{wl^3}{48EI} = \frac{wl^3}{48EI}, \; \text{시계방향}$$

55 다음과 같은 부정정보에서 A점으로부터 전단력이 0이 되는 위치 x의 값은?

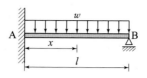

① $\dfrac{3}{4}l$

② $\dfrac{3}{8}l$

③ $\dfrac{5}{8}l$

④ $\dfrac{5}{11}l$

해설

$V_B = \dfrac{3}{8}wl$ 이므로 $S = -\dfrac{3}{8}wl + w(l-x) = 0$

$\dfrac{5}{8}wl - wx = 0$ $\therefore$ $x = \dfrac{5}{8}l$

56 그림과 같은 부정정 보의 B점의 지점반력 R_B가 바르게 된 것은?

① $R_B = 1.5\dfrac{M}{l}$

② $R_B = 2.0\dfrac{M}{l}$

③ $R_B = 2.5\dfrac{M}{l}$

④ $R_B = 3.0\dfrac{M}{l}$

해설

(1) M에 의한 B점의 처짐 $y_{B_1} = \dfrac{Ml^2}{2EI}$

(2) V_B에 의한 B점의 처짐 $y_{B_2} = \dfrac{V_B l^3}{3EI}$

여기서 $y_{B_1} = y_{B_2}$이므로 $\dfrac{Ml^2}{2EI} = \dfrac{V_B l^3}{3EI}$ $\therefore$ $V_B = \dfrac{3M}{2l}$

57

3연 모멘트 방정식의 사용처로 적당한 곳은?

① 트러스 해석 ② 연속보 해석

③ 테이블 해석 ④ 아치 해석

 해설

3연 모멘트법은 연속보의 해석에 사용된다.

58

그림과 같은 라멘에서 기둥에 모멘트가 생기지 않도록 하기 위해 필요한 P값은?

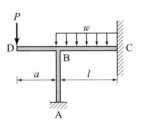

① $\dfrac{wl^2}{12a}$

② $\dfrac{wl^2}{24a}$

③ $\dfrac{wl^2}{8a}$

④ $\dfrac{wl^2}{4a}$

해설

B지점을 고정단으로 보고 등분포하중 w에 의한 반력모멘트를 구한 값을 D 지점의 집중하중 P에 의한 모멘트가 상쇄시켜 주어야 기둥에는 모멘트가 생기지 않는다.

$M_{BD} + M_{BC} = 0$

$Pa - \dfrac{wl^2}{12} = 0 \quad \therefore \ P = \dfrac{wl^2}{12a}$

59 다음 부정정보의 a단에 작용하는 모멘트 크기는?

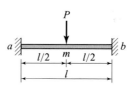

① $+\dfrac{Pl}{48}$

② $-\dfrac{Pl}{4}$

③ $-\dfrac{Pl}{8}$

④ $+\dfrac{Pl}{82}$

[해설]

$M_a = -\dfrac{Pl}{8}$ ↳−↰(암기필요)

60 그림과 같은 라멘 구조물의 E점에서의 불균형 모멘트에 대한 부재AE의 모멘트 분배율은?

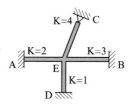

① $\dfrac{1}{7}$

② $\dfrac{2}{7}$

③ $\dfrac{1}{9}$

④ $\dfrac{2}{9}$

[해설]

각 분배율은 끝단이 고정단은 $4 \times K \left(= \dfrac{I}{L}\right)$, 힌지는 $3 \times K$ 이다.

분배율 $EA : ED : EB : EC = (4 \times 2) : (4 \times 1) : (4 \times 3) : (3 \times 4) = 2 : 1 : 3 : 3$ 이 된다.

$\therefore$ AE 부재 분배율은 $\dfrac{M_{AE\,분배율}}{\sum 분배율} = \dfrac{2}{9}$

61 다음 그림과 같은 양단 고정보에 등분포하중이 작용할 때 M_{AB}는?

① $-\dfrac{wl^2}{12}$ ② $-\dfrac{wl^2}{16}$

③ $-\dfrac{wl^2}{24}$ ④ $-\dfrac{wl^2}{48}$

해설

$M_A = -\dfrac{wl^2}{12}$ ⤸$-$⤵(암기필요)

62 다음 그림에서 A점의 모멘트 반력은? (단, 각 부재의 길이는 동일함)

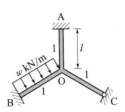

① $M_A = \dfrac{wl^2}{12}$ ② $M_A = \dfrac{wl^2}{24}$

③ $M_A = \dfrac{wl^2}{72}$ ④ $M_A = \dfrac{wl^2}{66}$

해설

$M_O = \dfrac{wl^2}{12}$

$f_{OA} = \dfrac{1}{1+1+\dfrac{3}{4}} = \dfrac{1}{\dfrac{11}{4}} = \dfrac{4}{11}$

$M_{OA} = \dfrac{wl^2}{12} \times \dfrac{4}{11} = \dfrac{wl^2}{33}$ $\therefore M_{AO} = \dfrac{wl^2}{33} \times \dfrac{1}{2} = \dfrac{wl^2}{66}$

63 그림과 같은 고정보에서 A점의 고정단 모멘트의 크기는?

① $-\dfrac{wl^2}{30}$　　　② $-\dfrac{wl^2}{20}$

③ $-\dfrac{wl^2}{12}$　　　④ $-\dfrac{wl^2}{8}$

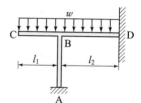

[해설]

암기필요

$$M_A = -\frac{wl^2}{20}, \quad M_B = -\frac{wl^2}{30}$$

64 그림과 같은 구조물에서 기둥 AB에 모멘트가 생기지 않게 하기 위한 $l_1 : l_2$ 의 값은?

① $1 : \sqrt{2}$　　　② $1 : \sqrt{3}$

③ $1 : \sqrt{5}$　　　④ $1 : \sqrt{6}$

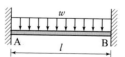

[해설]

$$w\,l_1 \times \frac{l_1}{2} - \frac{wl_2{}^2}{12} = 0 \qquad \frac{wl_1{}^2}{2} - \frac{wl_2{}^2}{12} = 0$$

$$l_1{}^2 = \frac{l_2{}^2}{6} \qquad \therefore \ \frac{l_1}{l_2} = \frac{1}{\sqrt{6}}$$

65 그림과 같은 양단 고정보에서 중앙점의 휨모멘트는?

① $\dfrac{wl^2}{12}$　　　② $\dfrac{wl^2}{24}$

③ $\dfrac{wl^2}{16}$　　　④ $\dfrac{wl^2}{18}$

[해설]

$$M_C = \frac{w\,l^2}{8} - \frac{w\,l^2}{12}, \quad M_C = \frac{wl^2}{24} \text{(암기필요)}$$

66 다음에서 D점은 힌지이고 k는 강비이다. B점에 생기는 모멘트[kN·m]는?

① 5   ② 9

③ 10   ④ 15

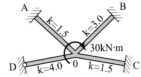

> 해설

$$f_{OB} = \frac{3}{1.5 + 3 + 1.5 + 4 \times \frac{3}{4}} = \frac{3}{9} = \frac{1}{3}$$

$$M_{OB} = 30\text{kN} \cdot \text{m} \times \frac{1}{3} = 10\text{kN} \cdot \text{m}, \quad M_{BO} = 10\text{kN} \cdot \text{m} \times \frac{1}{2} = 5\text{kN} \cdot \text{m}$$

67 그림과 같은 구조물에서 C점의 휨모멘트 값은?

① $\dfrac{Pl}{4}$ ② $\dfrac{11Pl}{16}$

③ $\dfrac{5Pl}{32}$ ④ $\dfrac{11Pl}{32}$

> 해설

$$V_B = \frac{5}{16}P \text{이므로} \quad \therefore \ M_C = \frac{5}{16}P \times \frac{l}{2} = \frac{5Pl}{32}$$

68 그림과 같은 보의 고정단 A의 휨모멘트[kN·m]는?

① 1 ↻   ② 1 ↷

③ 2 ↻   ④ 2 ↷

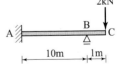

> 해설

$$M_B = 2\text{kN} \times 1\text{m} = 2\text{kN} \cdot \text{m}$$

$$\therefore \ M_{AB} = M_{BA} \times \frac{1}{2} = 1\text{kN} \cdot \text{m} \ ↻$$

(반력모멘트의 방향이 모멘트의 방향과 동일함에 유의할 것)

69 그림과 같은 부정정보의 휨모멘트는 다음 중 어느 것인가?

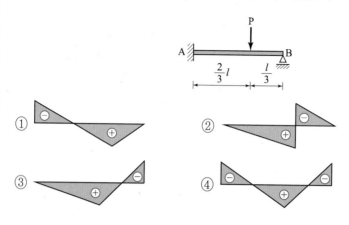

해설

고정단에서 (−) 휨모멘트가 생기고 B지점에는 0이다.

70 균일한 단면을 가진 강경 구조물의 B지점 휨모멘트 값[kN·m]은? (단, 단면은 동일함)

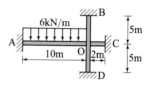

① 5

② 10

③ 15

④ 20

해설

$$M_O = -\frac{wl^2}{12} = -\frac{6 \times 10^2}{12} = -50 \text{kN} \cdot \text{m}$$

$$K_{OA} = \frac{I}{10}, \ K_{OB} = \frac{I}{5}, \ K_{OC} = \frac{I}{2}, \ K_{OD} = \frac{I}{5}$$

$$k_{OA} = 1, \ k_{OB} = 2, \ k_{OC} = 5, \ k_{OD} = 2$$

$$f_{OB} = \frac{2}{1+2+5+2} = \frac{1}{5}$$

$$M_{OB} = 50 \text{kN} \cdot \text{m} \times \frac{1}{5} = 10 \text{kN} \cdot \text{m}$$

$$M_{BO} = 5 \text{kN} \cdot \text{m}$$

71 다음 그림에서 중앙점의 최대 처짐 δ는?

① $\dfrac{wl^4}{384EI}$ ② $\dfrac{5wl^4}{384EI}$

③ $\dfrac{wl^4}{24EI}$ ④ $\dfrac{wl^4}{48EI}$

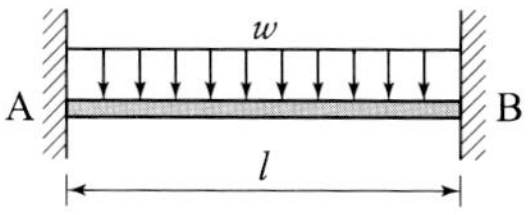

[해설]

(암기필요)

등분포하중에 의한 양단고정보의 처짐은 단순보의 처짐의 $\dfrac{1}{5}$이다.

$\therefore\ y = \dfrac{5wl^4}{384EI} \times \dfrac{1}{5} = \dfrac{wl^4}{384EI}$

72 아래 그림과 같은 보에서 C점의 모멘트를 구하면?

① $\dfrac{1}{16}wL^2$ ② $\dfrac{1}{12}wL^2$

③ $\dfrac{3}{32}wL^2$ ④ $\dfrac{1}{24}wL^2$

[해설]

고정버팀보의 휨모멘트 계산
(1) 고정버팀보의 반력

일단고정	V_B	M_A
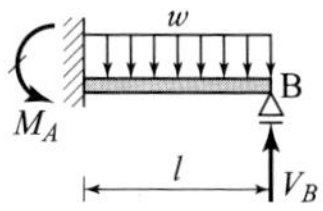 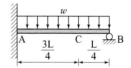	$\dfrac{3wL}{8}$	$-\dfrac{wL^2}{8}$

$\therefore\ V_B = \dfrac{3wL}{8}$

(2) $M_{c,right} = -\left[+\left(w \times \dfrac{L}{4}\right)\left(\dfrac{L}{4} \times \dfrac{1}{2}\right) - \left(\dfrac{3wL}{8}\right)\left(\dfrac{L}{4}\right) \right] = +\dfrac{wL^2}{16}$

73 그림과 같은 단순보의 B지점에 $M=2\text{kN}\cdot\text{m}$를 작용시켰더니 A 및 B 지점에서의 처짐각이 각각 0.08rad과 0.12rad이었다. 만일 A지점에 3kN·m의 단모멘트를 작용시킨다면 B지점에서의 처짐각은?

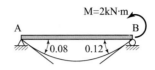

① 0.08radian

② 0.10radian

③ 0.12radian

④ 0.15radian

[해설]

Betti의 정리

(1) 상반 가상일의 정리(Reciprocal Theorem)

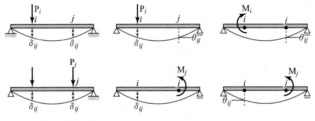

$$M_i \cdot \theta_{ij} = M_j \cdot \theta_{ji}$$

여기서, δ_{ij} : j점의 하중으로 인한 i점의 처짐,

δ_{ji} : i점의 하중으로 인한 j점의 처짐

θ_{ij} : j점의 하중으로 인한 i점의 처짐각

θ_{ji} : i점의 하중으로 인한 j점의 처짐각

(2) $(3)(0.08) = (2)(\theta_{BA})$에서 $\theta_{BA} = 0.12\text{rad}$ (↶)

74 지름이 30cm인 원형 단면을 갖는 강봉을 최대 휨응력이 180MPa을 넘지 않도록 하여 원형으로 휘게 할 수 있는 최소반지름[m]은?
(단, 탄성계수 E =210GPa이다)

① 175

② 350

③ 475

④ 500

[해설]

휨응력 공식 $\sigma = \dfrac{M}{I}y = \dfrac{E}{R}y \le \sigma_a$에서

$$R \ge \frac{Ey}{\sigma} = \frac{(210 \times 10^3) \times 150}{180} = 175 \times 10^3 \text{mm} = 175\,\text{m}$$

75

그림과 같은 게르버보에서 하중 P만에 의한 C점의 처짐[mm]은? (단, 여기서 EI는 일정하고 $EI = 2.7 \times 10^5 kN \cdot m^2$이다.)

① 7   ② 27

③ 10   ④ 20

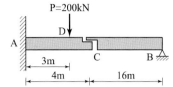

[해설]

탄성하중도

$$\delta_c = 면적 \times 도심 = \left(\frac{1}{2} \times 3 \times \frac{600}{EI} \right) \times \left(1 + 3 \times \frac{2}{3} \right)$$

$$= \frac{2,700kN \cdot m^3}{EI} = \frac{2,700}{2.7 \times 10^5} = 0.01m$$

$$= 10mm$$

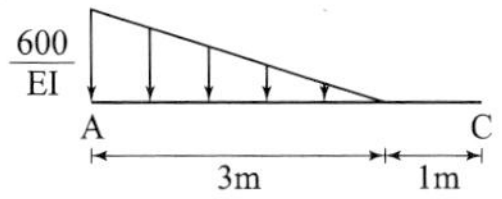

76

다음 그림 (a)와 같이 폭이 b이고 높이가 $2b$인 직사각형 단면을 가진 부정정보의 점 C에 하중 24kN이 작용하고 있다. 이때 부정정보의 휨모멘트도(B.M.D)는 그림 (b)와 같고, 재료의 허용 휨응력이 27MPa일 때, 휨모멘트에 저항하기 위해 필요한 최소 단면폭 b의 크기[mm]는? (단, 보의 자중은 무시한다.)

① 40

② 60

③ 80

④ 100

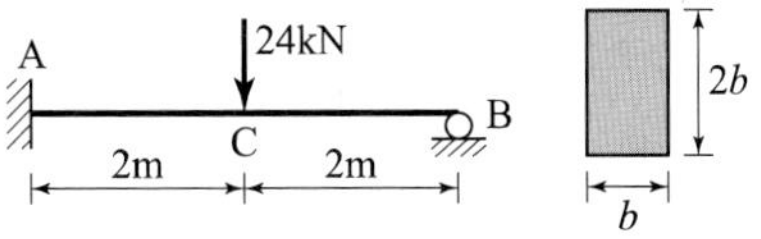

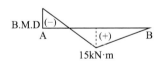

[해설]

(1) B점의 반력

$$M_C = R_B(2) = 15 에서 \ R_B = 7.5kN(\uparrow)$$

(2) A점의 휨모멘트

$$M_A = R_B(4) - 24(2) = 7.5(4) - 24(2) = -18kN \cdot m$$

(3) 단면의 폭

$$\sigma_{max} = \frac{M_{max}}{Z} = \frac{M_{max}}{\frac{b(2b)^2}{6}} \leq \sigma_a 에서 \ b \geq \sqrt[3]{\frac{3M_{max}}{2\sigma_a}} = \sqrt[3]{\frac{3(18 \times 10^6)}{2(27)}} = 100mm$$

77

그림과 같은 구조물에서 모멘트하중이 보의 지점과 중앙점에 각각 M과 $2M$이 작용할 때 A점의 처짐각은? (단, 보의 휨강성은 EI이다)

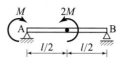

① $\dfrac{Ml}{3EI}$

② $\dfrac{Ml}{6EI}$

③ $\dfrac{Ml}{12EI}$

④ $\dfrac{5Ml}{12EI}$

해설

중첩의 원리(겹침법)에 의해

$$\theta_A = \theta_{A1} + \theta_{A2} = \frac{Ml}{3EI} + \frac{(2M)l}{24EI} = \frac{5Ml}{12EI}$$

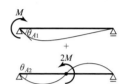

78

그림과 같이 힌지와 케이블로 지지되어 있는 보에서, 하중 P가 작용하는 B점의 수직처짐을 구하면? (단, 케이블의 축강성은 EA, 보의 휨강성은 EI이다.)

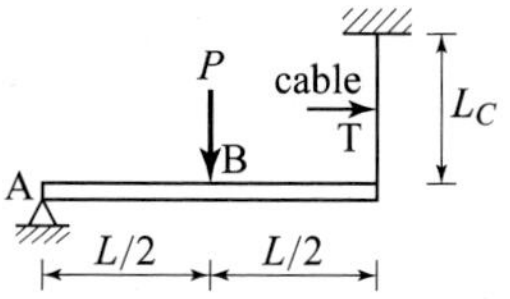

① $\dfrac{PL^3}{96EI} + \dfrac{PL_C}{4EA}$

② $\dfrac{PL^3}{48EI} + \dfrac{PL_C}{2EA}$

③ $\dfrac{PL^3}{48EI} + \dfrac{PL_C}{4EA}$

④ $\dfrac{PL^3}{48EI} + \dfrac{PL_C}{EA}$

해설

(1) 케이블의 장력 계산

$$\sum M_A = 0 에서 \; P\left(\frac{L}{2}\right) - T(L) = 0$$

∴ 장력 $T = \dfrac{P}{2}$

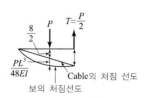

(2) B점 수직처짐

$\delta_B = P$에 의한 보의 처짐 + 장력 T에 의한 케이블의 처짐

$$= \frac{PL^3}{48EI} + \frac{\left(\dfrac{P}{2}\right)L_C}{EA} \times \left(\frac{1}{2}\right) = \frac{PL^3}{48EI} + \frac{PL_C}{4EA}$$

79

다음 그림과 같이 균일단면 부재 ABC와 강체인 부재 BDE가 B점에서 핀으로 연결되어 있고, 강체 BDE의 E점에는 케이블이 연결되어 있다. 점 A에서 수직방향 처짐은? (단, 부재 ABC의 단면적은 A이고, 탄성계수는 E이다. 자중은 무시한다.)

① $\dfrac{2PL}{AE}$

② $\dfrac{3PL}{2AE}$

③ $\dfrac{PL}{2AE}$

④ $\dfrac{PL}{AE}$

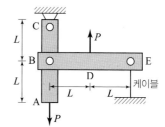

해설

구조물을 해석하면 B지점에 상향으로 $\dfrac{P}{2}$가 작용하는 것을 알 수 있다.

$$\delta_A = \frac{P(2L)}{EA} - \frac{\left(\dfrac{P}{2}\right)L}{EA} = \frac{3PL}{2EA} \,(\text{인장})$$

80

그림과 같은 직사각형 단면의 지점 B에서 단면상연의 휨응력이 300MPa일 때, 캔틸레버보에서 A점의 처짐[mm]은? (단, 보의 탄성계수는 $E=200$GPa이고, EI는 일정하며, 자중 및 전단의 영향은 무시한다.)

① 2.5

② $\dfrac{8}{3}$

③ 5

④ $\dfrac{16}{3}$

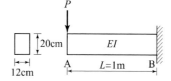

해설

$$\delta_A = \frac{PL^3}{3EI} = \frac{L^3}{3E\left(\dfrac{bh^3}{12}\right)}\left(\frac{\sigma_{B(\text{상연})}bh^2}{6L}\right) = \frac{2L^2}{3Eh}\sigma_{\max}$$

$$= \frac{2(1{,}000^2)}{3(200\times10^3)(200)}(300) = 5\,\text{mm}$$

$$\left[\sigma_{\max} = \frac{M_{\max}}{Z} = \frac{6PL}{bh^2} \text{에서 } P = \frac{\sigma_{B(\text{상연})}bh^2}{6L}\right]$$

81

그림과 같은 구조물에서 보의 처짐각이 0이 되기 위한 용수철 상수 k_1과 k_2의 비를 구하시오. (단, 보는 강체(Rigid Body)로 가정한다.)

① $\dfrac{k_1}{k_2} = \dfrac{1}{3}$

② $\dfrac{k_1}{k_2} = \dfrac{1}{5}$

③ $\dfrac{k_1}{k_2} = 3$

④ $\dfrac{k_1}{k_2} = 5$

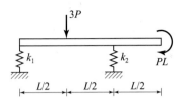

> **해설**
>
> 각 지점의 반력을 구한 후 반력이 큰 쪽에는 처짐을 적게, 작은 쪽에는 처짐을 많이 발생시키도록 즉, 반력 비율과 같은 강성도 비율의 스프링을 배치하면 된다.
>
> 지점 반력을 구하면
>
> $$\sum M_B = 0 \; : \; R_A(L) - 3P\left(\dfrac{L}{2}\right) + PL = 0$$
>
> $$R_A = \dfrac{P}{2}(\uparrow)$$
>
> $$\sum H = 0 \; : \; R_B = 3P - R_A = 3P - \dfrac{P}{2} = \dfrac{5P}{2}(\uparrow)$$
>
> B지점이 A지점보다 반력의 크기가 5배 크다. 그러므로
>
> k_2는 k_1보다 5배 커야 처짐이 같아진다. $\therefore \; \dfrac{k_1}{k_2} = \dfrac{1}{5}$

82

다음과 같은 수평보가 양 끝단에서 스프링으로 지지되어 있다. 스프링은 보에 하중이 작용하지 않을 때 보가 수평을 이루도록 제작되었다. 800N의 하중이 작용하여도 보가 수평을 유지하기 위한 지점 B의 스프링 상수[N/m]는? (단, 지점 A의 스프링 상수 k_A=1,200N/m이다.)

① 400

② 600

③ 800

④ 1,000

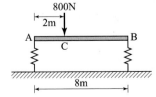

해설

강성도 비율에 따라 각 지점에 하중이 분배가 되어야 수평을 유지할 수 있다.

(1) 지점 반력

$$\sum M_B = 0 \ : \ R_A(8) - 800(6) = 0 \text{에서} \ R_A = 600\text{N}(\uparrow)$$

$$\sum V = 0 \ : \ R_A + R_B = 800 \text{에서} \ R_B = 200\text{N}(\uparrow)$$

(2) 지점 B의 스프링 상수

수평보가 수평을 유지하여야 하므로

$$\delta = \frac{P}{k} = \frac{R_A}{k_A} = \frac{R_B}{k_B} \text{에서} \ k_B = \frac{R_B}{R_A} k_A = \frac{200}{600}(1,200) = 400\text{N/m}$$

83 그림과 같은 캔틸레버보에서 점 C에 집중하중 P와 점 B에 모멘트 하중 $M = 2Pl$ 이 작용하고 있다. 점 D의 처짐은? (단, 휨강성 EI는 일정하다.)

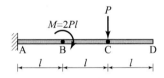

① $\dfrac{29Pl^3}{6EI}$

② $\dfrac{29Pl^3}{3EI}$

③ $\dfrac{70Pl^3}{6EI}$

④ $\dfrac{70Pl^3}{3EI}$

해설

중첩법을 적용하면

$$\delta_D{}' = \delta_B + \theta_B(2l) = \frac{(2Pl)l^2}{2EI} + \frac{(2Pl)l}{EI} \times (2l) = \frac{5Pl^3}{EI}$$

$$\delta_{D'} = \delta_C + \theta_C(l) = \frac{P(2l)^3}{3EI} + \frac{P(2l)^2}{2EI}(l) = \frac{14Pl^3}{3EI}$$

$$\therefore \ \delta_D = \delta_D{}' + \delta_D{}'' = \frac{29Pl^3}{3EI}$$

84 그림과 같이 힌지와 스프링으로 지지되어 있는 보에서 하중 P가 작용하는 B점의 수직처짐은? (단, 스프링상수 $K = \dfrac{12EI}{L^3}$이고, AC보의 휨강성은 EI이며, 자중은 무시한다.)

① $\dfrac{PL^3}{96EI}$　　② $\dfrac{PL^3}{48EI}$

③ $\dfrac{PL^3}{24EI}$　　④ $\dfrac{PL^3}{16EI}$

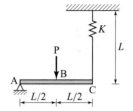

해설

(1) 스프링이 받는 힘

　그림 (나)에서 $\sum M_A = 0$에서 $R_C(L) - P\left(\dfrac{L}{2}\right) = 0$

　$R_C = \dfrac{P}{2} = $ 스프링이 받는 힘

(2) B점 수직 처짐

　단순보의 중앙점 처짐$(\delta_B{}'') = \dfrac{PL^3}{48EI}$

　그림(가)에서 스프링 처짐량(δ_C)은 $R_C = K\delta_C$이므로 $\delta_C = \dfrac{R_C}{2K} = \dfrac{P}{2K}$

　그림 (나)에서 B점의 처짐량$(\delta_B) = \dfrac{P}{4K} = \dfrac{P}{4\left(\dfrac{12EI}{L^3}\right)} = \dfrac{PL^3}{48EI}$

　$\therefore \ \delta_B = \delta_B{}' + \delta_B{}'' = \dfrac{PL^3}{48EI} + \dfrac{PL^3}{48EI} = \dfrac{PL^3}{24EI}$

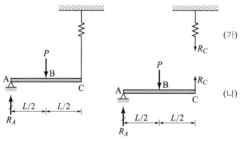

탄성 변위선도

85

길이가 다른 2개의 케이블로 A점과 B점에 지지된 보의 중앙부 C점에 수직력 P가 작용하는 경우 C점의 수직 처짐은? (단, 케이블의 축강성은 EA, 보의 휨 강성은 EI로 일정하며, 보 및 케이블의 자중은 무시한다.)

① $\dfrac{3PL_c}{2EA} + \dfrac{PL^3}{96EI}$

② $\dfrac{3PL_c}{2EA} + \dfrac{PL^3}{48EI}$

③ $\dfrac{3PL_c}{4EA} + \dfrac{PL^3}{96EI}$

④ $\dfrac{3PL_c}{4EA} + \dfrac{PL^3}{48EI}$

해설

(1) 지점 반력

$$\sum M_B = 0 \ : \ R_A(L) - P\left(\frac{L}{2}\right) = 0$$

$$\therefore \ R_A = \frac{P}{2}(\uparrow)$$

$$\sum V = 0 \ : \ R_a + R_b - P = 0$$

$$\therefore \ R_B = P - R_B = \frac{P}{2}(\uparrow)$$

(2) C점의 수직 처짐

$$\delta_C = \delta_C{}' + \delta_C{}'' = \frac{1}{2}(\delta_A + \delta_B) + \delta_C{}''$$

$$= \frac{1}{2}\left(\frac{\left(\frac{P}{2}\right)L_C}{EA} + \frac{\left(\frac{P}{2}\right)(2L_C)}{EA}\right) + \frac{PL^3}{48} = \frac{3PL_C}{4EA} + \frac{PL^3}{48EI}$$

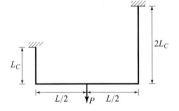

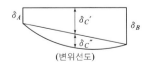

(변위선도)

86 그림과 같이 보 BD는 강봉 AB와 CD에 의해 지지되고 있다. 강봉의 길이가 모두 $2L$일 때 강봉 AB와 강봉 CD의 늘음량은? (단, 강봉의 단면적은 a, 탄성계수는 E이고, 강봉 및 보의 자중은 무시한다)

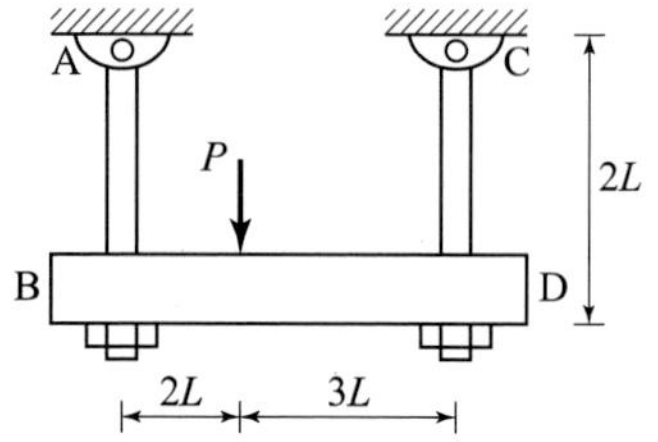

강봉 AB	강봉 CD
① $1.2\dfrac{PL}{Ea}$	$1.8\dfrac{PL}{Ea}$
② $1.6\dfrac{PL}{Ea}$	$0.9\dfrac{PL}{Ea}$
③ $0.6\dfrac{PL}{Ea}$	$1.8\dfrac{PL}{Ea}$
④ $1.2\dfrac{PL}{Ea}$	$0.8\dfrac{PL}{Ea}$

해설

(1) 지점반력(=부재력)

$$\sum M_C = 0: \ R_A(5L) - P(3L) = 0 \quad \therefore \ R_A = \frac{3}{5}P = P_{AB}$$

$$\sum V = 0: \ R_A + R_C - P = 0 \quad \therefore \ R_C = P - R_A = \frac{2}{5}P = P_{CD}$$

(2) 강봉의 늘음량

$$\delta_{AB} = \frac{P_{AB}(2L)}{EA} = \frac{\left(\frac{3}{5}P\right)(2L)}{EA} = 1.2\frac{PL}{EA}$$

$$\delta_{CD} = \frac{P_{CD}(2L)}{EA} = \frac{\left(\frac{2}{5}P\right)(2L)}{EA} = 0.8\frac{PL}{EA}$$

87 다음 그림의 구조물에서 C점의 수직처짐은? (단, 보의 휨강성 EI와 스프링계수 K는 일정하다.)

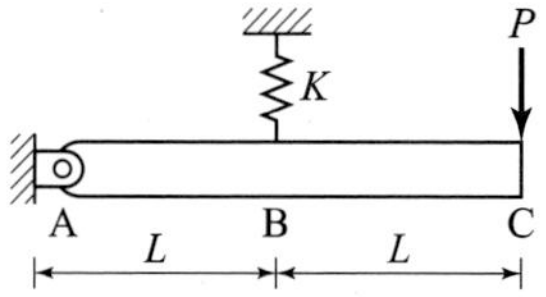

① $\dfrac{PL^3}{3EI} + \dfrac{4P}{K}$	② $\dfrac{2PL^3}{3EI} + \dfrac{4P}{K}$
③ $\dfrac{PL^3}{3EI} + \dfrac{2P}{K}$	④ $\dfrac{2PL^3}{3EI} + \dfrac{2P}{K}$

해설

위의 구조물은 B점을 힌지 지점으로 보면 내민보와 같다.

C점의 처짐=스프링에 의한 C점 처짐+하중 P에 의한 내민보 C의 처짐

(1) 스프링에 의한 처짐

$$\sum M_A = 0 \ : \ P(2L) - R(L) = 0 \quad \therefore \ R = 2P$$

스프링에 의한 C점 처짐=B점의 처짐$\times 2 = \dfrac{2P}{K} \times 2 = \dfrac{4P}{K}$

(2) 집중하중에 의한 처짐

하중 P에 의한 내민보 C의 처짐

=(AB부재를 단순보로 보고 생긴 처짐각$\times L$)+(BC를 캔틸레버보로 본 처짐)

$$= \left(\dfrac{PL^2}{3EI} \times L \right) + \left(\dfrac{PL^3}{3EI} \right) = \dfrac{2PL^3}{3EI}$$

$$\therefore \ \delta_C = \dfrac{2PL^3}{3EI} + \dfrac{4P}{K}$$

88 다음 그림과 같은 단순 지지보에서 온도변화가 보의 상단은 20℃, 보의 하단은 -20℃로 온도차가 발생하였을 때 보 중앙점에서의 수직 변위의 크기는? (단, 재료의 열팽창 계수(α)는 10^{-3}/℃이다.)

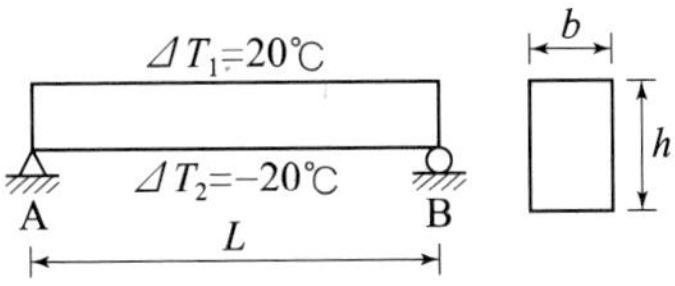

① $\dfrac{0.0025}{h}L^2$ ② $\dfrac{0.005}{h}L^2$

③ $\dfrac{0.01}{h}L^2$ ④ $\dfrac{0.02}{h}L^2$

해설

온도변화에 의한 처짐각, 처짐은 탄성하중 $= \dfrac{M}{EI} = \dfrac{\alpha \cdot \Delta T}{h}$와 같이 적용

가상의 등분포하중을 작용시켜 처짐각과 처짐을 구한다.

$$\dfrac{\alpha(\Delta T)L^2}{8h} = \dfrac{10^{-3}(40)L^2}{8h} = \dfrac{0.005L^2}{h}$$

89 캔틸레버보의 중앙과 자유단에 각각 모멘트 M_0가 작용하여 자유단에 단위수직변위 -1이 발생하였다. M_0의 크기는 얼마인가? (단, EI는 일정하다.)

① $\dfrac{2EI}{3L^2}$　　② $\dfrac{8EI}{7L^2}$

③ $\dfrac{4EI}{3L^2}$　　④ $\dfrac{3EI}{2L^2}$

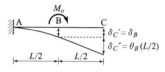

> **해설**
>
> 자유단의 변위가(−)라는 것은 상향변위를 (+)로 가정한 것이므로
>
> $$\delta_C = \delta_C' + \delta_C'' + \delta_C'''$$
>
> $$= -\frac{M_0\left(\frac{L}{2}\right)^2}{2EI} - \frac{M_0\left(\frac{L}{2}\right)}{EI} \times \left(\frac{L}{2}\right) - \frac{M_0 L^2}{2EI} = 1$$
>
> $$\therefore\ M_0 = \frac{8EI}{7L^2}$$

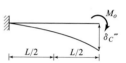

$\delta_C' = \delta_B$
$\delta_C'' = \theta_B(L/2)$

※ 캔틸레버의 중앙에 하중 작용시 처짐비

	$\delta_B : \delta_C$
	$1 : 3$
	$2 : 5$
	$3 : 7$
	$4 : 9$

90

다음 그림과 같이 캔틸레버보의 상부와 하부에 차이가 나게 온도가 상승하였을 경우, 고정단 D에서의 수평반력은? (단, A=단면적, E=탄성계수, L=보의 길이, α=선팽창계수, $T_1 > T_2 > 0℃$이다.)

① $\dfrac{EA\alpha(T_1 - T_2)}{2}$

② $\dfrac{EA\alpha(T_2 - T_1)}{2}$

③ $\dfrac{EA\alpha(T_1 + T_2)}{2}$

④ 0

해설

정정구조물이다. 구속력이 발생하지 않으므로 추가적인 반력 및 응력이 모두 0이다.

91

다음 그림에서 P_1이 C점에 작용하였을 때 C점 및 D점의 수직 변위가 각각 0.5cm, 0.4cm이고 P_2가 D점에 작용하였을 때 C점, D점의 수직변위는 0.3cm, 0.4cm였다. P_1과 P_2가 동시에 작용하였을 때 일 W[N·m]는?

① 14

② 22

③ 28

④ 44

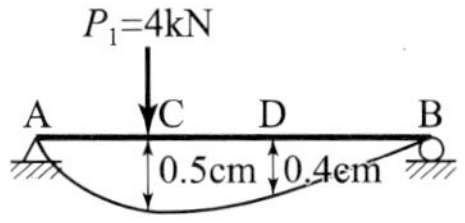

P_1=4kN

A C   D   B
     0.5cm 0.4cm

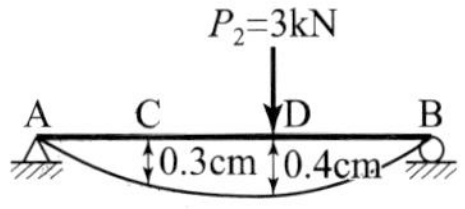

P_2=3kN

A   C   D   B
      0.3cm 0.4cm

해설

전체 외력일은 재하 순서에 관계없이 일정하므로 P_1과 P_2가 동시에 작용하는 경우의 외력일과 같다.

$$W = \frac{P_1 \Sigma \delta_C}{2} + \frac{P_2 \Sigma \delta_D}{2} = \frac{4(0.005+0.003)}{2} + \frac{3(0.004+0.004)}{2} = 0.028\,\text{kN·m} = 28\,\text{N·m}$$

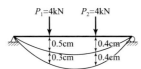

P_1=4kN P_2=4kN

0.5cm 0.4cm
0.3cm 0.4cm

92

다음과 같이 길이 5m의 보가 절점 B에 2m 길이의 케이블과 지점 A에 힌지로 지지되어 있다. 케이블의 축강도(EA)는 20,000kN이고, 보 ABC의 휨강도(EI)가 5×10^4kN·m²이라면 절점 C의 하향 연직처짐[mm]은? (단, 자중과 부재 ABC의 축방향 변형은 무시한다.)

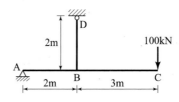

① 25.0

② 30.0

③ 62.5

④ 92.5

해설

(1) 지점 반력

$\sum M_A = 0 : P(5) - R_D(2) = 0$에서

$R_D = \dfrac{5P}{2} = \dfrac{5(100)}{2} = 250 \text{kN}$

(2) C점의 처짐

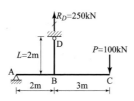

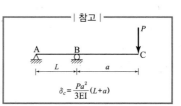

케이블 BD의 늘음에 의한 처짐+내민보의 처짐

$\delta_C = \delta_B \left(\dfrac{5}{2}\right) + \delta_{내민보} = \dfrac{R_D(L)}{EA}\left(\dfrac{5}{2}\right) + \dfrac{Pa^2}{3EI}(L+a)$

$= \dfrac{250(2)}{20,000}\left(\dfrac{5}{2}\right) + \dfrac{100(3)^2}{3(5 \times 10^4)}(2+3)$

$= 0.0925 \text{m} = 92.5 \text{mm}$

93 그림과 같이 휨강성은 모두 EI이고, 내부힌지를 가진 보 AB에 대하여 좌측지점 A에 시계방향 모멘트하중 M과 우측지점 B로부터 거리 $\dfrac{L}{2}$지점인 D에 연직하중 P가 작용할 때, 하중작용점 D의 연직 처짐은? (단, 보의 축변형과 전단변형은 무시한다.)

① $\dfrac{5ML^2}{48EI}+\dfrac{PL^3}{24EI}$ ② $\dfrac{5ML^2}{24EI}+\dfrac{PL^3}{12EI}$

③ $\dfrac{5ML^2}{12EI}+\dfrac{PL^3}{6EI}$ ④ $\dfrac{5ML^2}{6EI}+\dfrac{PL^3}{3EI}$

해설

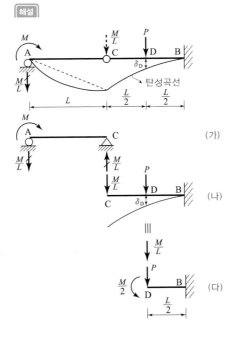

D점의 처짐을 구하기 위한 등가 구조물 (다)에서

$$\delta_D = \frac{\left(\dfrac{M}{L}\right)\left(\dfrac{L}{2}\right)^3}{3EI}+\frac{\left(\dfrac{M}{2}\right)\left(\dfrac{L}{2}\right)^2}{2EI}+\frac{P\left(\dfrac{L}{2}\right)^3}{3EI}=\frac{5ML^2}{48EI}+\frac{PL^3}{24EI}$$

94

다음에서 P_1으로 인한 B점의 처짐(δ_1)은 4cm, P_2로 인한 B점의 처짐(δ_2)은 3cm이었다. P_1이 작용하여 발생되는 C점의 처짐[cm]은?

① 1.0

② 1.5

③ 2.0

④ 2.5

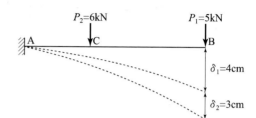

해설

상반작용의 원리를 적용하면 $P_2 \delta_c = P_1 \delta_2$

$$\therefore \delta_c = \frac{P_1}{P_2} \delta_2 = \frac{5}{6}(3) = 2.5 \, \text{cm}$$

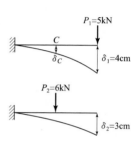

95

휨강성이 EI이고 집중하중 P를 받는 다음 보에서 C점에서의 수직방향 처짐값은 얼마인가?

① $\dfrac{17PL^3}{324EI}$

② $\dfrac{2PL^3}{81EI}$

③ $\dfrac{10PL^3}{81EI}$

④ $\dfrac{4PL^3}{81EI}$

해설

C점의 처짐은 상반정리에 의해 하중 P를 C점에 옮겨 놓았을 때 B점의 처짐과 같다.

$$\delta_C : \delta_B = 2a : 2a + 3b = (2 \times 1 : 2 \times 1 + 3 \times 2) = 1 : 4$$

$$\delta_B = \frac{P\left(\dfrac{L}{3}\right)^3}{3EI} \times 4 = \frac{4PL^3}{81EI}$$

96

그림과 같은 단순보에서 A지점의 처짐각이 0이 되려면 A점에 작용하는 모멘트 하중 M의 크기는? (단, EI는 일정하다.)

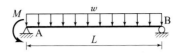

① $\dfrac{wL^2}{2}$

② $\dfrac{wL^2}{4}$

③ $\dfrac{wL^2}{6}$

④ $\dfrac{wL^2}{8}$

해설

$\theta_{Aw} = \theta_{AM}$에서 $\dfrac{wL^3}{24EI} = \dfrac{ML}{3EI}$ 이므로 $M = \dfrac{wL^2}{8}$

97

그림과 같은 내민보에서 지점 B에 발생하는 처짐각은? (단, EI는 일정하고, 자중은 무시한다.)

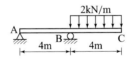

① $\dfrac{17}{8EI}$

② $\dfrac{32}{5EI}$

③ $\dfrac{47}{4EI}$

④ $\dfrac{64}{3EI}$

해설

내민보에 작용하는 하중을 이동시켜 단순보에 모멘트가 작용하는 구조물로 변환시킨다.

$\theta_B = \dfrac{M_B L}{3EI} = \dfrac{16(4)}{3EI} = \dfrac{64}{3EI}$

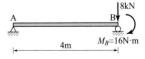

98

그림과 같은 2경간 연속보에 크기가 1kN인 집중하중 P가 하향수직으로 D점에 작용될 때 각 위치에서 처짐이 아래와 같이 계측되었다. 이후 이 집중하중을 제거하고 A점에 10kN, B점에 10kN, C점에 20kN의 하향 수직하중을 동시에 재하한다면 D점의 처짐[cm]은? (단, 보의 자중은 무시하고, 처짐은 하향방향을 (+), 상향방향을 (−)로 한다.)

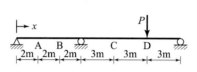

처짐 계측 위치	처짐
A($x = 2$m)	− 2cm
B($x = 4$m)	− 1cm
C($x = 9$m)	+ 3cm
D($x = 12$m)	+ 4cm

① −10

② − 30

③ + 10

④ + 30

해설

상반작용의 원리를 이용하면

$10(-2) + 10(-1) + 20(3) = (1)\delta_D$

$\therefore \delta_D = 30$ (하향)

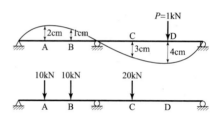

99

정사각형 단면을 갖는 2개의 보를 이용하여 두 가지 합성 형태의 보를 만들어 같은 하중을 작용시켰다. 두 보의 처짐 거동에 대해 바르게 설명한 것은? (단, 접촉면은 완전히 부착된 것으로 가정한다.)

단면	(세로형 A)	(가로형 B)
형태	A	B
처짐	Δ_A	Δ_B

① $\Delta_A = 0.25\Delta_B$

② $\Delta_A = 0.5\Delta_B$

③ $\Delta_A = 2\Delta_B$

④ $\Delta_A = 2.5\Delta_B$

해설

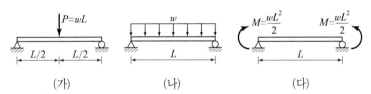

$$\delta_B = \frac{PL^3}{3EI} = \frac{PL^3}{3E\left\{\dfrac{b(2b)^3}{12}\right\}} = \frac{PL^3}{2Eb^4}$$

$$\delta_B = \frac{PL^3}{3EI} = \frac{PL^3}{3E\left\{\dfrac{2b(b)^3}{12}\right\}} = \frac{2PL^3}{Eb^4}$$

$$\therefore \ \frac{\delta_A}{\delta_B} = \frac{\dfrac{PL^3}{2Eb^4}}{\dfrac{2PL^3}{Eb^4}} = \frac{1}{4}$$

$$\delta_A = 0.25\delta_B$$

100 다음 구조물의 최대 처짐비(가 : 나 : 다)는?

(가)   (나)   (다)

① $5 : 8 : 12$ ② $8 : 5 : 12$

③ $8 : 5 : 24$ ④ $5 : 8 : 24$

해설

(가), (나), (다) 모두 대칭이므로 최대처짐($\delta_{\max}$)은 중앙에서 발생한다.

$$\delta_{(가)\max} = \frac{PL^3}{48EI} = \frac{(wL)L^3}{48EI} = \frac{wL^4}{48EI}$$

$$\delta_{(나)\max} = \frac{5wL^4}{384EI}$$

$$\delta_{(다)\max} = \frac{ML^2}{8EI} = \frac{\left(\dfrac{wL^2}{2}\right)L^2}{8EI} = \frac{wL^4}{16EI}$$

$$\delta_{(가)\max} : \delta_{(나)\max} : \delta_{(다)\max} = \frac{wL^4}{48EI} : \frac{5wL^4}{384EI} : \frac{wL^4}{16EI} = 8 : 5 : 24$$

101 그림과 같은 구조물에 발생하는 최대 처짐과 발생위치를 구하면?
(단, $EI = 10^5 \text{kN} \cdot \text{m}^2$이다.)

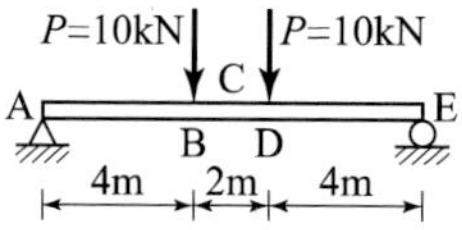

$$P=10\text{kN} \qquad P=10\text{kN}$$

A   C   E
B D
4m 2m 4m

① $\dfrac{620}{3 \times 10^5}$, C

② $\dfrac{2,420}{3 \times 10^5}$, B

③ $\dfrac{1,180}{3 \times 10^5}$, C

④ $\dfrac{160}{3 \times 10^5}$, D

해설

(1) 최대 처짐이 발생하는 위치

하중과 구조가 대칭이므로 최대 처짐은 중앙점(C)에서 발생한다.

(2) 최대 처짐

탄성하중법을 적용하면

· 공액보에서 지점반력 $R_A{}'$

$$R_A{}' = R_B{}' = \left(\frac{40}{EI} \times 4 \times \frac{1}{2} \right) + \left(\frac{40}{EI} \times 2 \times \frac{1}{2} \right) = \frac{120}{EI}$$

② C점의 처짐

C점의 처짐(δ_C)은 공액보에서 C'점의 휨모멘트와 같으므로

$$\delta_C = \frac{120}{EI}(4+1) - \left(\frac{1}{2} \times \frac{40}{EI} \times 4 \right) \times \left(\frac{4}{3} + 1 \right) - \left(\frac{40}{EI} \times 1 \right) \times \left(\frac{1}{2} \right)$$

$$= \frac{1,180}{3EI} = \frac{1,180}{3 \times 10^5}$$

102 양단고정보의 강도에 대한 설명 중 옳은 것은?

① 강도는 변함없고 처짐이 커진다.

② 단순보의 강도보다 같은 조건하에서는 강하다.

③ 강도도 강하게 되고, 처짐도 크게 된다.

④ 고정단에서 휨모멘트는 0으로 한다.

해설

고정보와 단순보의 비교

구 분	고 정 보	단 순 보
구조물	(B.M.D)	(B.M.D)
최대처짐($\delta_{\max}$)	$\dfrac{Pl^3}{196EI}$	$\dfrac{Pl^3}{48EI}$
최대 모멘트($M_{\max}$)	$\dfrac{Pl}{8}$	$\dfrac{Pl}{4}$
보의 강도	고정보 > 단순보	

---

103 다음 중 부정정 구조물의 장점으로 옳지 <u>않은</u> 것은?

① 휨모멘트의 감소로 단면이 줄어들고 재료가 절감되어 경제적이다.

② 강성이 커서 처짐이 줄어든다.

③ 지간이 길고 교각수가 줄어들어 외관상 우아하고 아름답다.

④ 응력교체가 정정구조물보다 적으므로 부가적인 부재가 필요하지 않다.

해설

부정정 구조물은 응력교체가 발생하므로 부가적인 부재를 필요로 한다.

※ 부정정 구조물의 단점

   (1) 침하나 온도변화 및 제작오차에 의한 응력발생

   (2) 해석과 설계가 복잡

   (3) 응력교체로 부가적인 부재가 필요

104 2경간 연속보의 전지간에 등분포하중을 받을 때 휨모멘트가 영(0)인 점의 수는?

① 1개   ② 3개

③ 4개   ④ 5개

해설

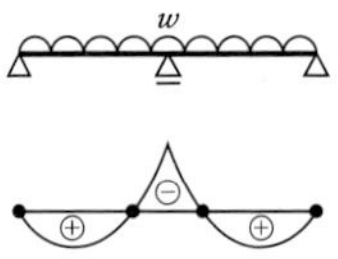

(B.M.D)

105 그림과 같은 부정정보의 B점 및 C점에 각각 모멘트 M_B 및 M_C가 작용하고 있다. C점의 수직반력이 0이 되기 위한 M_B와 M_C의 비율 (M_B/M_C)은? (단, 주어진 보의 휨강성은 EI로 일정하다.)

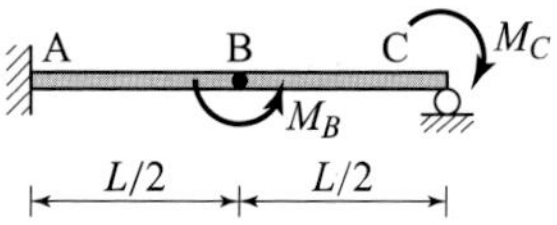

① $\dfrac{6}{5}$ ② $\dfrac{5}{4}$

③ $\dfrac{4}{3}$ ④ $\dfrac{3}{2}$

해설

$R_C = k\delta$에서 $R_C = 0$이 되려면 상재하중에 의한 C점 처짐이 0이라야 한다.

$\delta_C = {\delta_C}' - {\delta_C}'' = 0$에서 ${\delta_C}' = {\delta_C}''$

$$\dfrac{M_B\left(\dfrac{L}{2}\right)^2}{2EI} + \dfrac{M_B\left(\dfrac{L}{2}\right)}{EI}\left(\dfrac{L}{2}\right) = \dfrac{M_C L^2}{2EI}$$

$$\therefore \ \dfrac{M_B}{M_C} = \dfrac{4}{3}$$

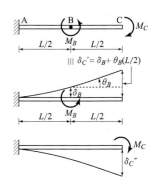

106 다음과 같은 보에서 B점을 제외하고 휨모멘트가 0이 되는 위치 x는?

① $\dfrac{2}{11}L$ ② $\dfrac{3}{11}L$

③ $\dfrac{4}{11}L$ ④ $\dfrac{5}{11}L$

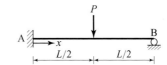

해설

공식암기 또는 변형일치법을 통해 B점의 반력만 구하면 간단하게 풀리는 문제이다.
휨모멘트가 0이 되는 위치 $M_x = M_A - V_A\,x = 0$에서

$$x = \frac{M_A}{V_A} = \frac{\dfrac{3PL}{16}}{\dfrac{11P}{16}} = \frac{3}{11}L$$

107 그림과 같이 무게가 W인 균일 단면의 보가 두 개의 Cable(A, B)에 매달려 있고 한 끝은 C점에 지지되어 있다. 이때 Cable A에 작용하는 힘은?
(단, 두 Cable의 단면적은 같다.)

① $\dfrac{W}{3}$ ② $\dfrac{W}{4}$

③ $\dfrac{W}{5}$ ④ $\dfrac{W}{6}$

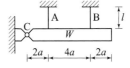

해설

(1) 힘의 평형조건

$\Sigma M_C = 0$에서 $T_A \times 2a + T_B \times 6a = W \times 4a$

$\therefore\ T_A + 3T_B = 2W$ ── ①

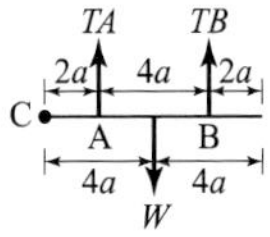

(2) 변형적합조건

$\delta_B = 3\delta_A$에서 $T_B = 3T_A$

이것을 ①식에 대입하면 $T_A + 3(3T_A) = 2W$

$\therefore\ T_A = \dfrac{W}{5},\ \ T_B = \dfrac{3}{5}W$

108 다음 구조물에서 지점 B의 재단모멘트 M_{BO} [kN·m]는? (단, 강성비 $k = \dfrac{EI}{L}$ 이다.)

① $-\dfrac{5}{9}$ 　　② $-\dfrac{10}{9}$

③ $-\dfrac{5}{4}$ 　　④ $-\dfrac{5}{2}$

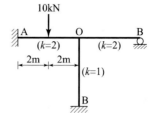

해설

모멘트 분배법을 적용하면

(1) 부재의 유효강비

$$k_{OA} : k_{OB} : k_{OC} = 2 : 1 : 2\left(\dfrac{3}{4}\right) = 4 : 2 : 3$$

(2) O점에서의 모멘트는 양단고정단으로 봤을 때 지점 반력 모멘트이므로 그 크기는

$$\mathrm{M} = M = \dfrac{PL}{8} = \dfrac{10(4)}{8} = 5\,\mathrm{kN \cdot m} \curvearrowleft$$

이 반력모멘트 방향을 반대로 하는 하중으로 OB지점의 유효강비에 따라 분배해준다.

$$분배모멘트 = 5 \times \dfrac{2}{9} = \dfrac{10}{9}\,\mathrm{kN \cdot m} \curvearrowright$$

B지점에서의 전달모멘트는 분배모멘트와 방향은 같고 크기는 절반이므로

$$전달모멘트 = \dfrac{5}{9}\,\mathrm{kN \cdot m} \curvearrowright \ 반시계(-)$$

109 다음과 같은 보 구조물에서 A점에 휨 모멘트 100kN·m가 작용할 때 수직변위가 위로 1cm(↑) 발생하였을 경우, 지점 B에서의 휨모멘트[kN·m]는? (단, 휨강성 EI는 일정하며 스프링 계수 k=200kN/m이다.)

① 80 　　② 90

③ 100 　　④ 110

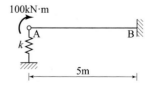

해설

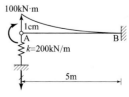

(1) A점의 반력

$$R = k\delta_A = 200(0.01) = 2\,\mathrm{kN}(\downarrow)$$

(2) B점의 휨모멘트

$$M_B = 100 - R(5) = 90\,\mathrm{kN}$$

110 그림과 같은 양단 고정보에서 C점의 휨모멘트 [kN·m]는?

① 4

② $\dfrac{16}{3}$

③ $\dfrac{20}{3}$

④ 8

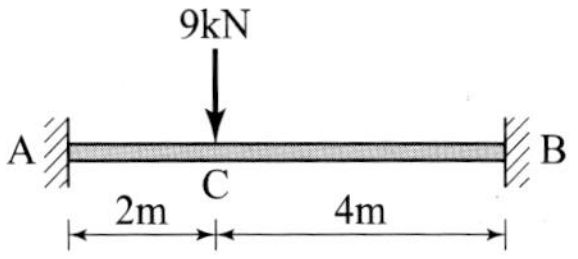

9kN

A ──── C ──────── B
  2m   4m

해설

(1) 고정단 모멘트(하중항)

$$M_A = \frac{Pab^2}{L^2} = \frac{9(2)\times(4)^2}{6^2} = 8\,\text{kN·m}$$

$$M_B = \frac{Pa^2b}{L^2} = \frac{9(2)^2\times(4)}{6^2} = 4\,\text{kN·m}$$

(2) C점의 휨모멘트

정정으로 모델링한 단순보에서 중첩의 방법을 적용하면

$$M_C = \frac{Pab}{L} - M_B\left(\frac{2}{6}\right) - M_A\left(\frac{4}{6}\right) = \frac{9(2)\times(4)}{6} - 4\left(\frac{1}{3}\right) - 8\left(\frac{2}{3}\right) = \frac{16}{3}\,\text{kN·m}$$

111 그림과 같이 스프링으로 지지된 단순보의 중앙점에서 휨모멘트의 크기는?

(단, 보의 휨강성 : EI, 스프링상수 : $\dfrac{48EI}{L^3}$)

① $\dfrac{1}{64}wL^2$

② $\dfrac{1}{32}wL^2$

③ $\dfrac{3}{64}wL^2$

④ $\dfrac{1}{16}wL^2$

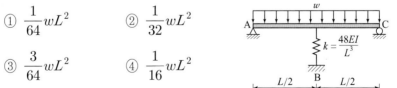

해설

중앙점에서의 반력을 구한 후 중첩법을 적용하여 휨모멘트를 구한다.

중앙점 처짐 = 반력 처짐 + 반력 스프링처짐

$$\frac{5wL^4}{384EI} = \frac{R_B L^3}{48EI} + \frac{R_B L^3}{48EI} \qquad R_B = \frac{5wL}{16}(\uparrow)$$

$$M_{중앙} = \frac{wL^2}{8} - \frac{\left(\dfrac{5wL}{16}\right)L}{4} = \frac{3wL^2}{64}(\curvearrowright)$$

112

다음 그림과 같이 20℃에서 길이(L)가 1m인 봉의 온도가 120℃로 상승하였다면 스프링에 발생하는 압축력[N]은? (단, 20℃에서 스프링의 압축력은 0이며, 스프링의 온도는 변화하지 않는 것으로 한다. (단, 봉의 열팽창계수 $\alpha = 10^{-6}/℃$, 단면적 $A = 10\text{mm}^2$, 탄성계수 $E = 100\text{GPa}$이며, 스프링계수 $K = 1\text{MN/m}$이다.)

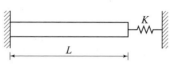

① 20
② 50
③ 100
④ 200

해설

적합방정식을 구성하면 그림(가)에서 온도상승에 의한 늘음량과 반력에 의한 줄음량의 합은 그림(나)에서 스프링의 줄음량과 같다.

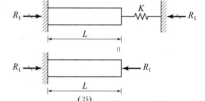

$$\alpha(\Delta T)L - \frac{R_t L}{EA} = \frac{R_t}{K}$$

$$10^{-6}(120 - 20) \times (10^3) - \frac{R_t(10^3)}{(100 \times 10^3) \times (10)} = \frac{R_t}{10^3}$$

$$\therefore R_t = 50\text{N} \ (압축)$$

113

그림과 같이 A점은 구속되어 있고 C점은 스프링으로 지지된 보가 있다. 이 보의 중간지점 B에 집중하중 P가 작용할 때, C점의 변위는? (단, 스프링 상수 $k = \dfrac{12EI}{L^3}$, 보의 휨강성 EI는 일정하다)

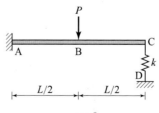

① $\dfrac{PL^3}{36EI}$

② $\dfrac{PL^3}{48EI}$

③ $\dfrac{5PL^3}{48EI}$

④ $\dfrac{PL^3}{60EI}$

해설

C지점을 자유단으로 본 집중하중 P에 의한 C점 처짐
= 반력에 의한 C점 처짐 + 반력에 의한 C점 스프링 처짐

$$\frac{P\left(\dfrac{L}{2}\right)^3}{3EI}\times\frac{5}{2}=\frac{RL^3}{3EI}+\frac{RL^3}{12EI}\qquad\therefore\ R=\frac{P}{4}(\uparrow)$$

최종적인 C점의 처짐은 반력 R에 의한 보의 처짐 or 반력 R에 의한 스프링 처짐

$$\delta_C=\frac{5PL^3}{48EI}-\frac{\left(\dfrac{P}{4}\right)L^3}{3EI}\ \text{ or }\ \frac{\left(\dfrac{P}{4}\right)L^3}{12EI}=\frac{PL^3}{48EI}$$

114 다음과 같이 강체 보가 지점 A와 B에서 스프링으로 지지되어 있다. 지점 A의 스프링 상수는 k_A=300kN/m이며, M=200kN·m, P=800kN, 등분포하중 w=40kN/m일 때, 강체 보가 수평을 유지하기 위한 지점 B의 스프링 상수 k_B[kN/m]는? (단, 스프링은 보에 하중이 작용하지 않을 때 수평이 되도록 제작되었다)

① 300

② 600

③ 2,000

④ 3,000

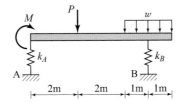

해설

지점반력을 구한 후 각 스프링 강성도 비율에 맞게 분배되면 보는 수평을 유지한다.

(1) 지점반력

$\sum M_B=0$에서 $200-800(3)+R_A(5)=0$

$\therefore\ R_A=440\ \text{kN}(\uparrow)$

$\sum V=0$에서 $R_A+R_B=800+40(2)=880\text{kN}$

$R_B=440\ \text{kN}(\uparrow)$

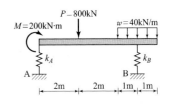

(2) 수평을 유지할 조건

수평을 유지하기 위해서는 두 스프링의 처짐량이 같아야 한다.

$P=k\delta$에서 $\delta=\dfrac{R_A}{k_A}=\dfrac{R_B}{k_B}$, $k_B=\dfrac{R_B}{R_A}k_A=300\text{kN/m}$

처짐량(δ)가 같으려면 스프링이 받는 힘이 같으므로 스프링상수도 같다.

115

그림과 같이 지점 B와 C가 강성이 다른 스프링으로 지지되어 있다. C점의 처짐은? (단, 부재 AC는 강체로 가정하고, 자중은 무시한다.)

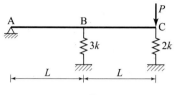

① $\dfrac{4P}{11k}$

② $\dfrac{2P}{3k}$

③ $\dfrac{7P}{6k}$

④ $\dfrac{3P}{2k}$

강성보이기 때문에 처짐은 직선으로 A점을 기준으로
직선 비례하여 발생하게 된다.
B와 C점의 강성도와 처짐에 따른 반력은 오른쪽과 같다.
A점을 기준으로 모멘트 힘의 평형조건을 적용하면

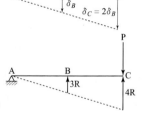

$$\sum M_A = 0 \ : \ 3R(L) + 4R(2L) = P(2L) \qquad \therefore \ R = \frac{2}{11}P$$

반력을 대입하여 C점의 처짐을 구한다.

$$\delta_C = \frac{\text{힘}}{\text{강성도}} = \frac{4\left(\dfrac{2}{11}P\right)}{2k} = \frac{4P}{11k}$$

116

다음과 같이 길이 L인 캔틸레버보의 자유단 B에 탄성지점을 설치하였더니 자유단 B의 처짐이 탄성지점이 없을 때에 비하여 $\dfrac{1}{2}$로 감소하였다. 탄성지점의 스프링 계수 k는? (단, 휨변형만 고려하며, 부재의 EI는 일정하다.)

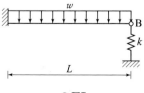

① $\dfrac{EI}{L^3}$

② $\dfrac{2EI}{L^3}$

③ $\dfrac{3EI}{L^3}$

④ $\dfrac{4EI}{L^3}$

해설

(1) 스프링 설치 전 B점의 처짐

$$\delta_B = \frac{\omega L^4}{8EI}$$

(2) 스프링 설치 후 B점의 처짐

스프링 설치 후 처짐이 $\frac{1}{2}$로 감소하므로 그림 (가)에서 B점의 처짐을 구하면

$$\delta_{B(\text{설치후})} = \frac{\omega L^4}{8EI} - \frac{RL^3}{3EI} = \frac{\omega L^4}{8EI} \times \frac{1}{2}$$

$$\therefore R = \frac{3\omega L}{16} \quad (\uparrow)$$

그림 (나)에서 $R = k\left(\frac{1}{2}\delta_B\right)$이므로

$$k = \frac{2R}{\delta_B} = \frac{2\left(\dfrac{3\omega L}{16}\right)}{\dfrac{\omega L^4}{8EI}} = \frac{3EI}{L^3}$$

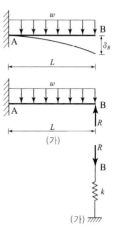

117

그림과 같이 B점에서 연직스프링으로 지지된 캔틸레버보에서 A점의 휨모멘트의 크기는 얼마인가? (단, 캔틸레버보의 휨강성 EI는 일정하고, 스프링상수 k는 $\dfrac{3EI}{l^3}$이다.)

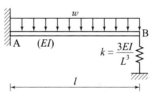

① $\dfrac{1}{16}wL^2$ 　　　　　② $\dfrac{1}{8}wL^2$

③ $\dfrac{13}{16}wL^2$ 　　　　　④ $\dfrac{5}{16}wL^2$

해설

B점의 반력을 구한 후 A점의 모멘트 반력을 구한다.

$$\frac{wL^4}{8EI} = \frac{RL^3}{3EI} + \frac{RL^3}{3EI} \qquad R = \frac{3wL}{16EI}$$

A점의 휨모멘트(M_A)는

$$M_A = R_C(L) - \frac{wL^2}{2} = \frac{3wL}{16}(L) - \frac{wL^2}{2} = -\frac{5wL^2}{16} \;(\circlearrowleft)$$

118

그림과 같이 자중이 포함된 등분포하중을 받고 있는 두 개의 탄성보 (a), (b)가 있다. 보 (a)에서 최대 정모멘트의 크기가 30kN·m이면 보 (b)에 발생하는 최대 정모멘트[kN·m]의 크기는? (단, 두 보의 단면과 재료적 성질은 동일하다.)

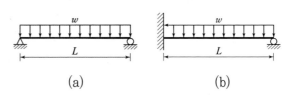

(a)   (b)

① $\dfrac{135}{8}$ ② $\dfrac{195}{8}$

③ $\dfrac{225}{8}$ ④ $\dfrac{245}{8}$

해설

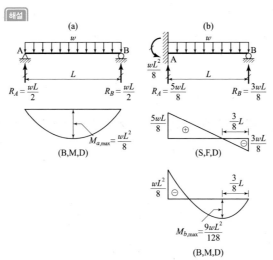

(1) 최대 정모멘트($M_{\max}$)

$$M_{a,\max} = \frac{wL^2}{8}$$

$M_{b,\max}$ = 지점 B에서 전단력이 0이 되는 점까지의 전단력도(S.F.D)면적

$$= \frac{1}{2}R_B\left(\frac{R_B}{w}\right) = \frac{1}{2}\left(\frac{3wL}{8}\right)\times\left(\frac{3L}{8}\right) = \frac{9wL^2}{128}$$

(2) 보 (b)에서 최대 정모멘트

$$\frac{M_{a,\max}}{M_{b,\max}} = \frac{\dfrac{wL^2}{8}}{\dfrac{9wL^2}{128}} = \frac{16}{9} \text{ 에서}$$

$$M_{b,\max} = \frac{9}{16}M_{a,\max} = \frac{9}{16}(30) = \frac{135}{8}$$

Civil
Engineering

08

트러스

> **트러스**
> 트러스 구조물의 종류와 특성을 살펴보고 각 구조물의 부재력 계산하는 법을 배운다.

① 개요

1. 정의

길이에 비해서 단면이 작은 직선부재 2개 이상을 양단에 마찰이 없는 힌지 또는 핀으로 연결한 구조물이다.

2. 트러스의 명칭

(1) 현재

트러스의 위, 아래에 있는 부재로 외부에 배치되는 부재이다.

① 상현재(U) : 상부에 배치된 수평재

② 하현재(L) : 하부에 배치된 수평재

(2) 복부재

상·하부의 현재를 연결하는 부재로 내부에 배치되는 부재이다.

① 사재(D) : 경사 배치된 부재

② 수직재(V) : 수직 배치된 부재

(3) 격점

현재와 복부재를 연결하는 점으로 절점이라고도 한다.

(4) 격간과 격간장

두 격점 사이를 격간이라 하고 격간 사이의 거리를 격간장 또는 격간 길이라 한다.

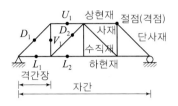

3. 트러스의 종류

(1) 평면에 따른 분류

① 평면트러스 : 각 부재가 평면 내에 있고, 외력이 모두 같은 평면 내에 있는 트러스

② 입체트러스 : 동일 평면 내에 있지 않은 트러스

(2) 지점에 따른 분류

① 캔틸레버형 트러스

 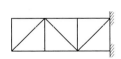

② 단순보형 트러스

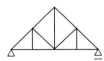 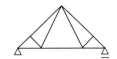

(3) 복부재의 배치 형태에 따른 분류

① 프래트트러스(pratt truss)

복부재의 사재가 중앙쪽 아래를 향해 배치되는 트러스로 강교에 널리 사용된다. 보통 사재가 인장, 수직재가 압축을 받는다.

압 : 압축재
인 : 인장재

② 하우트러스(howe truss)

프래트트러스와 사재의 방향을 반대로 배치한 트러스로 목조교에 널리 사용된다. 보통 사재가 압축, 수직재가 인장을 받는다.

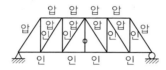

③ 와렌트러스(warren truss)

부재를 이등변 삼각형으로 구성한 트러스로 부재수가 가장 적게 소요되어 연속 교량에 사용한다. 그러나 현재의 길이가 길어서 부재 강성이 작은 단점이 있다.

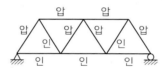

압 : 압축재
인 : 인장재

④ K-트러스(K-truss)

복부재의 길이 조절이 가능하나 미관상 좋지 않으므로 주트러스로는 잘 쓰이지 않고 가로 브레이싱으로 주로 쓰인다.

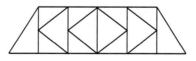

⑤ 킹-포스트트러스(king-post truss)

목조 지붕 설계에 사용한다.

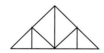

❷ 트러스의 해석

1. 트러스의 해석상 기본가정

(1) 부재는 마찰이 없는 활절(힌지, 핀)로 연결되어 있어 자유로이 회전이 가능하다.

(2) 부재는 직선재이다.

(3) 하중은 격점(절점)에만 집중하여 작용한다.

(4) 외력과 부재는 동일한 평면 내에 있다.

(5) 트러스에는 축력만 작용하고 전단력과 휨모멘트는 작용하지 않는다.

(6) 트러스의 변형과 자중은 무시한다. (=형상과 규격에 영향을 주지 않을 정도의 미소변형만이 발생한다.)

(7) 부재 응력은 그 부재 재료의 탄성한도 내에 있다.

2. 영부재

(1) 정의

아무런 힘도 받지 않는 부재를 영(0)부재라 하며 트러스를 해석하기 이전에 영부재를 미리 알 수 있다면 부재를 해석하기가 매우 편리해진다.

(2) 영부재 설치 이유

① 변형방지

② 처짐방지

③ 구조적 안정 도모

④ 작용하중 변경으로 인한 미리 부재의 설치

(3) 부재력이 0이 되는 경우

① 2개의 부재가 만나는 절점에 외력이 작용하지 않는 경우

$$\sum V = 0 \;\rightarrow\; \therefore \;\; V = 0$$
$$\sum H = 0 \;\rightarrow\; \therefore \;\; H = 0$$

② 하나의 부재축과 나란하게 외력이 작용할 때 그밖에 다른 부재들의 경우

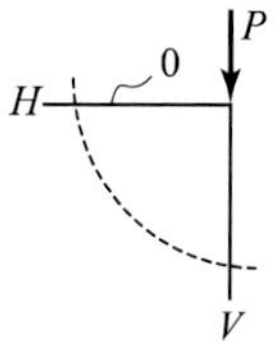

$$\sum V = 0 \rightarrow \therefore \quad V = P$$
$$\sum H = 0 \rightarrow \therefore \quad H = 0$$

③ 3개의 부재가 모이는 절점에 외력이 작용하지 않을 때 동일 직선상에 놓여있는 두 부재 이외의 부재들의 경우

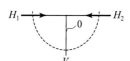

$$\sum V = 0 \rightarrow \therefore \quad V = 0$$
$$\sum H = 0 \rightarrow \therefore \quad H_1 = H_2$$

핵심 KEY

예제 1 그림과 같은 트러스에서 C점에 P가 작용할 때 응력이 생기지 않는 부재는 몇 개인가?

① 0개
② 1개
③ 2개
④ 3개

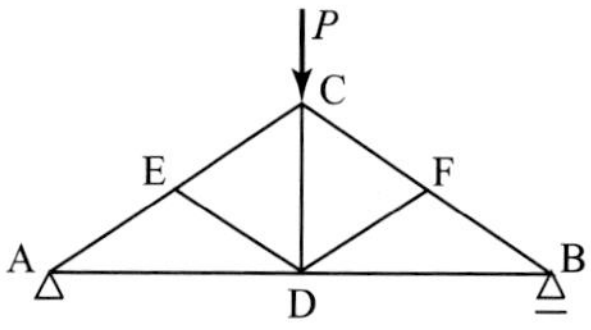

해설

부재를 부분별로 잘라내어 자유물체도 한 후 차례로 부재력을 구한다.

(1) 절점 E

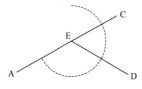

E-A 부재의 부재력과
E-C 부재력의 부재력은 같고
E-D 부재의 부재력은 0이다.

(2) 절점 F

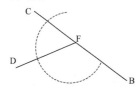

F-C 부재의 부재력과
F-B 부재력의 부재력은 같고
F-D 부재의 부재력은 0이다.

(3) 절점 D

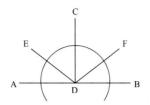

D-A 부재의 부재력과
D-B 부재력의 부재력은 같고
D-E 부재의 부재력과
D-F 부재의 부재력은 0이므로
D-C 부재의 부재력은 0이다.

(4) 절점 A, B

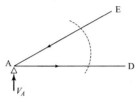

하중 P에 의하여 A점에 반력이 생긴다. A점에서 평형을 이루기 위해서는 그림의 화살표 방향으로 부재력이 각각 존재해야 한다. 따라서 지점 B에서도 부재력이 존재하게 된다.

따라서, 부재력이 0인 부재는 E-D 부재, F-D 부재, D-C 부재 3개이다.

정답 ④

3. 트러스의 해석방법

(1) 격점법(절점법)

① 개요

처음에 트러스의 지점에서 반력성분을 구하고 그 다음에 각 격점을 고립시킨 자유물체도를 기본으로 각 격점에서 힘의 평형방정식 중 수직, 수평방정식 $\sum V = 0$, $\sum H = 0$을 적용하여 부재력을 계산하는 방법이다. 격점법은 트러스의 모든 부재력을 구할 때 편리하며 편의상 트러스의 바깥쪽 격점으로부터 시작하여 중앙으로 진행하는 것이 기본이다.

② 해석순서

step1. 단순보와 같은 방법으로 힘의 평형조건을 이용하여 반력을 구한다.

step2. 미지의 부재력이 2개가 넘지 않으면서 지점과 가까운 격점을 찾아 물체를 자른 후 자유물체도화 한다.

step3. 미지의 부재력들을 격점으로부터 멀어지는 방향으로(인장) 가정한다.

step4. 미지의 부재력을 힘의 평형조건식 $\sum V = 0$, $\sum H = 0$을 적용하여 부재력을 구한다. 단 이때 부호가 (+)로 나오면 처음 가정과 같은 인장 부재이고 부재력이 (−)로 나오면 처음 가정과 반대인 압축 부재가 된다.

(2) 단면법(절단법)

① 개요

어떤 특정 부재의 부재력만을 계산한다든지 격점법으로 부재력을 구하는데 불편하고 시간이 오래 걸린다고 생각되는 경우에는 단면법을 이용한다. 우선 트러스의 지점 반력을 구한 후 구하고자 하는 부재력을 포함하는 부재를 적절하게 절단 자유물체도 한 후 트러스의 어느 한쪽만을 자유물체도로 고립시킨다. 이 고립된 자유물체도에 평형방정식 중 수직, 모멘트방정식 $\sum V = 0$, $\sum M = 0$을 적용시키면 원하는 부재력을 구하게 된다.

② 단면법의 종류

  a. 전단력법

  $\sum V = 0$의 평형 조건식을 이용하여 트러스의 사재와 수직재 부재력을 구하는 방법으로 계산 순서는 아래와 같다.

  step1. 필요한 경우에 반력을 구한다.

  step2. 구하고자 하는 사재 또는 수직재의 수직력만 들어갈 수 있도록 부재를 적절하게 절단한다.

  step3. 미지의 부재력을 인장으로 가정한다.

  step4. $\sum V = 0$의 조건식을 적용하여 구하고자 하는 사재 또는 수직재의 부재력을 구한다.

  b. 모멘트법

  $\sum M = 0$의 평형 조건식을 이용하여 트러스의 상현재와 하현재 부재력을 구하는 방법으로 계산 순서는 아래와 같다.

  step1. 필요한 경우에 반력을 구한다.

  step2. 구하고자 하는 상현재 또는 하현재의 수평력을 포함하도록 부재를 적절하게 절단한다.

  step3. 미지의 부재력을 인장으로 가정한다.

  step4. 구하고자 하는 상현재 또는 하현재를 제외한 미지의 부재력들의 연장선이 만나는 절점에서 $\sum M = 0$을 해주어 구하고자 하는 상현재 또는 하현재의 부재력을 구한다.

예 아래 트러스에서 모든 부재력을 격점법으로 구하고 $U_1 U_2$, $U_1 L_2$, $L_1 L_2$의 부재력을 단면법으로 구하여라.

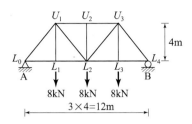

(1) 격점법으로 모든 부재력 구하기

· 우선 지점 반력을 구한다.

구조물과 하중 모두 좌우 대칭이므로 하중의 절반인 $\dfrac{8 \times 3}{2} = 12\text{kN}(\uparrow)$이 A, B 지점의 반력이 된다.

· 지점과 가까운 부분부터 부재를 자른 후 자유물체도화 하고 미지의 부재력을 인장으로 가정한다. 결과값이 (+)가 나오면 인장 부재, (−)가 나오면 압축 부재가 된다.

· 격점 L_0

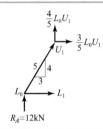

$\sum V = 0(+\uparrow) : 12 + \dfrac{4}{5} L_0 U_1 = 0$

$\therefore L_0 U_1 = (-)15\text{kN}(\text{압축})$

$\sum H = 0(+ \rightarrow) : L_0 L_1 + \dfrac{3}{5} L_0 U_1 = 0$

$\therefore L_0 L_1 = 9\text{kN}(\text{인장})$

· 격점 L_1

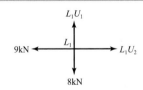

$\sum V = 0(+\uparrow) : -8 + L_1 U_1 = 0$

$\therefore L_1 U_1 = 8\text{kN}(\text{인장})$

$\sum H = 0(+ \rightarrow) : L_1 L_2 - 9 = 0$

$\therefore L_1 L_2 = 9\text{kN}(\text{인장})$

· 격점 U_1

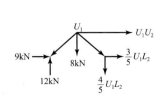

$\sum V = 0(+\uparrow) : 12 - 8 - \dfrac{4}{5} U_1 L_2 = 0$

$\therefore U_1 L_2 = 5\text{kN}(\text{인장})$

$\sum H = 0(+ \rightarrow) : 9 + \dfrac{3}{5} U_1 L_2 + U_1 U_2 = 0$

$\qquad\qquad 9 + \dfrac{3}{5}(5) + U_1 U_2 = 0$

$\therefore U_1 U_2 = (-)12\text{kN}(\text{압축})$

• 격점 U_2

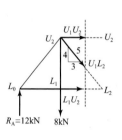

$\sum V = 0(+\uparrow) : U_2 L_2 = 0$

$\therefore U_2 L_2 = 0$부재

$\sum H = 0(+\rightarrow) : 12 + U_2 U_3 = 0$

$\therefore U_2 U_3 = (-)12\text{kN}(압축)$

(2) 단면법으로 $U_1 U_2$, $U_1 L_2$, $L_1 L_2$의 부재력 구하기

• 우선 지점 반력을 구한다.

• 구하고자 하는 부재를 포함하여 부재를 자른 후 한쪽 방향만을 정해 전부 그려준다.

• 경사재 $U_1 L_2$는 $\sum V = 0$을 사용하는 전단력법으로 해석하고 상현재와 하현재 $U_1 U_2$, $L_1 L_2$는 $\sum M = 0$을 사용하는 모멘트법으로 부재력을 구한다. 단, 모멘트법 사용 시 구하고자하는 현재를 제외한 나머지 2개의 미지수가 한 점에서 만나는 격점을 모멘트의 중심으로 잡고 계산한다.

$\sum V = 0(+\uparrow) : 12 - 8 - \dfrac{4}{5} U_1 L_2 = 0$

$\therefore U_1 L_2 = 5\text{kN}(인장)$

$\sum M_{L_2} = 0(+\curvearrowleft) = 12(6) - 8(3) + U_1 U_2(4) = 0$

$\therefore U_1 U_2 = (-)12\text{kN}(압축)$

$\sum M_{U_1} = 0(+\curvearrowleft) = 12(3) - L_1 L_2(4) = 0$

$\therefore L_1 L_2 = 9\text{kN}(인장)$

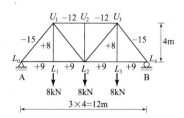

예제2 아래 트러스에서 하현재인 ⓣ 부재의 부재력 크기[kN]와 작용하는 힘의 종류로 옳은 것은?

① 1, 압축
② 1, 인장
③ 2, 압축
④ 2, 인장

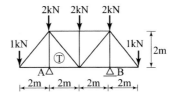

해설

하현재를 구하기 위해서는 단면법의 모멘트법을 활용한다. 오른쪽 과 같이 잘라준 후 왼쪽부분에 대하여 모멘트 평형조건을 취한다. A점의 반력은 좌우대칭 구조물이므로 총하중의 절반인 4kN이 된다. 미지의 부재력 a, b가 만나는 격점 D격점을 기준으로 $\sum M_D = 0$ 을 취한다.

$\sum M_D = 0 (+\curvearrowleft) : (-1)(2) + (-2)(T) = 0$

$\therefore T = (-)1kN$, 압축

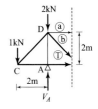

정답 ①

4. 트러스의 부재력 출제 유형

(1) 유형 1

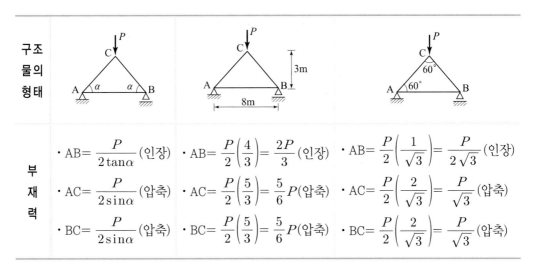

구조물의 형태			
부재력	• AB = $\dfrac{P}{2\tan\alpha}$ (인장) • AC = $\dfrac{P}{2\sin\alpha}$ (압축) • BC = $\dfrac{P}{2\sin\alpha}$ (압축)	• AB = $\dfrac{P}{2}\left(\dfrac{4}{3}\right) = \dfrac{2P}{3}$ (인장) • AC = $\dfrac{P}{2}\left(\dfrac{5}{3}\right) = \dfrac{5}{6}P$ (압축) • BC = $\dfrac{P}{2}\left(\dfrac{5}{3}\right) = \dfrac{5}{6}P$ (압축)	• AB = $\dfrac{P}{2}\left(\dfrac{1}{\sqrt{3}}\right) = \dfrac{P}{2\sqrt{3}}$ (인장) • AC = $\dfrac{P}{2}\left(\dfrac{2}{\sqrt{3}}\right) = \dfrac{P}{\sqrt{3}}$ (압축) • BC = $\dfrac{P}{2}\left(\dfrac{2}{\sqrt{3}}\right) = \dfrac{P}{\sqrt{3}}$ (압축)

(2) 유형 2

구조물의 형태			
부재력	· AB$=\dfrac{P}{2}$(인장) · AC$=\dfrac{P}{2\cos\alpha}$(인장) · BC$=\dfrac{P}{2\cos\alpha}$(압축)	· AB$=\dfrac{P}{2}$(인장) · AC$=\dfrac{P}{2}\left(\dfrac{5}{4}\right)=\dfrac{5}{8}P$(인장) · BC$=\dfrac{P}{2}\left(\dfrac{5}{4}\right)=\dfrac{5}{8}P$(압축)	· AB$=\dfrac{P}{2}$(인장) · AC$=\dfrac{P}{2}(2)=\dfrac{P}{\sqrt{3}}$(인장) · BC$=\dfrac{P}{2}(2)=\dfrac{P}{\sqrt{3}}$(압축)	

5. 기타 트러스의 해석

(1) 캔틸레버형 트러스

단면법을 이용하여 부재력을 구한다. 보통 지점 쪽 방향이 아닌 지점 반대 방향을 선택하여 부재력을 구한다.

핵심 KEY

예제3 다음에서 T부재의 부재력 크기[kN]는?

① 12　　　　② 14

③ 16　　　　④ 18

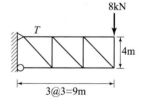

해설

T부재를 포함하여 수직으로 부재를 자른 후 단면법을 쓴다.
이때, 계산의 편의를 위해 지점 쪽 부분이 아닌 자른 단면의
오른쪽을 보고 계산한다.
T점을 제외한 미지의 부재력 2개가 만나는 지점 오른쪽으로
3m 떨어진 밑부분 즉, A점을 기준으로 모멘트법을 적용한다.

$\sum M_A=0, (+\curvearrowleft) : -T(4)+8(6)=0$　　$\therefore$ 12kN(인장)

정답 ①

(2) K트러스 형태

상, 하현재 계산 시에는 사재를 포함하지 않도록 하여 부재를 절단해야 한다.

핵심 KEY

예제4 다음 그림과 같은 트러스의 절점 C에 작용하는 수평력 P로 인하여 부재 DF에 생기는 부재력의 크기[kN]와 종류로 옳은 것은?

① $\dfrac{2Ph}{a}$, 압축

② $\dfrac{2Ph}{a}$, 인장

③ $\dfrac{2Pa}{h}$, 압축

④ $\dfrac{2Pa}{h}$, 인장

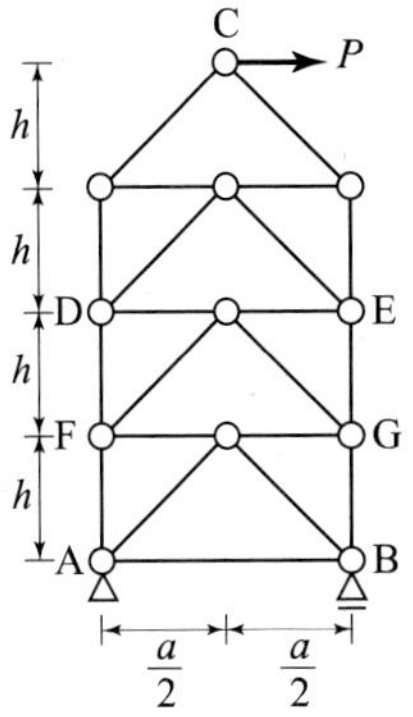

해설

아래와 같이 사재가 포함되지 않도록 부재를 자르고 DF부재를 구하기 위해 E점에 모멘트를 취한다.

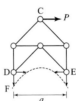

$$\sum M_E = 0, \ (+\curvearrowleft) : \ P(2h) - \mathrm{DF}(a) = 0$$

$$\therefore \ \mathrm{DF} = \frac{2Ph}{a} \ (\text{인장})$$

정답 ②

01 평면 트러스 해법에 있어서 가정을 정하는데 그 가정 중 옳은 것은?

① 모든 외력은 절점에만 작용한다.

② 각 부재는 회전하지 못하도록 강결되어 있다.

③ 각 부재는 직선이 아닐 수도 있다.

④ 모든 외력의 작용선은 트러스를 품는 평면 내에 있지 않다.

해설

② 절점은 힌지

③ 부재는 직선재

④ 평면상 해석

02 그림과 같이 AC 부재에 평행하게 하중 10kN이 작용하고 있다. 트러스의 각 부재에 생기는 부재력 중 옳은 것은?

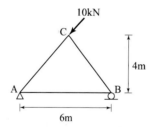

① AC=10kN(인장), AB=0, BC=0

② AC=10kN(압축), AB=5kN(인장), BC=0

③ AC=10kN(압축), AB=0, BC=0

④ AC=20kN(압축), AB=10 kN(인장), BC=0

해설

하중 10kN이 부재 AC와 일직선을 이루고 있기 때문에 AC 부재에만 압축력 10kN이 작용하고 나머지 부재에는 부재력이 생기지 않는다.

03 그림과 같은 트러스에서 부재력이 0인 부재는 몇 개인가?

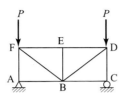

① 4개   ② 5개

③ 6개   ④ 7개

하중이 지점상의 부재에만 작용하므로 AF와 CD부재에만 압축력이 생긴다.

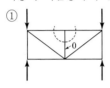 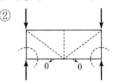

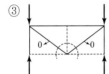 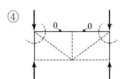

04 다음 트러스에서 부재력이 0인 부재는?

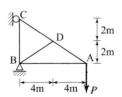

① AB   ② BC

③ CD   ④ DB

해설

CD, DA 부재가 평행 상태로 짝을 이루므로 BD부재는 0부재가 된다.

05 다음 부재의 종류와 단면력과의 관계 중 옳지 <u>않은</u> 것은?

① 보에는 휨모멘트와 전단력이 작용한다.

② 트러스의 부재에는 축방향력과 전단력이 작용한다.

③ 편심하중을 받는 기둥에는 축방향력과 휨모멘트가 작용한다.

④ 라멘의 부재에는 휨모멘트, 전단력, 축방향력이 작용한다.

해설

② truss 해법상의 기본가정에서 각 부재는 축방향력만 존재하고 전단력이나 휨모멘트는 생기지 않는다.

06 그림과 같은 트러스에서 CD부재의 부재력 S를 구한 값은?

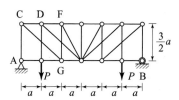

① 압축 $\dfrac{2}{3}P$ ② 압축 $\dfrac{4}{3}P$

③ 인장 $\dfrac{4}{3}P$ ④ 인장 $\dfrac{2}{3}P$

해설

대칭구조이므로 $V_A = P$

CD점을 중앙으로 하여 수직으로 부재를 자른 후 G점에 대하여 모멘트법을 이용한다.

$\sum M_G = 0$

$P \times 2a - CD \times \dfrac{3}{2}a = 0$

$\therefore \ CD = \dfrac{4}{3}P \,(압축)$

07 다음 그림과 같은 하중을 받는 트러스에서 A 지점은 힌지(hinge), B 지점은 롤러(roller)로 되어 있을 때 A점 반력의 합력 크기[kN]는?

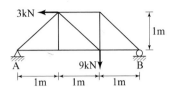

① 3 　　　　　　　　　　② 4

③ 5 　　　　　　　　　　④ 6

해설

$\sum M_B = 0$ 에서 $V_A \times 3\text{m} - 3\text{kN} \times 1\text{m} - 9\text{kN} \times 1\text{m} = 0$

$\therefore V_A = 4\text{kN} \updownarrow$

$\sum H = 0$ 에서 $H_A = 3\text{kN} \nrightarrow$

$\therefore R_A = \sqrt{4^2 + 3^2} = 5\text{kN}$

08 그림과 같은 트러스에 수직하중 3kN이 작용했을 때 하현재 L_2의 부재력[kN]은 얼마인가?

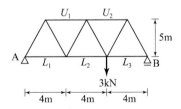

① 1 　　　　　　　　　　② 1.2

③ 1.5 　　　　　　　　　④ 2.0

해설

$V_A = 1\text{kN}, \quad V_B = 2\text{kN}$

상현재 중앙에 모멘트를 취하여 좌측을 고려하면 $\sum M = 0$

$1\text{kN} \times 6\text{m} - L_2 \times 5\text{m} = 0$

$\therefore L_2 = 1.2\text{kN}$

09 그림과 같은 트러스에서 수직부재인 S부재의 부재력은?

① $R_A - P_2$

② $P_2 = R_A$

③ $P_1 + P_2 + P_1 - R_4$

④ P_2

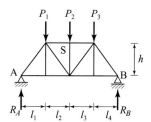

해설

P_2가 작용하는 절점을 중심으로 단면법을 적용하면 $\sum V = 0$에서 $-P_2 + S = 0$

$\therefore S = P_2$(압축)

10 트러스 해석시 가정을 설명한 것 중 **틀린** 것은?

① 부재들은 양단에서 마찰이 없는 핀으로 연결되어 진다.

② 하중과 반력은 모두 트러스의 격점에만 작용한다.

③ 부재의 도심축은 직선이며 연결핀의 중심을 지난다.

④ 하중으로 인한 트러스의 변형을 고려하여 부재력을 산출한다.

해설

④ 트러스 해석시 하중으로 인한 트러스의 변형을 고려치 않고 부재가 직선재이며 하중과 부재들 동일 평면상에 가정하여 부재력을 구한다.

11 그림과 같은 형태의 트러스를 무슨 트러스라 부르는가?

① 프래트 트러스

② 하우 트러스

③ 와렌 트러스

④ K 트러스

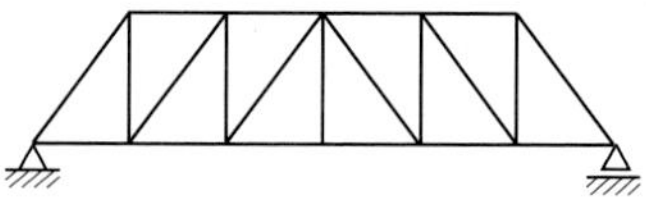

해설

사재의 경사방향이 상향(人형)일 때의 트러스를 하우트러스라 한다

(하향인 경우는 프래트트러스)

12 그림과 같은 트러스에서 중앙점에 집중하중이 작용할 때, A와 B의 경사 부재는 각각 어떤 종류의 내력이 생기는가?

① A와 B가 모두 인장력

② A와 B가 모두 압축력

③ A는 인장력, B는 압축력

④ A와 B가 모두 휨모멘트와 전단력

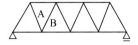

해설

전단력부호를 생각하면 부재 중앙을 기점으로 왼쪽은 ↑+↓, 오른쪽은 ↓−↑가 된다. 왼쪽에 포함된 A, B부재에 ↑+↓ 적용하면 A부재는 늘어나는 인장, B부재는 줄어드는 압축을 받는다.

13 다음 하우 트러스에서 부재 V_2의 부재력을 계산한 값[kN]은? (단, 부재들은 힌지로 연결되어 있다.)

① 1, 인장

② 1, 압축

③ 2, 인장

④ 2, 압축

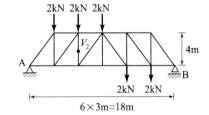

해설

하중이 대칭이므로 $V_A = 5\text{kN}$

V_2 부재가 지나도록 비스듬히 잘라

좌측을 고려하면 $\sum V = 0$에서

$5 - 2 - 2 - V_2 = 0$

$\therefore V_2 = 1\text{kN}$(단면방향=인장)

14 다음 트러스의 U부재에 일어나는 압축 내력[kN]은?

① 3

② 4

③ 5

④ 6

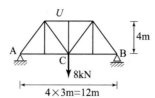

> **해설**
>
> $V_A = V_B = 4\text{kN}(\uparrow)$
>
> $\sum M_c = 0$ 에서 $V_A \times 6\text{m} - U \times 4 = 0$
>
> $\therefore\ U = \dfrac{4 \times 6}{4} = 6\text{kN}(절점방향=압축)$

15 그림과 같은 트러스에서 부재력이 0인 것은?

① D_3

② D_2

③ D_1

④ L

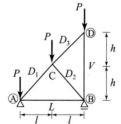

> **해설**
>
> ⓓ절점에 두 부재가 있고 그중 한 부재는(V) P와 같고 D_3부재는 0이다. (D_2 부재는 C점에 하중이 없을 때 0이 된다.)

16 그림과 같은 트러스에서 응력이 0이 되는 것은?

① A

② B

③ C

④ D

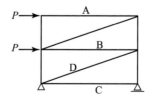

> **해설**
>
> 우측지점에서 수직반력만 생기므로 C부재는 0이다.

17 그림과 같은 트러스에서 U_1 부재의 부재력[kN]은? (단, + 인장, − 압축이다.)

① 5.25

② 7.5

③ 8.75

④ 10

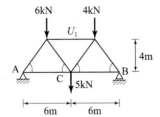

> **해설**
>
> $\sum M_B = 0$ 에서 $V_A \times 12\text{m} - 6\text{kN} \times 9\text{m} - 5\text{kN} \times 6\text{m} - 4\text{kN} \times 3\text{m} = 0$ ∴ $V_A = 8\text{kN}$
>
> $\sum M_c = 0$ 에서 $8\text{kN} \times 6\text{m} - 6\text{kN} \times 3\text{m} - U_1 \times 4\text{m} = 0$ ∴ $U = 7.5\text{kN}$(압축)

18 다음 트러스에서 상현재 U의 부재력[kN]은?

① 12(압축)

② 8(압축)

③ 8(인장)

④ 12(인장)

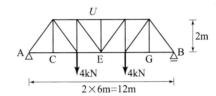

> **해설**
>
> 대칭이므로 $V_A = 4\text{kN}$
>
> $\sum M_E = 0$에서 $4\text{kN} \times 6\text{m} - 4\text{kN} \times 2\text{m} + U \times 2\text{m} = 0$ ∴ $U = 8\text{kN}$(압축)

19 그림과 같이 트러스에 하중이 작용할 때 BD의 부재력[kN]을 구한 값은?

① 60(압축)

② 70(압축)

③ 80(압축)

④ 90(압축)

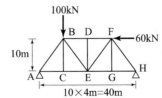

> **해설**
>
> $\sum M_H = 0$ 에서 $V_A \times 40\text{m} - 100 \times 30\text{m} - 60 \times 10\text{m} = 0$ ∴ $V_A = 90\text{kN}$
>
> $\sum M_E = 0$ 에서 $90 \times 20\text{m} - 100 \times 10\text{m} - BD \times 10\text{m} = 0$ ∴ $BD = 80\text{kN}$(압축)

20 그림과 같은 캔틸레버 트러스에서 DE 부재의 부재력[kN]은?

① 4

② 5

③ 6

④ 8

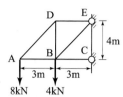

해설

DE부재를 잘라서 좌측을 고려하여 B점에 모멘트를 취하면 $\sum M_B = 0$ 에서

$-8\text{kN} \times 3\text{m} + DE \times 4\text{m} = 0$

$\therefore \ DE = 6\text{kN}$(인장, 캔틸레버는 상부가 인장)

21 다정삼각형 트러스에서 B점에 수평하중 P가 작용할 경우 AC부재의 부재력 값은? (단, + 인장, - 압축이다)

① $+\dfrac{P}{2}$

② $-\dfrac{P}{2}$

③ $+P$

④ $-P$

해설

직각삼각형을 가정해 보면

$h = \sqrt{l^2 - \left(\dfrac{l}{2}\right)^2} = \sqrt{\dfrac{3}{4}l^2} = \dfrac{\sqrt{3}}{2}l$ 이 된다.

반력을 구하기 위해 C점에 모멘트를 취하면

$\sum M_c = 0$ 에서 $\ V_A \times l + P \times \dfrac{\sqrt{3}}{2}l = 0$

$\therefore \ V_A = -\dfrac{\sqrt{3}}{2}P(\downarrow)$

$\sum H = 0$ 에서 $\ H_A = P(\leftarrow)$

AC의 부재력을 구하기 위해 B점에 모멘트를 취하면 $\sum M_B = 0$ 에서

$-\dfrac{\sqrt{3}}{2}P \times \dfrac{l}{2} + P \times \dfrac{\sqrt{3}}{2}l - AC \times \dfrac{\sqrt{3}}{2}l = 0$

$\therefore \ AC = \dfrac{P}{2}$(단면방향=인장)

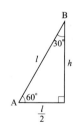

22 다음 트러스의 C점에 하중 $P=6$kN이 작용한다면 부재 a-b가 받는 힘[kN]은? (단, 인장력의 부호는 +, 압축력의 부호는 -로 한다.)

① -6

② -8

③ 6

④ 8

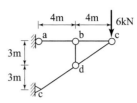

해설

ab를 잘라서 우측을 고려하여 d점에 모멘트를 취하면

$\sum M_d = 0$ 에서 $6\text{kN} \times 4\text{m} - ab \times 3\text{m} = 0$ $\therefore ab = 8\text{kN}$(인장)

    (참고로, 절점 b에서 ab와 bc의 부재력은 같고, bd 부재력은 0이다. 또한 절점 d에서 cd와 de의 부재력은 같고, ad 부재력은 0이다.)

23 다음 트러스에서 D부재의 부재력은?

① $F_D = \dfrac{25}{24} P$ (인장)

② $F_D = \dfrac{25}{24} P$ (압축)

③ $F_D = \dfrac{25}{18} P$ (인장)

④ $F_D = \dfrac{25}{18} P$ (압축)

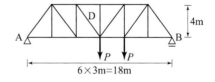

해설

$\sum M_B = 0$ 에서 $V_A \times 18\text{m} - P \times 9\text{m} - P \times 6\text{m} = 0$

$\therefore V_A = \dfrac{15}{18} P = \dfrac{5}{6} P$

$\sum V = 0$ 에서 $\dfrac{5}{6} P - D \times \dfrac{4}{5} = 0$

$\therefore D = \dfrac{5}{6} P \times \dfrac{5}{4} = \dfrac{25}{24} P$ (인장)

24 트러스 구조물의 절점 D에 수평하중 120kN, 절점 B에 연직하중 60kN가 작용한다. 부재 AB의 단면력[kN]은?

① 30　　　　② 60

③ 90　　　　④ 120

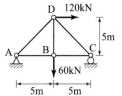

해설

$\sum H = 0$: $H_A = -120\text{kN}(\leftarrow)$　　$\sum M_c = 0$

$V_A \times 10\text{m} + 120 \times 5\text{m} - 60 \times 5\text{m} = 0$　$\therefore V_A = -30\text{kN}(\downarrow)$

부재 AB를 지나도록 잘라서 좌측을 고려하면　$\sum M_{DL} = 0$

$120 \times 5 - 30 \times 5\text{m} - AB \times 5\text{m} = 0$　$\therefore AB = +90\text{kN}(인장)$

25 다음 트러스에서 L부재의 부재력은?

① $\dfrac{Pl}{h}$　　　　② $\dfrac{2Pl}{h}$

③ $\dfrac{4Pl}{h}$　　　　④ $\dfrac{6Pl}{h}$

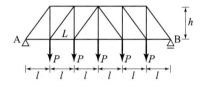

해설

대칭이므로 $V_A = 2.5P$ 상부 두 번째 절점에 모멘트를 취하면

$\sum M = 0$ 에서 $2.5P \times 2l - P \times l - L \times h = 0$　$\therefore L = \dfrac{4Pl}{h}$

26 그림과 같은 트러스에서 DE 부재의 부재력 값은?

① $\dfrac{Pl}{2h}$　　　　② $\dfrac{Ph}{2h}$

③ $\dfrac{Pl}{4h}$　　　　④ $\dfrac{Ph}{4l}$

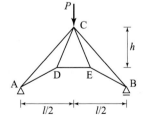

해설

$V_A = \dfrac{P}{2}$ 이므로 c점에 모멘트를 취하면 $\sum M_c = 0$ 에서 $\dfrac{P}{2} \times \dfrac{l}{2} - DE \times h = 0$

$\therefore DE = \dfrac{Pl}{4h}$

27 그림과 같은 트러스의 U_m와 D_m 부재력[kN]을 구한 값은?

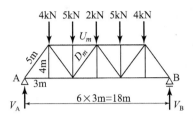

① $U_m = -14.5$(압축), $D_m = -11.5$(압축)

② $U_m = +12$(압축), $D_m = +1.25$(압축)

③ $U_m = -13.25$(압축), $D_m = -1.25$(압축)

④ $U_m = -15$(압축), $D_m = +1.5$(압축)

해설

대칭이므로 $V_A = 10\text{kN}$

A점에서 6m 절점에 모멘트를 취하면 $10\text{kN} \times 6\text{m} - 4\text{kN} \times 3\text{m} - U \times 4\text{m} = 0$

$\therefore \; U = 12\text{kN}$(압축)

$\sum V = 0$ 에서 $10\text{kN} - 4\text{kN} - 5\text{kN} - D \times \dfrac{4}{5} = 0$ $\therefore \; D = 1.25\text{kN}$(압축)

28 트러스에 대한 설명 중 옳지 <u>않은</u> 것은?

① 트러스의 각 절점은 핀 절점으로 생각한다.

② 트러스에 있어서 내측의 부재를 현재라 부른다.

③ 현재에는 상현재와 하현재가 있다.

④ 상·하 양현재가 평행하고 있는 트러스를 평행현(弦)트러스라 한다.

해설

트러스의 내측부재는 복부재(사재, 수직재)로 구성
되고 외측부재는 현재(상·하현재)로 구성되어 있다.

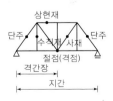

29 그림과 같은 트러스의 사재D의 부재력[kN]은?

① 5 (인장)

② −5 (압축)

③ 3.75 (인장)

④ −3.75 (압축)

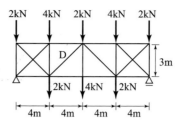

[해설]

좌우대칭하중이므로 $V_A = 11\text{kN}$

$\sum V = 0$ 에서

$11\text{kN} - 2\text{kN} - 4\text{kN} - 2\text{kN} + D \times \dfrac{3\text{m}}{5\text{m}} = 0$

$\therefore \; D = -5\text{kN}(\text{압축})$

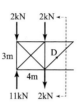

30 그림과 같은 트러스에서 L의 부재력[kN]은?

① 4.5

② 6.0

③ 8.6

④ 9.0

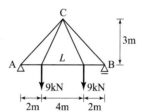

[해설]

(1) 지점반력 : $R_A = R_B = 9\text{kN}$(대칭하중)

(2) 부재력 : $\sum M_c = 0$에서 $9(4) - 9(2) - L(3) = 0$

   $\therefore \; L = 6\text{kN}(\text{인장})$

※ 영향선법에 의한 부재력 계산

$L = \dfrac{M_C}{h} = \dfrac{Pa}{h} = \dfrac{2(9)}{3} = 6\text{kN}(\text{인장})$

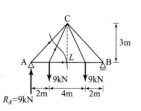

31

다음과 같은 트러스에서 부재력이 0인 부재의 수는?

① 0
② 1개
③ 2개
④ 3개

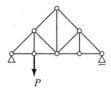

해설

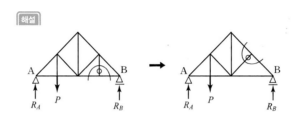

32

그림과 같은 트러스 구조물에서 압축력을 받는 부재는?

① AC, CD, BD
② CE, ED, CD
③ AC, CE, ED, DB
④ AC, CD, BD, CE, ED

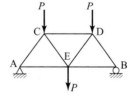

해설

(1) 하향 하중이 작용하므로
    상현재 CD : 압축, 하현재 AE, BE : 인장
(2) ①-①에서
    $\sum V = 0$을 적용하면 A지점 반력이 상향이므로 사재 AC는 압축
(3) ②-②에서
    $\sum V = 0$을 적용하면 A지점 반력이 상향이므로 사재 CE는 인장
(4) 좌·우 대칭조건에서
    DE는 인장 BD는 압축이 된다.

33 그림과 같은 트러스에서 부재력이 0인 부재의 개수는?

① 1개

② 2개

③ 3개

④ 4개

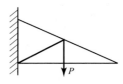

 해설

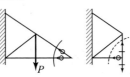

∴ 영부재 수=3개

34 그림과 같은 트러스에서 부재력이 0(zero)인 부재의 수는?

① 3개

② 4개

③ 5개

④ 6개

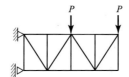

 해설

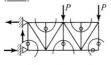

∴ 영부재 수=6개

35 그림과 같은 트러스에서 영부재의 개수는? (단, 트러스의 자체 무게는 무시한다.)

① 6개

② 7개

③ 8개

④ 9개

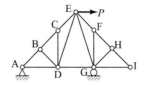

해설

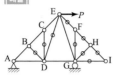

영부재 개수=9개

36 그림과 같은 트러스의 부재력을 산정하였을 때, 가장 큰 부재력을 갖는 부재와 그 값[kN]은? (단, 트러스 모든 부재의 자중은 무시한다.)

① AB부재, 24(압축)

② AD부재, 22(인장)

③ CE부재, 16(압축)

④ BD부재, 20(인장)

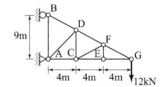

해설

삼각형 내부의 부재는 모두 0부재이므로 시력도 폐합의 조건을 적용하면

$AD=CD=CF=EF=0$ $AB=-12\text{kN}$

$AC=CE=EG=-12\left(\dfrac{4}{3}\right)=-16\text{kN}$

$BD=DF=FG=12\left(\dfrac{5}{3}\right)=20\text{kN}$

$\therefore\ F_{\max}=20\text{kN}(\text{인장})$

37 다음 트러스의 부재력 해석에 관한 기술 내용 중 옳지 <u>않은</u> 것은?

① 부재들은 양단에서 마찰이 없는 핀으로 연결되어 있다고 가정한다.

② 트러스의 해법으로는 격점법과 면적법이 있다.

③ 하중으로 인한 트러스의 변형은 무시한다.

④ 하중과 반력은 모두 트러스의 격점에만 작용한다.

해설

② 트러스의 해석법은 격점법과 단면법(전단력법, 휨모멘트법)이 있다. 면적법은 없다.

38 그림과 같이 하중이 작용하는 트러스교가 있다. 부재 FG의 부재력[kN]은?
(단, 자중은 무시한다.)

① 18.75(압축)

② 18.75(인장)

③ 31.25(압축)

④ 31.25(인장)

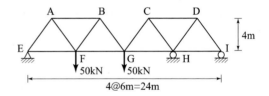

해설

게르버보와 같이 트러스를 두 개의 구조로 분해하고 G점의 반력을 다시 하중으로 작용시켜 부재력을 구한다. 이때 중앙의 50kN은 하부에 작용하고 있다.
절단한 단면 왼쪽에 대해

$\sum M_B = 0$을 적용하면

$25(9) - 50(3) - FG(4) = 0$

$\therefore FG = \dfrac{75}{4} = 18.75 \text{kN(인장)}$

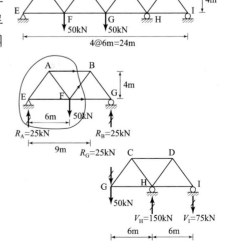

39 그림과 같은 트러스에서 부재 AB가 받는 힘[kN]은?

① 2

② 4

③ 6

④ 8

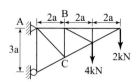

해설

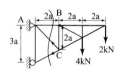

$\sum M_C = 0$ 에서　　$2(4a) + 4(2a) - AB(2a) = 0$

$\therefore$ AB $= 8$ kN(인장)

40 다음 그림과 같은 트러스에서 부재 $U_1 U_2$ 의 부재력은?

① $-P$

② $-2P$

③ $-3P$

④ $-4P$

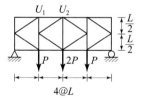

해설

(1) 지점반력

　　$R_A = R_B = 2P$ (대칭하중)

(2) 부재력

　　$\sum M_C = 0$ 에서　$2P(L) + U_1 U_2 (L) = 0$

　　$\therefore U_1 U_2 = -2P$ (압축)

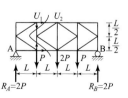

Civil
Engineering

9 라멘, 아치, 기타 구조물

09

라멘, 아치, 기타 구조물

라멘, 아치, 기타 구조물
라멘, 아치, 그밖의 구조물의 종류와 특징을 살펴보고 각 구조물의 해석법을
배운다.

① 라멘

1. 정의

일차원 직선 부재들이 강절점으로 연결된 뼈대구조물을 말하며 프레임 또는 강절뼈대
라고도 한다.

2. 특징

(1) 라멘은 축방향력, 전단력, 휨모멘트가 모두 생기며, 주로 휨모멘트가 지배하는 구
조물이다.
(2) 외력에 의해 구조물의 모양은 변해도 강절점에서 부재 교각의 크기($90°$)는 항상
일정하다.
(3) 평면 계획상 자유스러운 배치가 가능하다.
(4) 라멘의 부재들 중 어느 단면으로 절단하더라도 3가지 단면력 즉, 휨모멘트, 전단
력, 그리고 축방향력이 존재할 수 있다.
(5) 자른 단면에 대해서 오른쪽 또는 왼쪽, 어느 쪽을 기준으로 잡아도 힘의 평형조건
을 만족한다.

3. 정정라멘의 종류

평형조건($\sum H = 0$, $\sum V = 0$, $\sum M = 0$)에 의해 반력과 단면력을 모두 구할 수 있는
라멘을 정정라멘이라 한다.

단순보식 라멘		캔틸레버식 라멘
3힌지(활절) 라멘	3 이동지점식 라멘	합성라멘

4. 정정라멘의 해석방법

(1) 반력

힘의 평형조건식($\sum H = 0$, $\sum V = 0$, $\sum M = 0$)을 이용한다.

(2) 단면력

라멘 안쪽에서 바깥쪽을 향해서 보고 보와 같은 방법으로 축력, 전단력, 휨모멘트를 구한다.
보는 방향에 따라 축력이 전단력으로 전단력이 축력의 형태로 변환되니 주의해야 하며 특히
모멘트의 경우 부재를 수평과 수직 부재들로 나누어서 따로 따로 계산하더라도 라멘은 강절
점으로 연결되어 있으므로 하나의 부재로 보아야 한다. 즉, 휨모멘트 해석 시 부재를 일직선
으로 뻗은 것과 같이 휨모멘트가 연속해서 전달되어야 한다. (단, 부재에 모멘트하중이 없을
경우)

(3) 단면력도의 부호

보의 단면력 부호와 같다.

① 축력 : ← + → (인장), → − ← (압축)

② 전단력 : ↑+↓, ↓−↑

③ 휨모멘트 : ⌣+⌣, ⌢−⌢

(4) 해석순서

step1. 지점 반력을 구한다.

step2. 강절점을 기준으로 부재를 수직재, 수평재로 나눈다.

step3. 라멘 중심에서 바깥쪽을 향해 보와 같은 방법으로 왼쪽 수직재부터 순서대로 부재력을 해석해 나간다.

5. 라멘 종류와 작용 하중에 따른 라멘의 해석

(1) 단순보식 라멘

① 모멘트 하중이 작용하는 경우

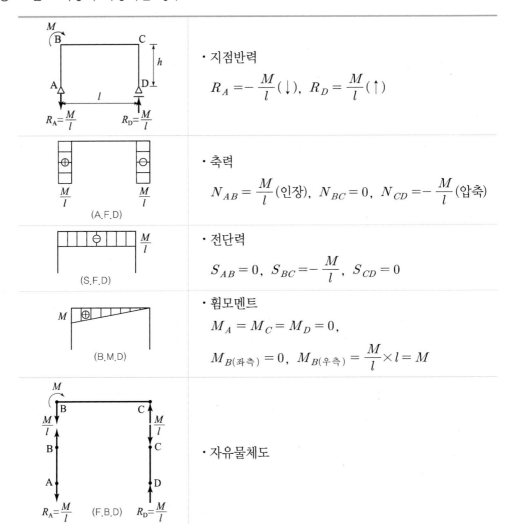

	· 지점반력 $R_A = -\dfrac{M}{l}(\downarrow),\ R_D = \dfrac{M}{l}(\uparrow)$
(A.F.D)	· 축력 $N_{AB} = \dfrac{M}{l}$(인장), $N_{BC} = 0,\ N_{CD} = -\dfrac{M}{l}$(압축)
(S.F.D)	· 전단력 $S_{AB} = 0,\ S_{BC} = -\dfrac{M}{l},\ S_{CD} = 0$
(B.M.D)	· 휨모멘트 $M_A = M_C = M_D = 0,$ $M_{B(좌측)} = 0,\ M_{B(우측)} = \dfrac{M}{l} \times l = M$
(F.B.D)	· 자유물체도

② 수직하중이 작용하는 경우

a. 집중하중

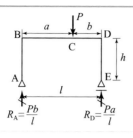

- 지점반력

$$R_A = \frac{Pb}{l}\,(\uparrow)$$

$$R_E = \frac{Pa}{l}\,(\uparrow)$$

$$\frac{Pb}{l} \quad \text{(A.F.D)} \quad \frac{Pa}{l}$$

- 축력

$$N_{AB} = -\frac{Pb}{l}\,(\text{압축})$$

$$N_{BD} = 0$$

$$N_{DE} = -\frac{Pa}{l}\,(\text{압축})$$

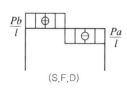

$$\frac{Pb}{l} \qquad \frac{Pa}{l}$$

(S.F.D)

- 전단력

$$S_{AB} = S_{DE} = 0$$

$$S_{BC} = \frac{Pb}{l}$$

$$S_{CD} = -\frac{Pa}{l}$$

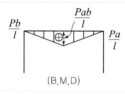

$$\frac{Pb}{l} \qquad \frac{Pab}{l} \qquad \frac{Pa}{l}$$

(B.M.D)

- 휨모멘트

$$M_A = M_B = M_D = M_E = 0$$

$$M_C = \frac{Pb}{l} \times a = \frac{Pab}{l}$$

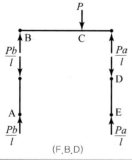

(F.B.D)

- 자유물체도

b. 등분포하중이 작용하는 경우

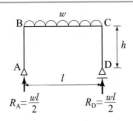	• 지점반력 하중 대칭이므로 $$R_A = R_D = \frac{wl}{2}\,(\uparrow)$$
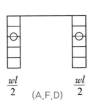	• 축력 $$N_{AB} = -\frac{wl}{2}\,(압축)$$ $$N_{BC} = 0$$ $$N_{CD} = -\frac{wl}{2}\,(압축)$$
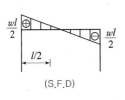	• 전단력 $$S_{AB} = S_{CD} = 0$$ $$S_{BC} = \frac{wl}{2} - wx$$ $$S_B = \frac{wl}{2}$$ $$S_C = -\frac{wl}{2}$$
	• 휨모멘트 $$M_{BC} = \frac{wl}{2}x - \frac{wx^2}{2}$$ $$M_{\max} = M_{x=\frac{l}{2}} = \frac{wl^2}{8}$$
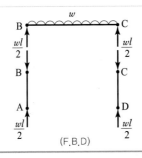	• 자유물체도

③ 수평하중이 작용하는 경우

a. 집중하중

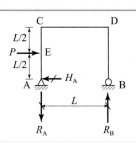	$\cdot$ 지점반력 $H_A = P(\leftarrow)$ $R_A = \dfrac{P}{2}(\downarrow), \ R_E = \dfrac{P}{2}(\uparrow)$
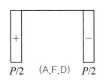	$\cdot$ 축력 $N_{AC} = \dfrac{P}{2}(인장)$ $N_{CD} = 0(압축)$ $N_{BD} = -\dfrac{P}{2}(압축)$
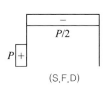	$\cdot$ 전단력 $S_{AE} = P$ $S_{EC} = P - P = 0$ $S_{CD} = \dfrac{P}{2}$ $S_{BD} = 0$
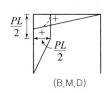	$\cdot$ 휨모멘트 $M_A = M_B = M_D = 0$ $M_E = M_{EC} = \dfrac{PL}{2}$ $M_C = PL - P\left(\dfrac{L}{2}\right) = \dfrac{PL}{2}$
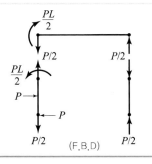	$\cdot$ 자유물체도

b. 등분포하중

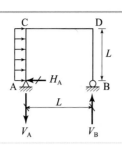

・지점반력

$$H_A = wL(\leftarrow)$$

$$V_A = \frac{wL}{2}(\downarrow), \quad V_E = \frac{wL}{2}(\uparrow)$$

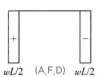

(A.F.D)

・축력

$$N_{AC} = \frac{wL}{2}\,(인장)$$

$$N_{CD} = 0\,(압축)$$

$$N_{BD} = -\frac{wL}{2}\,(압축)$$

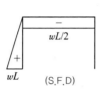

(S.F.D)

・전단력

$$S_{AC} = wL - wx \quad (0 \le x \le L)$$

$$S_{CD} = \frac{wL}{2}$$

$$S_{BD} = 0$$

(B.M.D)

・휨모멘트

$$M_A = M_B = M_D = 0$$

$$M_{\max} = M_C = \frac{wL^2}{2}\,(S = 0 : x = L)$$

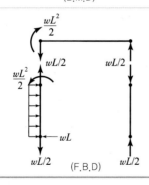

(F.B.D)

・자유물체도

핵심KEY

예제1 그림과 같은 단순지지 라멘의 A지점의 수직반력(R_A)과 수평반력(H_A)의 크기 [kN]와 방향으로 옳은 것은?

① $R_A = 3\text{kN}(\downarrow)$, $H_A = 4\text{kN}(\leftarrow)$

② $R_A = 3\text{kN}(\downarrow)$, $H_A = 4\text{kN}(\rightarrow)$

③ $R_A = 4\text{kN}(\uparrow)$, $H_A = 3\text{kN}(\leftarrow)$

④ $R_A = 4\text{kN}(\uparrow)$, $H_A = 3\text{kN}(\rightarrow)$

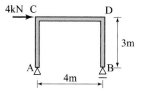

해설

문제에서 A지점은 힌지 B지점은 롤러이므로 A점에서 수직, 수평 반력, B지점에서 수직 반력만이 발생한다.

하중이 오른쪽으로 4kN이 주어졌으므로 A점의 수평반력 또한 크기는 같고 방향이 반대인 4kN($\leftarrow$)이 작용한다. 그렇게 되면 수평하중과 A점에서의 수평반력으로 인해 우력모멘트 4(kN)$\times$3(m)=12kN·m가 시계방향으로 생기게 되어 이를 회전하지 않도록 잡아주기 위해서는 A점과 B지점에서 우력모멘트 12kN·m가 반시계방향으로 작용해야 한다. 즉, 지점에서의 수직반력은 $R_A = 3\text{kN}(\downarrow)$, $R_B = 3\text{kN}(\uparrow)$가 되어야 한다.

∴ $R_A = 3\text{kN}(\downarrow)$, $H_A = 4\text{kN}(\leftarrow)$, $R_B = 3\text{kN}(\uparrow)$

정답 ①

핵심KEY

예제2 그림과 같은 단순보형 라멘에서 부재 FB의 전단력 크기[kN]는? (단, ↑+↓, ↓−↑)

① 0

② −2

③ +2

④ 4

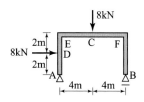

해설

FB부재 해석을 위해 부재를 돌리면 아래와 같은 모양이 된다.

즉 FB부재에는 반력 R_B에 의한 축력만이 존재하므로 FB부재에는 전단력이 존재할 수 없다.

정답 ①

해설 KEY

예제3 그림과 같은 정정라멘에서 C점의 휨모멘트(M_C) 크기[kN·m]는? (단, ↷+↶, ↶−↷)

① −4
② +4
③ −8
④ +8

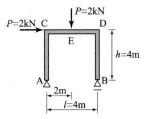

해설

힘의 평형조건식을 이용하여 반력을 먼저 구한다.

$\sum H = 0 \ : \ H_A = 2\text{kN}(\leftarrow)$

$\sum M_A = 0, \ +↷ \ : \ 2(4) + 2(2) - R_B(4) = 0 \quad \therefore \ R_B = 3\text{kN}(\uparrow)$

$\sum V = 0 \ : \ R_A + 3 = 2 \quad \therefore \ R_A = -1\text{kN}(\downarrow)$

그 다음 AC부재만을 따로 떼어내어 왼쪽부분을 보고 모멘트 크기를 구한다.

$M_C = 2(\text{kN}) \times 4(\text{m}) = 8\text{kN·m}$

부호는 부재를 ↷+↶ 만드는 휨이므로 +가 된다.

정답 ④

(2) 캔틸레버식 라멘

① 모멘트하중이 작용하는 경우

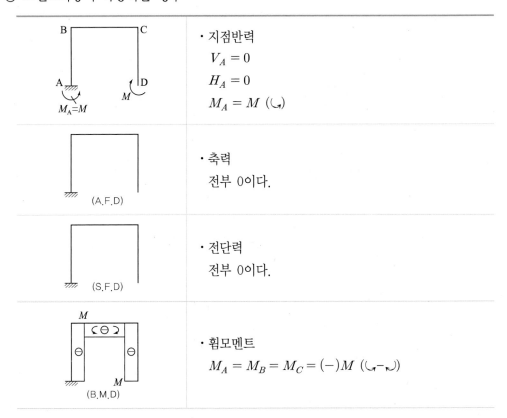

	• 지점반력 $V_A = 0$ $H_A = 0$ $M_A = M \ (↶)$
(A.F.D)	• 축력 전부 0이다.
(S.F.D)	• 전단력 전부 0이다.
(B.M.D)	• 휨모멘트 $M_A = M_B = M_C = (-)M \ (↶-↷)$

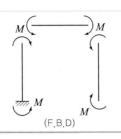

(F.B.D)	• 자유물체도

② 집중하중이 작용하는 경우

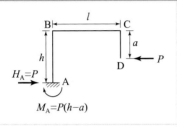

• 지점반력

$$V_A = 0$$

$$H_A = P(\rightarrow)$$

$$M_A = P(h - a)(\curvearrowleft)$$

(A.F.D)

• 축력

$$N_{AB} = 0$$

$$N_{BC} = -P(압축)$$

$$N_{CD} = 0$$

(S.F.D)

• 전단력

$$S_{AB} = -P$$

$$S_{BC} = 0$$

$$S_{CD} = P$$

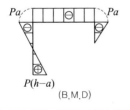

(B.M.D)

• 휨모멘트

$$M_A = P(h - 0)$$

$$M_B = M_C = -Pa$$

$$M_D = 0$$

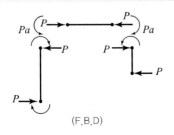

(F.B.D)

• 자유물체도

③ 등분포하중이 작용하는 경우

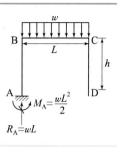

· 지점반력

$$R_A = wL (\uparrow)$$

$$H_A = 0$$

$$M_A = \frac{wL^2}{2} (\curvearrowleft)$$

(A.F.D)

· 축력

$$N_{AB} = -wL (압축)$$

$$N_{BC} = N_{CD} = 0$$

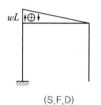

(S.F.D)

· 전단력

$$S_{AC} = S_{CD} = 0$$

$$S_{BC} = wL - wx \ \ (0 \le x \le L)$$

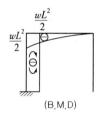

(B.M.D)

· 휨모멘트

$$M_A = M_B = \frac{wL^2}{2} \ \ (\curvearrowleft - \curvearrowright)$$

$$M_C = 0$$

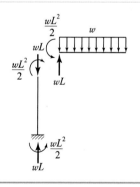

· 자유물체도

예제 4 다음 라멘에서 AB부재의 중간점인 C점의 휨모멘트 크기[kN·m]는?

(단, ↻+↺, ↺−↻)

① −8.5

② 8.5

③ −10.5

④ 10.5

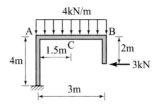

해설

C점을 기준으로 오른쪽과 왼쪽 중 어느 쪽을 보고 휨모멘트를 구할지를 결정해야 한다. 왼쪽의 경우 반력을 구해야 하는 번거로움이 있으므로 C점을 기준으로 오른쪽을 보고 휨모멘트 크기를 구한다.

$M_{C오른쪽}(↻+)=\dfrac{4(1.5)^2}{2}+3(2)=10.5\,\text{kN·m}$이며 부호는 부재를 위로 솟구쳐(↺−↻) 오르게 하는 모양이므로 (−)가 된다.

$\therefore\ M_C=-10.5\,\text{kN·m}$

해답 ③

(3) 3힌지 라멘

① 집중하중이 작용하는 경우

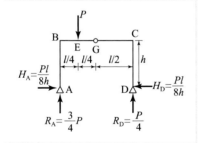

· 지점반력

$$R_A=\frac{3P}{4}(\uparrow),\ \ R_D=\frac{P}{4}(\uparrow)$$

$$H_A=\frac{Pl}{8h}(\rightarrow),\ \ H_D=\frac{Pl}{8h}(\leftarrow)$$

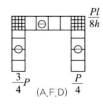

· 축력

$$N_{AB}=-\frac{3}{4}P(압축)$$

$$N_{BC}=-\frac{Pl}{8h}(압축)$$

$$N_{CD}=-\frac{P}{4}(압축)$$

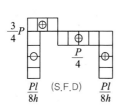

- 전단력

$$S_{AB} = -\frac{Pl}{8h}$$

$$S_{BE} = \frac{3}{4}P$$

$$S_{EC} = \frac{3}{4}P - P = -\frac{P}{4}$$

$$S_{CD} = \frac{Pl}{8h}$$

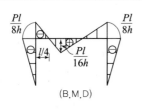

- 휨모멘트

$$M_A = M_D = M_G = 0$$

$$M_C = M_D = -\frac{Pl}{8h} \times h = -\frac{Pl}{8}$$

$$M_E = -\frac{Pl}{8h} \times h + \frac{3}{4}P \times \frac{l}{4} = \frac{Pl}{16}$$

② 수평하중이 작용하는 경우

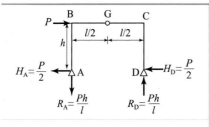

- 지점반력

$$H_A = \frac{P}{2}(\leftarrow), \quad H_D = \frac{P}{2}(\leftarrow)$$

$$R_A = \frac{Ph}{l}(\downarrow), \quad R_D = \frac{Ph}{l}(\uparrow)$$

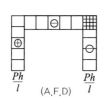

- 축력

$$N_{AB} = \frac{Ph}{l}(\text{인장})$$

$$N_{BC} = \frac{P}{2} - P = -\frac{P}{2}(\text{압축})$$

$$N_{CD} = -\frac{Ph}{l}(\text{압축})$$

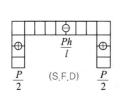

- 전단력

$$S_{AB} = \frac{P}{2}$$

$$S_{BC} = -\frac{Ph}{l}$$

$$S_{CD} = \frac{P}{2}$$

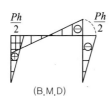

- 휨모멘트

$$M_A = M_D = M_G = 0$$

$$M_B = \frac{P}{2} \times h = \frac{Ph}{2}$$

$$M_C = -\frac{P}{2} \times h = -\frac{Ph}{2}$$

③ 등분포하중이 작용하는 경우

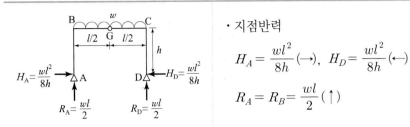

· 지점반력

$$H_A = \frac{wl^2}{8h}(\rightarrow), \quad H_D = \frac{wl^2}{8h}(\leftarrow)$$

$$R_A = R_B = \frac{wl}{2}(\uparrow)$$

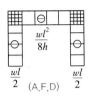

· 축력

$$N_{AB} = -\frac{wl}{2} \text{ (압축)}$$

$$N_{BC} = -\frac{wl^2}{8h} \text{ (압축)}$$

$$N_{CD} = -\frac{wl}{2} \text{ (압축)}$$

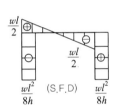

· 전단력

$$S_{AB} = -\frac{wl^2}{8h}$$

$$S_{BC} = \frac{wl}{2} - wx$$

$$S_B = \frac{wl}{2}$$

$$S_C = -\frac{wl}{2}$$

$$S_{CD} = \frac{wl^2}{8h}$$

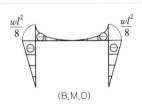

· 휨모멘트

$$M_A = M_B = M_G = 0$$

$$M_B = M_C = -\frac{wl^2}{8h} \times h = -\frac{wl^2}{8}$$

예제5 그림과 같은 3힌지 라멘에 일어나는 최대휨모멘트의 크기[kN·m]는?

① 9

② 12

③ 15

④ 18

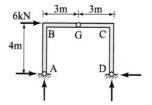

해설

휨모멘트는 힌지점 A, G, D점에서는 0이므로 B 또는 C점에서 최대 휨모멘트가 나오게 된다.

B, C점의 휨모멘트를 비교하기 위해서는 지점 반력이 필요하다.

$\sum M_A = 0 \curvearrowleft +$: $6(4) - R_D(6) = 0$에서 $R_D = 4\text{kN}(\uparrow)$

$\sum M_G = 0 \curvearrowleft +$: $H_D(4) - 4(3) = 0$에서 $H_D = 3\text{kN}(\leftarrow)$

$\sum V = 0$에서 $R_A + R_D = 0$이므로 $R_A = 4\text{kN}(\downarrow)$

$\sum H = 0$에서 $6 + H_A - H_D = 0$ $\quad \therefore H_A = -3\text{kN}(\leftarrow)$

$\therefore \sum M_B = 3(4) = 12\text{kN·m}(\curvearrowright\curvearrowleft)$, $\sum M_C = 3(4) = 12\text{kN·m}(\curvearrowleft\curvearrowright)$

정답 ②

2 아치

1. 정의

보를 곡선 배치한 구조물 중에서 휨모멘트의 감소가 일어나는 구조물을 아치라 한다.

2. 정정 아치의 종류

캔틸레버형 아치	단순보형 아치	3-Hinge형 아치	타이드 아치

3. 정정아치의 해석방법

(1) 반력

힘의 평형조건식($\sum H = 0$, $\sum V = 0$, $\sum M = 0$)을 이용한다.

(2) 단면력

라멘과 풀이 방법이 같다. 아치 안쪽에서 바깥쪽을 보고 단면력을 계산하되 곡선에 그은 접선축에 대해 계산한다.

4. 아치의 종류에 따른 해석

(1) 캔틸레버식 아치

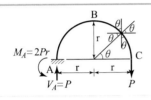

- 지점반력

$$H_A = 0 \qquad H_A = P(\uparrow) \qquad M_A = 2Pr\,(\circlearrowright)$$

- 축력

일반식 : $N_x = P\cos\theta$

$N_C = P\cos 0° = P(\text{인장}) \qquad N_B = P\cos 90° = 0$

$N_A = P\cos 180° = -P(\text{압축})$

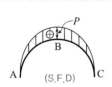

- 전단력

일반식 : $S_x = P\sin\theta$

$S_C = P\sin 0° = 0 \qquad S_B = P\sin 90° = P$

$S_A = P\sin 180° = 0$

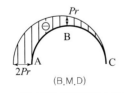

- 휨모멘트

일반식 : $M_x = -Px = -Pr \cdot (1-\cos\theta)$

$M_x = -Pr \cdot (1-\cos\theta)$

$M_C = 0 \qquad M_B = -Pr \qquad M_A = -2Pr$

- 자유물체도

$N_x = P\cos\theta\,(\text{인장})$

$S_x = P\sin\theta$

$M_x = -Px = -Pr(1-\cos\theta)$

(2) 단순보식 아치

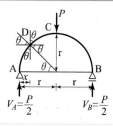

- 지점반력

$$V_A = V_B = \frac{P}{2} \ (\uparrow)$$

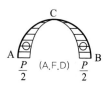

- 축력

  일반식 : $N_x = -\frac{P}{2}\cos\theta\,(압축)$

  $N_A = -\frac{P}{2}\cos 0° = -\frac{P}{2}$, $N_B = -\frac{P}{2}\cos 90° = 0$

  $N_C = -\frac{P}{2}\,(대칭이므로)$

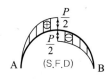

- 전단력

  일반식 : $S_x = \frac{P}{2}\sin\theta$

  $S_A = \frac{P}{2}\sin 0° = 0$, $S_C = \frac{P}{2}\sin 90° = \frac{P}{2}$

  $S_B = 0\,(대칭이므로)$

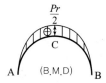

- 휨모멘트

  일반식 : $M_x = P_x = \frac{Pr}{2}(1-\cos\theta)$

  $M_A = \frac{Pr}{2}(1-\cos 0°) = 0$

  $M_C = \frac{Pr}{2}(1-\cos 90°) = \frac{Pr}{2}$

  $M_B = 0\,(대칭이므로)$

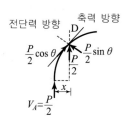

- 자유물체도

  $N_x = -\frac{P}{2}\cos\theta \ (압축)$

  $S_x = \frac{P}{2}\sin\theta$

  $M_x = \frac{P}{2}x = \frac{Pr}{2}(1-\cos\theta)$

(3) 3활절(힌지) 아치

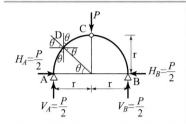

- 지점반력

$$H_A = \frac{P}{2}\,(\rightarrow), \quad H_B = \frac{P}{2}\,(\leftarrow)$$

$$V_A = V_B = \frac{P}{2}\,(\uparrow)$$

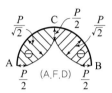

- 축력

일반식 : $N_D = -\frac{P}{2}\cos\theta - \frac{P}{2}\sin\theta$

$N_A = -\frac{P}{2}(\cos0° + \sin0°) = -\frac{P}{2}$

$N_C = -\frac{P}{2}(\cos90° + \sin90°) = -\frac{P}{2}$

$N_B = -\frac{P}{2}$(대칭이므로)

$\theta = 45°$일 때 $N_{max} = -\frac{P}{\sqrt{2}}$(압축)

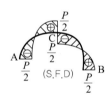

- 전단력

일반식 : $S_D = \frac{P}{2}\sin\theta - \frac{P}{2}\cos\theta$

$S_A = \frac{P}{2}(\sin0° - \cos0°) = -\frac{P}{2}$

$S_C = \frac{P}{2}(\sin90° - \cos90°) = \frac{P}{2}$

$S_B = \frac{P}{2}$(대칭이므로) $\theta = 45°$일 때 $S = 0$

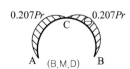

- 휨모멘트

일반식 : $M_D = \frac{Pr}{2}(1-\cos\theta) - \frac{Pr}{2}\sin\theta$

$\qquad = \frac{Pr}{2}(1-\cos\theta - \sin\theta)$

$M_A = \frac{Pr}{2}(1-\cos0° - \sin0°) = 0$

$M_B = 0$(대칭이므로)

$M_C = \frac{Pr}{2}(1-\cos90 - \sin90°) = 0$

$\theta = 45°$일 때 $M_{max} = \frac{Pr}{2}(1-\sqrt{2}) = -0.207Pr$

핵심 KEY

예제 6 다음과 같은 3힌지 원호 아치에서 힌지 B에 P의 수직하중이 작용한다. OB에서 각 θ가 되는 D에서의 전단력은?

① $S_D = \dfrac{P}{2}(\cos\theta - \sin\theta)$

② 0

③ $S_D = \dfrac{P}{2}(\sin\theta - \cos\theta)$

④ $S_D = \dfrac{P}{2}(\cos\theta + \sin\theta)$

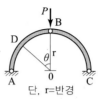

단, r=반경

해설

먼저 A점의 수직과 수평 반력을 구한다.

대칭구조물에서 $V_A = V_C = \dfrac{P}{2}(\uparrow)$

$\sum M_B = 0$ 에서 $H_A = \dfrac{P}{2}(\rightarrow),\ H_C = \dfrac{P}{2}(\leftarrow)$

전단력은 부재에 수직성분으로 작용하는 힘을 말한다. D점의 전단력을 구하기 위해서는 D점에 접선을 그은 후 힘을 분해하여 수직성분들을 전부 합한다.

V_A에 의한 D점 수직$= V_A \cdot \cos\theta(\uparrow)$

H_A에 의한 D점 수직$= H_A \cdot \sin\theta(\downarrow)$

∴ $S_D = V_A \cdot \cos\theta - H_A \cdot \sin\theta = \dfrac{P}{2}(\cos\theta - \sin\theta)$

정답 ①

(4) 등분포 하중을 받는 3활절(힌지) 아치

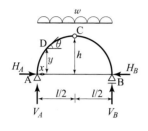

- 지점반력

$$V_A = V_B = \frac{P}{2} \, (\uparrow)$$

$$H_A = \frac{wl^2}{8h} (\rightarrow), \quad H_B = \frac{wl^2}{8h} (\leftarrow)$$

- 축력

일반식 : $N_D = -(V_A - wx)\sin\theta - H_A\cos\theta$

- 전단력

$S_D = 0$

- 휨모멘트

$M_D = 0$

핵심 **KEY**

예제7 그림과 같이 3활절 아치에 등분포 하중이 작용할 때 휨모멘트도(B.M.D)로서 옳은 것은?

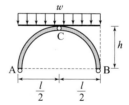

① 　　　②

③ 　　　④

해설

3활절 아치는 등분포하중을 받으면 축방향력만 생기고 휨모멘트는 모두 0이 된다.

정답 ④

❸ 기타 구조물

1. 케이블

(1) 정의

송전선이나 케이블카의 케이블과 같이 전단력이나 휨모멘트에는 저항하지 못하고 오직 축방향 인장력에만 저항하는 구조물을 케이블이라 한다.

(2) 케이블 정리

수직하중을 받는 케이블의 임의의 한 점 M에서 케이블의 내력의 수평성분 H와 케이블 지점끼리 연결한 선과 임의의 점 M에서 수직거리 y_m의 곱은 케이블을 단순보로 치환했을 때의 임의의 점 M의 모멘트의 값과 같다.

$$H \cdot y_m = \text{단순보에서의 } M_m$$

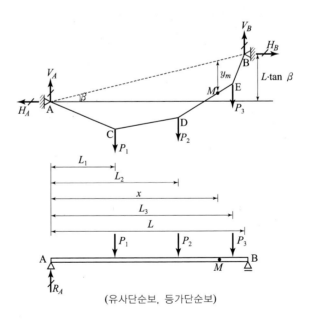

(유사단순보, 등가단순보)

(3) 해석순서

step1. 케이블의 수평 반력(H_A, H_B)값을 구한다.

우선 케이블구조를 일반 단순보로 생각하여 지점수직 반력을 구한 후 임의의 점의 모멘트 크기(M_m)를 구한다. 그다음 식, $H \cdot y_m =$ 단순보에서의 M_m을 이용하여 수직반력 H를 구한다.

step2. 수직반력 값을 보정해준다.

수평반력 H_A, H_B와 그 높이차($L \cdot \tan\beta$)로 인해 새로운 우력이 생기게 된다. 새롭게 생긴 우력은 케이블을 단순보로 보고 계산한 수직반력 R_A, R_B에 길이 L에 의한 반대 우력으로 상쇄시켜준다.

step3. 케이블의 최대 장력을 구한다.

케이블의 수평성분은 일정하므로 수직력의 크기 차이가 가장 큰 곳에서 최대 장력이 발생하게 된다. 장력의 수직성분 크기 차이는 지점에 접하는 부재에서 최대가 되므로 결국 최대 반력과 같다. 최대 장력은 최대 수평력과 수직력을 피타고라스의 정리를 이용하여 구하게 된다.

$$T_{\max} = R_{\max} = \sqrt{(H_{\max})^2 + (V_{\max})^2}$$

핵심KEY

예제8 다음 케이블 구조에 작용하는 최대장력[kN]과 y의 종거값[m]로 옳은 것은?

① $15\sqrt{2}$, 3m

② $15\sqrt{2}$, 4m

③ $25\sqrt{2}$, 3m

④ $25\sqrt{2}$, 4m

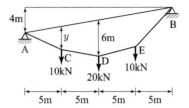

해설

step1. A, B점의 수평력을 구한다.

케이블을 단순보로 생각하고 수직 반력을 구한다. 구조물은 대칭이므로 A,B점의 수직반력은 하중의 절반이 된다.

$\therefore\ R_A = R_B = 20\text{kN}(\uparrow)$

그 다음 케이블을 정리를 이용한다.

$M_D = H\cdot y_D\ :\ 20(10)-10(5)=H_A(6)$

$\therefore\ H_A = 25\text{kN}(\leftarrow),\ \ H_B = 25\text{kN}(\rightarrow)$

step2. 수직반력 값을 보정해준다.

수평력으로 인해 새로운 모멘트 $25(4)=100\text{kN}\cdot\text{m}(\curvearrowright)$가 발생하므로 수직반력에서 이를 상쇄시켜주는 우력 모멘트를 적용해 주어야 한다. 반시계 방향으로 $100\text{kN}\cdot\text{m}$ 만큼 우력을 발생 시켜주기 위해서는 A, B점 사이의 거리 20m로 나눈 짝힘, 즉 5kN을 반시계 방향으로 회전시키도록 각 지점에 분배해주어야 한다. 그러기 위해서는 A지점에는 하향의 5kN, B점에는 상향으로 5kN을 대입해준다. 대입한 후의 보정된 수직반력의 크기는

$R_A = 15\text{kN}(\uparrow),\ \ R_B = 25\text{kN}(\uparrow)$

step3. 케이블의 최대 장력을 구한다.

최대 수직반력의 지점에서 최대 장력은 발생하므로 EB의 부재에서 최대 장력은 발생하게 된다. 그 크기는 피타고라스 법칙을 이용하면

$T_{\max} = R_{\max} = \sqrt{(H)^2+(V_{\max})^2} = \sqrt{25^2+25^2}=25\sqrt{2}\ \text{kN}$이 된다.

y의 종거값은 케이블의 정리를 이용하여 손쉽게 구할 수 있다.

$M_C = H\cdot y\ :\ y=\dfrac{M_C}{H}=\dfrac{20(5)}{25}=4\text{m}$

정답 ④

2. 도르래

(1) 개요

도르래의 목적은 힘의 방향을 바꿔주거나(고정도르래), 같은 힘으로 더 무거운 물체를 들어 올리기(움직도르래) 위해서다. 해석은 기본적으로 힘의 평형조건을 활용하여 해석 가능하다.

(2) 도르래의 종류

고정 도르래	움직도르래
· 장력 : $T = P$ · AB부재력 : $AB = 2P$	· 장력 : $T = \dfrac{W}{2}$ · 힘의 크기 : $P = \dfrac{W}{2} \cdot \dfrac{R-r}{R}$

(3) 도르래의 특징

① 고정도르래의 한 줄 선상에서 힘의 크기는 같다. 그러나 움직도르래는 절반의 힘이 전달된다.

② 임의의 한 점에서 이동이 없다면 평형조건 $\sum H = 0$, $\sum V = 0$이 성립한다.

③ 임의의 한 점에서 회전하지 않는다면 $\sum M_{임의점} = 0$이 성립한다.

(4) 도르래 해석 순서

step1. 하중이 걸린 줄이 아닌 힘을 가하는 쪽을 시작으로 장력을 표시해준다.

step2. 힘의 평형식($\sum H = 0$, $\sum V = 0$)을 이용하여 각 줄마다 힘을 맞춰 표시한다.

step3. 물체가 걸쳐 있는 성분의 부재를 자유물체도화 한 후 장력과 하중과의 관계를 통해 장력을 계산한다.

핵심 KEY

예제9 아래 결합 도르래를 이용하여 500kN의 물체를 들어올리기 위한 T의 크기[kN]로 옳은 것은?

① 100kN

② 125kN

③ 250kN

④ 750kN

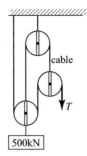

해설

도르래 T장력을 중심으로 수직 힘의 조건식($\sum V = 0$)을 이용하여 아래와 같이 힘의 관계를 표시한다.

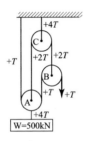

$\therefore \ 4T = 500\text{kN}$

$T = 125\text{kN}$

정답 ②

01

다음과 같은 구조물에서 D점의 연직반력[kN]은 얼마인가?

① 5

② 7.5

③ 8.75

④ 10

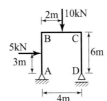

해설

$\sum M_A = 0$ 에서 $5\mathrm{kN} \times 3\mathrm{m} + 10\mathrm{kN} \times 2\mathrm{m} - V_D \times 4\mathrm{m} = 0$

$\therefore V_D = 8.75\mathrm{kN}$

02

그림과 같은 구조물의 D점에 5kN 의 상향 반력이 생길 때 모멘트 크기 $M[\mathrm{kN \cdot m}]$의 값은?

① 12

② 15

③ 20

④ 25

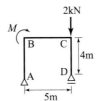

해설

$\sum M_A = 0$ 에서 $M + 2\mathrm{kN} \times 5\mathrm{m} - V_D \times 5\mathrm{m} = 0$

여기서 $V_D = 5\mathrm{kN}$이므로 대입하면

$\therefore M = 25 - 10 = 15\mathrm{kN \cdot m} \curvearrowleft$

03 그림과 같은 라멘에서 B지점의 연직반력 R_B [kN]는? (단, A지점은 힌지지점이고 B지점은 롤러 지점이다.)

① 6

② 7

③ 8

④ 9

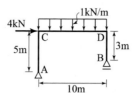

해설

$\sum M_A = 0$ 에서 $4\text{kN} \times 5\text{m} + 1\text{kN/m} \times 10\text{m} \times 5\text{m} - V_B \times 10\text{m} = 0$

$\therefore V_B = 7\text{kN}(\uparrow)$

04 그림과 같은 라멘의 최대 휨모멘트 값은?

① $\dfrac{1}{128} w \cdot l^2$

② $\dfrac{3}{128} w \cdot l^2$

③ $\dfrac{5}{128} w \cdot l^2$

④ $\dfrac{9}{128} w \cdot l^2$

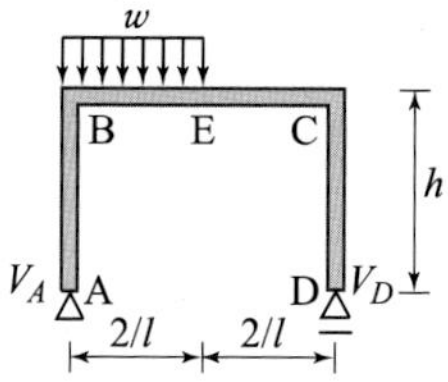

해설

$\sum M_D = 0$ 에서 $V_A \times l - w \times \dfrac{l}{2} \times \dfrac{3}{4} l = 0$

$\therefore V_A = \dfrac{3}{8} w \cdot l(\uparrow)$

최대 휨모멘트는 전단력이 0인 곳에서 생기며 그림과 같은 경우 B로부터 $x = \dfrac{3}{8} l$ 인 곳이다.

$\therefore M_{\max} = \dfrac{3}{8} wl \times \dfrac{3}{8} l - w \times \dfrac{3}{8} l \times \left(\dfrac{3}{8} l \times \dfrac{1}{2} \right) = \dfrac{9wl^2}{128}$

05 그림과 같은 정정라멘에서 M_c [kN·m]를 구하면?

① 10

② 12

③ 14

④ 16

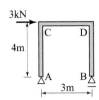

$\sum H = 0$ 에서 $H_A = 3\text{kN}(\leftarrow)$

$\therefore \ M_c = 3\text{kN} \times 4\text{m} = 12\text{kN·m} \ \curvearrowright + \curvearrowleft$

06 다음 라멘의 B.M.D를 옳게 그린 것은?

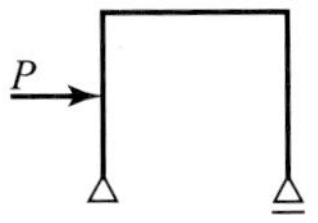

①

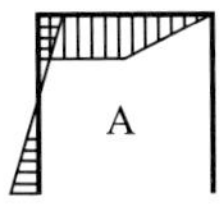

②

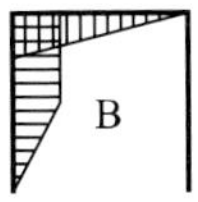

③

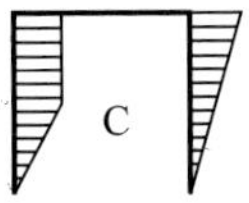

④

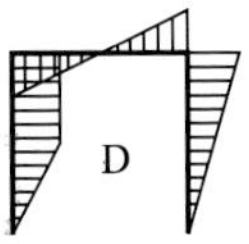

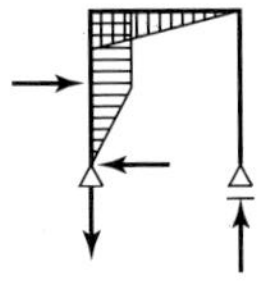

(1) 우측기둥부재에는 휨이 생기지 않는다. (C, D 제외)

(2) 좌측 지점에서의 휨은 0이다. (A 제외)

07

그림과 같은 라멘의 수평반력 H_A 및 H_D [kN]가 옳은 것은?

① $H_A = 1(\rightarrow),\ H_D = 1(\leftarrow)$

② $H_A = 1(\leftarrow),\ H_D = 1(\rightarrow)$

③ $H_A = 2(\rightarrow),\ H_D = 2(\leftarrow)$

④ $H_A = 2(\leftarrow),\ H_D = 2(\rightarrow)$

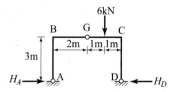

[해설]

$$\sum M_D = 0$$

$$V_A \times 4\text{m} - 6\text{kN} \times 1\text{m} = 0$$

$$\therefore\ V_A = 1.5(\uparrow),\ V_B = 4.5(\uparrow)$$

$$\sum H = 0\text{에서}\ H_A - H_D = 0$$

$$\therefore\ H_A = H_D$$

$$\sum M_{G,\text{왼쪽}} = 0\ \text{에서}\ V_A \times 2\text{m} - H_A \times 3\text{m} = 0$$

$$\therefore\ H_A = 1\text{kN}(\rightarrow),\ H_D = 1\text{kN}(\leftarrow)$$

08

다음 3힌지 라멘에서 B지점의 휨모멘트 크기[kN·m]를 구한 값은?

① 20

② 25

③ 30

④ 35

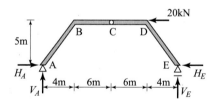

[해설]

(1) $\sum M_E = 0$ 에서 $V_A \times 20\text{m} - 20\text{kN} \times 5\text{m} = 0$

$\therefore\ V_A = 5\text{kN}(\uparrow)$

(2) $\sum M_{C,\text{왼쪽}} = 0$ 에서 $5\text{kN} \times 10\text{m} - H_A \times 5\text{m} = 0$

$\therefore\ H_A = 10\text{kN}(\rightarrow)$

$\therefore\ M_B = 5\text{kN} \times 4\text{m} - 10\text{kN} \times 5\text{m} = -30\text{kN} \cdot \text{m}\ (\ \curvearrowleft - \curvearrowright\ )$

09

다음 그림과 같은 3힌지 아치에 집중하중 P가 가해질 때 지점 B에서의 수평반력은?

① $\dfrac{Pa}{4R}$

② $\dfrac{P(R-a)}{2R}$

③ $\dfrac{P(R-a)}{4R}$

④ $\dfrac{Pa}{2R}$

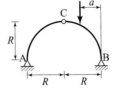

해설

(1) $\sum M_B = 0$에서 $V_A \times 2R - P \times a = 0$ $\therefore\ V_A = \dfrac{Pa}{2R}$

(2) C점 좌측을 고려하면

$\sum M_{CL} = 0$에서 $V_A \times R - H_A \times R = 0$ $\therefore\ V_A = H_A$

여기서 $H_A = H_B$ 이므로 $\therefore\ H_B = V_A = \dfrac{Pa}{2R}$

10

다음 3활절 아치에서 A점의 수평반력[kN]은?

① 2.5

② 5

③ 10

④ 15

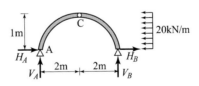

해설

$\sum M_B = 0$ 에서 $V_A \times 4\text{m} - 20 \times 1 \times 0.5 = 0$

$\therefore\ V_A = 2.5\text{kN}$

$\sum M_{C,\ 왼쪽} = 0$ 에서

$2.5\text{kN} \times 2\text{m} - H_A \times 1\text{m} = 0$

$\therefore\ H_A = 5\text{kN}(\rightarrow)$

11

그림과 같은 3활절 포물선 아치의 수평반력의 크기는?

① 0

② $\dfrac{wl^2}{8H}$

③ $\dfrac{3wl^2}{8H}$

④ $\dfrac{5wl^2}{8H}$

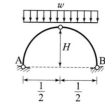

해설

대칭이므로 $V_A = V_B = \dfrac{wl}{2}$

$\sum M_{C \cdot L} = 0$ 에서 $\dfrac{wl}{2} \times \dfrac{l}{2} - H_A \times H - \dfrac{wl}{2} \times \dfrac{l}{4} = 0$

$\dfrac{wl^2}{4} - \dfrac{wl^2}{8} = H_A \cdot H$

$\therefore H_A = \dfrac{wl^2}{8H}$

12

축선이 포물선인 3활절 아치가 등분포 하중을 받을 때 이 아치에 일어나는 단면력이 옳게 된 것은?

① 축압력만 작용한다.

② 휨모멘트만 작용한다.

③ 전단력만 작용한다.

④ 축압력, 휨모멘트, 전단력이 작용한다.

해설

아치구조는 전단력이나 휨보다는 축방향 압축력을 받도록 설계된 곡선 구조물이다. 3활절 포물선 아치에서 등분포하중을 받으면 부재에는 축방향력만 존재한다.

13 그림과 같은 반경이 r 인 반원 아치에서 D점의 축방향력 N_0의 크기는 얼마인가?

① $N_0 = \dfrac{P}{2}(\cos\theta - \sin\theta)$

② $N_0 = \dfrac{P}{2}(r\cos\theta - \sin\theta)$

③ $N_0 = \dfrac{P}{2}(\cos\theta - r\sin\theta)$

④ $N_0 = \dfrac{P}{2}(\sin\theta + \cos\theta)$

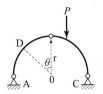

해설

$V_A = \dfrac{P}{2}$ 이고, $H_A = \dfrac{P}{2}$ 가 된다. D점에서의 축방향 분력을 구하면

$$N_0 = V_A\sin\theta + H_A\cos\theta = \dfrac{P}{2}\sin\theta + \dfrac{P}{2}\cos\theta$$

14 그림과 같은 정정라멘의 반력 R_A, R_D, H_A[kN]는?

① $R_A = 2$, $R_D = -2$, $H_A = 0$

② $R_A = 0$, $R_D = 0$, $H_A = 0$

③ $R_A = 1$, $R_D = 1$, $H_A = 4$

④ $R_A = 0$, $R_D = 0$, $H_A = 4$

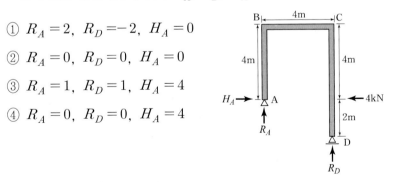

해설

하중 4kN과 H_A가 일직선상에 작용하므로 $H_A = 4$kN이 되고,
우력이 발생하지 않으므로 $R_A = R_D = 0$ 이다.

15 다음 그림과 같은 정정 라멘의 C점의 휨모멘트는?

① $\dfrac{wl}{8}(h_1 + h_2)$

② $\dfrac{wl^2}{8} + \dfrac{wl}{2}h_1$

③ $\dfrac{wl^2}{4} + \dfrac{wl}{2}h_1$

④ $\dfrac{wl^2}{8}$

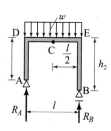

해설

양 기둥의 높이가 다르더라도 수평반력은 생기지 않으므로
단순보의 중앙에서의 휨모멘트와 같다.

$$\therefore \ M_c = \dfrac{wl^2}{8}$$

16 그림과 같은 라멘의 B점의 휨모멘트 M_B 는?

① $\dfrac{3Ph}{2}$

② $\dfrac{2Ph}{3}$

③ $\dfrac{2Ph}{l}$

④ $\dfrac{3Ph}{2l}$

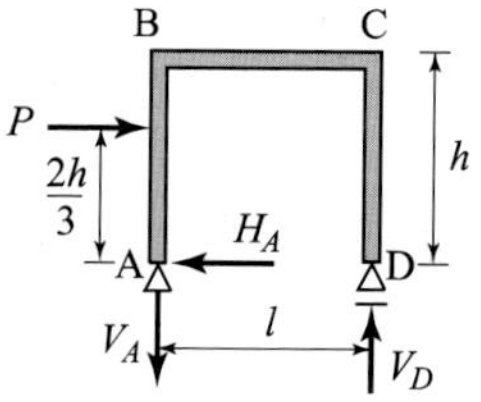

해설

$\Sigma H = 0$ 에서 $H_A = P$

하중 P와 반력 P가 우력으로 작용하므로(모멘트가 일정) 두 힘 사이의 거리만 곱하
면 된다.

$$\therefore \ M_B = P \times \dfrac{2}{3}h = \dfrac{2Ph}{3}$$

17 그림과 같은 라멘에서 휨모멘트도(B.M.D)가 바르게 그려진 것은?

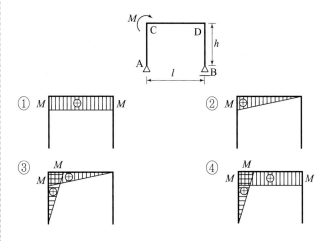

해설

반력을 우선 고려하면, 양쪽 기둥에는 휨모멘트가 생기지 않으며 C, D 점을 지점으로 하는 단순보로 해석하면 된다.

18 다음 구조물에서 A점의 휨모멘트 크기[kN]를 구한 값은?

① −1

② 1

③ −2

④ 2

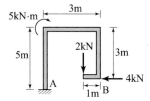

해설

$$M_A = 5\text{kN} \cdot \text{m} + 2\text{kN} \times 2\text{m} - 4\text{kN} \times 2\text{m} = 1\text{kN} \cdot \text{m} \,(\text{↰}-\text{↱})$$

(라멘 안쪽에서 A점을 봤을 때 부재를 위로 솟아오르게 하는 휨모멘트가 작용하므로 부호가 − 이다.)

19 다음 그림의 라멘의 자유단인 D점에 15kN이 작용한다. A점의 휨모멘트[kN·m]는? (단, ⤺+⤻, ⤻−⤺이다.)

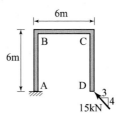

① −54

② +54

③ −72

④ +72

해설

하중의 수직분력만 A점에 휨으로 작용하므로

$$M_A = 15\text{kN} \times \frac{4}{5} \times 6\text{m} = 72\text{kN} \cdot \text{m} \,(⤺+⤻) \;(\text{인장이 안쪽이므로} \oplus)$$

20 다음 라멘의 B.M.D가 옳게 그려진 것은?

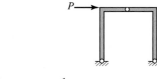

①

②

③

④

해설

(1) 라멘의 휨모멘트는 연속되어야 한다. (④ 제외)

(2) 힌지절점에서 휨모멘트는 0이다. (②, ③ 제외)

21 그림과 같은 정정라멘구조에서 H_A의 크기는?

① $\dfrac{M}{l}$ ② 0

③ $\dfrac{-M}{l}$ ④ $\dfrac{M}{2h}$

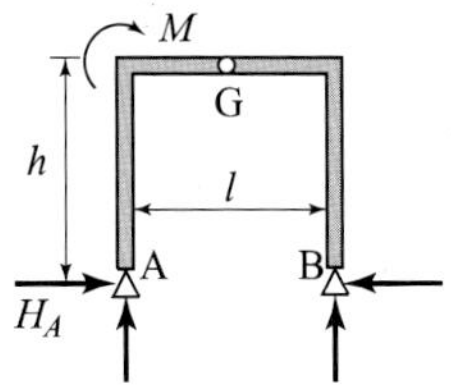

해설

$\sum M_B = 0$, $V_A \times l + M = 0$ ∴ $V_A = -\dfrac{M}{l}(\downarrow)$

$\sum M_{G, 왼쪽} = 0$, $-\dfrac{M}{l} \times \dfrac{l}{2} - H_A \times h + M = 0$ ∴ $H_A = \dfrac{M}{2h}$

22 아래 그림은 좌우 대칭인 라멘의 모멘트도이다. 다음 어느 경우의 모멘트도인가?
(단, 모멘트하중은 작용하지 않는다.)

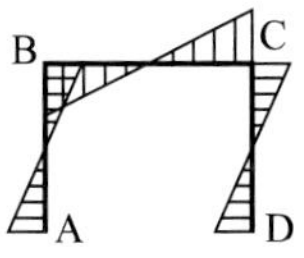

① A와 D 고정, AB, BC 및 CD에 등분포하중
② A와 D 고정, B에 수평 집중하중
③ A와 D 고정, AB, BC에 등분포하중
④ A및 D에 힌지 지점, B에 수평 집중하중

해설

(1) A, D 지점에서 모멘트 값이 생기므로 고정지점이다.
(2) 응력분포가 삼각형분포이므로 하중은 집중하중이다.

23 다음 아치(Arch)의 특성에 대하여 잘못 설명한 것은?

① 부재는 곡선이며 주로 축방향 압축력을 지지한다.
② 강재로 된 3활절 아치는 지간의 길이가 180m 이내인 교량에 많이 사용한다.
③ 수평반력은 각단면에서의 휨모멘트를 감소시킨다.
④ 휨모멘트나 압축에는 저항이 불가능하며 오직 인장력만을 견딘다.

해설

④ 아치는 전단력이나 휨모멘트의 영향이 거의 없고, 대부분 축방향 압축력으로 지지되는 곡선구조이다.

24

그림과 같은 3힌지 아치의 중간 힌지에 수평하중 P가 작용할 때 A지점의 수직 반력과 수평반력은? (단, A지점의 반력은 그림과 같은 방향을 정(+)으로 한다.)

① $V_A = \dfrac{Ph}{l}$, $H_A = \dfrac{P}{2}$

② $V_A = \dfrac{Ph}{l}$, $H_A = -\dfrac{P}{2h}$

③ $V_A = -\dfrac{Ph}{l}$, $H_A = -\dfrac{P}{2h}$

④ $V_A = -\dfrac{Ph}{l}$, $H_A = -\dfrac{P}{2}$

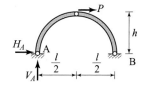

|해설|

$\sum M_B = 0$ 에서 $V_A \times l + P \times h = 0$

$\therefore V_A = -\dfrac{Ph}{l}(\downarrow)$

$\sum M_{CL} = 0$ 에서 $-\dfrac{Ph}{l} \times \dfrac{l}{2} - H_A \times h = 0$

$\therefore H_A = -\dfrac{P}{2}(\leftarrow)$

25

그림과 같은 지간 10m인 반원형 3활절 아치에서 크라운 C점의 전단력 S_c의 크기[kN]는?

① 1.2

② 2.4

③ 4.8

④ 9.6

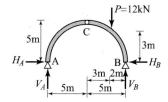

|해설|

A점의 수직반력이 C점의 전단력으로 작용하므로 $\sum M_B = 0$ 에서

$V_A \times 10\text{m} - 12\text{kN} \times 2\text{m} = 0$

$\therefore V_A = 2.4\text{kN}$

$\therefore S_c = 2.4\text{kN} \uparrow + \downarrow$ (중앙점은 A, B를 지점으로 하는 단순보와 같이 생각해도 좋다.)

26 그림과 같이 반지름이 R, r인 A와 B의 활차를 고정시키고 C 활차에 달린 물체 W를 힘 P로 올린다면 P와 W의 관계식을 옳게 표시한 것은?

① $P = \dfrac{R-r}{R}W$

② $P = \dfrac{R-r}{2R}W$

③ $P = \dfrac{R}{R-r}W$

④ $P = \dfrac{2R}{R-r}W$

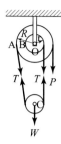

해설

$\sum V_C = 0$ 에서 $T = \dfrac{W}{2}$ 가 된다.

O점에서 평형식을 적용하면 $\sum M_O = 0$ 에서 $P \times R - T \times R + T \times r = 0$

$\therefore\ P = \dfrac{(R-r)}{R}T = \dfrac{(R-r)}{2R}W$

27 그림과 같은 결합 도르래로 무게 $W = 600\mathrm{N}$을 끌어올리려고 한다면, 최소 필요한 힘 P의 값은?

① 100

② 200

③ 300

④ 400

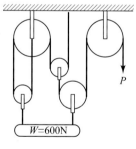

해설

W가 작용하는 곳에서
$\sum V = 0$ 를 적용하면
$P + 2P - 600\mathrm{N} = 0$
$3P = 600\mathrm{N}\quad \therefore\ P = 200\mathrm{N}$

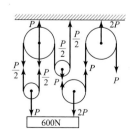

28 다음과 같은 구조물에서 지점 A의 반력모멘트[kN·m]는? (단, 부재 CE는 강체이다.)

① -10

② -20

③ -50

④ -150

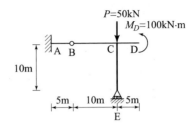

해설

(1) 지점반력

$$\sum M_{B(우)} = 0 \ : \ -R_E(10) + 50(10) - 100 = 0$$

$$R_E = 40\text{kN}(\uparrow)$$

(2) A점 반력모멘트

$$\sum M_A = 0 \ : \ 50(15) - R_E(15) - 100 + M_A = 0$$

$$M_A = 50\text{kN} \cdot \text{m}(\curvearrowleft)$$

29 다음 그림과 같은 라멘에서 B점의 휨모멘트[kN·m]는?

① 2

② 4

③ 6

④ 8

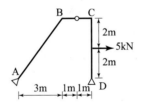

해설

(1) 지점반력

$$\sum V = 0 \ : \ V_A + V_D = 0$$

$$\therefore \ V_A = -V_D$$

$$\sum H = 0 \ : \ \sum H = 0 \ : \ H_A + H_D = 5\text{kN}$$

$$\sum M_D = 0 \ : \ V_A(5) + 5(2) = 0$$

$$\begin{cases} V_A = -2\text{kN}(\downarrow) \\ V_D = 2\text{kN}(\uparrow) \end{cases}$$

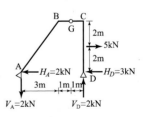

$$\sum M_{G(좌측)} \ : \ -2(4) + H_A(4) = 0$$

$$\therefore \ \begin{cases} H_A = 2\text{kN}(\leftarrow) \\ H_D = 3\text{kN}(\leftarrow) \end{cases}$$

(2) B점의 휨모멘트

$$M_B = -V_A(3) + H_A(4) = -2(3) + 2(4) = 2\text{kN} \cdot \text{m}$$

30 그림과 같은 라멘에서 BC 부재에 작용하는 축력[kN]은?

① 0 　　　　　② 10

③ 20 　　　　　④ 40

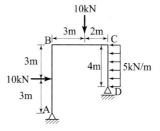

해설

D지점이 이동지점이므로 수평방향 등분포하중이 모두 BC에 축력으로 작용한다.
BC 부재의 축력 $N_{BC} = -5(4) = -20$ kN(압축)

31 그림과 같은 캔틸레버 아치(Arch)에서 E점의 휨모멘트[kN·m]는?

① -5 　　　　　② -10

③ -12 　　　　　④ -15

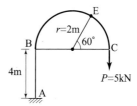

해설

$M_E = -5(2 - 2\cos 60°) = -5\,\text{kN}\cdot\text{m}$

32 다음 그림과 같은 3힌지 아치의 A에서의 수평반력은?

① $\dfrac{qL}{4}$ 　　　　　② $\dfrac{qL}{2}$

③ $\dfrac{qL}{8}$ 　　　　　④ $\dfrac{qL}{6}$

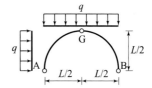

해설

$\sum M_B = 0 : V_A(L) + \dfrac{qL}{2}\left(\dfrac{L}{4}\right) - qL\left(\dfrac{L}{2}\right) = 0 \quad \therefore V_A = \dfrac{3}{8}qL(\uparrow)$

$\sum M_{C(\text{좌})} = 0 : \dfrac{3}{8}qL\left(\dfrac{L}{2}\right) - H_A\left(\dfrac{L}{2}\right) - \dfrac{qL}{2}\left(\dfrac{L}{4}\right) - \dfrac{qL}{2}\left(\dfrac{L}{4}\right) = 0 \quad \therefore H_A = -\dfrac{qL}{8}(\leftarrow)$

33 다음 그림과 같은 타이드 아치(Tied Arch)에서 부재 AB의 부재력[kN]은?

① 0 ② 1.0

③ 1.5 ④ 2.0

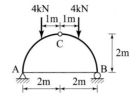

해설

타이드 아치의 수평부재력은 3힌지 아치의 수평반력과 같다.

지점반력 : 대칭 하중이므로 $V_A = V_B = 4$kN

부재력 : $\sum M_{\text{힌지}} = 0$에서 $4(2) - 4(1) - AB(2) = 0$

∴ AB$= 2$ kN(인장)

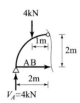

34 다음과 같이 도르래는 케이블 AB와 BC에 의해 고정되어 있고 100N의 추는 도르래를 통과하여 D점에 고정되어 있다. 케이블 AB와 케이블 BC에 작용하는 힘 [N]은?

① $F_{AB} = 150$, $F_{BC} = 50$

② $F_{AB} = 50$, $F_{BC} = 150$

③ $F_{AB} = 200$, $F_{BC} = 100$

④ $F_{AB} = 100$, $F_{BC} = 200$

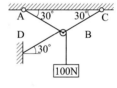

해설

(1) BD에 작용하는 힘

$\sum M_B = 0$: $F_{BD} = 100$kN(인장)

(2) 케이블 AB, BC에 작용하는 힘

$\sum H = 0$:

$F_{BC} \cos 30° - F_{AB} \cos 30° - 50\sqrt{3} = 0 = 0$

$F_{BC} - F_{AB} = 100$ $\cdots$ ㉠

$\sum V = 0$:

$F_{AB} \sin 30° + F_{BC} \cdot \sin 30° - 50 - 100 = 0$

$F_{AB} + F_{BC} = 150$ $\cdots$ ㉡

㉠, ㉡을 연립하면

$F_{AB} = 100$kN, $F_{BC} = 200$kN

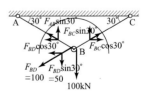

35

다음 그림과 같은 케이블에서 A점의 수평반력(H_A)의 크기[kN]는?

① 100

② 150

③ 200

④ 250

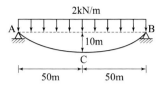

해설

$H_A \times y_C = M_C$ 케이블의 일반정리를 적용하면

$$H_A = \frac{M_C'}{y_C} = \frac{wL^2}{8y_C} = \frac{2(100^2)}{8(10)} = 250\text{kN}$$

36

다음과 같은 케이블구조에서 BC에 발생하는 장력[kN]은?

① $\sqrt{325}$

② $\sqrt{425}$

③ $\sqrt{475}$

④ $\sqrt{525}$

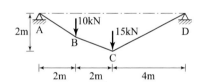

해설

(1) 지점반력

$$\sum M_B = O : V_A(8) - 10(6) - 15(4) = 0$$

$$V_A = 15\text{kN}(\uparrow), \quad V_D = 10\text{kN}(\uparrow)$$

케이블의 일반정리에 의해 $H_A = \dfrac{M_C'}{y_C} = \dfrac{R_D'(4)}{y_C} = \dfrac{10(4)}{2} = 20\text{kN}$

A, D 지점 높이 차가 없기에 수직반력 보정은 필요없다.

(2) BC 부재력

$$T_{BC} = \sqrt{H_{BC}^2 + V_{BC}^2} = \sqrt{H_A^2 + (V_A - 10)^2}$$

$$= \sqrt{20^2 + (15 - 10)^2} = \sqrt{425}\,\text{kN}$$

37

그림과 같은 케이블에서 C, D점에 각각 10kN의 집중하중이 작용하여 C점이 A 지점보다 1m 아래로 처졌다. 지점 A에 대한 수평반력(H_A)[kN]과 케이블에 걸리는 최대장력 ($T_{\max}$)[kN]은? (단, 케이블의 자중은 무시한다.)

H_A	$T_{\max}$
① 40	$\sqrt{2,525}$
② 40	$\sqrt{2,725}$
③ 50	$\sqrt{2,525}$
④ 50	$\sqrt{2,725}$

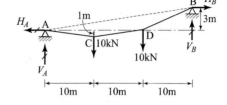

해설

(1) A점의 수평 반력

케이블의 일반정리를 적용하면

$$H_A = \frac{M_C{}'}{y_C} = \frac{10(10)}{\left(1+\dfrac{3}{3}\right)} = 50\text{kN}(\leftarrow)$$

$$\sum H = 0 \;:\; H_B = H_A = 50\text{kN}(\rightarrow)$$

(2) A점의 수직반력

$$\sum M_A = 0 \;:\; 10(10)+10(20)+H_B(3)-V_B(30)=0$$

$$\therefore \; V_B = 15\text{kN}$$

$$\sum V = 0 \;:\; V_A + V_B = 10+10$$

$$\therefore \; V_A = 5\text{kN}$$

(3) 최대장력($T_{\max}$)

$$T_{\max} = \sqrt{H^2 + V_{\max}{}^2} = \sqrt{50^2 + 15^2}$$
$$= \sqrt{2,725}\text{ kN}$$

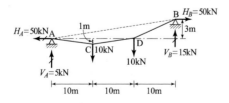

38 다음과 같은 케이블에 발생되는 수평력 H는?

① 15kN

② 20kN

③ 30kN

④ 25kN

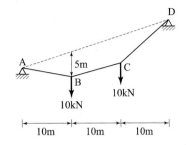

해설

케이블의 일반정리에 의해

$$H = \frac{\text{유사 단순보의 휨모멘트}}{\text{종거}} = \frac{M_C}{y_C} = \frac{10(10)}{5} = 20\,\text{kN}$$

39 다음과 같이 집중하중 P_1, P_2에 의해 케이블에 처짐이 생겼을 때, 케이블의 장력이 가장 크게 발생하는 구간은? (단, 케이블의 단면적은 전 구간에서 동일하고 케이블의 자중은 무시한다.)

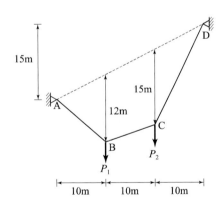

① 전 구간 동일

② AB 구간

③ BC 구간

④ CD 구간

해설

케이블의 최대장력은 부재의 기울기가 최대에서 발생한다.

∴ CD 구간

40 다음 케이블 구조에 작용하는 최대 장력은 몇 kN인가?

① 15kN

② $15\sqrt{2}$ kN

③ 25kN

④ $25\sqrt{2}$ kN

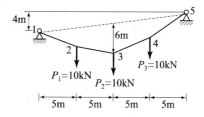

[해설]

(1) 케이블의 수평반력

$$H_1 = H_5 = \frac{\text{유사 단순보의 휨모멘트}}{\text{그 점의 종거}}$$

$$= \frac{P_1(5)\times(10) + P_2(10)\times(10)}{Lh} + \frac{P_3(10)\times(5)}{Lh}$$

$$= \frac{10(5)\times(10) + 20(10)\times(10)}{20(6)} + \frac{10(10)\times(5)}{20(6)}$$

$$= 25\text{kN}$$

(2) 케이블의 수직반력

중첩법을 적용하면

$$V_1 = \frac{P_1 + P_2 + P_3}{2} - \frac{H_1(4)}{L} = \frac{10+20+10}{2} - \frac{25(4)}{20}$$

$$= 20 - 5 = 15\text{kN}(\uparrow)$$

$$V_5 = \frac{P_1 + P_2 + P_3}{2} + \frac{H_1(4)}{L} = \frac{10+20+10}{2} + \frac{25(4)}{20}$$

$$= 25\text{kN}(\uparrow)$$

(3) 최대 장력

최대 장력은 최대 반력과 같으므로

$$T_{\max} = \sqrt{V_5{}^2 + H_5{}^2} = \sqrt{25^2 + 25^2} = 25\sqrt{2}\text{ kN}$$

41 다음 그림과 같은 하중이 케이블에 작용할 때 케이블의 수평분력은?

① $\dfrac{2}{3}P$

② P

③ $\dfrac{4}{3}P$

④ $\dfrac{20}{7}P$

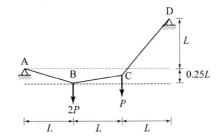

해설

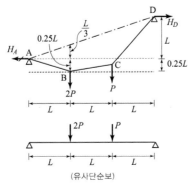

(유사단순보)

B점에서 케이블 정리해 주면

$R_A \times L = H \times y$

$R_A = 2P \times \dfrac{2}{3} + P \times \dfrac{1}{3} = \dfrac{5}{3}P$

$y = \dfrac{L}{4} + \dfrac{L}{3} = \dfrac{7}{12}L$

$\therefore H = \dfrac{R_A \times L}{y} = \dfrac{\dfrac{5}{3}P \times L}{\dfrac{7}{12}L} = \dfrac{20}{7}P$

Civil
Engineering

10 기둥

기둥

기둥
기둥의 종류와 특징을 살펴보고 단주와 장주의 부재력 계산과 설계법을 배운다.

① 기둥 일반

1. 정의

부재가 주로 축방향으로 압축을 받을 경우 이 부재를 기둥 또는 압축 부재라 한다.

2. 기둥의 용어설명

(1) 좌굴

길이가 비교적 긴 기둥에서 일어나며, 축방향 압축에 의해 기둥이 휘어지는 현상

(좌굴)

(2) 좌굴하중

길이가 비교적 긴 기둥이 좌굴을 일으키는 데 필요한 하중

(3) 단주와 장주

① 단주 : 기둥의 길이에 비해 단면적이 큰 압축재, 압축응력의 지배를 받아 좌굴의 영향이 없는 기둥

② 장주 : 기둥의 길이에 비해 단면적이 작은 압축재, 좌굴응력의 지배를 받아 좌굴의 영향을 고려하는 기둥

(4) 중심축 하중과 편심축 하중

① 중심축 하중: 기둥 단면의 도심에 작용하는 축방향 압축력

② 편심축 하중: 기둥 단면의 도심으로부터 x축 또는 y축으로 편심되어 작용하는 축방향 압축력

(5) 세장비

기둥의 가늘고 긴 정도를 나타내는 지표, 상수값, 단주와 장주를 구분하는 데 사용

(6) 유효길이

양단 힌지 기둥의 길이를 기준으로 조건이 다른 기둥의 길이를 양단 힌지 기둥의 길이로 환산한 길이

3. 기둥의 판별과 종류

(1) 기둥의 판별

기둥은 가늘고 긴 정도의 지표인 세장비에 따라 단주, 장주로 나눌 수 있으며 단주와 장주는 각각 거동과 해석방법이 다르므로 해석을 위해서는 우선 단주인지 장주인지 판별하여야 적합한 해석이 가능하다.

① 세장비

$$세장비(\lambda) = \frac{기둥의\ 유효\ 길이(L_k)}{최소\ 단면\ 2차\ 반지름(r_{\min})}$$

단, $r_{\min} = \sqrt{\dfrac{최소\ 단면\ 2차\ 모멘트(I_{\min})}{기둥\ 단면적(A)}}$

※ 좌굴은 회전반지름이 최소인 축으로부터 발생하므로 계산 시 최솟값을 사용한다.

② 세장비 특징

    a. 세장비는 부재의 가늘고 긴 정도를 의미

    b. 부재 치수로만 계산이 되므로 세장비는 단위가 없다.

    c. 기둥의 단주, 중간주, 장주를 나누는 척도로 이용

(2) 기둥의 종류

종류	세장비(λ)	파괴 형태	해석 방법
단주	30~45	압축파괴	후크의 법칙을 적용 $\sigma = \dfrac{P}{A} \pm \dfrac{M}{I} y$
중간주	45~100	비탄성 좌굴파괴	실험식(경험식)을 적용
장주	보통 100~120 이상	탄성 좌굴파괴	오일러 공식을 적용

KEY

예제1 **세장비라 함은?**

① 압축부재에서 단면의 최소폭을 부재의 길이로 나눈 비이다.

② 압축부재에서 단면의 2차 모멘트를 부재의 길이로 나눈 비이다.

③ 압축부재에서 단면의 최소 2차 모멘트를 부재의 길이로 나눈 비이다.

④ 압축부재에서 부재의 길이를 단면의 최소 2차 반지름으로 나눈 비이다.

해설

$$\text{세장비}(\lambda) = \frac{\text{기둥의 유효 길이}(L_k)}{\text{최소 단면 2차 반지름}(r_{\min})}$$

정답 ④

② 단주의 해석

▶ 단주는 후크의 법칙을 적용하여 응력이 허용응력 이하가 되도록 설계한다.

1. 중심축하중을 받는 단주

압축력이 단면의 도심에 작용하는 경우 단면 내에 발생하는 압축응력은 모든 단면에서 일정한 등분포 형태이다.

$$압축응력(f_c) = -\frac{축방향력(P)}{기둥의\ 단면적(A)}\ (N/mm^2)$$

단, 압축응력(−), 인장응력(+)이다.9

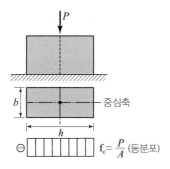

예제 2 지름이 100mm, 높이가 300mm인 콘크리트 공시체에 중심축 하중 P=600kN 이 작용할 때, 콘크리트 공시체에 발생하는 압축응력의 크기[MPa]는?
(단, π=3으로 계산)

① 4 　　　　　　　　　　② 40

③ 8 　　　　　　　　　　④ 80

해설

$$압축응력(f_c) = -\frac{축방향력(P)}{기둥의\ 단면적(A)}$$
$$= \frac{P}{\dfrac{\pi d^2}{4}} = -\frac{4 \times 600 \times 10^3}{3 \times 100^2} = -80\,MPa(압축)$$

정답 ④

2. 편심축 하중을 받는 단주

기둥의 무게중심에서 1축 또는 2축으로 편심(e)만큼 떨어진 지점에 압축력이 작용하는 경우이다. 이때는 하중을 도심으로 이동시킨 후 기둥을 해석하여야 한다. 또한 중심축하중으로 변환하면 축방향 압축력 외에 휨모멘트가 추가로 생기게 되므로 이 둘을 고려하여 기둥을 해석해 주어야 한다.

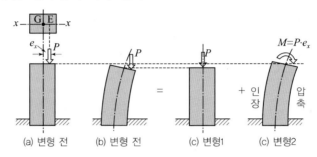

(1) 단면의 도심축 위에 편심하중이 작용할 때

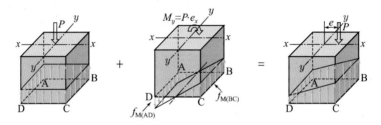

(2) 단면의 도심축 외에 편심하중이 작용할 때

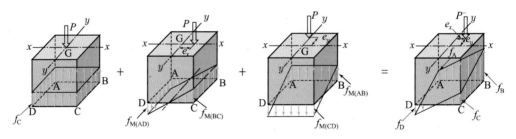

(3) 편심축하중을 받는 단주의 응력을 구하는 일반식

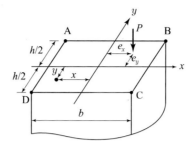

① 일반식

> • 사각형 단면
>
> $$f_{임의점} = -\frac{P}{A} \pm \frac{M_y}{I_y}x \pm \frac{M_x}{I_x}y = -\frac{P}{A} \pm \frac{Pe_x}{\dfrac{Ab^2}{12}}x \pm \frac{Pe_y}{\dfrac{Ah^2}{12}}y$$
>
> • 원형 단면
>
> $$f_{임의점} = -\frac{P}{A} \pm \frac{M_y}{I_y}x \pm \frac{M_x}{I_x}y = -\frac{P}{A} \pm \frac{Pe_x}{\dfrac{AD^2}{16}}x \pm \frac{Pe_y}{\dfrac{AD^2}{16}}y$$

② 일반식의 변환식

> • 사각형 단면
>
> $$f_{임의점} = -\frac{P}{A} \pm \frac{3P}{A}\left(\frac{e_x}{b/2}\right)\left(\frac{x}{b/2}\right) \pm \frac{3P}{A}\left(\frac{e_y}{h/2}\right)\left(\frac{y}{h/2}\right)$$
>
> • 원형 단면
>
> $$f_{임의점} = -\frac{P}{A} \pm \frac{4P}{A}\left(\frac{e_x}{b/2}\right)\left(\frac{x}{b/2}\right) \pm \frac{4P}{A}\left(\frac{e_y}{h/2}\right)\left(\frac{y}{h/2}\right)$$

단, 압축응력 (−), 인장응력 (+)

핵심 **KEY**

예제3 한 변이 20cm인 정사각형 단면에 100kN의 하중이 K점에 작용할 때 압축응력의 최댓값[MPa]은?

① 6.25

② 6.5

③ 9.5

④ 10

해설

먼저 위 기둥에서 압축응력이 가장 크게 발생하는 점을 찾아야 한다. x축 중심으로 하단이 압축, 상단은 인장이 되고 y축 기준으로 오른쪽이 압축, 왼쪽이 인장이 된다. 이 둘을 중첩시켰을 때 공통으로 압축이 들어가는 오른쪽 밑의 모서리 지점에서 압축응력이 최대가 된다.

사각형 편심하중이 작용할 때 임의점 응력 구하는 식을 사용하여 답을 구한다.

$$f_{오른쪽\ 모서리} = -\frac{P}{A} \pm \frac{3P}{A}\left(\frac{e_x}{b/2}\right)\left(\frac{x}{b/2}\right) \pm \frac{3P}{A}\left(\frac{e_y}{h/2}\right)\left(\frac{y}{h/2}\right)$$

공식에 빠른 대입을 위해 먼저 $\dfrac{P}{A}$를 계산한다.

$$\frac{P}{A} = \frac{100 \times 10^3}{200 \times 200} = 2.5\,\text{MPa}$$

$$f_{오른쪽\ 모서리} = -2.5 - (3)(2.5)\left(\frac{50}{100}\right)\left(\frac{100}{100}\right) - (3)(2.5)\left(\frac{50}{100}\right)\left(\frac{100}{100}\right)$$

$$= -2.5 - \left(3 \times 2.5 \times \frac{1}{2}\right) \times 2 = (-)10\,\text{MPa}$$

정답 ④

3. 중립축의 위치

(1) 중립축의 정의

압축에서 인장으로 넘어가는 경계로 이 축에서는 응력이 0이 된다.

도심 y축으로부터 중립축 거리 x_0와 도심 x축으로부터 중립축 거리 y_0를 구한 후 직선으로 연결한다.

(2) 중립축의 계산

기본식 $f = -\dfrac{P}{A} \pm \dfrac{Pe_x}{I_y}x_0 \pm \dfrac{Pe_y}{I_x}y_0$ 에서 응력(f)를 0으로 놓고 x축으로부터 중립축 거리 y_0, y축으로부터 중립축 거리 x_0를 구한다.

$$x_0(y_o = 0 \text{일 때}) = \frac{P}{A} = -\frac{Pe_x}{I_y}x_0$$

$$\therefore \ x_0 = -\frac{I_y}{A \cdot e_x}$$

$$y_0(x_o = 0 \text{일 때}) = \frac{P}{A} = -\frac{Pe_y}{I_x}y_0$$

$$\therefore \ y_0 = -\frac{I_x}{A \cdot e_y}$$

여기에서 (−)의 의미는 중립축은 하중의 편심 작용점(x_0, y_0)과 반대편에 위치한다는 의미이다.

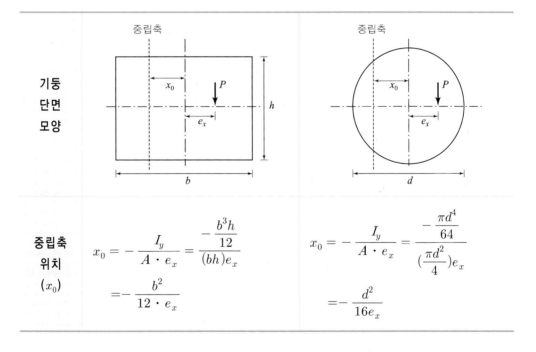

	기둥 단면 모양	중립축 위치 (x_0)
사각형	중립축 x_0, P, e_x, b, h	$x_0 = -\dfrac{I_y}{A \cdot e_x} = \dfrac{-\dfrac{b^3 h}{12}}{(bh)e_x}$ $= -\dfrac{b^2}{12 \cdot e_x}$
원형	중립축 x_0, P, e_x, d	$x_0 = -\dfrac{I_y}{A \cdot e_x} = \dfrac{-\dfrac{\pi d^4}{64}}{\left(\dfrac{\pi d^2}{4}\right)e_x}$ $= -\dfrac{d^2}{16 e_x}$

핵심KEY

예제 4 그림과 같은 단면을 갖는 단주에 원점 O에서 x방향으로 8cm 떨어진 점 A에 부재축 방향으로 24kN의 하중이 작용하고 있다. 이 단면의 중립축 위치[cm]는?

① y축에서 왼쪽으로 $\dfrac{75}{8}$

② y축에서 왼쪽으로 $\dfrac{44}{3}$

③ y축에서 왼쪽으로 16

④ y축에서 왼쪽으로 $\dfrac{50}{3}$

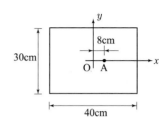

해설

$$x_0 = -\frac{b^2}{12 \cdot e_x} = \frac{-40^2}{12 \cdot 8} = \frac{-50}{3}$$

∴ 중립축은 하중 작용점의 반대방향, 즉 y축에서 왼쪽 $\dfrac{50}{3}$cm에 위치한다.

정답 ④

4. 단면의 핵

(1) 개요

① 편심하중과 응력도

편심거리 e의 위치에 따라 응력분포는 사각형 → 사다리꼴 → 삼각형 → 2개 닮은 삼각형 꼴로 변한다.

중심축에 작용할 때 $(e=0)$	편심이 핵점 이내일 때 $\left(e < \dfrac{b}{6}\right)$	핵점에 작용할 때 $\left(e = \dfrac{b}{6}\right)$	핵점 밖에 작용할 때 $\left(e > \dfrac{b}{6}\right)$
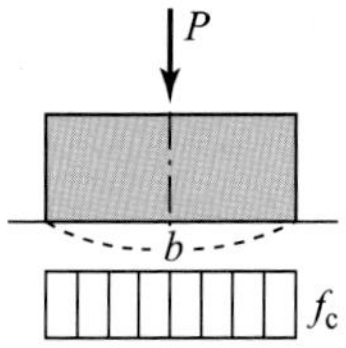	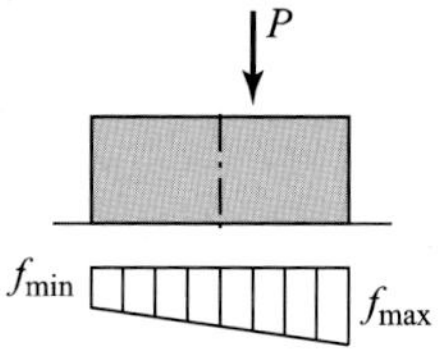	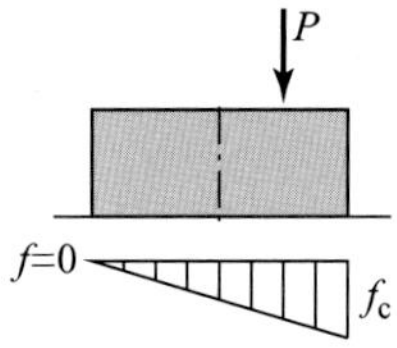	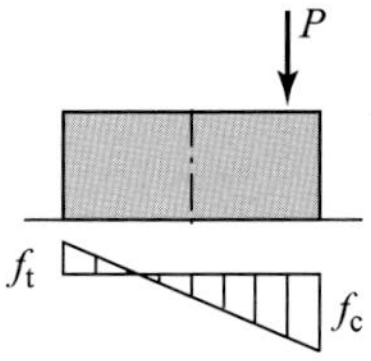

② 핵의 개념

편심하중을 받는 단주에서 도심으로부터 편심거리가 멀어짐에 따라 응력 분포는 위의 그림과 같이 변한다. 그리고 편심거리가 더욱 길어지면 하중작용점의 반대편 압축응력이 0이 되는 곳이 발생한다. 이 때 압축력의 위치를 핵점이라고 하며 이 한계점 안쪽으로 하중이 작용하면 기둥의 모든 단면에는 인장응력이 발생하지 않고 압축응력만 발생한다.

(2) 용어설명

① 핵거리 : 기둥의 단면에 인장응력이 생기지 않기 위한 최대의 편심거리

② 핵지름 : 핵거리의 합

③ 핵점 : 기둥의 단면에 인장응력이 생기지 않기 위해 도심에서 최대로 편심 가능한 하중 작용점

④ 핵선 : 핵점을 연결한 선

⑤ 핵 : 핵선으로 둘러싸인 도형으로 이 도형의 내부에 하중이 작용하면 인장응력은 생기지 않는다.

(3) 단면 모양에 따른 핵거리

구분	도 형	단면의 핵	핵면적	전체 면적과 핵면적의 비
직사각형		$e_1 = \dfrac{Z}{A} = \dfrac{\dfrac{bh^2}{6}}{bh} = \dfrac{h}{6}$ $e_2 = \dfrac{b}{6}$	$A = \dfrac{1}{2}\left(\dfrac{b}{3} \times \dfrac{h}{3}\right) = \dfrac{bh}{18}$	18:1
삼각형		$e_x = \dfrac{I_y}{A_x} = \dfrac{b^3 h}{bh\left(\dfrac{b}{3}\right)} \cdot \dfrac{1}{2} = \dfrac{b}{8}$ $e_{y1} = \dfrac{I_x}{Ay_2} = \dfrac{\dfrac{bh^3}{36}}{\dfrac{bh}{2}\left(\dfrac{h}{3}\right)} = \dfrac{h}{6}$ $e_{y2} = \dfrac{I_x}{Ay_1} = \dfrac{\dfrac{by^3}{36}}{\dfrac{bh}{2}\left(\dfrac{2h}{3}\right)} = \dfrac{h}{12}$	$A = \dfrac{1}{2}\left(\dfrac{b}{4} \times \dfrac{h}{4}\right) = \dfrac{bh}{32}$	16:1
원형		$e = \dfrac{Z}{A} = \dfrac{\dfrac{\pi D^3}{32}}{\dfrac{\pi D^2}{4}} = \dfrac{D}{8}$	$A = \pi\left(\dfrac{r}{4}\right)^2 = \dfrac{\pi r^2}{16}$	16:1

핵심 KEY

예제5 다음 그림에서 핵을 표시하였다. K_1과 K_2의 값은?

① $K_1 = \dfrac{h}{6}$, $K_2 = \dfrac{h}{12}$

② $K_1 = \dfrac{h}{12}$, $K_2 = \dfrac{h}{6}$

③ $K_1 = \dfrac{h}{4}$, $K_2 = \dfrac{h}{3}$

④ $K_1 = \dfrac{h}{3}$, $K_2 = \dfrac{2h}{3}$

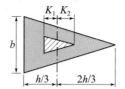

해설

$$K_1 = \frac{Z_2}{A} = \frac{\dfrac{bh^2}{24}}{\dfrac{bh}{2}} = \frac{h}{12}, \quad K_2 = \frac{Z_1}{A} = \frac{\dfrac{bh^2}{12}}{\dfrac{bh}{2}} = \frac{h}{6}$$

(단면계수, Z를 대입할 때 반대편 값을 대입하는 것에 주의한다.)

정답 ②

③ 장주의 해석

1. 정의

세장비가 일정한 값 이상이 되는 기둥을 말하며, 좌굴에 의해 지배되는 기둥을 장주라 한다. 이 경우 좌굴은 휨에 가장 취약한 단면 2차 반지름이 최소인 축에서 발생하게 된다.

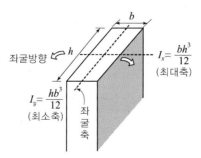

2. 좌굴

단면에 비하여 길이가 긴 장주에서 중심축 하중을 받는데도 부재의 불균일성에 기인하여 하중이 집중되는 부분에 편심 모멘트가 발생하여 압축응력이 허용강도에 도달하기 전에 휘어져 기둥이 파괴되는 현상을 말한다.

3. 오일러 좌굴하중 공식

$$P_{cr} = \frac{\pi^2 E I_{\min}}{L_e^2} = \frac{n\pi^2 E I_{\min}}{L^2} = \frac{\pi^2 E A}{\lambda^2}, \quad \sigma_{cr} = \frac{\pi^2 E I_{\min}}{L_e^2 A} = \frac{n\pi^2 E I_{\min}}{L^2 A} = \frac{\pi^2 E}{\lambda^2}$$

$$\left(\because \ \lambda = \frac{L}{r} = \frac{L}{\sqrt{\dfrac{I}{A}}}, \ \lambda^2 = \frac{A L^2}{I}, \ \frac{I}{L^2} = \frac{A}{\lambda^2} \right)$$

여기서, P_{cr} : 좌굴하중(N), σ_{cr} : 좌굴응력(MPa), E : 탄성계수(MPa)

I : 단면 2차 모멘트(mm⁴), L_e : 유효길이(mm), $L_e = kL = \dfrac{L}{\sqrt{n}}$

λ : 세장비, $\lambda = \dfrac{L_k}{r_{\min}}$, A : 기둥 단면적(mm²),

n : 강도계수, $n = \dfrac{1}{k^2}$, $I_{\min}$: 중립축 최소 단면 2차 모멘트(mm⁴))

4. 오일러 공식의 적용 조건

(1) 세장비가 100 이상인 중심축하중을 받는 장주에 적용한다.

(2) 기둥은 후크의 법칙이 성립되는 선형탄성 재료이다.

(3) 중심축하중에 의해 탄성좌굴 파괴되는 장주에 적용한다.

(4) 기둥은 초기 결함이 없는 이상적인 기둥이다.

① 좌굴 발생 전 기둥은 초기결함 없는 완전한 직선이고 어떠한 잔류응력도 없다.

② 기둥의 재질은 같으며 완전한 직선이다.

(5) 평면보존의 법칙에 의해 부재는 휘어진 후에도 평면을 유지하며 좌굴발생 후에도 중립축에 대하여 직각을 유지한다.

(6) 처짐은 매우 작으며 기둥의 단면은 전 길이에 걸쳐 균일하다.

핵심 KEY

예제6 오일러 좌굴하중 $\left(P_{cr} = \dfrac{\pi^2 EI_{\min}}{L^2}\right)$ 식을 유도할 때 가정사항으로 틀린 것은?

① 부재는 초기 결함이 없다.

② 하중은 부재축과 나란하다.

③ 양단이 핀 연결된 기둥이다.

④ 부재는 비선형 탄성 재료로 되어 있다.

해설

오일러의 좌굴하중 공식은 부재가 선형탄성의 상태에서 적용된다.   정답 ④

5. 기둥의 지지 방법에 따른 좌굴 강도

구분	1단 고정	양단 힌지	1단 고정 타단 힌지	양단 고정
지점 상태				
유효길이 (L_e)	$2L$	L	$\dfrac{L}{\sqrt{2}} \fallingdotseq 0.7L$	$0.5L$
유효길이 계수 $\left(k = \dfrac{1}{\sqrt{n}}\right)$	2	1	0.7	0.5
강도계수 $\left(n = \dfrac{1}{k^2}\right)$	$\dfrac{1}{4}$	1	2	4
좌굴하중 (P_{cr})	$\dfrac{\pi^2 EI}{(2L)^2} = \dfrac{\pi^2 EI}{4L^2}$	$\dfrac{\pi^2 EI}{(L)^2} = \dfrac{\pi^2 EI}{L^2}$	$\dfrac{\pi^2 EI}{\left(\dfrac{L}{\sqrt{2}}\right)^2} = \dfrac{2\pi^2 EI}{L^2}$	$\dfrac{\pi^2 EI}{(0.5L)^2} = \dfrac{4\pi^2 EI}{L^2}$

(1) k

유효길이 계수로서 $k = \dfrac{\text{변곡점 사이의 거리}}{\text{기둥의 길이}}$ 로 계산된다.

(2) L_e

유효길이를 의미하며 $L_e = k \cdot L$로 계산된다.

(3) n

강도계수로서 양단 힌지 기둥에 비례한 상대적인 강도 값을 의미한다.

6. 좌굴하중의 특징

$$P_{cr} = \frac{\pi^2 E I_{\min}}{L_e^2} = \frac{\pi^2 EA}{\lambda^2} = \frac{\pi^2 EA}{\left(\dfrac{L_e}{r_{\min}}\right)^2}$$

(1) 좌굴하중은 탄성계수(E)가 클수록 커진다.

(2) 좌굴하중은 단면 2차 모멘트(I)가 클수록 커진다.

(3) 좌굴하중은 세장비(λ)가 작을수록 커진다.

(4) 좌굴하중은 유효길이(L_e)가 작을수록 커진다.

(5) 좌굴하중은 부재치수가 클수록 커진다.

해설KEY

 그림 (a) 양단 힌지 장주가 10kN의 하중에 견딜 수 있다면 (b) 양단 고정 장주가 견딜 수 있는 하중크기[kN]는?

① 2.5

② 20

③ 40

④ 50

(a) (b)

해설

양단힌지의 강도계수는 1, 양단고정의 강도계수는 4 즉, (b) 기둥은 (a) 기둥보다 4배 더 강한 지지 조건을 가진다. (a)는 10kN의 하중에 견디므로 (b)는 이것의 4배인 40kN을 견디게 된다.

정답 ③

7. 좌굴에 필요한 온도변화량

균일한 온도 상승에 의해 부재가 늘음이 생기고 부재가 구속되어 있는 경우에 압축력이 발생한다. 그리고 이 압축력이 좌굴하중에 이를 때 부재는 좌굴을 일으킬 것이다. 그러므로 온도가 상승하는 경우 부재의 압축력과 좌굴하중이 같아질 때 좌굴된다는 조건을 이용하면 부재 해석이 가능하다.

> 온도변화에 의한 압축력=좌굴하중
>
> $$EA\alpha(\Delta T) = \frac{\pi^2 EI_{min}}{L_k^{\,2}}$$

여기서, E : 탄성계수, A : 단면적, α : 열팽창계수

ΔT : 온도변화량, L_e : 유효 길이, I_{min} : 최소 단면 2차 모멘트

핵심 KEY

예제8 아래 그림과 같은 양단 고정 구조물에 좌굴이 발생하려면 구조물의 온도가 최소한 얼마나 상승하여야 하는가? (단, 열팽창계수는 α, 축방향강성과 휨강성은 각각 EA와 EI로 일정하다.)

① $\dfrac{2\pi^2}{\alpha}\dfrac{EAL^2}{EI}$

② $\dfrac{2\pi^2}{\alpha}\dfrac{EI}{EAL^2}$

③ $\dfrac{4\pi^2}{\alpha}\dfrac{EAL^2}{EI}$

④ $\dfrac{4\pi^2}{\alpha}\dfrac{EI}{EAL^2}$

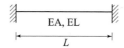

EA, EL

L

해설

$EA\alpha(\Delta T) = \dfrac{\pi^2 EI_{min}}{L_e^{\,2}}$ 식을 사용한다.

$EA\alpha(\Delta T) = \dfrac{\pi^2 EI_{min}}{(0.5L)^2}$

$\therefore \ \Delta T = \dfrac{4\pi^2}{\alpha}\dfrac{EI}{EAL^2}$

정답 ④

8. 강체봉 – 스프링 기둥

(1) 개요

강체기둥과 스프링의 조합 구조물로 스프링 기둥을 좌굴시키려는 모멘트와 처음 모습을 유지하려는 복원모멘트의 크기가 같다는 것을 이용한다. 또한 기둥의 좌굴에 의한 휨의 영향을 무시하며 강체봉은 좌굴 후에도 직선을 유지하게 된다.

(2) 해석방법

강체봉은 좌굴 후에도 매우 미소한 변형을 일으킨다고 가정하면 좌굴 후에도 평면을 유지한다. 그러므로 좌굴 모멘트=복원 모멘트 식이 성립한다.

step.1 스프링 기둥의 좌굴하는 모양을 표시한다.

step.2 좌굴 후의 변위도를 작성 후 적절한 곳의 변위를 선택하여 아래와 같이 가정을 한다.

　　　직선스프링에는 단위길이(1)로 가정

　　　회전스프링에는 단위각(1)으로 가정

step.3 좌굴 모멘트와 복원 모멘트가 나올 수 있는 지점을 잡아 좌굴 모멘트=복원 모멘트 해준 후 식을 정리한다.

(3) 스프링 기둥의 유형별 해석

스프링의 유형에는 직선스프링과 회전 스프링이 있다.

· 직선 스프링의 힘(F)=스프링 계수 또는 강성도(K)×길이 변위(δ)

· 회전 스프링의 힘(F)=스프링 계수 또는 강성도(K)×회전각 변위(θ)

① 유형1

스프링 기둥 유형	
파괴모멘트=복원모멘트	바닥 힌지 지점에서 $\sum M = 0$을 해준다. $$P_{cr}(1) = K\left(\frac{a}{a+b}\right)(a)$$
좌굴하중(P_{cr})	$$\therefore \ P_{cr} = \frac{a^2}{a+b}K$$

② 유형2

스프링 기둥 유형	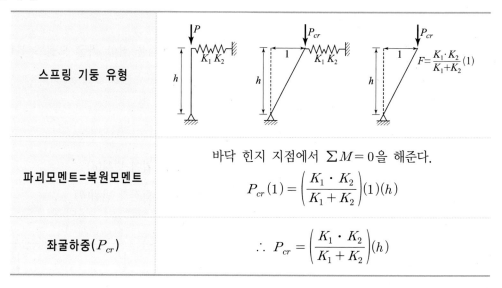
파괴모멘트=복원모멘트	바닥 힌지 지점에서 $\sum M = 0$을 해준다. $P_{cr}(1) = (K_1 + K_2)(1)(h)$
좌굴하중(P_{cr})	$\therefore \ P_{cr} = (K_1 + K_2)(h)$

③ 유형3

스프링 기둥 유형	
파괴모멘트=복원모멘트	바닥 힌지 지점에서 $\sum M = 0$을 해준다. $P_{cr}(1) = \left(\dfrac{K_1 \cdot K_2}{K_1 + K_2}\right)(1)(h)$
좌굴하중(P_{cr})	$\therefore \ P_{cr} = \left(\dfrac{K_1 \cdot K_2}{K_1 + K_2}\right)(h)$

④ 유형4

스프링 기둥 유형	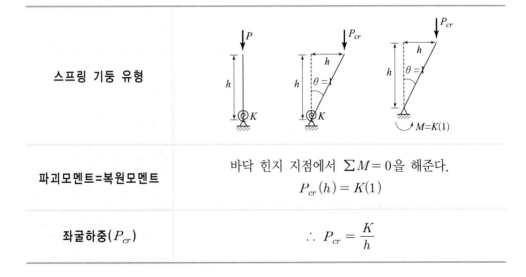
파괴모멘트=복원모멘트	그림(A)에서 바닥 힌지 지점에서 $\sum M = 0$을 해준다. $H(a+b) = (K_1)(1)(a)$ ··· ① 그림(B)에서 중앙 내부 힌지 지점에서 $\sum M = 0$을 해준다. $H(b) = P_{cr}(1)$ ··· ② 식① 과 식②를 연립방정식 해준다.
좌굴하중(P_{cr})	$\therefore\ P_{cr} = \dfrac{ab}{a+b}K$

⑤ 유형5

스프링 기둥 유형	
파괴모멘트=복원모멘트	바닥 힌지 지점에서 $\sum M = 0$을 해준다. $P_{cr}(h) = K(1)$
좌굴하중(P_{cr})	$\therefore\ P_{cr} = \dfrac{K}{h}$

핵심 **KEY**

예제9 아래 기둥의 임계하중 P_{cr}의 크기로 옳은 것은? (단, K는 스프링계수)

① KL

② $2KL$

③ $3KL$

④ $4KL$

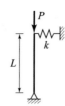

해설

좌굴 예측도를 그린 후 아래와 같이 변위를 단위길이 1로 가정을 한다.

그리고 힌지지점에 대하여 모멘트 힘의 평형 조건식을 적용한다.

좌굴 모멘트＝복원 모멘트

$$P_{cr}(1) = K(1)L$$

$$\therefore P_{cr} = KL$$

정답 ①

출제예상문제

01 기둥에 편심 축하중이 작용할 때 다음의 어느 상태가 맞는가?

① 압축력만 작용하며, 휨모멘트는 없다.

② 휨모멘트는 작용하며, 압축력은 작용하지 않는다.

③ 압축력과 휨모멘트가 작용하며, 인장력이 작용하는 경우도 있다.

④ 압축력 및 인장력이 작용하며, 휨모멘트는 작용하지 않는다.

[해설]

편심하중이 작용하면 압축력과 휨모멘트가 발생하며 인장력이 발생하는 경우도 있다.

02 그림과 같은 편심하중을 받는 직사각형 단면의 단주의 최대 응력[MPa]은?

① −0.5

② −1

③ −1.5

④ −2.0

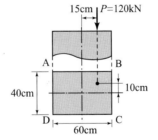

[해설]

복편심하중이므로 B점에서 최대압축응력이 생긴다.

$$\sigma_B = -\frac{P}{A} - \frac{Pe_x}{Z_y} - \frac{Pe_y}{Z_x} = -\frac{120 \times 10^3}{400 \times 600} - \frac{120 \times 10^3 \times 150}{\frac{400 \times 600^2}{6}} - \frac{120 \times 10^3 \times 100}{\frac{600 \times 400^2}{6}}$$

$$= -0.5 - 0.75 - 0.75 = -2\text{MPa}$$

간편한 식을 이용하면 아래와 같다.

사각형 단면 $\sigma_{\text{임의점}} = -\frac{P}{A} \pm \frac{3P}{A}\left(\frac{e_x}{b/2}\right)\left(\frac{x}{b/2}\right) \pm \frac{3P}{A}\left(\frac{e_y}{h/2}\right)\left(\frac{y}{h/2}\right)$

먼저 축응력을 계산하여 빠르게 대입한다.

$$\frac{P}{A} = \frac{120 \times 10^3}{400 \times 600} = \frac{1}{2}\text{MPa}$$

$$\sigma_{\text{임의점}} = -\frac{1}{2} - \frac{3}{2}\left(\frac{15}{30}\right) - \frac{3}{2}\left(\frac{10}{20}\right) = -0.5 - 0.75 - 0.75 = -2\text{MPa}$$

03 그림과 같이 편심하중 300kN을 받는 단주에서 A점의 응력[MPa]은? (단, 편심 거리 e=4cm이다.)

① 1, 인장
② 1, 압축
③ 9, 인장
④ 9, 압축

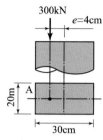

해설

$$M = P \cdot e = 300 \times 10^3 \times 4\text{mm} = 12 \times 10^6 \text{N} \cdot \text{mm}$$

$$Z = \frac{200 \times 300^2}{6} = 3 \times 10^6 \text{mm}^3$$

$$\therefore \sigma_A = -\frac{P}{A} - \frac{M}{Z} = -\frac{300 \times 10^3}{300 \times 200} - \frac{12 \times 10^6}{3 \times 10^6} = -9\text{MPa(압축)}$$

04 일변의 길이가 a인 정사각형 재료가 중앙부분 단면의 일면이 절반으로 줄어 축 하중 P를 받을 때, 줄어든 단면에서 발생하는 최대인장 응력[MPa]은?

① $\dfrac{8P}{a^2}$

② $\dfrac{6P}{a^2}$

③ $\dfrac{5P}{a^2}$

④ $\dfrac{14P}{a^2}$

줄어든 단면에서 P는 $\dfrac{a}{4}$ 만큼의 편심이 되므로

$$\sigma = \frac{P}{A} + \frac{Pe}{Z} = \frac{P}{a \times \dfrac{a}{2}} + \frac{P \times \dfrac{a}{4}}{\dfrac{a\left(\dfrac{a}{2}\right)^2}{6}} = \frac{2P}{a^2} + \frac{6P}{a^2} = \frac{8P}{a^2}$$

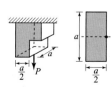

05 밑면에서 응력이 그림과 같을 때 하중의 편심거리가 가장 큰 단주는?

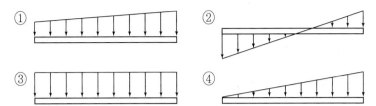

해설

응력분포와 하중 작용점
① 핵내부 편심
② 핵외부 편심
③ 중심점
④ 핵점
∴ 하중의 편심거리가 가장 큰 단주는 ②번이 된다.

06 기둥에 관한 다음 설명 중 잘못된 것은?

① 장주(long column)라 함은 길이가 긴 기둥을 말한다.
② 단주(short column)는 좌굴이 발생하기 전에 재료의 압축파괴가 먼저 일어난다.
③ 동일한 단면, 길이 및 재료를 사용한 기둥의 경우에도 기둥 단부의 구속조건에 따라 기둥의 거동특성이 달라질 수 있다.
④ 편심하중이 재하된 장주의 하중-변위($P-\delta$) 관계식은 처음부터 비선형으로 된다.

해설

① 장주는 길이에 비해 단면적이 작은 압축재로 세장비가 일정한 값 이상이 되어 좌굴에 의해 지배받는 기둥을 말하며 단순히 길이가 긴 기둥이 아니다.

07 다음 중 기둥의 오일러(Euler)식 $\sigma_{cr} = \dfrac{\pi^2 E}{\left(\dfrac{KL}{r}\right)^2}$ 에 대한 설명으로 옳은 것은?

① KL은 기둥의 유효좌굴 길이이다.

② $\dfrac{L}{r}$은 기둥단면의 최소 회전 반지름이다.

③ 일단고정, 타단힌지 기둥의 경우 $K = 2$이다.

④ 양단힌지 기둥의 경우 $K = 4$이다.

해설

② 세장비(λ)의 설명

③ $K = 0.7$

④ $K = 1$

08 그림과 같은 긴 기둥의 좌굴응력을 구하는 식은? (단, 기둥의 길이 L, 탄성계수 E, 세장비를 λ라 한다.)

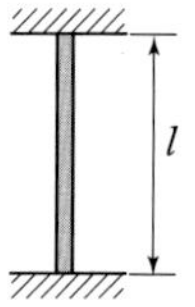

① $\dfrac{\pi^2 E}{4\lambda^2}$

② $\dfrac{2\pi^2 E}{\lambda^2}$

③ $\dfrac{4\pi^2 E}{\lambda^2}$

④ $\dfrac{\pi^2 E}{L^2}$

해설

양단 고정인 장주에서 좌굴하중은 $P = \dfrac{4\pi^2 EI}{l^2}$ 이므로

좌굴응력은 $\sigma = \dfrac{P}{A} = \dfrac{4\pi^2 EI}{l^2 A} = \dfrac{4\pi^2 Er^2}{l^2} = \dfrac{4\pi^2 E}{\lambda^2}$

09

다음 장주에서 양단의 지지상태와 그 좌굴길이에 대한 사항 중 옳지 <u>않은</u> 것은? (단, l : 기둥 길이)

① 일단자유, 타단고정 : $2l$

② 양단 Pin : $1.5l$

③ 일단 Pin , 타단고정 : $0.7l$

④ 양단고정 : $0.5l$

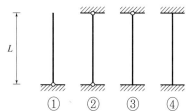

> **해설**
>
> ② 양단힌지 기둥의 좌굴길이 $l_k = 1l$ 이다.

10

기둥의 임계하중에 대한 설명 중에서 옳지 <u>않은</u> 것은?

① 기둥의 탄성계수에 정비례한다.

② 기둥단면의 단면 2차 모멘트에 정비례한다.

③ 기둥의 휨강도에 반비례한다.

④ 기둥의 길이의 제곱에 반비례한다.

> **해설**
>
> ③ 임계하중(P_{cr})은 휨강도(EI)에 비례한다.

11

지름 D, 길이 l인 원기둥의 세장비를 구하시오.

① $\dfrac{4l}{D}$　　　　　　　② $\dfrac{8l}{D}$

③ $\dfrac{4D}{l}$　　　　　　　④ $\dfrac{8D}{l}$

> **해설**
>
> $$\lambda = \frac{l}{r} = \frac{l}{\sqrt{\dfrac{I}{A}}} = \frac{l}{\sqrt{\dfrac{\dfrac{\pi D^4}{64}}{\dfrac{\pi D^2}{4}}}} = \frac{l}{\dfrac{D}{4}} = \frac{4l}{D}$$

12 그림과 같이 단면이 똑같은 장주(long column)가 있다. 세 기둥의 좌굴하중(Euler의 좌굴하중)을 비교할 때 옳은 것은?

① $P_{b1} > P_{b2} > P_{b3}$

② $P_{b1} < P_{b2} < P_{b3}$

③ $P_{b1} > P_{b2} = P_{b3}$

④ $P_{b1} < P_{b2} = P_{b3}$

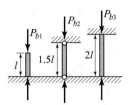

해설

$P_b = \dfrac{n\pi^2 EI}{l^2}$ 에서

$P_{b1} = \dfrac{1/4}{1^2} = 0.25$, $P_{b2} = \dfrac{1}{1.5^2} = 0.44$, $P_{b3} = \dfrac{4}{2^2} = 1$

$\therefore$ $P_{b1} < P_{b2} < P_{b3}$

Tip 소수점 계산까지는 끝까지 안 해도 좋다. 서로 대소관계까지만 파악해 빠르게 답을 고른다.

13 그림과 같은 직사각형 단면의 단주에 150 kN의 하중이 중심으로부터 100mm 만큼 편심되어 있을 경우 부재에 생기는 최대응력과 최소응력[MPa]은?

	최대응력	최소응력
①	−5	+1
②	−5	+1
③	−7.5	+2.0
④	−7.5	+2.5

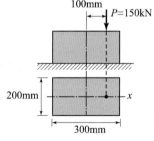

해설

$\sigma = -\dfrac{P}{A} \mp \dfrac{M}{Z} = -\dfrac{150 \times 1,000}{200 \times 300} \mp \dfrac{150 \times 1,000 \times 100}{\dfrac{200 \times 300^2}{6}} = 2.5 \mp 5$

$\therefore$ $\sigma_{max} = -2.5 - 5 = -7.5 \text{MPa}$, 압축

$\sigma_{min} = -2.5 + 5 = +2.5 \text{MPa}$, 인장

14 기둥에 관한 사항 중 옳지 <u>않은</u> 것은?

① 기둥은 단주, 중간주, 장주로 구분할 수 있다.

② 단주에서 응력은 $\dfrac{P}{A} \pm \dfrac{M}{I}y$ 에서 구할 수 있다.

③ 일반적으로 기둥의 재하능력은 기둥의 상·하 단부 조건과 단면의 형태와 기둥의 길이에 따라서도 달라진다.

④ 압축응력보다는 인장응력에 의해서 결정된다.

> **해설**
>
> ④ 기둥은 축방향 압축력을 받는 구조물이다.

15 그림과 같이 단주에 편심하중 P=180kN이 작용할 때 단면 내에 응력이 0인 위치는 A점으로부터 얼마인가?

① 6cm

② 8cm

③ 10cm

④ 12cm

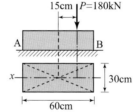

> **해설**
>
> 응력 $\sigma = 0$ 인 위치 x 를 구하면 (도심으로부터)
>
> $$\sigma = -\frac{P}{A} \mp \frac{M}{I_y}x = -\frac{180 \times 1,000}{300 \times 600} \mp \frac{180 \times 1,000 \times 150}{\dfrac{300 \times 600^3}{12}} \times x = 0$$
>
> $\therefore\ x = 20\,\text{cm}$(도심에서 좌측으로)
>
> 따라서 A점으로부터의 거리는 10cm가 된다.
>
> 또 다른 공식을 적용해보면 아래와 같다.
>
> $$x_0 = -\frac{b^2}{12 \cdot e_x} = \frac{-60^2}{12 \cdot 15} = 20\,\text{cm}(\text{도심에서 좌측으로})$$
>
> A점으로부터의 거리는 10cm가 된다.

16 그림과 같은 단주에 편심하중 $P=120kN$이 작용할 때 AD의 연응력[MPa]은?
(단, + 인장, - 압축이다.)

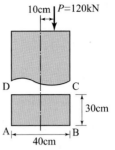

① 1

② 0.5

③ 0

④ -0.5

> 해설

AD면은 편심의 반대쪽이므로

$$\sigma_{AD} = -\frac{P}{A} + \frac{M}{Z} = -\frac{120 \times 1,000}{300 \times 400} + \frac{120 \times 1,000 \times 100}{\frac{300 \times 400^2}{6}} = -1 + 1.5 = 0.5 \text{MPa(인장)}$$

17 지름 80cm의 원형 단면 기둥의 중심으로부터 10cm 떨어진 곳에 60kN의 집중
하중이 작용할 때 A점에 발생되는 응력의 크기[MPa]를 구한 값은? (단, π는 3
을 적용한다.)

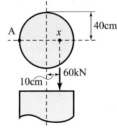

① 2.5

② 1.5

③ 1

④ 0

> 해설

하중의 작용점이 원형단면의 핵점 $\frac{d}{8}$에 위치하므로 $\sigma_A = 0$이 된다.

18 다음 사각형 단면의 핵 면적은?

① $\frac{bh}{6}$

② $\frac{bh}{18}$

③ $\frac{bh}{36}$

④ $\frac{bh}{72}$

> 해설

중심으로부터 핵거리 만큼의 직각삼각형의 4개 면적이 동일하므로 직각삼각형 1개의 면적은

$$a_1 = \frac{1}{2} e_x e_y = \frac{1}{2} \times \frac{b}{6} \times \frac{h}{6} = \frac{bh}{72} \qquad \therefore A = 4a_1 = 4 \times \frac{bh}{72} = \frac{bh}{18}$$

19

그림에서 ◇acbd는 □ABCD의 핵심(core)을 나타낸 것이다. x, y가 옳게 된 것은?

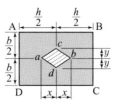

① $x = \dfrac{h}{6}$, $y = \dfrac{b}{6}$ ② $x = \dfrac{h}{6}$, $y = \dfrac{b}{3}$

③ $x = \dfrac{h}{3}$, $y = \dfrac{b}{6}$ ④ $x = \dfrac{h}{3}$, $y = \dfrac{b}{3}$

해설

직사각형 단면의 핵

$x = \dfrac{h}{6}$, $y = \dfrac{b}{6}$

20

그림과 같은 단면의 단주(短柱)에 하중 P가 단면의 중심으로부터 편심거리 e 만큼 떨어져서 작용한다. **틀린** 것은 어느 것인가? (단, A : 단면적)

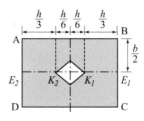

① 하중 P가 E_1에 작용하면 AD 인장 응력이 생긴다.

② 하중 P가 K_1에 작용하면 AD 응력은 0이다.

③ 하중 P가 도심에 작용할 때 압축 응력의 크기는 $\dfrac{P}{A}$이다.

④ 하중 P가 K_2에 작용할 때 AD 면의 응력은 $\sigma = -\dfrac{P}{A}\left(1 - \dfrac{6e}{h}\right)$이다.

해설

하중 P가 K_2에 작용할 때

$$\sigma_{AD} = -\frac{P}{A} - \frac{M}{Z} = -\frac{P}{bh} - \frac{Pe}{\dfrac{bh^2}{6}} = -\frac{P}{bh}\left(1 + \frac{6e}{h}\right) = -\frac{P}{A}\left(1 + \frac{6e}{h}\right)$$

21 원의 직경(지름)이 d인 단주기둥에 편심하중 P가 작용할 경우 최대 최소응력을 구할 수 있는 식은?

① $\dfrac{P}{A}\left(1 \pm \dfrac{4e}{d}\right)$

② $\dfrac{P}{A}\left(1 \pm \dfrac{6e}{d}\right)$

③ $\dfrac{P}{A}\left(1 \pm \dfrac{8e}{d}\right)$

④ $\dfrac{P}{A}\left(1 \pm \dfrac{10e}{d}\right)$

> **해설**
>
> $$\sigma = \frac{P}{A} \pm \frac{M}{Z} = \frac{P}{\dfrac{\pi d^2}{4}} \pm \frac{Pe}{\dfrac{\pi d^3}{32}} = \frac{P}{\dfrac{\pi d^2}{4}} \pm \frac{Pe}{\dfrac{\pi d^2}{4} \times \dfrac{d}{8}} = \frac{P}{\dfrac{\pi d^2}{4}}\left(1 \pm \frac{e}{\dfrac{d}{8}}\right)$$
>
> $$= \frac{P}{A}\left(1 \pm \frac{8e}{d}\right)$$

22 직사각형 단면의 단주에서 편심거리 e되는 점에 하중 P가 작용할 때 $e > \dfrac{h}{6}$ (x축)인 경우 단면에 생기는 응력의 분포도로써 옳은 것은?

①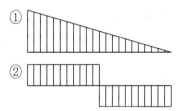

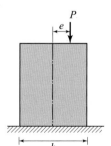

③

④

> **해설**
>
> 편심거리가 단면의 핵을 벗어났으므로 편심의 반대쪽 위치에 인장응력이 발생한다.

23 중력식 옹벽이나 댐에서 외력의 합력 작용 위치에 대한 것 중 옳은 것은?

① 저면폭의 $\frac{1}{3}$ 이내에 있으면 인장응력이 생긴다.

② 저면폭의 $\frac{1}{3}$ 이내에 있으면 활동(sliding)이 일어난다.

③ 저면폭의 $\frac{1}{3}$ 점에 있으면 최대 압력도는 평균압력도와 같다.

④ 저면폭의 $\frac{1}{3}$ 점에 있으면 최대 압력도는 평균압력도의 2배가 된다.

해설

④ 즉, 편심의 위치가 저면폭의 $\frac{1}{3}$ 이내에 있으면 압축응력이 생기고, $\frac{1}{3}$ 점(핵점)에 있으면 삼각형 분포가 되므로 최대응력은 평균응력의 2배가 된다.

24 그림과 같은 단면의 핵거리 k를 구하는 식으로서 옳은 것은?

① $\dfrac{I_x}{A \cdot y_2}$

② $\dfrac{I_y}{A \cdot y_2}$

③ $\dfrac{I_y}{A \cdot y_1}$

④ $\dfrac{I_x}{A \cdot y_1}$

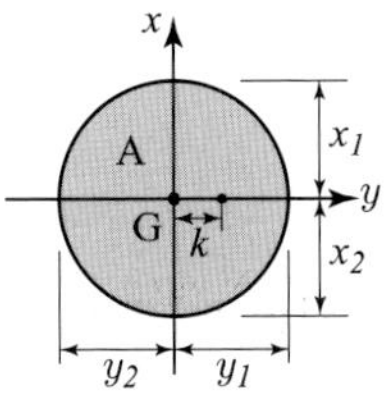

해설

핵거리 $K = \dfrac{Z_x}{A} = \dfrac{\dfrac{I_x}{y_2}}{A} = \dfrac{I_x}{A y_2}$

정답 21 ③ 22 ③ 23 ④ 24 ①

25 다음 장주의 좌굴에 대한 설명 중 <u>틀린</u> 것은?

① 장주의 강도는 I(단면 2차 모멘트)에 비례하고, 길이 l의 자승에 반비례한다.
② 좌굴응력은 세장비 자승에 반비례한다.
③ 같은 단면의 기둥에서 직사각형단면보다 정사각형이 강하다.
④ 세장비는 길이 l과 회전반경 r의 비로 표시하고 r는 그 단면에서 최대의 것을 사용한다.

해설

세장비를 구할 때 단면 2차 반지름(r)이 최소가 되도록 한다.

26 세장비(細長比)에 관한 설명 중 옳지 <u>않은</u> 것은?

① 세장비란 부재 길이와 그 단면의 최소 회전반경과의 비를 말한다.
② 세장비는 압축 부재의 강도를 지배하는 한 요소이다.
③ 세장비는 인장 부재의 강도에도 영향을 미친다.
④ 세장비는 재료 자체의 역학적 성질과는 아무 관계가 없다.

해설

③ 세장비는 일반적으로 압축을 받는 장주의 강도를 지배하는 하나의 요소이며, 재료 자체의 역학적 성질과는 무관하게 단면의 형상에 따른 영향을 미친다.

27 직경이 d인 원형단면의 기둥이 있다. 이 기둥의 길이가 $10d$일 때 이 기둥의 세장비는 얼마인가?

① 10
② 20
③ 30
④ 40

해설

$$\lambda = \frac{l}{r_{\min}} = \frac{l}{\sqrt{\dfrac{I}{A}}} = \frac{l}{\sqrt{\dfrac{\dfrac{\pi d^4}{64}}{\dfrac{\pi d^2}{4}}}} = \frac{l}{\sqrt{\dfrac{d^2}{16}}} = \frac{l}{\dfrac{d}{4}} = \frac{4l}{d}$$

$$\therefore \lambda = \frac{4l}{d} = \frac{4 \times 10d}{d} = 40$$

28

외반지름 R_1, 내반지름 R_2 인 중공(中空) 원형단면의 핵은? (단, 핵의 반지름을 e로 표시했음)

① $e = \dfrac{\left(R_1{}^2 + R_2{}^2\right)}{4R_1}$

② $e = \dfrac{\left(R_1{}^2 - R_2{}^2\right)}{4R_1}$

③ $e = \dfrac{\left(R_1{}^2 - R_2{}^2\right)}{4R_1{}^2}$

④ $e = \dfrac{\left(R_1{}^2 + R_2{}^2\right)}{4R_1{}^2}$

해설

$I = \dfrac{\pi D^4}{64} = \dfrac{\pi R^4}{4}$ 에서 $I = \dfrac{\pi}{4}(R_1{}^4 - R_2{}^4)$ 이고, $A = \pi(R_1{}^2 - R_2{}^2)$ 이다.

$Z = \dfrac{I}{y} = \dfrac{\pi}{4R_1}(R_1{}^4 - R_2{}^4)$

따라서 $e = \dfrac{Z}{A} = \dfrac{\dfrac{\pi}{4R_1}(R_1{}^4 - R_2{}^4)}{\pi(R_1{}^2 - R_2^2)}$

여기서 $R_1{}^4 - R_2{}^4 = (R_1{}^2 + R_2{}^2)(R_1{}^2 - R_2{}^2)$ 이 되므로

$\therefore e = \dfrac{R_1{}^2 + R_2{}^2}{4R_1}$

29

그림과 같은 짧은 기둥의 단면의 K점에 100kN의 하중이 작용하여 변 AB에 인장 응력 $\sigma_{AB} = 1.375$MPa이 발생한다면 편심거리 e의 값[cm]은?

① 10

② 12

③ 14

④ 16

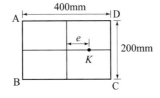

해설

$\sigma_{AB} = \dfrac{P}{A}\left(1 - \dfrac{6e}{b}\right) = \dfrac{100 \times 10^3}{200 \times 400}\left(1 - \dfrac{6 \times e}{400}\right) = -1.375$

$\therefore e = 140\text{mm} = 14\text{cm}$

30 기둥에 대한 설명 중 옳지 <u>않은</u> 것은?

① 세장비로 단주, 중간주, 장주로 구별한다.

② 단주, 중간주, 장주에 따라서 기둥의 강도가 달라진다.

③ 오일러 공식, 테트마이어 공식, 존슨 공식은 장·단주에 모두 적용된다.

④ 편심하중이 작용하면 단면의 중심에서 모멘트가 발생한다.

> 해설
>
> 기둥의 종류에 따라 다른 공식을 적용한다.
>
> ∴ 오일러 공식은 장주에 적용하고, 테트마이어 공식, 존슨 공식과 같은 실험식(경험
> 공식)은 중간주에 적용한다.
>
> ※ 기둥의 종류에 따른 해석방법
>
> | 단 주 | 후크의 법칙 적용 |
> |-------|------------------|
> | 중간주 | 실험 공식 적용 |
> | 장 주 | 오일러 공식 적용 |

31 그림과 같이 $P = 500$kN과 $M = 20$kN·m의 모멘트 하중이 작용하는 단주에서 편심거리 e[cm]는?

① 4

② 6

③ 10

④ 12

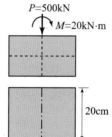

> 해설
>
> 편심거리
>
> $$e = \frac{M}{P} = \frac{20}{500} = 0.04\,\text{m} = 4\,\text{cm}$$
>
> ※ 편심축하중을 받는 기둥해석 ➡ 중심축하중으로 변환하여 해석
>
>
>
> ∴ $M = Pe$에서 편심거리 $e = \dfrac{M}{P}$

32 다음 그림과 같은 직사각형 단면의 기둥에서 핵의 면적[cm²]은?

① 100

② 160

③ 200

④ 240

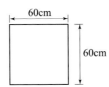

해설

핵거리 $e_x = e_y = \dfrac{60}{6} = 10\,\text{cm}$

핵지름 $2e = 20\,\text{cm}$

$\therefore$ 핵면적 $A = \dfrac{20 \times 20}{2} = 200\,\text{cm}^2$

33 그림과 같이 직사각형 단면을 갖는 단주의 도심축에 수직, 수평 하중이 동시에 작용하고 있다. 단면의 어느 곳에도 인장응력이 발생하지 않도록 하는 최소 길이 h[m]는?

① 0.5

② 1.0

③ 1.5

④ 2.0

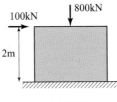

(a) 단주

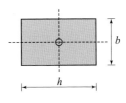

(a) 단주

해설

최대 휨모멘트가 발생하는 고정단에서 인장응력이 없어야 하므로 $e = \dfrac{M}{P} \leq \dfrac{h}{6}$

$\therefore h \geq \dfrac{6M}{P} = \dfrac{6(200)}{800} = 1.5\,\text{m}$

또는 고정단의 연단에서 인장응력이 생기지 않아야 하므로

$\sigma = \dfrac{P}{bh} - \dfrac{6M}{bh^2} \geq 0$에서 h에 관해서 정리하면

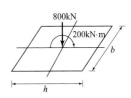

$h \geq \dfrac{6M}{P} = \dfrac{6(200)}{800} = 1.5\,\text{m}$

34 그림과 같이 P=600N인 단주에서 최대인장응력[MPa]은? (단, 폭은 3cm이다.)

① 1

② 2

③ 8

④ 10

해설

최대인장응력은 최소단면에서 발생하므로

$$\sigma_{max} = \frac{P}{A} - \frac{M}{Z} = \frac{P}{A}\left(1 - \frac{6e}{b}\right) = \frac{600}{20 \times 30}\left(1 - \frac{6 \times 3}{2}\right) = -8\,\text{N/mm}^2 = -8\,\text{MPa}$$

35 그림과 같이 주어진 단주에 편심하중 1,440kN이 작용하고 있다. 이때 A점에 발생하는 응력은 얼마인가?

① 25MPa(압축)

② 25MPa(인장)

③ 30MPa(인장)

④ 20MPa(인장)

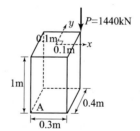

해설

$$\sigma_A = \frac{P}{A} - \frac{Pe_y}{I_x}\left(\frac{h}{2}\right) - \frac{Pe_x}{I_y}\left(\frac{b}{2}\right) = \frac{P}{A} - \frac{Pe_y}{\frac{bh^3}{12}}\left(\frac{h}{2}\right) - \frac{Pe_x}{\frac{hb^3}{12}}\left(\frac{b}{2}\right)$$

$$= \frac{P}{bh} - \frac{6Pe_y}{bh^2} - \frac{6Pe_x}{bh^3} = \frac{P}{bh}\left(1 - \frac{6e_y}{h} - \frac{6e_x}{b}\right)$$

$$= \frac{1,440}{(0.3)(0.4)} \times \left(1 - \frac{6 \cdot 0.1}{0.4} - \frac{6 \cdot 0.1}{0.3}\right)$$

$$= 30\,\text{MPa(인장)}$$

36 그림과 같은 연속 기초 단면의 A점에 생기는 압축응력을 0이 되도록 기초 폭 [m]을 결정한 것으로 옳은 것은?

① 1.0

② 2.0

③ 2.5

④ 2.7

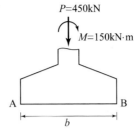

해설

집중하중이 핵점에 작용해야 하므로 $e = \dfrac{M}{P} = \dfrac{b}{6}$ 에서

$$\therefore\ b = \frac{6M}{P} = \frac{6(150)}{450} = 2\,\mathrm{m}$$

37 다음과 같은 구조물에서 기둥 BD의 좌굴에 대한 안전율이 2일 때, C점에 작용할 수 있는 허용하중 P는? (단, 기둥BD의 EI는 일정하다.)

① $\dfrac{\pi^2 EI}{L^2}$

② $\dfrac{2\pi^2 EI}{L^2}$

③ $\dfrac{\pi^2 EI}{2L^2}$

④ $\dfrac{\pi^2 EI}{4L^2}$

해설

(1) 기둥 BD의 압축력은 D점의 반력과 같으므로 $\sum M_A = 0$: $P(2a) - R_D(a) = 0$

$$\therefore\ R_A = 2P$$

(2) 좌굴하중 $2P = \dfrac{\pi^2 EI}{\left(\dfrac{L}{\sqrt{2}}\right)^2}$ $\therefore\ P_{cr} = \dfrac{\pi^2 EI}{L^2}$

(3) 허용하중 $P_a = \dfrac{P_{cr}}{S} = \dfrac{\pi^2 EI}{2L^2}$

38 일단고정, 타단 힌지 기둥에서 기둥 길이가 L 이고, 기둥의 탄성계수가 E, 단면 2차 모멘트가 I 일 때 이 기둥의 허용하중은?

① $\dfrac{\pi^2 EI}{L^2}$　　　　　　　② $\dfrac{2\pi^2 EI}{L^2}$

③ $\dfrac{4\pi^2 EI}{L^2}$　　　　　　　④ $\dfrac{\pi^2 EI}{4L^2}$

해설

일단고정, 타단힌지 기둥이므로　$P_{cr} = \dfrac{\pi^2 EI}{L_k^2} = \dfrac{\pi^2 EI}{\left(\dfrac{L}{\sqrt{2}}\right)^2} \le P_a$　$\therefore P_a = \dfrac{2\pi^2 EI}{L^2}$

39 그림과 같이 직사각형 단면의 짧은 기둥에 중심으로부터 a만큼 편심되어 하중 P가 작용하는 경우 부재에 생기는 최대 압축응력의 크기는?

① $\dfrac{3P}{8a^2}$

② $\dfrac{5P}{8a^2}$

③ $\dfrac{7P}{8a^2}$

④ $\dfrac{9P}{8a^2}$

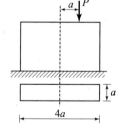

해설

$\sigma_{c,\max} = \dfrac{P}{A}\left(1 + \dfrac{6e}{b}\right) = \dfrac{P}{4a(a)}\left(1 + \dfrac{6a}{4a}\right) = \dfrac{5P}{8a^2}$　　편의상 +가 압축이다.

40 양 끝단이 핀연결되어 있고 세장비가 100인 장주(long column)가 중심축하중을 받을 때, 허용압축응력[MPa]은? (단, 탄성계수는 200GPa이고 안전계수 F_s 는 2.0이다.)

① $20\pi^2$

② $10\pi^2$

③ $7\pi^2$

④ $5\pi^2$

해설

장주의 좌굴에 대한 안전율

$$F_s = \frac{\sigma_{cr}}{\sigma_a} \text{에서} \quad \therefore \ \sigma_a = \frac{\sigma_{cr}}{F_s} = \frac{\pi^2 E}{\lambda^2 F_s} = \frac{\pi^2 (200 \times 10^3)}{(100)^2 \times (2)} = 10\pi^2$$

41 그림과 같은 강체기둥의 좌굴하중은?

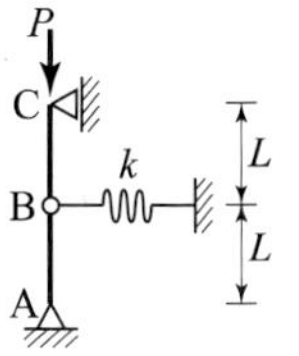

① kL

② $\dfrac{kL}{2}$

③ $\dfrac{kL}{3}$

④ $\dfrac{kL}{4}$

해설

좌굴 후에도 평형을 유지하므로 $\sum M_B' = 0$에서

$$P_{cr}\delta = \frac{k\delta}{2}(L) = 0$$

$$\therefore \ P_{cr} = \frac{kL}{2}$$

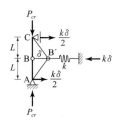

42 다음과 같은 두 장주의 좌굴하중이 같다면 기둥 길이비 $\left(\dfrac{L_1}{L_2}\right)$는?

① 2

② 4

③ 0.25

④ 0.5

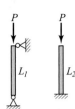

좌굴하중 $P_{cr} = \dfrac{\pi^2 EI}{L_k^2}$ 에서 $\dfrac{\pi^2 EI}{L_1^2} = \dfrac{\pi^2 EI}{(2L_2)^2}$ 이므로

$\dfrac{L_1^2}{L_2^2} = 4$ $\therefore$ $\dfrac{L_1}{L_2} = 2$

43 그림 (a)와 같이 하단이 핀으로 연결되고 상단이 스프링 상수 β인 스프링으로 연결된 봉 AB가 있다. 봉이 외력을 받아 그림 (b)와 같이 미소각 θ만큼 회전한 상태에서 힘 P를 받는다면 임계하중 P_{cr}은 얼마인가?

① $P_{cr} = \beta L$

② $P_{cr} = \beta L^2$

③ $P_{cr} = \beta \theta L$

④ $P_{cr} = \beta \theta L^2$

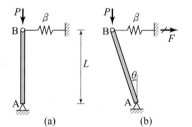

(a)   (b)

해설

좌굴 후에도 평형을 유지하므로 $\sum M_A = 0$을 적용하면 $P_{cr}(L\theta) = \beta(L\theta)L$

$\therefore$ $P_{cr} = \beta L$

44

다음과 같이 18kN의 축하중을 받는 12m 길이의 직사각형단면기둥(양단 고정)을 설계하고자 한다. 약축 및 강축 모두 휨좌굴이 가능하다고 가정할 때, 좌굴하지 않기 위한 단면 최소치수 a[mm]는? (단, 부재의 탄성계수 $E = 2 \times 10^5$MPa이다.)

① $\dfrac{40}{\sqrt{\pi}}$

② $\dfrac{43.64}{\sqrt{\pi}}$

③ $\dfrac{60}{\sqrt{\pi}}$

④ $\dfrac{63.64}{\sqrt{\pi}}$

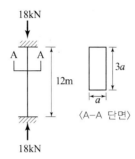

〈A-A 단면〉

해설

좌굴은 단면의 치수가 작은 쪽에서, 즉 단면 2차 모멘트가 최소인 지점을 기준으로 발생한다.

$$P \le P_{cr} = \frac{\pi^2 E I_{\min}}{L_k^{\ 2}} = \frac{\pi^2 E \left(\dfrac{3a^4}{12} \right)}{(kL)^2}$$ 에서 a에 관하여 정리하면

$$a = \sqrt[4]{\frac{4P(kL)^2}{\pi^2 E}} = \sqrt[4]{\frac{4(18 \times 10^3) \times (0.5 \times 12 \times 10^3)^2}{\pi^2 (2 \times 10^5)}}$$

$$\therefore \ a = \frac{60}{\sqrt{\pi}}$$

11 부록

2015 지방공무원 경력경쟁임용 필기시험

· 필기시험 시험시간 : 20분   · 자가진단점수 1차 : _____ 2차 : _____   · 학습진도 30% 60% 90% ☐ ☐ ☐

---

1 그림과 같이 500mm×500mm인 단면의 캔틸 레버 보가 5kN/m의 등분포하중을 받을 때, 이 보에 발생하는 최대전단응력[N/mm²]은?

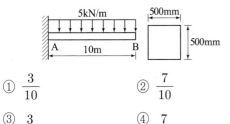

① $\dfrac{3}{10}$

② $\dfrac{7}{10}$

③ 3

④ 7

---

02 그림과 같은 내민보에서 최대 휨모멘트가 일어나는 위치의 A점으로부터 거리 x[m]는?

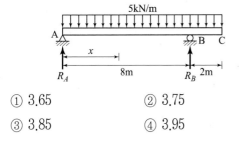

① 3.65

② 3.75

③ 3.85

④ 3.95

---

03 그림과 같은 단순보에서 A, B, C점의 응력에 대한 설명으로 옳지 <u>않은</u> 것은?

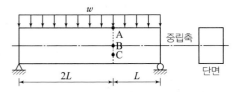

① 전단응력을 가장 크게 받는 부분은 B점이다.

② 휨응력을 가장 크게 받는 부분은 A점이다.

③ B점에서는 휨응력이 발생하지 않는다.

④ C점에서는 전단응력이 발생하지 않는다.

---

04 그림은 기둥의 지지방법을 나타낸 것이다. 기둥의 유효길이가 큰 것부터 작은 것 순서대로 나열된 것은?

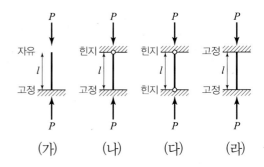

① (가) – (나) – (다) – (라)

② (라) – (나) – (다) – (가)

③ (가) – (다) – (나) – (라)

④ (라) – (가) – (다) – (나)

05 그림과 같은 보의 단면에 전단력 V=48kN이 작용할 때, 이 보에 발생하는 최대 전단응력[MPa]은?

① 0.3
② 0.5
③ 1.0
④ 1.5

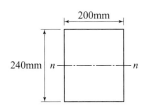

06 그림과 같은 직사각형 단면의 x축에 대한 단면1차모멘트[mm³]는?

① 96×10^6
② 72×10^6
③ 54×10^6
④ 45×10^6

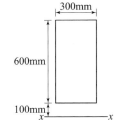

07 단면 중심에 인장력 P가 작용하는 지름이 D인 강봉의 인장응력을 f_1이라 하고, 동일한 인장력이 작용하는 지름이 $4D$인 강봉의 인장응력을 f_2라고 할 때, 인장응력의 비 $\dfrac{f_2}{f_1}$는?

① $\dfrac{1}{16}$

② $\dfrac{1}{4}$

③ 2

④ 4

 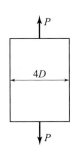

08 그림과 같은 도형의 x축에 대한 단면1차모멘트[mm³]는?

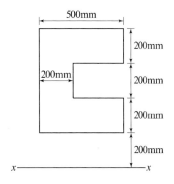

① 10×10^7 ② 12×10^7
③ 15×10^7 ④ 17×10^7

09 평면 트러스 구조를 해석할 때, 적용하는 가정으로 옳지 <u>않은</u> 것은?

① 부재는 마찰이 없는 힌지로 결합되어 있다.
② 외력은 모두 격점에만 작용한다.
③ 트러스의 부재축과 외력은 같은 평면 내에 있다.
④ 부재는 직선재이고, 모든 격점은 고정되어 있다.

10 단면의 성질을 나타내는 값 중에서 축을 기준으로 방향에 따라 (+) 또는 (−)값을 가질 수 있는 것은?

① 단면2차모멘트
② 단면1차모멘트
③ 단면2차극모멘트
④ 회전반지름

11 그림과 같이 평면 위에 놓여 있는 무게 10kN 의 물체를 넘어뜨리는 데 필요한 힘[kN] P의 최솟값은?

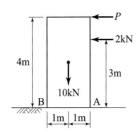

① 1   ② 1.5

③ 5   ④ 12

12 그림과 같이 세 힘 P_1, P_2, P_3가 평형을 이루고 있을 때, 힘 P_1의 작용거리 x[m]는?

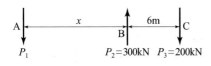

① 6   ② 8

③ 10   ④ 12

13 길이 2m, 단면적 200mm²의 강봉에 200kN의 하중을 가하여 인장하였다. 이때 강봉의 신장량 [mm]은? (단, 강봉의 탄성계수는 2.0×10^5MPa이며, 강봉의 자중은 무시한다.)

① 1   ② 5

③ 10   ④ 15

14 그림에서 주어진 힘 P=100kN의 수평분력 (P_x)과 수직분력(P_y)의 값[kN]은? (단, $\sqrt{3}$ =1.7320이다.)

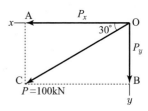

	P_x	P_y
①	86.6	50.0
②	50.0	86.6
③	76.6	65.0
④	66.6	45.0

15 그림과 같이 무게 50kN인 물체를 두 개의 끈으로 매달았을 때, 끈 AC에 작용하는 인장력 T [kN]는? (단, 끈의 자중은 무시한다.)

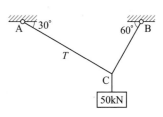

① 25   ② $25\sqrt{3}$

③ 50   ④ $50\sqrt{3}$

16 그림과 같이 단면적이 변하는 강봉에서 최하단의 처짐량 δ는? (단, 강봉의 탄성계수는 E이고, 자중은 무시한다.)

① $\dfrac{5PL}{6EA}$

② $\dfrac{9PL}{5EA}$

③ $\dfrac{7PL}{3EA}$

④ $\dfrac{7PL}{2EA}$

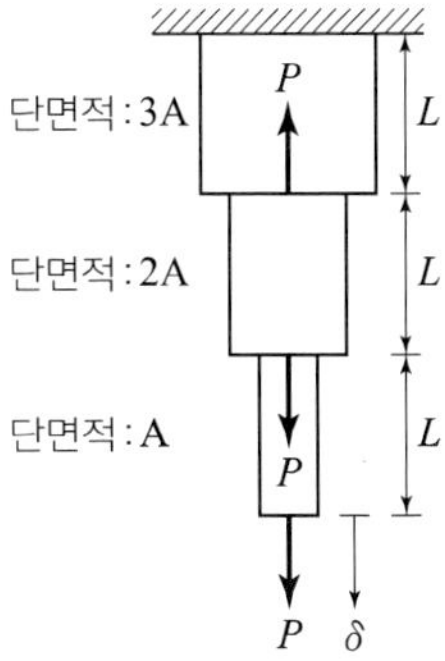

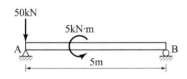

17 그림과 같이 집중하중 50kN, 모멘트하중 5kN·m가 작용하는 단순보에서 A점의 반력[kN]은?

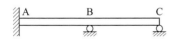

① 49(↑) ② 50(↑)

③ 51(↑) ④ 52(↑)

18 그림과 같은 연속보의 부정정 차수는?

① 1 ② 2

③ 3 ④ 4

19 그림과 같이 삼각형 분포하중을 받는 단순보의 중앙점 C에 발생하는 휨모멘트는?
(단, 단순보의 자중은 무시한다.)

① $\dfrac{1}{3}wL$

② $\dfrac{1}{3}wL^2$

③ $\dfrac{1}{6}wL$

④ $\dfrac{1}{6}wL^2$

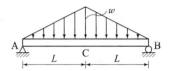

20 길이가 같은 두 단순보에서 보의 중앙점에 작용하는 집중하중 P_1과 P_2가 같을 때, 보의 단면이 그림과 같다면 최대처짐의 비 $\dfrac{y_1}{y_2}$는? (단, 두 단순보의 탄성계수는 동일하고, 자중은 무시한다.)

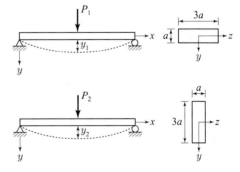

① $\dfrac{1}{9}$ ② $\dfrac{1}{3}$

③ 3 ④ 9

01 그림과 같이 힘 P가 작용할 때, O점에 대한 모멘트[kN·m]는? (단, 시계방향 (+), 반시계방향 (−)으로 한다)

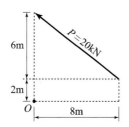

① 32

② −32

③ 128

④ −128

02 그림과 같은 구조물의 부정정 차수는?

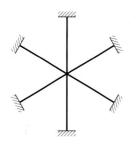

① 15차

② 16차

③ 17차

④ 19차

03 그림과 같은 단순보에서 지점 A의 수직 반력 [kN]은? (단, 자중은 무시한다)

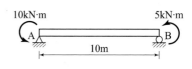

① 1.5

② 1.8

③ 2.0

④ 2.3

04 그림과 같은 트러스 구조에서 GF 부재의 부재 력[kN]은?

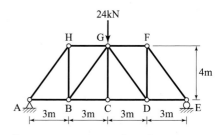

① −7

② −8

③ −9

④ −10

05 그림과 같은 단면에 대해 $x-x$축에 대한 단면 2차모멘트[mm⁴]는?

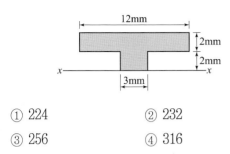

① 224   ② 232

③ 256   ④ 316

06 그림과 같은 캔틸레버 보에서 C점에 집중하중 P와 BC구간에 등분포하중 w가 작용할 때, 고정단 A에서의 모멘트 반력[kN·m]은? (단, 자중은 무시한다)

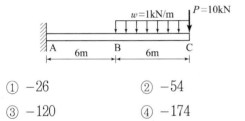

① -26 ② -54

③ -120 ④ -174

07 그림과 같이 길이가 300 mm이고, 한 변의 길이가 100 mm인 정사각형 단면의 부재가 양 끝이 고정되어 있어서 길이의 변화가 없다. 온도가 10℃ 하강했을 때, 이로 인한 부재의 축방향 단면력의 크기[kN]는? (단, 탄성계수 $E= 2.0×10^6$ MPa이고, 열팽창계수 $\alpha = 1.0×10^{-6}/℃$이며, 자중은 무시한다)

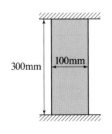

① 100   ② 200

③ 1,000   ④ 2,000

08 그림과 같은 단순보에 등분포하중이 작용할 때, 지점 A에서 2m 떨어진 위치 C에서의 전단력[kN]은? (단, 자중은 무시한다.)

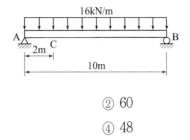

① 80   ② 60

③ 55   ④ 48

09 그림과 같은 캔틸레버 보의 부재 중앙에 하중 P가 작용할 때, B점의 수직 처짐은? (단, 휨강성 EI는 일정하고, 자중은 무시한다.)

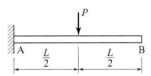

① $\dfrac{PL^3}{24EI}$ ② $\dfrac{PL^3}{16EI}$

③ $\dfrac{PL^3}{12EI}$ ④ $\dfrac{5PL^3}{48EI}$

10 그림과 같은 부재에서 B점에 힘 $4P$가 작용하고, C점에 힘 P가 작용할 때, 전체 늘어난 길이(ΔL)는? (단, 단면적은 A이고, 탄성계수는 E이다.)

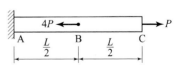

① $\dfrac{PL}{EA}$ ② $\dfrac{3PL}{EA}$

③ $-\dfrac{PL}{EA}$ ④ $-\dfrac{2PL}{EA}$

11 그림과 같이 막대에 여러 힘이 작용할 때, 평형을 유지하도록 하기 위해 A점에 작용해야 할 힘 P_A [kN]는? (단, 부재는 무한강성이고, 자중은 무시한다.)

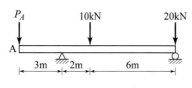

① 30   ② 47

③ 60   ④ 75

12 길이 1m인 기둥의 단면적이 100cm²이고 최소단면2차모멘트가 10,000cm⁴일 때, 기둥의 세장비는?

① 5   ② 10

③ 20   ④ 40

13 그림과 같은 게르버 보에서 지점 C에 발생하는 반력은? (단, 자중은 무시한다)

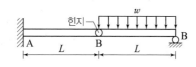

① wL ② $\dfrac{wL}{4}$

③ $\dfrac{wL}{2}$ ④ $\dfrac{3}{4}wL$

14 그림과 같은 캔틸레버 보에 등분포하중이 작용할 때, B점의 처짐은? (단, 휨강성 EI는 일정하고, 자중은 무시한다.)

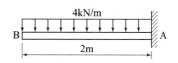

① $\dfrac{5}{EI}$ ② $\dfrac{6}{EI}$

③ $\dfrac{7}{EI}$ ④ $\dfrac{8}{EI}$

15 그림과 같이 지름 b = 100mm, 길이 l = 500mm, 푸아송 비 ν = 0.2인 강재에 인장력이 작용할 때, 축방향 변형률이 0.005 발생했다. 이때 지름의 감소량 Δb [mm]는? (단, 자중은 무시한다.)

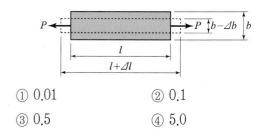

① 0.01   ② 0.1

③ 0.5   ④ 5.0

16 그림(a), 그림(b), 그림(c)와 같은 힘이 작용할 때, 그림 (a)~(c)에서 각각 A, B, C점에 대한 모멘트의 크기를 M_A, M_B, M_C라 하면, 각 모멘트 크기를 비교한 것으로 옳은 것은?

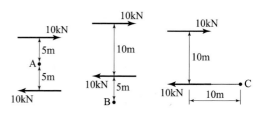

① $M_A = M_B = M_C$ ② $M_A > M_C > M_B$

③ $M_A > M_B > M_C$ ④ $M_B > M_C > M_A$

17 그림과 같은 삼각형 분포하중을 받는 단순보에서 부재 중앙 C점의 휨모멘트[kN·m]는? (단, 자중은 무시한다.)

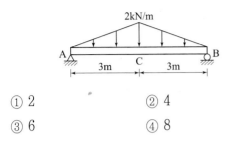

① 2   ② 4
③ 6   ④ 8

18 그림과 같은 양단 고정인 부정정보에 집중하중 P가 C점에 작용할 때, C점에서의 휨모멘트[kN·m]는? (단, 자중은 무시한다.)

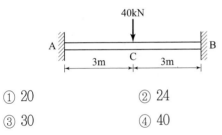

① 20   ② 24
③ 30   ④ 40

19 그림과 같은 부정정보에서 지점 B의 수직 반력은? (단, 자중은 무시한다.)

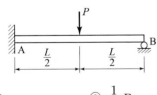

① $\dfrac{5}{16}P$ ② $\dfrac{1}{8}P$

③ $\dfrac{1}{4}P$ ④ $\dfrac{3}{16}P$

20 그림과 같이 폭 200mm, 높이 300mm의 단면을 가지는 단순보의 중앙에 집중하중이 작용할 때, 보에 발생하는 최대전단응력[MPa]은? (단, 자중은 무시한다.)

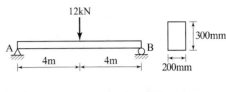

① 0.10   ② 0.15
③ 0.20   ④ 0.25

2017 지방공무원 경력경쟁임용 필기시험

• 필기시험 시험시간 : 20분 　　• 자가진단점수 1차 : _____　2차 : _____　　• 학습진도 30% 60% 90% ☐ ☐ ☐

01 그림과 같이 직사각형 단면을 가지는 단주의 A점에 편심 축하중이 작용할 때, 부재 단면에 발생하는 최대 응력의 크기[MPa]는?

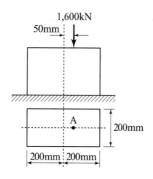

① 15

② 35

③ 55

④ 85

02 그림과 같은 직사각형 단면에 전단력 V가 작용할 때, A－A위치에 발생하는 전단응력의 크기는?

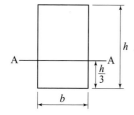

① $\dfrac{V}{2bh}$

② $\dfrac{4V}{3bh}$

③ $\dfrac{3V}{2bh}$

④ $\dfrac{5V}{3bh}$

03 그림과 같이 속이 비고 한 변의 길이가 a인 정사각형에서 $x-x$축에 대한 단면2차모멘트는?

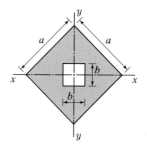

① $\dfrac{a\,b^3 - a^3\,b}{12\sqrt{2}}$

② $\dfrac{a^3\,b - a\,b^3}{12}$

③ $\dfrac{a^4 - b^4}{12\sqrt{2}}$

④ $\dfrac{a^4 - b^4}{12}$

04 그림과 같이 P_1, P_2, P_3의 하중이 B, C, D점에 작용할 때, D점에서의 수직방향 변위가 발생하지 않기 위한 하중 P_1의 크기[kN]는? (단, P_2 =10kN, P_3 = 5 kN이다. 재료가 균질하고 면적이 일정한 봉이며, 봉의 자중은 무시한다.)

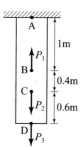

① 3

② 9

③ 15

④ 24

05 양단 고정인 장주의 오일러 좌굴응력의 크기[MPa]는? (단, 장주의 탄성계수 $E = 200$ GPa, 세장비 $\lambda = 200$이고, 장주의 자중은 무시한다.)

① $\dfrac{\pi^2}{20}$　　　　　② $\dfrac{\pi^2}{10}$

③ $10\pi^2$　　　　　④ $20\pi^2$

06 그림과 같이 단면적이 100cm²인 도형이 있다. 도형의 도심(C점)에서 40cm 떨어진 x_2축에서 단면2차모멘트가 162,000cm⁴일 때, 도심(C점)에서 20 cm 떨어진 x_1축에서의 단면2차모멘트[cm⁴]는? (단, x, x_1, x_2축은 서로 평행하다.)

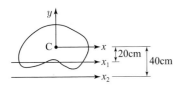

① 2,000　　　　　② 40,000

③ 42,000　　　　　④ 122,000

07 그림과 같이 하중을 받는 내민보의 C점에서 발생하는 수직 처짐의 크기는 $C_1 \dfrac{PL^3}{EI}$이다. 상수 C_1은? (단, 휨강성 EI는 일정하고, 구조물의 자중은 무시한다.)

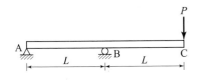

① $\dfrac{2}{3}$　　　　　② $\dfrac{4}{3}$

③ 2　　　　　④ $\dfrac{8}{3}$

08 그림과 같이 폭 300mm, 높이 50mm의 단면을 가지는 단순보에 하중이 작용할 때, 보에 발생하는 최대 휨응력의 크기[MPa]는? (단, 구조물의 자중은 무시한다.)

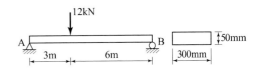

① 136　　　　　② 164

③ 192　　　　　④ 220

09 그림과 같이 하중을 받는 구조물의 B점에서 모멘트 반력의 크기는? (단, 구조물의 자중은 무시한다.)

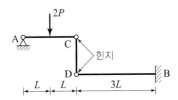

① PL　　　　　② $2PL$

③ $3PL$　　　　　④ $4PL$

10 그림과 같은 전단력선도를 가지는 단순보 AB의 C점에서 수직 처짐의 크기는 $C_1 \dfrac{wL^4}{EI}$이다. 상수 C_1은? (단, 휨강성 EI는 일정하고, 구조물의 자중은 무시한다.)

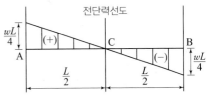

① $\dfrac{5}{48}$　　　　　② $\dfrac{5}{96}$

③ $\dfrac{5}{384}$　　　　　④ $\dfrac{5}{768}$

11 그림과 같은 단면을 가진 철근 콘크리트 기둥에 중심 축방향 압축력 $P=490\text{kN}$이 작용할 때, 콘크리트에 작용하는 압축응력[MPa]은? (단, 축방향 철근 4개의 단면적 합 $A_s=1,000\,\text{mm}^2$이고, 콘크리트의 탄성계수 $E_c=2.0\times10^4\text{MPa}$이며, 철근의 탄성계수 $E_s=2.0\times10^5\text{MPa}$이다.)

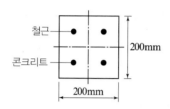

① 6   ② 8
③ 10   ④ 12

12 그림과 같은 응력-변형률 곡선을 가지는 재료의 인성[MPa]은? (단, 인성(toughness)은 재료가 파괴될 때까지 단위부피당 에너지를 흡수할 수 있는 재료의 능력을 의미한다)

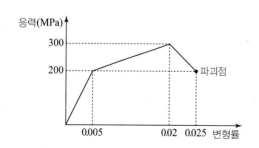

① 5.5   ② 7.5
③ 9.5   ④ 11.5

13 지름이 100mm이고 길이가 250mm인 원형봉에 인장력이 작용하여 지름은 99.8mm로, 길이는 252mm로 변하였다. 원형봉 재료의 푸아송비는? (단, 원형봉의 자중은 무시한다.)

① 0.25   ② 0.30
③ 0.35   ④ 0.40

14 그림과 같이 하중을 받는 내민보의 C점에서 발생하는 휨모멘트가 0이 되기 위한 x는? (단, 구조물의 자중은 무시한다)

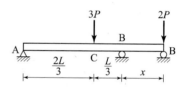

① $\dfrac{L}{3}$ ② $\dfrac{L}{2}$
③ $\dfrac{2L}{3}$ ④ L

15 그림과 같이 집중 하중과 집중 모멘트가 작용하는 캔틸레버보의 A점에서 발생하는 모멘트 반력의 크기는? (단, 구조물의 자중은 무시한다.)

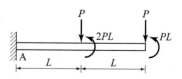

① 0   ② $3PL$
③ $6PL$ ④ $9PL$

16 그림과 같이 하중을 받는 게르버보의 A점에서 모멘트 반력의 크기[kN·m]는? (단, 구조물의 자중은 무시한다.)

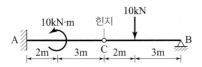

① 10   ② 20

③ 30   ④ 40

17 그림과 같이 하중을 받는 부정정 구조물의 B점에서 반력은? (단, 휨강성 EI는 일정하고, 구조물의 자중은 무시한다)

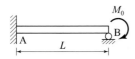

① $\dfrac{3M_0}{2L}$ ② $\dfrac{2M_0}{L}$

③ $\dfrac{5M_0}{2L}$ ④ $\dfrac{3M_0}{L}$

18 그림과 같은 케이블 구조의 D점에서 수평 반력의 크기[kN]는? (단, 케이블은 인장력만 저항하며, 케이블의 자중은 무시한다.)

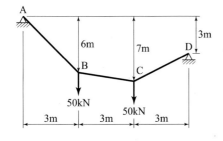

① 10   ② 20

③ 30   ④ 50

19 그림과 같이 하중을 받고 휨강성이 같은 두 개의 캔틸레버보 (A)와 (B)에서 보 (A)의 탄성변형에너지 U_A는 1J일 때, 보 (B)의 탄성변형에너지 U_B[J]는? (단, 탄성변형에너지 $U = \dfrac{1}{2}F\delta$로 계산하고, F는 구조물에 작용하는 하중, δ는 하중 F가 작용하는 지점의 변위를 사용하며, 구조물의 자중은 무시한다.)

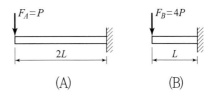

(A)   (B)

① 1   ② 2

③ 3   ④ 4

20 그림과 같이 하중을 받고 직경이 d인 원형 단면을 가지는 부정정보의 최대 휨응력의 크기는 $C_1 \dfrac{PL}{\pi d^3}$ 이다. 상수 C_1은? (단, 휨강성 EI는 일정하고, 구조물의 자중은 무시한다)

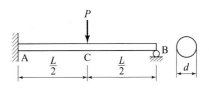

① 6   ② $\dfrac{1}{6}$

③ 16   ④ $\dfrac{1}{16}$

2018 지방공무원 경력경쟁임용 필기시험

 그림과 같이 평행한 세 힘이 평형상태에 있을 때, B점에 작용하는 힘 P의 크기[kN]와 BC 사이 d의 길이[m]는?

① 5003

② 5004

③ 7003

④ 7004

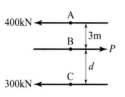

02 그림과 같이 지름 $d=10$mm인 원형단면의 봉이 있다. 봉이 축하중 P에 의해 축방향으로 신장되었을 때, 단면의 지름이 0.016mm 감소되었다. 이때 하중 P의 크기[kN]는? (단, 봉의 탄성계수 $E=70$GPa, 푸아송비 $\nu=0.4$이며, $\pi=3$으로 계산하고, 자중은 무시한다)

① 14

② 21

③ 28

④ 35

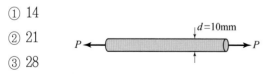

03 그림에 나타낸 구조물 중 부정정 차수가 3인 것은?

①

② 힌지

③ 힌지

④

04 그림과 같이 지지조건만 다르고 동일한 두 개의 기둥이 있다. 그림 (가)와 같은 양단고정 기둥의 임계 좌굴하중(P_{cr})이 3,200kN일 때, 그림 (나)와 같은 일단고정 타단자유인 캔틸레버 기둥의 임계 좌굴하중(P_{cr})의 크기[kN]는? (단, 기둥의 자중은 무시한다)

① 200

② 400

③ 800

④ 1,600

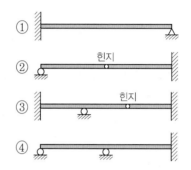

(가)   (나)

05 그림과 같이 지름이 d인 원형 단면의 나무를 잘라 직사각형 단면의 각재를 만들려고 한다. 잘라 낸 각재가 최대의 단면계수(S)가 되기 위한 각재의 직사각형 단면의 폭 b와 높이 h의 비$\left(\dfrac{h}{b}\right)$는? (단, $b < h$이다)

① 2
② $\sqrt{2}$
③ 3
④ $\sqrt{3}$

06 어떤 재료의 전단변형률 $\gamma = 0.0002$, 전단응력 $\tau = 16\text{MPa}$, 탄성계수 $E = 200\text{GPa}$, 푸아송비 $\nu = 0.25$일 때, 전단탄성계수 G의 크기[GPa]는?

① 60 　　　　　 ② 80
③ 100 　　　　 ④ 120

07 그림과 같이 CD부재에 의해 간접하중을 받는 단순보(AB부재)의 B지점에서 수직반력 R_B의 크기[kN]는? (단, 보의 자중은 무시한다)

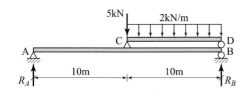

① 7.0 　　　　 ② 7.5
③ 10.0 　　　 ④ 17.5

08 그림과 같이 휨강성(EI)이 같은 두 캔틸레버 보를 연결 하는데, 자유단 B, C점에서 수직방향으로 Δ만큼 차이가 있다. B, C점에서 Δ가 0이 되도록 수직하중을 가해 힌지로 연결한 후, 힘을 제거했을 때, A, D지점에서 고정단 모멘트 크기의 비$\left(\dfrac{M_D}{M_A}\right)$는? (단, 보의 자중은 무시한다)

① 0.5
② 1.0
③ 2.0
④ 4.0

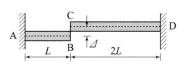

09 그림과 같은 부정정보의 A지점에서 반력 모멘트의 크기[kN·m]는? (단, 휨강성 EI는 일정하고 자중은 무시한다)

① 10
② 20
③ 30
④ 40

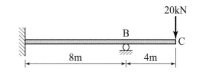

10 그림과 같이 변형이 발생되지 않는 강체로 제작된 보(Rigid Beam)가 A지점은 힌지로, B점과 C점은 스프링상수 k가 동일한 스프링으로 지지되어 있다. 이때 A지점의 수직반력은? (단, 보의 자중은 무시한다)

① $\dfrac{P}{3}(\uparrow)$
② $\dfrac{P}{3}(\downarrow)$
③ 0
④ $\dfrac{2P}{3}(\uparrow)$

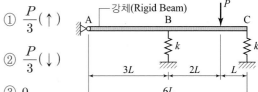

11 그림과 같은 트러스에서 CE부재의 부재력[kN]은? (단, 부재의 자중은 무시한다)

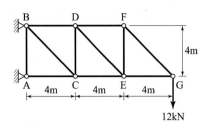

① 18(압축)　　② 18(인장)

③ 24(압축)　　④ 24(인장)

12 그림과 같은 단순보의 A지점에서 수직반력의 크기[kN]는? (단, 보의 자중은 무시한다)

① 10

② 20

③ 30

④ 40

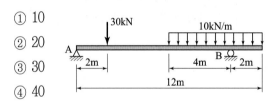

13 그림 (가)와 같이 집중하중 P와 모멘트 M_0가 작용하는 캔틸레버 보의 휨모멘트선도(B.M.D.)는 그림 (나)와 같다. 캔틸레버 보에 작용하는 집중하중 P의 크기[kN]와 모멘트 M_0의 크기[kN·m]는? (단, 보의 자중은 무시한다)

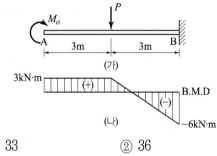

① 33　　　　　② 36

③ 63　　　　　④ 66

14 그림과 같이 단순보에 평행한 수직하중 10kN이 1m 간격으로 작용할 때, B지점의 수직반력[kN]은? (단, 보의 자중은 무시한다)

① 1(↑)

② 1(↓)

③ 10(↑)

④ 10(↓)

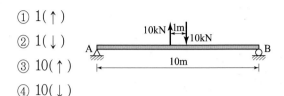

15 그림과 같은 평면응력상태의 미소 요소에서 최대주응력(f_1)의 크기[MPa]는?

① 0

② 1

③ 2

④ 6

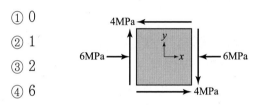

16 그림과 같은 내민 보에서 B지점에서 거리 1m에 위치하는 C점에 대한 휨모멘트의 영향선은?

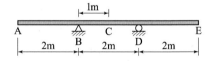

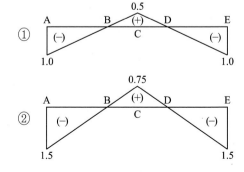

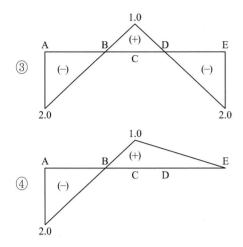

③

④

17 그림과 같이 로프에 매달린 기구가 풍력을 받아 60° 기울어진 상태에서 로프에 허용되는, 기구에 작용하는 최대 풍력 W의 크기[kN]는? (단, 로프의 단면적이 400mm²이고 허용인장응력은 10MPa이며, 자중은 무시한다)

① 1
② 2
③ 3
④ 4

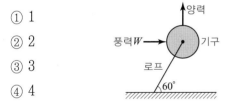

18 그림과 같이 축하중만을 받는 강봉에서 축력에 의해 발생되는 총신장량[mm]는? (단, 강봉의 단면적 $A = 500\text{mm}^2$이며, 탄성계수 $E = 2 \times 10^5\text{MPa}$이고, 자중은 무시한다)

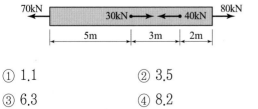

① 1.1   ② 3.5
③ 6.3   ④ 8.2

19 그림 (가)와 같은 직사각형 단면의 보가 휨모멘트를 받고 있다. 단면에 발생되는 응력분포가 그림 (나)와 같을 때 단면에 작용한 휨모멘트의 크기[N·m]는?

① 180
② 200
③ 220
④ 240

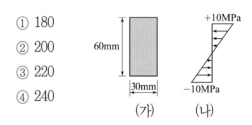

20 그림과 같이 축방향 인장력 P를 받는 봉의 허용인장응력 $f_{\text{allow}} = 120\text{MPa}$, 허용전단응력 $\tau_{\text{allow}} = 40\text{MPa}$일 때, 단면의 축방향 수직응력과 45° 기울어진 면의 전단응력을 고려하여, 봉에 허용되는 최대 축방향 인장력 P의 크기[kN]는? (단, 막대의 단면적은 100mm²이고, 자중은 무시한다)

① 4
② 8
③ 10
④ 12

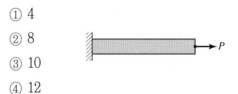

정답 및 풀이

01 ①	02 ②	03 ④	04 ③	05 ④
06 ②	07 ①	08 ②	09 ④	10 ②
11 ①	12 ④	13 ③	14 ①	15 ①
16 ③	17 ③	18 ②	19 ②	20 ④

01 $\tau_{max} = \dfrac{3S_{max}}{2A} = \dfrac{3 \times (5 \times 10 \times 10^3)}{2 \times (500 \times 500)} = \dfrac{3}{10}\,\text{N/mm}^2$

02 최대휨모멘트는 전단력이 0이 되는 지점에서 발생한다. 먼저 A점의 수직반력을 구한 후 전단력이 0이 되는 지점까지의 거리를 구한다.

(1) A점의 수직반력

$\sum M_B = 0 \;\circlearrowleft + : \; R_A(8) - 5 \times 10(3) = 0$

$\therefore R_A = \dfrac{150}{8}\,\text{kN}\uparrow$

(2) 전단력이 0인 점까지의 거리 x

$5x = \dfrac{150}{8}$

$x = 3.75\,\text{m}$

03 ① 전단응력은 중립축에서 최대이다. (0)
② 휨응력은 연단에서 최대이다. (0)
③ 휨응력은 중립축에서 0이다. (0)
④ C점은 전단력이 존재하며 양 끝단이 아니므로 전단응력이 존재한다. (X)

04 (가) 일단고정 타단자유 유효길이=$2l$
(나) 일단고정 타단힌지 유효길이=$0.7l$
(다) 양단힌지 유효길이=$1l$
(라) 양단고정 유효길이=$0.5l$
$\therefore$ (가) $>$ (다) $>$ (나) $>$ (라)

05 $\tau = \dfrac{3S}{2A} = \dfrac{3 \times 48 \times 10^3}{2 \times 200 \times 240} = 1.5\,\text{MPa}$

06 $Q_x = A \cdot y_o = (600 \times 300) \times (100 + 300)$
$= 72 \times 10^6\,\text{mm}^3$

07 $\sigma = \dfrac{P}{A}$, $A = \dfrac{\pi D^2}{4}$ 에서 응력은 D^2에 반비례한다는 것을 알 수 있다.

$\therefore \dfrac{f_2}{f_1} = \dfrac{(D_1)^2}{(D_2)^2} = \dfrac{1}{4^2} = \dfrac{1}{16}$

08 전체 사각형에서 1차 모멘트에서 중앙 빈 사각형의 1차 모멘트를 빼준다.
$Q_x = 500 \times 600 \times 500 - 300 \times 200 \times 500$
$= 12 \times 10^7$

09 ④ 트러스 부재는 직선재이고 모든 격점은 고정이 아닌 모두 회전절점으로 되어 있다.

10 단면 1차 모멘트는 도심의 위치에 따라서 + 또는 - 부호가 나오며 특히, 도심축에서의 1차 모멘트 크기는 0이다.

11 A점을 기준으로 저항모멘트와 전도모멘트를 비교한다.
$M_{전도} \geq M_{저항}$
$P(4) + 2(3) \geq 10(1)$
$P \geq 1\,\text{kN}$

12 힘의 평형조건식을 적용한다.
$\sum V = 0 \;\uparrow + : \; -P_1 + 300 - 200 = 0$
$\therefore P_1 = 100\,\text{kN} \downarrow$
평형상태이므로 B점을 기준으로 양쪽 모멘트는 크기가 같고 방향이 반대이다.
$100(x) = 200(6)$
$x = 12\,\text{m}$

13 $\delta = \dfrac{PL}{EA} = \dfrac{200 \times 10^3 \times 2,000}{2.0 \times 10^5 \times 200} = 10\,\text{mm}$

14 직각삼각형 비율과 힘의 비율이 같은 비례법을 사용한다.

$P_x : P_y : P = \sqrt{3} : 1 : 2$

$P = 100\,\text{kN}$

$\therefore \; P_x = 50\sqrt{3} \simeq 86.6\,\text{kN}, \; P_y = 50\,\text{kN}$

15 직각삼각형 비율과 힘의 비율이 같은 비례법을 사용한다. 하중 50kN을 부재 AC와 CB부재가 분담한다. 이때, 분담률은 경사가 BC부재가 크기 때문에 더 큰 하중을 분담하게 된다.

$F_{AC} : F_{CB} : W = 1 : \sqrt{3} : 2$

$W = 50\,\text{kN}$

$\therefore \; T_{AC} = 25\,\text{kN}$

16 3개 부분으로 나누어 밑에서부터 처짐을 구한 다음 더해준다.

$\delta = \dfrac{PL}{EA} + \dfrac{(2P)L}{E(2A)} + \dfrac{PL}{E(3A)} = \dfrac{7PL}{3EA}$

17 $R_A = 50 + \dfrac{5}{5} = 51\,\text{kN}\uparrow$

18 부정정차수＝반력－3－내부힌지 수

$\qquad = (3+1+1)-3-0$

$\qquad = 2\text{차 부정정}$

19 공식을 이용하여 빠르게 휨모멘트 크기를 구한다.

$M_C = \dfrac{w(2L)^2}{8} \times \dfrac{2}{3} = \dfrac{wL^2}{3}$

20 단순보 중앙점 집중하중 작용 처짐을 구하는 공식 $\dfrac{PL^3}{48EI}$ 에서 처짐은 단면2차 모멘트에 반비례한다는 것을 알 수 있다.

$\dfrac{y_1}{y_2} = \dfrac{I_2}{I_1} = \dfrac{a(3a)^3}{3a(a^3)} = 9$

---

01 ④	02 ①	03 ①	04 ③	05 ②
06 ④	07 ②	08 ④	09 ④	10 ③
11 ③	12 ②	13 ③	14 ④	15 ④
16 ①	17 ③	18 ③	19 ①	20 ②

01 경사하중 P를 수직분력과 수평분력으로 나눈다.

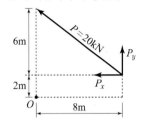

$P_x = 20 \times \dfrac{4}{5} = 16\,\text{kN} \leftarrow$

$P_y = 20 \times \dfrac{3}{5} = 12\,\text{kN} \uparrow$

$M_0 = -16(2) - 12(8) = -128\,\text{kN} \cdot \text{m}$

02 부정정차수＝반력－3＋폐합수×3

$\qquad\qquad$ －내부 힌지에 의한 구속력 해제 수

$\qquad = 3 \times 6 - 3 = 15\text{차 부정정}$

03 외력이 반시계방향으로 $(10+5)\text{kN} \cdot \text{m}$이므로 A, B점의 짝힘으로 이를 상쇄시켜주어야 한다.

$R_A = \dfrac{15}{10} = 1.5\,\text{kN}\uparrow, \qquad R_B = 1.5\,\text{kN}\downarrow$

04 단면법중 모멘트법을 사용한다.

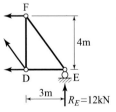

$\sum M_D = 0 \; \circlearrowleft + : \; -12(3) - F_{FG}(4) = 0$

$\therefore \; F_{FG} = -9\,\text{kN} \text{ (압축)}$

05 전체사각형의 2차모멘트를 구한 다음 빈 사각형 2차
모멘트를 빼준다.

$$I = \frac{12 \times 4^3}{3} - \frac{9 \times 2^3}{3} = 232\,\text{mm}^4$$

06 M_A를 반시계방향으로 가정한다.

$$\sum M_A = 0 \;\curvearrowright + \;:\; -M_A + 6(9) + 10(12) = 0$$

$$\therefore M_A = 174\,\text{kN}\cdot\text{m} \;\curvearrowleft$$

07 $P = \alpha \cdot \Delta T \cdot E \cdot A$

$$= 10^{-6} \times 10 \times 2 \times 10^6 \times 100^2$$

$$= 200,000\,\text{N} = 200\,\text{kN}$$

08 A점의 수직반력을 구한 다음 C점까지의 등분포하중
을 빼주면 C점에서의 전단력이 된다.

$$R_A = \frac{16 \times 10}{2} = 80\,\text{kN} \uparrow$$

$$V_C = 80 - 16 \times 2 = 48\,\text{kN} \uparrow + \downarrow$$

09 P점 작용점의 처짐과 B점의 처짐비는 2:5이다.

그러므로 P점의 작용점의 처짐을 구한 다음 $\frac{5}{2}$ 배

해주면 B점에서의 처짐이 된다.

$$\delta_B = \frac{P\left(\dfrac{L}{2}\right)^3}{3EI} \times \frac{5}{2} = \frac{5PL^3}{48EI}$$

10 $\Delta L = \Delta_{BC} + \Delta_{AB}$

$$\Delta L = \frac{P\left(\dfrac{L}{2}\right)}{EA} + \frac{-3P\left(\dfrac{L}{2}\right)}{EA} = -\frac{PL}{EA}$$

11 힘의 평형상태이므로 중앙 힌지를 중심으로 양쪽의
모멘트 크기는 같고 방향은 반대이다.

$$P_A(3) = 10(2) + 20(8)$$

$$\therefore P_A = 60\,\text{kN} \downarrow$$

12 $\lambda = \dfrac{L}{r} = \dfrac{L}{\sqrt{\dfrac{I_{\min}}{A}}} = \dfrac{100}{\sqrt{\dfrac{10,000}{100}}} = 10$

13 BC는 단순보로 해석하면 된다.

$$R_C = \frac{wL}{2}$$

14 $\delta_B = \dfrac{wL^4}{8EI} = \dfrac{4 \times 2^4}{8EI} = \dfrac{8}{EI}$

15 단위에 주의!

$$\nu = \frac{-\epsilon_{\text{지름}}}{\epsilon_{\text{축}}}$$

$$\frac{2}{10} = \frac{-\dfrac{\Delta b}{100}}{\dfrac{5}{1,000}}$$

$$\therefore \Delta b = 0.1\,\text{mm}$$

16 같은 크기의 힘이 평행하며 서로 반대로 작용하는
짝힘모멘트이다.
짝힘모멘트는 모든 점에서 모멘트의 크기가 같다.

17 $M_C = \dfrac{wL^2}{8} \times \dfrac{2}{3} = \dfrac{2 \times 6^2}{8} \times \dfrac{2}{3} = 6\,\text{kN}\cdot\text{m} \;\curvearrowright + \curvearrowleft$

18 양단고정보에서 중앙지점에 집중하중이 작용할 때

양지점 반력모멘트 구하는 식은 $\dfrac{PL}{8}$이다.

$$M_A = \frac{40(6)}{8} = 30\,\text{kN}\cdot\text{m} \;\curvearrowleft, \quad M_B = 30\,\text{kN}\cdot\text{m} \;\curvearrowright$$

$$\therefore M_C = \frac{40 \times 6}{4} - 30 = 30\,\text{kN}\cdot\text{m} \;\curvearrowright + \curvearrowleft$$

19 변형일치법을 사용한다.

$$\frac{P\left(\dfrac{L}{2}\right)^3}{3EI} \times \frac{5}{2} = \frac{R_B L^3}{3EI}$$

$$\therefore R_B = \frac{5}{16}P$$

20 $\tau_{\max} = \dfrac{3S_{\max}}{2A} = \dfrac{3 \times 6,000}{2 \times 300 \times 200} = 0.15\,\text{MPa}$

01 ②	02 ②	03 ④	04 ④	05 ④
06 ③	07 ①	08 ③	09 ③	10 ④
11 ③	12 ①	13 ①	14 ②	15 ①
16 ②	17 ①	18 ③	19 ②	20 ①

01 오른쪽 편심 하중에 의해 최대압축응력은 오른쪽 끝에서 발생한다.

$$\sigma_{max} = -\frac{P}{A} - \frac{P \cdot e}{I}y$$
$$= -\frac{1,600 \times 10^3}{400 \times 200} - \frac{1,600 \times 10^3 \times 50 \times 200}{\frac{200 \times 400^3}{12}}$$
$$= -20 - 15 = -35\,\text{MPa}$$
$$\therefore \sigma_{max} = 35\,\text{MPa}(압축)$$

02 휨전단응력 식 $\tau = \frac{VQ}{Ib}$ 대입한다.

$$\therefore \tau = \frac{VQ}{Ib} = \frac{V \times \left[\frac{h}{3} \times b \times \left(\frac{h}{2} - \frac{h}{6}\right)\right]}{\frac{bh^3}{12} \times b} = \frac{4V}{3bh}$$

03 정사각형의 단면2차모멘트는 축에 상관없이 항상 그 크기가 모두 같다.

$$\therefore \frac{a^4}{12} - \frac{b^4}{12} = \frac{a^4 - b^4}{12}$$

04 봉의 자유단에서부터 처짐을 계산한다.

$$\delta_{C-D} = \frac{5 \times 0.6}{EA}, \ \delta_{B-C} = \frac{15 \times 0.4}{EA},$$
$$\delta_{A-B} = \frac{(15 - P_1) \times 1}{EA}$$

이때 D점에서 처짐이 발생하지 않으므로
$$\delta_{C-D} + \delta_{B-C} + \delta_{A-B} = 0$$
$$\frac{(15 - P_1) + (15 \times 0.4) + (5 \times 0.6)}{EA} = 0$$
$$\therefore P_1 = 24\,\text{kN}, \ \uparrow$$

05 $\sigma_{좌굴} = \frac{n \cdot \pi^2 \cdot E \cdot I}{\leq^2 \cdot A} = \frac{n\pi^2 E}{\lambda^2}$

$$\therefore \frac{4 \times \pi^2 \times 200 \times 10^3}{200^2} = 20\pi^2$$

06 평행축의 정리를 이용한다.

$$I_x = I_X + A \cdot y^2$$
$$162,000 = I_X + 100 \times 40^2$$
$$\therefore I_X = 2,000\,\text{cm}^4$$
$$I_{x_1} = I_X + A \cdot y^2 = 2,000 + 100 \times 20^2$$
$$= 42,000\,\text{cm}^4$$

07 이 문제에서 처짐의 경우
(단순보AB의 처짐각×내민길이)+(내민부분 BC를 켄틸레버로 본 처짐)의 합으로 구할 수 있다.

$$\delta_C = \left(\frac{PL^2}{3EI} \times L\right) + \left(\frac{PL^3}{3EI}\right) = \frac{2PL^3}{3EI}$$
$$\therefore 상수 \ C_1 = \frac{2}{3}$$

08 직사각형 단면의 최대 휨응력을 구하기 위해서는 최대 휨모멘트가 필요하다.

$$M_{max} = \frac{Pab}{L} = \frac{12 \times 3 \times 6}{9}\,\text{kN} \cdot \text{m}$$

이를 최대 휨응력 구하는 식에 대입한다.

$$\therefore \sigma_{max} = \frac{6 \cdot M_{max}}{bh^2}$$
$$= \frac{6 \times \left(\frac{12 \times 3 \times 6}{9}\right) \times 10^6}{300 \times 50^2} = 192\,\text{MPa}$$

09 문제를 자유물체도화 하면 아래와 같다.

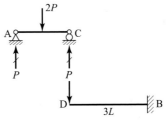

$$\therefore M_B = P \times 3L = 3PL, \ \curvearrowleft$$

10 문제의 전단력도는 단순보 등분포하중 재하 시 모양이다. 또한, 등분포하중 크기가 w, 부재 길이가 L일 때 지점반력은 $\dfrac{wL}{2}$이다.

문제의 전단력도에서 부재 길이가 L일 때, 지점반력은 $\dfrac{wL}{4}$이므로 문제의 등분포하중의 크기는 $\dfrac{w}{2}$가 된다. 단순보 등분포하중 중앙 처짐을 구하는 공식은 $\dfrac{5wL^4}{384EI}$이므로 여기에 w 대신 $\dfrac{w}{2}$를 대입한다.

$$\delta_C = \frac{5 \times \dfrac{w}{2} \times L^4}{384EI} = \frac{5wL^4}{768EI}$$

$$\therefore \ C_1 = \frac{5}{768}$$

11 철근 콘크리트는 일체 거동을 하여 처짐이 같으므로 강성비를 이용하여 하중을 분배한 후 분배된 하중을 통해 콘크리트에 작용하는 응력의 크기를 구한다.

$K_c : K_s = E_c A_c : E_s A_s$ (∵ 부재의 길이가 같다.)

$K_c : K_s$

$= 2 \times 10^4 \times (200 \times 200 - 1{,}000) : 2 \times 10^5 \times 1{,}000$

$= 39 : 10$

$$\therefore \ P_c = 490\text{kN} \times \frac{39}{49} = 390\text{kN}$$

$$\therefore \ \sigma_c = \frac{P_c}{A_c} = \frac{390 \times 10^3}{39{,}000} = 10\text{MPa}$$

12 파괴될 때까지 단위부피당 에너지는 응력–변형률 그래프에서 파괴점 아래의 면적을 구하면 된다.

$$= \frac{200 \times 0.005}{2} + 250 \times (0.02 - 0.005)$$

$$\quad + 250 \times (0.025 - 0.02)$$

$$= 5.5\text{MPa}$$

13

$$\nu = \frac{-\dfrac{\Delta d}{d}}{\dfrac{\Delta L}{L}} = \frac{-\dfrac{-0.2}{100}}{\dfrac{2}{250}} = 0.25$$

14 C점에서 휨모멘트가 0이기 위해서는 A점 반력이 0이어야 한다.

$$3P \times \frac{3}{L} = 2P \times x$$

$$\therefore \ P = \frac{L}{2}$$

15 $\sum M_A = 0, \ \curvearrowright +$

$$M_A + PL - 2PL + 2PL - PL = 0$$

$$\therefore \ M_A = 0$$

16 게르버보를 캔틸레버보+단순보로 분해 후 단순보 먼저 해석하면 쉽게 답을 구할 수 있다.

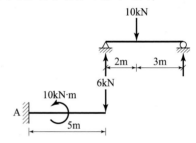

$\sum M_A = 0, \ \curvearrowright +$

$$M_A - 10 + 6 \times 5 = 0$$

$$\therefore \ M_A = -20\text{kN} \cdot \text{m} \ \curvearrowleft$$

17 부정정보다. B점에서 변형일치법을 이용하여 반력을 구한다.

$$\frac{M_o L^2}{2EI} = \frac{R_B L^3}{3EI}$$

$$\therefore \ R_B = \frac{3M_o}{2L}, \ \uparrow$$

18 케이블은 휨모멘트가 발생하지 않고 케이블의 수평력과 수직거리로 상쇄가 된다.

즉, 수평력(H)×케이블 수직거리(y)=케이블을 단순보로 본 한 지점의 모멘트(M)

그리고 케이블 수직거리와 케이블을 단순보로 봤을 때의 반력을 아래 그림과 같이 구한다.

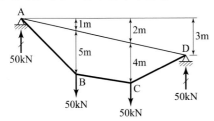

B점에 대하여 케이블 정리를 적용한다. (C점에 대하여도 같은 값이 나온다.)

$$H \cdot y_B = M_B$$

$$H \times 5\text{m} = 50\text{kN} \times 3\text{m}$$

$$H = 30\text{kN}$$

이므로 A, D 힌지점에서는 케이블에 수직으로 작용하는 하중에 저항하는 양쪽으로 벌어지는 30kN의 수평력이 작용한다.

$$\therefore \ H_D = 30\text{kN}, \ \rightarrow$$

19 $$U_A = \frac{P}{2}\delta = \frac{P}{2} \times \frac{P(2L)^3}{3EI} = \frac{4P^2L^3}{3EI} = 1\text{J}$$

$$U_B = \frac{4P}{2} \times \frac{4PL^3}{3EI} = \frac{8P^2L^3}{3EI} = 2\text{J}$$

20 최대 휨응력을 구하기 위해서는 최대 휨모멘트가 필요하다. 이 문제의 경우 부정정보이기에 B점에서 변형일치법으로 반력을 구한 후 BMD를 통해 최대휨모멘트를 구한다.

먼저 변형일치법으로 B점의 반력을 구한다.

$$\frac{P\left(\dfrac{L}{2}\right)^3}{3EI} \times \frac{5}{2} = \frac{R_B L^3}{3EI}$$

(B점의 처짐은 처짐비 $2a : 2a + 3b$ 또는 상반정리를 이용)

$$\therefore \ R_B = \frac{5P}{16}$$

B점의 수직반력을 구했으므로 나머지 지점의 반력을 평형방정식을 이용하여 구한 후 BMD를 그려준다.

$$\sum V = 0$$

$$R_A = P - \frac{5P}{16} = \frac{11P}{16}$$

$$\sum M_A = 0, \ \circlearrowleft +$$

$$M_A + \left(\frac{P}{2} \times L\right) - \left(\frac{5P}{16} \times L\right) = 0$$

$$\therefore \ -\frac{3PL}{16} \ \circlearrowleft$$

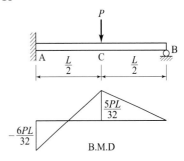

B.M.D

$$M_C = R_B \times \frac{L}{2} = \frac{5P}{16} \times \frac{L}{2} = \frac{5PL}{32}$$

$$\therefore \ M_{\max} = -\frac{6PL}{32}$$

$$\sigma_{\max} = \frac{M}{I}y = \frac{M_{\max}}{I_{\text{원}}} \times \frac{D}{2} = \frac{\dfrac{6PL}{32}}{\dfrac{\pi D^4}{64}} \times \frac{D}{2} = \frac{6PL}{\pi D^3}$$

$$\therefore \ C_1 = 6$$

606~609쪽

01 ④	02 ②	03 ③	04 ①	05 ②
06 ②	07 ④	08 ④	09 ④	10 ③
11 ③	12 ③	13 ①	14 ①	15 ③
16 ①	17 ②	18 ③	19 ①	20 ②

01 $\sum H = 0$, → +

$-400\text{kN} - 300\text{kN} + P = 0$

$\therefore P = 700\text{kN}$ →

$\sum M_B = 0$, ↶ +

$-400\text{kN} \times 3\text{m} + 300\text{kN} \times d = 0$

$\therefore d = 4\text{m}$

02

$$\nu = \frac{\xi_{가로}}{\xi_{축}} = \frac{\frac{\Delta d}{d}}{\frac{\Delta L}{L}} = \frac{\frac{\Delta d}{d}}{\frac{P}{EA}} = \frac{\Delta d EA}{Pd}$$

$$\therefore P = \frac{\Delta d EA}{\nu d} = \frac{0.016 \times (70 \times 10^3) \times \left(\frac{3 \times 10^2}{4}\right)}{0.4 \times 10}$$

$$= 21 \times 10^3 \text{N} = 21\text{kN}$$

03 보 판별식 = 반력의 수 - 3 - 내부힌지 수

①번 보 = (3+2) - 3 = 2차 부정정

②번 보 = (1+3) - 3 - 1 = 정정

③번 보 = (3+1+3) - 3 - 1 = 3차 부정정

④번 보 = (1+1+3) - 3 = 2차 부정정

04 지점 조건에 따른 좌굴하중의 비는 아래와 같다.

양단힌지 : 일단고정 일단힌지 :

일단고정 일단자유 : 양단고정

$1 : 2 : \dfrac{1}{4} : 4$

그러므로

양단고정(가) : 일단고정 일단자유(나)

$\qquad 4 \qquad : \qquad \dfrac{1}{4}$

(나)의 좌굴하중은 (가)의 $\dfrac{1}{16}$ 배이다.

$\therefore$ (나) $P_{cr} = 3200 \times \dfrac{1}{16} = 200\text{kN}$

05

구분	원형을 사각형으로 제재	
도형		
단면2차모멘트 최대조건	$b : h : D = 1 : \sqrt{3} : 2$	
	$b = \dfrac{1}{2}D$	$h = \dfrac{\sqrt{3}}{2}D$
단면계수 최대조건	$b : h : c = 1 : \sqrt{2} : \sqrt{3}$	
	$b = \dfrac{1}{\sqrt{3}}D$	$h = \sqrt{\dfrac{2}{3}}D$

따로 암기가 필요하다.

06 $G \cdot \gamma = \tau$

$G = \dfrac{\tau}{\gamma} = \dfrac{16\text{MPa}}{0.0002} = 80 \times 10^3 \text{MPa} = 80\text{GPa}$

07 $R_B = \dfrac{5 + 10}{2 + 10} = 17.5\text{kN}$

08 변위를 제거 후 힌지로 구속하였기에 B, C점의 변위 크기는 각 강성도 비율만큼 차이가 나지만 구속을 위한 구속력의 크기는 같게 된다. 그러므로 B와 C점에는 같은 힘이 작용하며 각 고정단의 모멘트 크기는 거리에 비례하게 된다.

$\therefore \dfrac{M_D}{M_A} = \dfrac{2L}{L} = 2.0$

09

$R_A = \dfrac{3M}{2L}(\uparrow)$, $R_B = \dfrac{3M}{2L}(\downarrow)$, $M_A = \dfrac{M}{2}(\cup)$

위의 내용에 따라 A점의 모멘트 반력은 B점에서 작용하는 외력모멘트와 방향은 같으며 그 크기는 $\dfrac{1}{2}$ 이다.

$\therefore M_A = \dfrac{20 \times 4}{2} = 40\text{kN} \cdot \text{m} (\cup)$

10 보는 강체이기에 A점을 기준으로 직선비례하여 변위가 발생한다. 그러므로 C점의 변위는 B점의 변위의 2배가 된다.

감성도×변위=힘

이며 B점에서 발생하는 변위를 1이라 하면

$R_B = k$, $R_C = 2k$ 이다.

A점에서 힘의 평형식 모멘트의 합을 0해주면

$\sum M_A = 0 \cup +$

$-k \times 3L + P \times 5L - 2k \times 6L = 0$

$\therefore k = \dfrac{P}{3}$

$\sum V = 0 \uparrow +$

$R_A + \dfrac{P}{3} + \dfrac{2P}{3} - P = 0$

$\therefore R_A = 0$

11

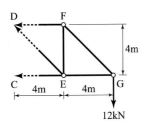

$\sum M_D = 0 \cup +$

$F_{CE} \times 4 + 12 \times 8 = 0$

$\therefore F_{CE} = -24\text{kN(압축)}$

12 $\sum M_B = 0 \cup +$

$(R_A \times 10) - (30 \times 8) - [(10 \times 6) \times 1] = 0$

$\therefore R_A = 30\text{kN}$

13 자유단에서 모멘트가 생기기 위해서는 모멘트 하중이 작용해야만 가능하다.

$\therefore M_o = 3\text{kN} \cdot \text{m} \cup$

B.M.D.에서 B점의 모멘트 크기가 −6이므로 이를 이용하여 집중하중 P의 크기를 구한다.

$\sum M_E = -6kN \cdot m \text{ kN} \cdot \text{m} \cup +\cup$

$+3 - P \times 3 = -6$

$\therefore P = 3\text{kN}$

14 시계방향의 우력 모멘트 10kN×1m가 작용하므로 지점에서는 반시계방향의 10kN·m 크기의 우력 모멘트 반력이 작용해야 한다.

보의 길이가 10m이므로 각 지점의 반력 크기는 1kN이 된다.

$\therefore R_A = 1\text{kN} \downarrow$, $R_B = 1\text{kN} \uparrow$

15 모아원을 그려 최대주응력을 찾는다.

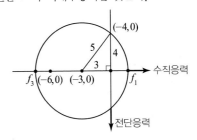

$\therefore f_1 = -3 + 5 = 2\text{MPa}$

16 C점의 휨모멘트영향선을 그리기 위한 조건으로는, 먼저 C점에 내부힌지를 넣고 양쪽으로 솟구쳐 오르게 모멘트를 작용시킨다.

이때 부재는 지점과 떨어질 수 없다.

그리고 C점의 종거값 구하는 식은

$\dfrac{ab}{L} = \dfrac{1m \times 1m}{2m} = 0.5$이다.

이를 만족하는 보기는 1번밖에 없다.

17 미지력 로프를 인장으로 가정하여 다시 그림을 해석하면 아래와 같다.

힘의 평형조건에 의하여 로프의 수평분력x는 풍력과 같고 수직분력 y는 양력과 같게 된다.

로프에 작용하는 힘=10Mpa×400mm²=4kN

풍력(W)=로프의 수평분력 x

$=$로프의 힘$\times \cos 60° = 4\text{kN} \times \dfrac{1}{2} = 2\text{kN}$

18 힘의 작용점을 기준으로 강봉을 3부분으로 나눈 후 각각의 신장량을 구한 후 더한다.

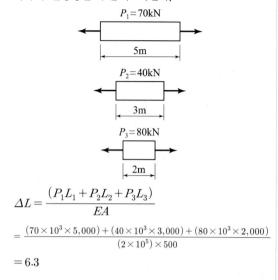

$$\Delta L = \frac{(P_1 L_1 + P_2 L_2 + P_3 L_3)}{EA}$$

$$= \frac{(70 \times 10^3 \times 5,000) + (40 \times 10^3 \times 3,000) + (80 \times 10^3 \times 2,000)}{(2 \times 10^5) \times 500}$$

$$= 6.3$$

19 $\sigma = \dfrac{M}{Z}$ 에서

$$M = \sigma \cdot Z = 10 \times \frac{30 \times 60^2}{6} = 180 \times 10^3 \,\text{N} \cdot \text{mm}$$

$$= 180 \,\text{N} \cdot \text{m}$$

20 일축응력의 경우 허용수직응력의 1/2 크기가 최대 허용전단응력이 된다. 그러므로 허용인장응력 120MPa 과 허용전단응력 40×2=80MPa을 비교했을 때 둘 중 작은 값인 80MPa이 허용 최대 응력이 된다.

$$\therefore \; P_{\text{allow}} = 80 \times 100 = 8,000 \,\text{N} = 8 \,\text{kN}$$

9급 기술직 / 서울시 · 지방직
경력경쟁 임용시험

응용역학

──────────────── 定價 23,000원

저 자 이 국 형
발행인 이 종 권

판 권
소 유

2019年 3月 19日 초 판 인 쇄
2019年 3月 26日 초 판 발 행

發行處 (주)**한솔아카데미**

(우)06775 서울시 서초구 마방로10길 25 트윈타워 A동 2002호
TEL : (02)575-6144/5   FAX : (02)529-1130
〈1998. 2. 19 登錄 第16-1608號〉

※ 본 교재의 내용 중에서 오타, 오류 등은 발견되는 대로 한솔아
카데미 인터넷 홈페이지를 통해 공지하여 드리며 보다 완벽한
교재를 위해 끊임없이 최선의 노력을 다하겠습니다.

※ 파본은 구입하신 서점에서 교환해 드립니다.

www.inup.co.kr / www.bestbook.co.kr

ISBN 979-11-5656-764-6 13530

이 도서의 국립중앙도서관 출판시도서목록(CIP)은 서지정보유통지원시스템 홈페이지
(http://seoji.nl.go.kr)와 국가자료공동목록시스템(http://www.nl.go.kr/kolisnet)에서
이용하실 수 있습니다. (CIP제어번호 : CIP2019007257)